校企合作双元开发理实一体化教材

高等职业教育铁道运输类技能型人才培养实用教材

铁路区间自动控制系统维护

活页式

主　编◎　任国彬　张娟娟

副主编◎　冯云智　封小霞

西南交通大学出版社

·成　都·

图书在版编目（CIP）数据

铁路区间自动控制系统维护：活页式 / 任国彬，张娟娟主编. -- 成都：西南交通大学出版社，2024.5

校企合作双元开发理实一体化教材. 高等职业教育铁道运输类技能型人才培养实用教材

ISBN 978-7-5643-9844-6

Ⅰ. ①铁… Ⅱ. ①任… ②张… Ⅲ. ①铁路信号 – 自动控制设备 – 维修 – 高等职业教育 – 教材 Ⅳ. ①U284.92

中国国家版本馆 CIP 数据核字（2024）第 107333 号

校企业合作双元开发理实一体化教材
高等职业教育铁道运输类技能型人才培养实用教材

Tielu Qujian Zidong Kongzhi Xitong Weihu（Huoye Shi）

铁路区间自动控制系统维护（活页式）

主　编 / 任国彬　张娟娟

责任编辑 / 何明飞
封面设计 / GT 工作室

西南交通大学出版社出版发行
（四川省成都市金牛区二环路北一段 111 号西南交通大学创新大厦 21 楼　610031）
营销部电话：028-87600564　028-87600533
网址：http://www.xnjdcbs.com
印刷：四川玖艺呈现印刷有限公司

成品尺寸　185 mm × 260 mm
印张　20.25　插页　1　字数　512 千
版次　2024 年 5 月第 1 版　印次　2024 年 5 月第 1 次

书号　ISBN 978-7-5643-9844-6
定价　58.00 元

课件咨询电话：028-81435775
图书如有印装质量问题　本社负责退换
版权所有　盗版必究　举报电话：028-87600562

前 言

十年树木，百年树人。教育是国之大计、党之大计、民族复兴之希望。党的二十大报告从“实施科教兴国战略，强化现代化建设人才支撑”的高度，明确指出人才是第一资源，创新是第一动力，为“办好人民满意的教育”给出了新目标、新方向，注入了新的动力。

随着我国铁路事业的跨越式发展，尤其是高速铁路信号控制技术的发展完善，对从业人员提出了更高的要求。为了贯彻落实党的二十大精神和《国家职业教育改革实施方案》，并为培养高级铁路人才提供理论支撑，陕西交通职业技术学院特立项组织编写本书。

本书由陕西交通职业技术学院与柳州铁道职业技术学院跨校合作，共同编写。本书以职业教育的核心理念为遵旨，采用项目化教学体系，从企业实际工作岗位的工作内容出发，以工作过程为导向，以现场典型真实任务为主要教学内容，借助“学习任务”实施职业教育教学，充分突出了技能培养的重要地位。

本书密切结合铁路现场实际，紧跟现代化信号技术的发展步伐。书中除了介绍目前仍在我国支线铁路及厂矿专用铁路大量使用的 64D 型继电半自动闭塞外，还重点介绍了自动闭塞系统维护、改变运行方向电路设备维护及高速铁路自动闭塞系统维护等内容。自动闭塞部分是本书的重点，由于 UM71 自动闭塞已经进入大修期，将逐渐更新为 ZPW-2000 系列自动闭塞，故自动闭塞部分重点以目前应用最多的、专为普速铁路设计的 ZPW-2000A 型自动闭塞系统为例进行介绍。书中还介绍了自动闭塞与 6502 继电集中及计算机联锁的结合电路。由于目前高速铁路已实现区间闭塞和列控的一体化，故辟专章介绍了高速铁路的自动闭塞。以上内容基本覆盖了我国当前绝大部分的铁路区间闭塞设备。各校在组织教学时可根据自身实际情况选择有关项目和工作任务进行教学。

本书由陕西交通职业技术学院任国彬、柳州铁道职业技术学院张娟娟担任主编，柳州铁道职业技术学院冯云智、陕西交通职业技术学院封小霞任副主编，卡斯柯信号有限公司孙少林、柳州铁道职业技术学院唐彬峰、蒋敏建参编。全书共分为 5 个项目：项目 3 由陕西交通职业技术学院任国彬编写，项目 1 中的工作任务 1.2、项目 5 由柳州铁道职业技术学院张娟娟编写；项目 2 由柳州铁道职业技术学院冯云智编写，项目 4 中的工作任务 4.2 由陕西交通职业技术学院封小霞编写，项目 4 中的工作任务 4.3 由卡斯柯信号有限公司孙少林编写，项目 1 中的工作任务 1.1 由柳州铁道职业技术学院蒋敏建编写，项目 4 中的工作任务 4.1 由柳州铁道职业技术学院唐彬峰编写。在本书的编写过程中，得到了西南交通大学出版社的大力支持，还得到全路许多单位和同志的支持和帮助，编者在此表示衷心感谢。

由于编写时间较为仓促，且编者理论水平和企业实践经验有限，编写内容中的不妥之处还请读者斧正，以便今后修订和完善。

编　者

2024 年 2 月

目 录

项目 1

闭塞和闭塞系统认知

工作任务 1.1　闭塞的基础知识 □□□

【学习目标】

知识目标	能力目标	素质目标
1. 掌握区间的概念。 2. 掌握闭塞的含义。 3. 了解闭塞制度。 4. 了解行车闭塞制式的发展	1. 能够正确划分铁路线路区间范围。 2. 能正确区分闭塞分区、站间区间及所间区间。 3. 能正确区分时间间隔法和空间间隔法	1. 培养安全意识，团队合作能力和动手能力。 2. 培养学生的创新意识

【任务引导】

引导问题 1：什么是空间间隔法，我国采用的闭塞系统空间间隔是?

引导问题 2：铁路线路由区间和线路分界点组成，区间范围是如何界定的?

【工具器材】

路签、路牌、半自动闭塞设备和自动闭塞设备。

【相关知识】

知识点 1　区　间

1. 区间界限

进站信号机的机柱或站界标的中心线称为区间界限。

2. 区　间

区间指两个车站（或线路所）之间的铁路线路。相邻两站之间的区间称为站间区间；车站与线路所之间的区间称为所间区间。如图 1-1-1 和图 1-1-2 所示。根据区间线路的数目，分为单线区间、双线区间及多线区间（如三线区间、四线区间）。

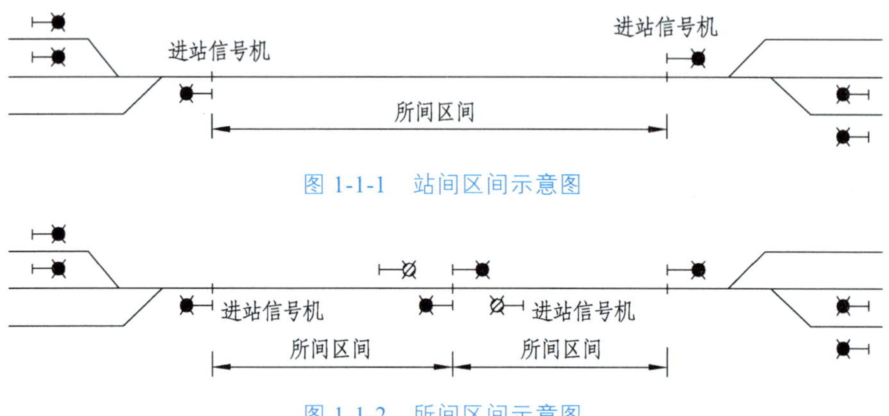

图 1-1-1　站间区间示意图

图 1-1-2　所间区间示意图

3. 闭塞分区

为提高行车效率，在区间设置多个通过信号机进一步将区间线路划分成若干个独立的“小”区段，称为闭塞分区，如图 1-1-3 所示。

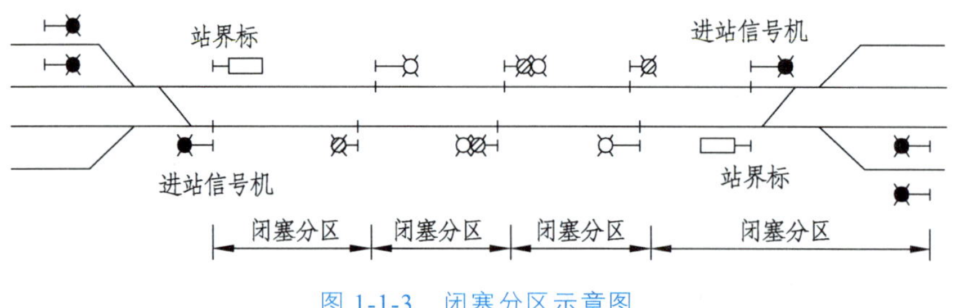

图 1-1-3　闭塞分区示意图

知识点 2　时间间隔法和空间间隔法

安全间隔可分为时间间隔和空间间隔。

1. 时间间隔法

最早采用的闭塞制度是时间间隔法，即前行列车和追踪列车之间必须保持一定时间间隔的行车方法。当前行列车出发后，经过一定的时间，才允许后续列车出发。

这种方法的缺点是不能确切地得到前行列车的运行情况，由于前行列车可能在途中减速或因故停留在区间，而且列车运行速度可能和预定计划不一致，故此方法很不可靠。列车晚点会打乱行车时刻表，因此需用路票的办法予以辅助。电报和电话应用于铁路行车即所谓电报或电话闭塞，曾起过重要的作用，但当联系错误时，会危及行车安全，不能保证列车在区间的安全运行，已淘汰。

2. 空间间隔法

空间间隔法是控制前行列车和追踪列车之间保持一定空间距离的行车方法。一般以相邻两车站之间作为一个区间，或将区间的铁路线路划分为若干个闭塞分区，一个区间或一个闭塞分区同时只能允许一列列车运行，因此能保证行车安全。目前，我国采用这种闭塞方法。

知识点 3　闭塞及闭塞系统的认识

车站向区间发车时，必须确认区间无车。在单线区间又必须防止两站同时向同一个区间发车。为此要求按照一定的方法组织列车在区间的运行。用信号或凭证，保证列车按照空间间隔制运行的技术方法称为行车闭塞法，简称闭塞。通俗来讲是指当有一列车占用区间或闭塞分区时，保证其他列车不能再进入的方法。用以完成闭塞作用的系统称为闭塞系统。闭塞系统的作用是保证列车在区间运行的安全间隔。

知识点 4　区间闭塞设备的发展

19 世纪 40 年代以前，列车运行是采用时间间隔法，即先行列车发出后，隔一定时间再发出同方向的后续列车。这种方法的主要缺点是不能确保安全。当先行列车运行不正常时（晚点或中途停车等），有可能发生后续列车撞上前行列车的追尾事故。1842 年，英国人库克提出了空间间隔法，即先行列车与后续列车间隔开一定空间的运行方法。因为它能较好地保证行车安全而被广泛采用，逐步形成铁路区间闭塞制度。1876 年电话发明后，不久就有了电话闭塞。电话（电报）闭塞靠人工保证行车安全，两站间没有设备上的锁闭关系。1878 年，英国人泰尔研制成功电气路牌机。1889 年，发明了电气路签机。

中国铁路早期实行单路签行车方式，如京奉（今京沈）铁路（1903 年以前）、沪宁铁路（1913 年以前）均采用单路签行车制。从 1903 年起，中国主要铁路干线相继装设电气路签和电气路牌机，在相当长的岁月里，它们一直是铁路行车闭塞的主要方式。1925 年，秦皇岛—南大寺开通了半自动闭塞，随后扩展到唐山—山海关。1924 年，大连—金州、苏家屯—沈阳开始采用自动闭塞，1933 年，大连—沈阳全线开通自动闭塞。中华人民共和国成立后，铁路区间闭塞设备发展迅速，即由人工闭塞逐步更新为半自动闭塞和自动闭塞；自行研制的继电半自动闭塞设备性能稳定、操作方便，在中国铁路上得到了广泛应用。1955 年，中国开始新建自动闭塞，随着铁路列车运行速度、密度的不断提高，机车信号主体化、列控系统的发展需求，作为列控系统重要基础设备之一的轨道电路设备也得到了很好的发展和提高。

如图 1-1-4 所示，行车闭塞制式大致经历了电报或电话闭塞—路签或路牌闭塞—半自动闭塞—自动闭塞的发展过程，自动闭塞又经历了以地面信号为主的自动闭塞和带有列控系统的自动闭塞，电报或电话闭塞、路签或路牌闭塞及半自动闭塞均采用站间闭塞方式。

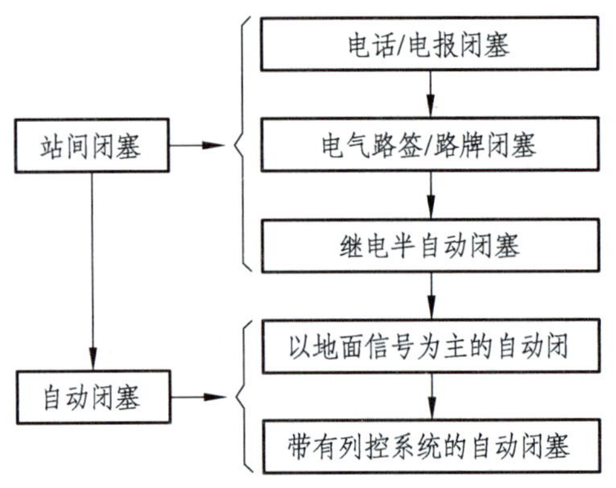

图 1-1-4　行车闭塞制式示意

1. 电话闭塞和电报闭塞

电报或电话闭塞是最初采用闭塞制式的人工闭塞，由车站值班员用电报或电话进行联系实现区间闭塞。这是完全的人工闭塞，没有任何技术保证。

区间两端车站值班员用电话或电报办理行车联络手续，由发车站填制路票，发给司机作为列车占用区间凭证的行车闭塞法。目前，中国铁路只在基本闭塞设备停用或发生故障时，将电话闭塞作为代用闭塞法使用。

2. 电气路签（牌）闭塞

这种方法只在单线铁路早期使用，以路签或路牌作为列车占用区间凭证的行车闭塞法。区间两端车站装设同一型号闭塞机各一台（称为一组），彼此有电气锁闭关系。当一组闭塞机中存放路签（牌）总数为偶数时，经双方协同操作，发车站可取出一枚路签（牌），递交司机作为行车凭证。在列车到达前（即路签、路牌未放入闭塞机以前），这一组闭塞机中不能再取出第二枚路签（牌），用此方法确保同一时间只有一列车占用区间。

电气路签（牌）闭塞的缺点：办理手续烦琐，向司机递送签（牌）费时费事，签（牌）还有可能丢失和损坏；区间通过能力低。中国铁路上电气路签（牌）闭塞已被淘汰。

3. 半自动闭塞

半自动闭塞区间两端车站各装设一台具有相互电气锁闭关系的半自动闭塞机，并以出站信号机开放显示为行车凭证的闭塞方法。此时，在车站进站信号机内侧设有一小段专用轨道电路，它和闭塞机、出站信号机间也具有电气锁闭关系，其特点是出站信号机不能任意开放，它受闭塞机控制，只有区间空闲时，双方办理闭塞手续后（双线半自动闭塞为前次列车的到达复原信号）才能开放。列车出发离开车站时，出站信号机自动关闭，并使双方闭塞机处于“区间闭塞”状态，直到列车到达接车站办理到达复原时止。半自动闭塞法办理手续简便，效率高，可比路签（牌）闭塞法提高区段通过能力，改善劳动条件。但区间轨道是否完整，到达列车是否完整，目前仍须通过人工检查才能确定。半自动闭塞现在是中国单线铁路区间闭塞的主要方式。

4. 自动闭塞

半自动闭塞因没有区间空闲检查设备，列车完整到达需要人为确认，存在不安全因素。在半自动闭塞的基础上增加区间空闲检查设备——计轴器或长轨道电路，可完成闭塞手续和到达复原的自动办理，构成自动站间闭塞。自动站间闭塞的安全程度有了很大提高，而且无须确认列车完整到达，缩短了车站办理接/发车时间，相应地提高了区间通过能力。

自动闭塞是利用通过信号机把区间划分为若干个装设轨道电路的闭塞分区，通过轨道电路将列车和通过信号机的显示联系起来，使信号机的显示随着列车运行位置而自动变换的一种闭塞方式。双线单方向自动闭塞是在每个闭塞分区始端都设置一架防护该分区的通过色灯信号机。这些信号机平时显示绿灯，称为“定位开放式”；只有当列车占用该闭塞分区（或发生断轨故障）时，才自动显示红灯，要求后续列车停车。

自动闭塞的优点：由于划分成闭塞分区，可用最小运行间隔时间开行追踪列车，从而大大提高区间通过能力；整个区间装设了连续的轨道电路，可以自动检查轨道的完整性，提高了行车安全的程度。

路签（牌）闭塞、半自动闭塞、自动站间闭塞都是以整个区间作为行车间隔的，都属于站间闭塞的范畴。自动闭塞是以闭塞分区作为行车间隔的，区间线路利用率更高。

知识点 5　闭塞系统的运用

目前，在我国铁路双线多采用自动闭塞，单线多为半自动闭塞，有部分单线为自动站间闭塞，路签（牌）闭塞早已不再使用。电话闭塞则是当上述基本闭塞设备不能使用时，根据列车调度员的命令所采用的代用闭塞方法。

【任务实施】

1. 名词解释

区间：

闭塞：

区间分类：

2. 划分图 1-1-5 所示线路的区间的范围

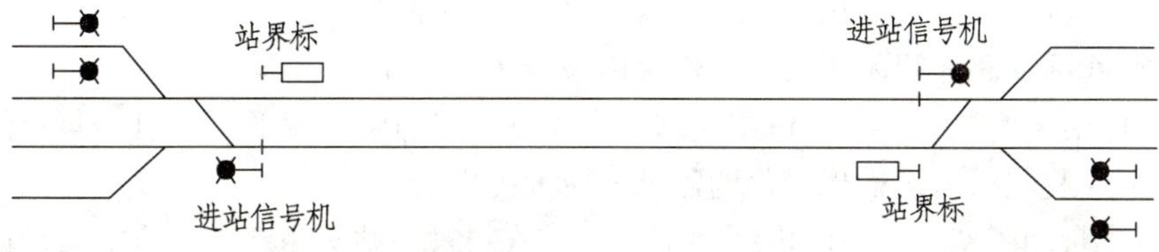

图 1-1-5　区间划分

【考核评价】

序号	考核点	评分点	分值	得分
1	闭塞的基本概念	区间的划分	30	
		闭塞分区的划分	20	
		列车运行间隔制度的理解	20	
		区间闭塞设备的发展	10	
2	课堂表现	态度认真、积极参与、遵守纪律	20	
3	教师评语			
总分			100	

【巩固提高】

1. 填空题

（1）自动闭塞反方向运行时，列车间的行车间隔是________________。

（2）半自动闭塞，列车间的行车间隔是____________________、__________________。

（3）我国铁路区间行车组织采用_______________间隔法，行车空间包括_______________、____________________、__________________。

（4）自动站间闭塞是在半自动闭塞基础上增加 ____________________________，设备包括__________________和_________________。

（5）自动闭塞不需要办理_______________，又可以开行___________________，既保证了行车安全又提高了运输效率。

2. 选择题

（1）目前，我国铁路区间闭塞是利用（　　）来间隔行车的。

A. 车速　B. 时间　C. 空间　D. 前后车距离

（2）自动闭塞区间的行车间隔空间是（　　）。

A. 站间区间　B. 所间区间　C. 车站　D. 闭塞分区

（3）自动站间闭塞区间行车安全由（　　）来防护。

A. 通过信号机　B. 出站信号机　C. 进站信号机　D. 调车信号机

（4）目前我国铁路区间闭塞的后备代用模式为（　　）。

A. 电话闭塞　B. 电报闭塞　C. 半自动闭塞　D. 自动闭塞

（5）为适应我国铁路运输现代化的需求，应大力发展（　　）。

A. 半自动闭塞　B. 电话闭塞　C. 自动站间闭塞　D. 自动闭塞

3. 简答题

（1）与时间间隔法比，空间间隔法有哪些优点？

（2）结合闭塞分区的概念及区间的分界线，思考闭塞分区的分界。

工作任务 1.2　闭塞系统认知

【学习目标】

知识目标	能力目标	素质目标
1. 掌握半自动闭塞的设备组成及基本原理。 2. 掌握自动站间闭塞的概念、设备组成及基本原理。 3. 掌握自动闭塞的设备组成及基本原理。 4. 掌握半自动闭塞自动站间闭塞、自动闭塞列车的行车凭证	1. 能正确认识半自动闭塞的设备。 2. 能正确认识自动闭塞的设备。 3. 能正确区分半自动闭塞、自动站间闭塞、自动闭塞	1. 培养安全意识，让学生理解遵守交通规则和安全操作的重要性。 2. 培养学生的团队合作能力和观察能力

【任务引导】

引导问题 1：闭塞就是用信号或凭证保证列车按照空间间隔制运行的技术方法。目前我国现行的主要闭塞制式有哪些？

引导问题 2：三显示及四显示通过信号机的含义是什么？

【工具器材】

64D 半自动闭塞设备、自动闭塞设备。

【相关知识】

知识点 1　半自动闭塞系统

1. 半自动闭塞的定义

半自动闭塞是以人工确认区间空闲，发车后由轨道电路判断车辆进入区间后自动把区间设置为占用状态的闭塞方法。此种闭塞需人工办理闭塞手续，列车凭出站信号机的显示发车，列车出发后，出站信号机能自动关闭，所以叫作半自动闭塞。车辆进入区间后，轨道电路会联锁控制色灯信号机，把占用信息通知到双方车站。车辆到达后，仍需要人工检查车辆到达编组完整，由人工把区间状态复原为空闲状态。

半自动闭塞是用人工来办理闭塞及开放出站信号机，而由出发列车自动关闭出站信号机实现区间闭塞的一种闭塞方式。

继电半自动闭塞是以继电电路的逻辑关系来完成两站间闭塞作用的闭塞方式。我国单线铁路采用 64D 型继电半自动闭塞。

单线继电半自动闭塞如图 1-2-1 所示。在一个区间的相邻两站各设一对半自动闭塞机（BB），并经两站间的闭塞电话线连接起来，通过两站半自动闭塞机的相互控制，保证一个区间同一时间内只有一趟列车在运行。

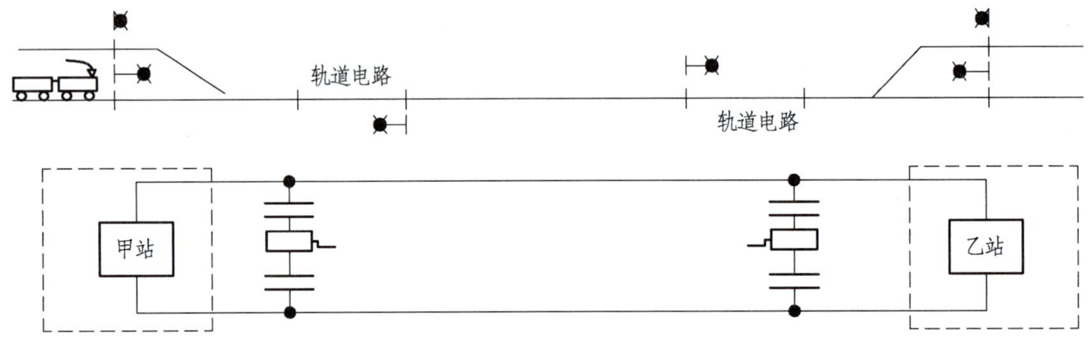

图 1-2-1　单线继电半自动闭塞示意

2. 继电半自动闭塞的组成

64D 继电半自动闭塞设备由半自动闭塞机、半自动闭塞用的接发车轨道电路、操纵和表示设备及闭塞电源、闭塞电话、闭塞外线等组成，如表 1-2-1 所示。此外，在控制电路中还包括了车站的进、出站信号机的控制条件。为了实现闭塞设备之间的相互联系与控制，在相邻两车站上属于同一区间的两台闭塞机之间，用两条外线连接。半自动闭塞设备间的联系如图 1-2-2 所示。

表 1-2-1　半自动闭塞准备清单

设备	闭塞机	轨道电路	操作和表示设备	闭塞电源	闭塞外线
组成及作用	由继电器、电阻、电容器等元件组成，以继电电路的逻辑关系来完成两站间的闭塞作用	监督列车的出发和到达	按钮、表示灯、电铃和计数器等组成，用来提供操作手段和表示信息	为系统提供连续不间断的电源	实现甲乙两站闭塞机的联系

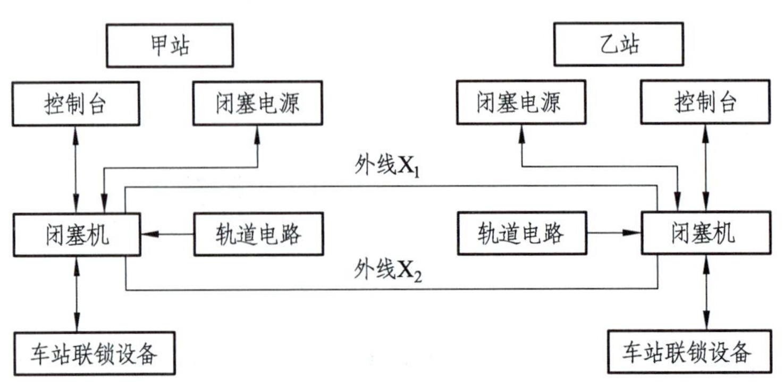

图 1-2-2　64D 型继电半自动闭塞设备间的联系示意

知识点 2　自动站间闭塞系统

目前，我国铁路在单线区段普遍使用 64D 型继电半自动闭塞，由于没有区间检查设备，区间的占用或空闲及列车是否完整到达均需由车站值班员人工确认，因此，存在着不安全因素。一旦车站值班员违章和疏忽，错误办理解除闭塞而向有车占用的区间发车，就会造成车毁人亡的重大事故。为确保单线区段的行车安全，完善和改进现有 64D 型继电半自动闭塞的功能，提高运输效率，减轻车站值班人员的劳动强度，中国国家铁路集团有限公司（以下简称国铁集团）在行车安全措施中，要求逐步对现有的半自动闭塞进行技术改造，增加区间空闲与占用状态的检查设备。

1. 自动站间闭塞系统的定义

自动站间闭塞是在半自动闭塞基础上发展起来的闭塞方法，区间两端车站的出站信号机和轨道检查装置构成联锁关系，采用轨道检查装置自动检查区间空闲，列车以站间区间为间隔运行，通过办理发车进路和检查列车出清区间的方式，自动实现区间闭塞和区间开通，它与自动闭塞相比，两站间不划分闭塞分区，也不设通过信号机，两站之间作为一个闭塞分区。

如图 1-2-3 所示，在半自动闭塞区段，配套计轴设备或长轨道电路，可自动确认列车是否完整到达，使区间闭塞设备自动复原，构成自动站间闭塞。

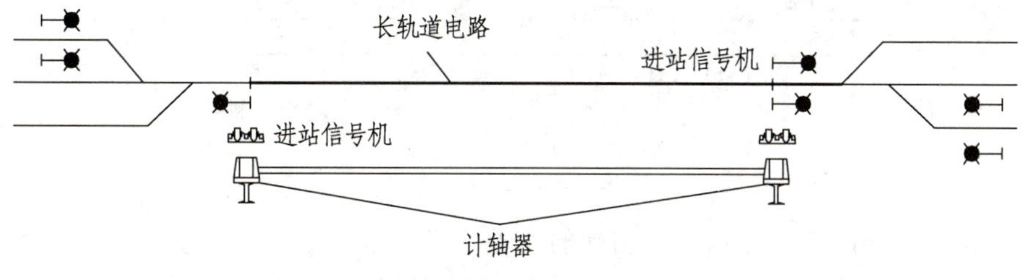

图 1-2-3　单线自动站间闭塞示意

2. 自动站间闭塞的类型

自动站间闭塞分两种：一种是在现有 64D 型继电半自动闭塞的基础上增加计轴设备或长轨道电路构成的自动站间闭塞；另一种是在双线双向自动闭塞区段，反方向按自动站间闭塞运行。

知识点 3　自动闭塞系统

自动闭塞是根据列车运行及有关闭塞分区状态，自动变换通过信号机显示而司机凭信号行车的闭塞方法，它是一种先进的行车闭塞方法。自动闭塞是在列车运行过程中自动完成闭塞作用的。自动闭塞利用通过信号机把区间划分为若干个装设轨道电路的闭塞分区，通过轨道电路将列车和通过信号机的显示联系起来，使信号机的显示随着列车运行位置变化而自动变换的一种闭塞方式。根据列车运行及闭塞分区的情况，通过色灯信号机可以自动变换显示，列车凭信号机的显示行车，这种闭塞方法完全是自动控制进行的，不需要人工操纵，故叫作自动闭塞。

按通过信号机的显示制式自动闭塞分为三显示自动闭塞和四显示自动闭塞，三显示自动闭塞的通过信号机具有 3 种显示，能预告列车运行前方两个闭塞分区的状态。三显示自动闭塞如图 1-2-4 所示，当通过信号机所防护的闭塞分区被列车占用时显示红灯；仅它所防护的闭塞分区空闲时显示黄灯；其运行前方有两个及以上的闭塞分区空闲时显示绿灯。

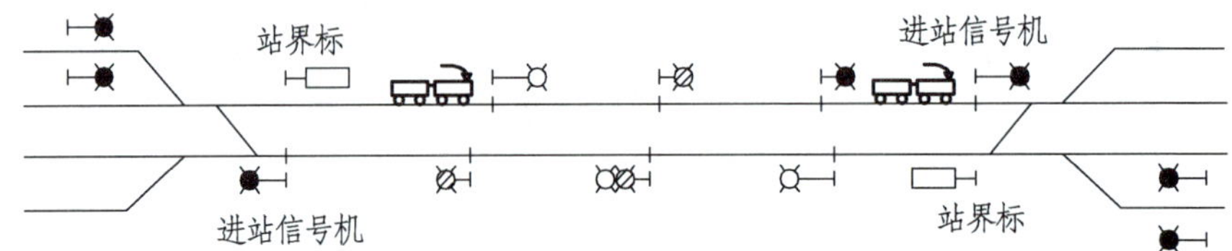

图 1-2-4　三显示自动闭塞示意

四显示自动闭塞是在三显示自动闭塞的基础上增加一种绿黄显示，四显示自动闭塞如图 1-2-5 所示。它能预告列车运行前方三个闭塞分区的状态，规定列车以规定的速度越过绿黄显示后必须减速，以使列车在抵达黄灯显示下运行时不大于规定的黄灯允许速度，保证在显示红灯的通过信号机前停车；而对于低速、制动距离短的列车越过绿黄显示后可不减速。

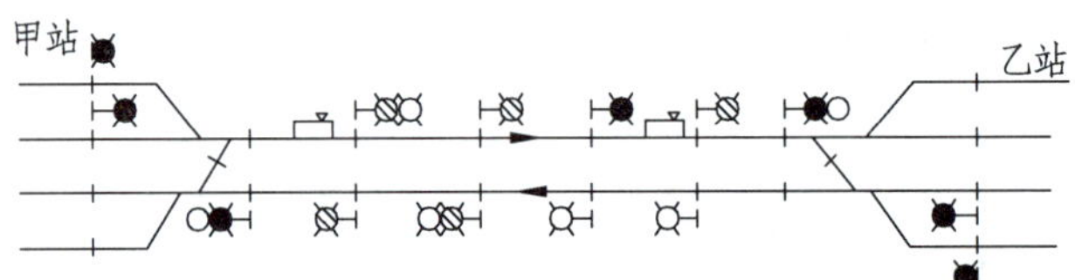

图 1-2-5　四显示自动闭塞示意

四显示自动闭塞的信号显示具有明确的速差含义，是真正意义的速差式自动闭塞，列车按规定的速度运行，能确保行车安全。四显示自动闭塞能缩短列车运行间隔，缩短闭塞分区长度，提高运输效率，因此，其得到了大力发展。

【任务实施】

1. 半自动闭塞、自动站间闭塞、自动闭塞的比较

制式特点	半自动闭塞	自动站间闭塞	自动闭塞
划分的行车空间			
空间占用检查设备			
是否自动实现闭塞			
进入行车空间的凭证			
技术设备			

2. 三显示及四显示通过信号机的含义

通过信号机显示	三显示自动闭塞通过信号机显示的含义	四显示自动闭塞通过信号机显示的含义
红灯		
黄灯		
绿黄	—	
绿灯		

【考核评价】

序号	考核点	评分点	分值	得分
1	闭塞系统的认知	半自动闭塞系统的组成及概念	20	
		自动站间闭塞系统的类型及概念	20	
		自动闭塞系统的概念及分类	20	
		自动闭塞、自动站间闭塞、半自动闭塞的比较	10	
2	两种自动闭塞系统的认知	三显示及四显示自动闭塞系统通过信号机显示含义	10	
3	课堂表现	态度认真、积极参与、遵守纪律	20	
4	教师评语			
总分			100	

【巩固提高】

1. 填空题

（1）我国铁路现行的三种基本闭塞制式是____________________、____________________、____________________。

（2）半自动闭塞设备主要由闭塞电源、轨道电路、__________________、______________、____________________等组成。

（3）自动闭塞利用通过信号机把区间划分为若干个装设轨道电路的______________，通过________________将列车和通过信号机的显示联系起来，使信号机的显示随着列车运行位置变化而自动变换的一种闭塞方式。

2. 选择题

（1）自动站间闭塞区间行车安全由（　　）来防护。

A. 通过信号机　　B. 出站信号机　　C. 进站信号机　　D. 调车信号机

（2）（　　）是真正意义上的速差式自动闭塞。

A. 三显示自动闭塞　B. 四显示自动闭塞　C. 半自动闭塞　D. 电话闭塞

3. 简答题

（1）搜集资料，谈谈三显示自动闭塞和四显示自动闭塞的区别。

（2）自动站间闭塞有哪几种类型？

项目 2

半自动闭塞系统维护

工作任务 2.1　半自动闭塞认知　□□□

【学习目标】

知识目标	能力目标	素质目标
1. 掌握半自动闭塞的定义。 2. 了解半自动闭塞设备的技术特征及条件。 3. 掌握半自动闭塞设备组成。 4. 了解闭塞的办理方式的种类	1. 熟悉半自动闭塞的作用。 2. 掌握半自动闭塞技术条件。 3. 能正确掌握半自动闭塞各组成部分的作用。 4. 了解半自动闭塞的基本原理	1. 积累经验，丰富铁路信号知识，争做一名合格的铁路信号工。 2. 培养爱岗敬业、遵章守法

【任务引导】

引导问题 1：什么半自动闭塞？它有哪些种类？

引导问题 2：半自动闭塞的组成及各部分的作用是什么？

【工具器材】

64D 型继电半自动闭塞机。

【相关知识】

闭塞设备是保证列车在区间上运行安全的重要设备。区间是指相邻两个车站之间的线路。根据区间线路的数目，可分为单线区间、双线区间和多线区间。当车站向区间发车时，必须确认区间空闲，才能办理发车进路。单线区间必须防止双方车站同时向一个区间发车，双线区间必须防止列车的追尾。因此，必须按照一定的行车方法组织列车在区间运行。组织列车在区间上运行有时间间隔和空间间隔法两种组织方法。在实际运用中，最常用的是空间间隔法。按照空间间隔法组织列车在区间上运行的行车方法就是闭塞。当列车进入区间后，区间就闭塞了，其实就是把列车封闭在一个空间中，不允许其他列车进入，保证在同一时间同一区间上，只有一列列车在运行。只有本次列车出清该区间后，下次列车才能进入。这样才能保证列车在区间上的行车安全。

按照闭塞的办理方式，可分为半自动闭塞和自动闭塞。目前，64D 型继电半自动闭塞电路设计严密、逻辑性强，本任务将以它为例进行介绍。

知识点 1　半自动闭塞主要技术条件

（1）单线区间，只有在本站发出请求发车信息并收到对方站（线路所）的同意接车信息之后，发车站闭塞机才能开通，出站或通过信号机才能开放。

（2）双线区间，只有在前行列车到达接车站，并收到接车站的到达复原信息之后，闭塞机才能开通，出站或通过信号机才能开放。

（3）出站信号机开放后，列车出发前，发车站应在发车进路解锁后才能取消闭塞。

（4）列车从发车站进入区间，出站信号机应自动关闭，并使双方站闭塞机均处于闭塞状态。列车到达接车站前，不得解除闭塞。列车占用的区间，有关的出站信号机不得开放。

（5）列车到达接车站后，发车站未得到接车站列车完全到达信息时，不得解除闭塞。

（6）半自动闭塞设备，应保证发送电话振铃信号时，不干扰闭塞设备的正常工作。

（7）半自动闭塞站间传输线路必须采用实线回路。

（8）当继电半自动闭塞设备的传输线路任何一处发生断线、混线、混电、接地、外电干扰、元件故障、轨道电路失效或错误办理时，均应保证闭塞机不错误开通。

（9）继电半自动闭塞电源停电恢复时，闭塞机应处于闭塞状态，只有用事故按钮办理，方能使闭塞机复原。

（10）继电半自动闭塞采用架空线（ϕ4.0 mm 铁线）时，其直流电阻 11 Ω/km，经运用腐蚀后最大不超过 14.7 Ω/km。

（11）继电半自动闭塞的线路电源应使对方站（或线路所）的线路继电器得到不小于其工作值 120%的电压，同一车站的上下行闭塞机的线路电源应分开设置。

知识点 2　继电半自动闭塞及其分类

以继电电路的逻辑关系来完成两站间闭塞作用的半自动闭塞称为继电半自动闭塞。

我国铁路采用的是 64 型继电半自动闭塞。64 型继电半自动闭塞分为 64D 型、64F 型和 64Y 型。64D 型用于单线，64F 型用于双线，64Y 型是带预办功能的半自动闭塞。目前大量使用的是 64D 型继电半自动闭塞。

知识点 3　继电半自动闭塞的组成

1. 单线继电半自动闭塞设备

单线继电半自动闭塞设备如图 2-1-1 所示。

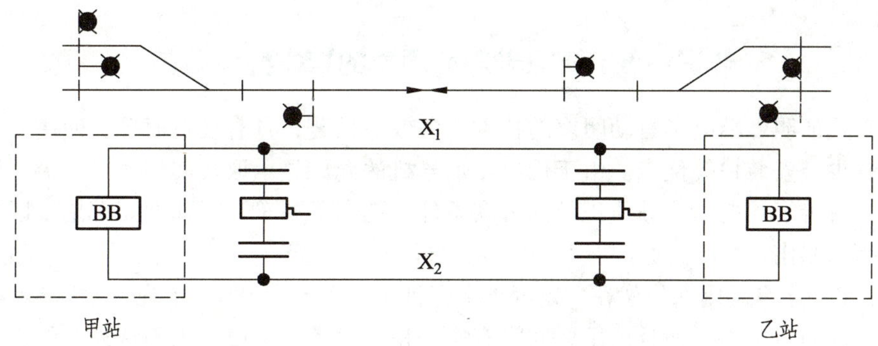

图 2-1-1　单线继电半自动闭塞示意

在一个区间的相邻两站设一对半自动闭塞机（简称 BB），并经过两站间的闭塞电话线连接起来，通过两站半自动闭塞机的相互控制，保证一个区间同时只有一趟列车运行。

2. 继电半自动闭塞设备之间的联系

继电半自动闭塞设备由半自动闭塞机、半自动闭塞用的轨道电路、操纵和表示设备及闭塞电源、闭塞外线等组成。此外，在控制电路中还包括了车站的出站信号机的控制条件。它们之间以电线相连，借以实现彼此间的电气联系。为了实现闭塞设备之间的相互联系与控制，在相邻两车站上属于同一区间的两台闭塞机之间，用两条外线连接。两站继电半自动闭塞设备之间的联系如图 1-2-2 所示。

3. 半自动闭塞各组成部分作用

（1）半自动闭塞机是闭塞设备的核心，它由继电器、电阻、电容器等元件组成，以继电电路的逻辑关系来完成两站间的闭塞作用。

（2）轨道电路监督列车的出发和到达。

（3）操作和表示设备有按钮、表示灯、电铃和计数器等，用来提供操作手段和表示信息。

（4）闭塞电源分为局部电源和线路电源，保证闭塞机不间断地供电。

（5）闭塞外线联系两站的闭塞机及车站值班员联系电话。

知识点 4　继电半自动闭塞的基本原理

（1）发车站要向区间发车，必须检查区间空闲，经两站车站值班员同意，办理闭塞手续后区间才能开通，发车站的出站信号机或线路所的通过信号机才能开放。

（2）列车进入区间后，发车站的出站信号机或线路所的通过信号机自动关闭，而且在列车未到达接车站以前，向该区间发车用的所有信号机都不得开放。

（3）列车到达接车站，由车站值班员确认列车整列到达，办理到达复原后，使两站闭塞机复原。

（4）继电半自动闭塞可用于电气化和非电气化区段，能与各种联锁设备相结合。

知识点 5　继电半自动闭塞的技术经济效益

运用实践证明，继电半自动闭塞的技术经济效益显著，具有设备简单、使用方便、维修容易、投资少、安装快等优点。由于用出站信号机的允许显示取代实物凭证，极大地提高了行车安全，改善了司机、车站值班员的劳动条件，提高了列车运行速度。在单线区段，与路签（牌）闭塞相比，可提高通过能力 20%～30%。

但是，采用半自动闭塞虽然在一定程度上保证了行车安全，但不能充分发挥铁路线路（尤其是双线）的通过能力。而且由于区间没有空闲检查设备，须由人工确认列车的整列到达，尤其是事故复原的安全操作得不到保证，所以行车安全程度不高，影响运输效率。

【任务实施】

（1）简述半自行闭塞概念。

（2）简述半自行闭塞主要技术条件。

（3）简述继电半自动闭塞的分类。

（4）结合图 1-2-2 讲解半自动闭塞设备间的联系。

【考核评价】

序号	考核点	评分点	分值	得分
1	理论分析	半自动闭塞定义和技术特征及条件、分类	15	
		半自动闭塞的组成及各部分作用	25	
2	设计与提高	能正确说出继电半自动闭塞各组成部分的作用	25	
		能正确掌握继电半自动闭塞的工作原理	15	
3	课堂表现	认真学习，勤于思考，不懂就问	20	
总分			100	

【巩固提高】

1. 填空题

（1）64 型继电半自动闭塞分为___________、_____________、___________。

（2）我国铁路现行的三种基本闭塞制式是___________、_____________、___________。

（3）半自动闭塞是用__________来办理闭塞及开放________信号机，而由出发列车自动关闭________信号机实现区间闭塞的一种闭塞方式。

（4）64D 型继电半自动闭塞设备由半自动_________、轨道电路、________和________、及闭塞电源、__________等组成。

2. 简答题

什么是半自动闭塞？它的技术特征是什么？

工作任务 2.2　64D 型继电半自动闭塞系统认知

【学习目标】

知识目标	能力目标	素质目标
1. 掌握 64D 型半自动闭塞设备的组成及各部分的作用，两站间传递的闭塞信号。 2. 掌握 64D 型半自动闭塞的正常办理、取消复原和事故复原的办理方法	1. 掌握 64D 型半自动闭塞正常办理的操作，了解表示灯的变化情况。 2. 能根据 64D 型半自动闭塞正常办理过程，掌握取消复原的办理方法。 3. 能根据 64D 型半自动闭塞故障情况，掌握事故复原的办理方法	1. 培养学生动手及观察能力。 2. 掌握现代铁路信号设备知识，为以后的铁路信号设备维修工作打下基础

【任务引导】

引导问题 1：继电半自动闭塞区段，列车向区间发车的凭证是什么？

引导问题 2：64D 型继电半自动闭塞的操纵和表示设备有哪些，它们的作用是什么？

引导问题 3：64D 型继电半自动闭塞在什么情况下采用取消复原和事故复原？它们在操作方法上有什么不同？

【工具器材】

64D 型继电半自动闭塞机。

【相关知识】

知识点 1　64D 型继电半自动闭塞的作用及特点

1. 半自动闭塞系统的作用

（1）甲站要向乙站发车，必须保证区间空闲并得到乙站同意后，才能开放出站信号机。
（2）列车从甲站出发后，区间闭塞，两站都不能向该区间发车。
（3）列车到达乙站，车站值班员确认列车整列到达，办理到达复原后，区间才能解除闭塞。

2. 半自动闭塞系统的主要特点

（1）发车站和接车站值班员按照“请求—同意”方式共同办理闭塞，大大提高了设备的可靠性。

（2）采用三个不同极性的脉冲构成允许发车信号，而且请求发车信号检查了接车站闭塞机和外线的良好状态，从而提高了闭塞设备的安全性。

（3）在办理闭塞后、开放进站或出站信号机前，允许进行站内调车、变更进路和取消闭塞，提高了车站作业效率，适应我国铁路运输的需要。

（4）闭塞电路设计严密，办理手续简便，表示方式清楚。闭塞外线可与既有的闭塞电话线共用；使用的继电器和元件类型少；功耗低，可以用于无交流电源区段；能与各种车站信号设备相结合。

知识点 2　64D 型继电半自动闭塞电路原理

1. 电路设计原则

在继电半自动闭塞区段，出站信号机显示的绿色信号是列车向区间运行的凭证，所以对出站信号机必须实行严密的控制。在单线区段，为确保“一个区间同时只允许一列列车运行”的原则，首先应排除区间两端的出站信号机同时开放的可能性，当区间内已有一列列车运行时，两站的出站信号机应不能开放。因此，为了保证行车安全，64D 型单线继电半自动闭塞电路按以下原则进行设计：

（1）为了防护外界电流的干扰，采用“+、−、+”3 个不同极性的直流脉冲组合构成允许发车信号。即发车站要发车时，先向接车站发送一个正极性脉冲的请求发车信号，随后由接车站自动发回一个负极性脉冲的回执信号，并且要求收到接车站发来一个正极性脉冲的同意接车信号之后，发车站的出站信号机才能开放。

（2）列车自发车站出发，进入发车站轨道电路区段时，使发车站的闭塞机闭塞，并自动地向接车站发送一个正极性脉冲的列车出发通知信号。这个信号断开接车站的复原继电器电路，保证在列车未到达接车站之前，任何外界电流干扰或发车站错误办理，既不能构成发车站允许发车条件，也不能构成接车站闭塞机的复原条件，从而保证了列车在区间运行的安全。

（3）只有列车到达，并出清接车站轨道电路区段，车站值班员确认列车完整到达，并发送负极性脉冲的到达复原信号之后，才能使两站闭塞机复原，区间才能解除闭塞。

（4）闭塞机的开通和闭塞等控制电路，是以闭路式原理构成的，并采用安全型继电器，因此当发生瞬间停电或断线等故障时，均能满足“故障-安全”要求。

2. 两站间传递的闭塞信号

根据单线继电半自动闭塞电路构成原理的要求，并考虑到当发车站办理请求发车后的取消复原，以及当闭塞设备发生故障时的事故复原，两站间应该传送以下 7 种闭塞信号：请求发车信号、自动回执信号、同意接车信号、出发通知信号、到达复原信号、取消复原信号、事故复原信号。

在 64D 型单线继电半自动闭塞中，用正极性脉冲作为办理闭塞用的信号，用负极性脉冲作为闭塞机的复原信号。为了提高安全性，在请求发车和同意接车两个正极性信号之间，又增加一个负极性的自动回执信号。因此，构成允许发车条件，必须具有“+、−、+”3 个直流脉冲的组合，而接发一列列车，应在线路上顺序传送“+、−、+、+、−”5 个直流脉冲的组合。所以，如果外来单一极性脉冲或多个不同顺序的脉冲干扰，既不能构成允许发车条件，也不能完成一次列车的接发车过程。64D 型继电半自动闭塞两站间传送的闭塞信号如图 2-2-1 所示。

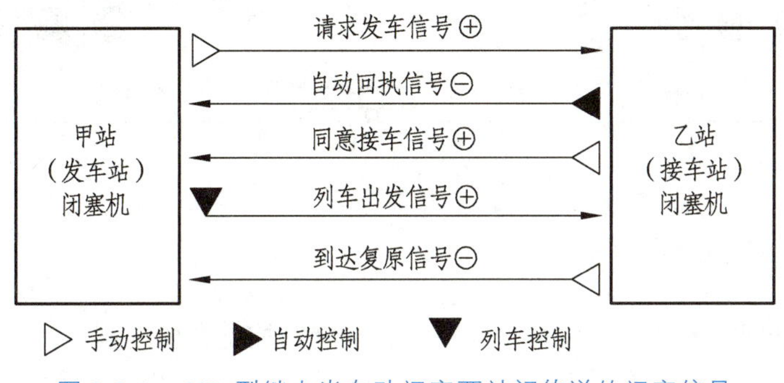

图 2-2-1　64D 型继电半自动闭塞两站间传送的闭塞信号

知识点 3　64D 型继电半自动闭塞设备的组成

64D 型继电半自动闭塞设备由半自动闭塞机、半自动闭塞用的轨道电路、操纵和表示设备及闭塞电源、闭塞外线等部分组成。此外，在控制电路中还包括了车站的出站信号机的控制条件。它们之间以电线相连，以实现彼此间的电气联系。为了实现闭塞设备之间的相互联系与控制，在相邻两车站上属于同一区间的两台闭塞机之间，用两条外线连接。

1. 轨道电路

64D 型继电半自动闭塞在每个车站两端进站信号机的内方需装设一段不小于 25 m 的轨道电路，其作用，一是监督列车的出发，使发车站闭塞机闭塞；二是监督列车的到达，然后由接车站值班员办理到达复原。由于这两个作用（尤其是第一个作用）的重要性，即轨道电路的动作直接影响行车安全，所以要求轨道电路不仅能稳定可靠地工作，而且要能满足“故障-安全”的要求。

继电半自动闭塞的发车轨道电路应采用闭路式，因为当轨道电路发生断线或瞬间断电等故障时，轨道继电器落下，使闭塞机处于闭塞状态。继电半自动闭塞的接车轨道电路应采用开路式，因为，当发生断线或瞬间断电故障时，轨道继电器不动作，不会使闭塞机构成虚假到达。单线继电半自动闭塞区段由于接、发车轨道电路是共用的，故采用闭路式为好。

当采用一段开路式轨道电路时只要一处断线，列车出发时就会产生闭塞机不闭塞的故障，可能造成重大行车事故，因此为保证行车安全，不准只采用一段开路式轨道电路。

由上述分析，单线继电半自动闭塞专用轨道电路最好采用两段：一段开路式和一段闭路式。这样，既能满足接车轨道电路的要求，又能满足发车轨道电路的要求。

2. 操纵和表示设备

单线继电半自动闭塞的操纵和表示设备有按钮、表示灯、电铃和计数器等，这些元件安装在信号控制台上，如图 2-2-2 所示。

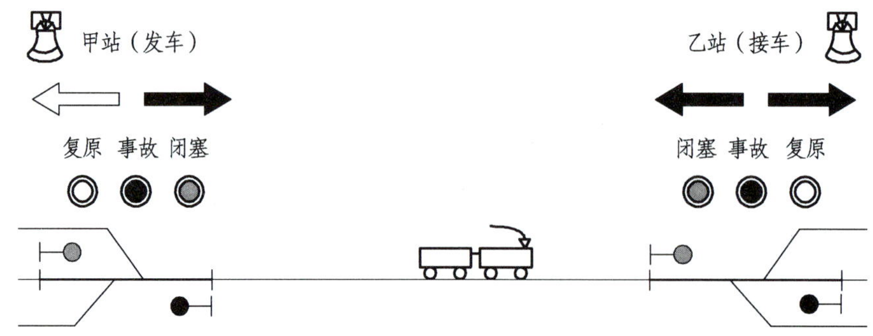

图 2-2-2　64D 型继电半自动闭塞操作及表示设备

1）按　钮

为了办理两站间的闭塞和复原每个咽喉半自动闭塞控制台要设：

（1）闭塞按钮 BSA：二位自复式按钮，办理请求发车或同意接车时按下。

（2）复原按钮 FUA：二位自复式按钮，办理到达复原或取消复原时按下。

（3）事故按钮 SGA：二位自复式按钮，平时加铅封。当闭塞机因故不能正常复原时，破封按下，使闭塞机复原。

2）表示灯

车站的每一个接发车方向各设继电半自动闭塞表示灯两组。

（1）发车表示灯 FBD：由黄、绿、红 3 个光点式表示灯组成。表示灯经常熄灭，黄灯点亮表示本站请求发车，绿灯点亮表示对方站同意发车，红灯点亮表示发车闭塞。

（2）接车表示灯 JBD：由黄、绿、红 3 个光点式表示灯组成。表示灯经常熄灭，黄灯点亮表示对方站请求接车，绿灯点亮表示本站同意接车，红灯点亮表示接车闭塞。当接、发车表示灯同时点亮红灯时，表示列车到达。

每组 3 个表示灯用箭头围在一起，箭头表示列车运行的方向。表示灯的排列顺序为，从箭头方向起为黄、绿、红。若车站为计算机联锁采用显示器时，在屏幕上分别用黄、绿、红色箭头作为半自动闭塞联系信号，接车方向箭头指向本站，发车方向箭头指向对方站。

3）电铃（DL）

电铃是闭塞机的音响信号，在闭塞电路中采用直流 24 V 电铃，它装在控制台里。

当对方站办理请求发车、同意接车或列车从对方站出发时，本站电铃鸣响；当对方站办理取消复原或到达复原时，本站电铃也鸣响。此外，如果接车站轨道电路发生故障时，当列车自发车站出发后，接车站电铃一直鸣响（但此时因电路中串联一个电阻，音量较小），以提醒接车站及时修复轨道电路，准备接车。

为了区别运行方向，车站两端的闭塞电铃可调成不同的音响（可以调整电铃上的螺丝或在电路中适当地串联一个电阻）。

4）计数器

计数器 JSQ 用来记录车站值班员办理事故复原的次数，每按下一次 SGA，JSQ 自动跳动一个数字。因为事故复原是在闭塞设备发生故障时的一种特殊复原方法，当使用事故按钮使闭塞机复原时，行车安全完全由车站值班员人为保证，因此必须严加控制。事故按钮使用时要登记，用后要及时加封，而且由计数器自动记录使用的次数。

3. 闭塞机

闭塞机是闭塞设备的核心，它由继电器和电阻器、电容器等元件组成。在电气集中联锁车站，采用组合方式，即将插入式继电器和电阻、电容器安装在组合柜上。

1）继电器

64D 型继电半自动闭塞机每台有 13 个继电器，分别安装于 B1、B2 两个半自动闭塞组合中，它们构成继电电路，完成闭塞作用。

B1 组合：HDJ、BSJ、KTJ、ZDJ、FDJ、GDJ。

B2 组合：ZXJ、FXJ、FUJ、ZKJ、XZJ、TJJ、TCJ。

另外还有电容器和电阻器等。它们的名称和作用如下：

（1）正线路继电器 ZXJ，接收正极性的闭塞信号。

（2）负线路继电器 FXJ，接收负极性的闭塞信号。

（3）正电继电器 ZDJ，发送正极性的闭塞信号。

（4）负电继电器 FDJ，发送负极性的闭塞信号。

（5）闭塞继电器 BSJ，监督和表示闭塞机的状态。闭塞机在定位状态时吸起，表示区间空闲；作为发车站且当列车占用区间时落下；作为接车站时发出同意接车信号后落下，表示区间闭塞。

（6）选择继电器 XZJ，选择并区分自动回执信号和复原信号。在办理发车时，监督出站信号机是否开放。

（7）准备开通继电器 ZKJ，记录对方站发来的自动回执信号。

（8）开通继电器 KTJ，记录接车站发来的同意接车信号，并控制出站信号机的开放。

（9）复原继电器 FUJ，接收复原信号，使闭塞机复原。

（10）回执到达继电器 HDJ，和 TJJ 一起构成自动回执电路发送回执信号及记录列车到达。

（11）同意接车继电器 TJJ，记录对方站发来的请求发车信号并使闭塞机转入接车状态，以及与 HDJ 一起构成自动回执电路。

（12）通知出发继电器 TCJ，记录对方站发来的列车出发通知信号。

（13）轨道继电器 GDJ，是现场轨道继电器的复示继电器，监督列车出发和到达。

这 13 个继电器中，除了 ZXJ 和 FXJ 采用偏极继电器（JPXC-1000 型）外，其余均为直流无极继电器（JWXC-1700 型）。

2）电阻器和电容器

电阻器和电容器的作用是使继电器缓放。将它们串联后并接在继电器的线圈上，即构成继电器的缓放电路。电阻器用来限制电容器的充放电电流，只要适当选择它们的数值，便可获得较长的缓放时间。这里，电阻器的规格为 510 Ω/2 W，电容器为 CDM 型 100 μF、200 μF 和 500 μF 三种，耐压在 25 V 以上。电容器除了上述作用外，还串接在闭塞电话电路中，以防止闭塞信号的直流电流影响通话，一般采用 2 μF 的 CZM 型密封纸介质电容器。

4. 闭塞电源

闭塞电源应连续不间断地供电且应保证继电器的端电压不低于工作值的 120%，以保证闭塞机的可靠动作。64D 型继电半自动闭塞采用直流 24 V 电源，可用交流电源整流供电。

继电半自动闭塞的电源分为线路电源和局部电源，前者用于向邻站发送闭塞信号，后者供本站闭塞电路用。当站间距离较长，外线环线电阻超过 250 Ω 时，允许适当提高线路电源电压。线路电源最低电压 U_z 可按下式计算：

$$U_z = 1.2I_J(R_z + R_J) \tag{2-2-1}$$

式中 U_z——线路电源电压，V；

R_z——线路阻抗，Ω；

I_J——线路继电器工作电流，A；

R_J——线路继电器阻抗，Ω；

1.2——安全系数。

一个车站两端的闭塞机电源应分别设置，为的是若一端的电源发生故障，不影响另一端。

半自动闭塞设备的供电视所在车站联锁设备供电的不同而不同。半自动闭塞的局部电源可以和车站联锁继电器控制电源合用。凡是电源屏中设置半自动闭塞线路电源的，可直接引用。若电源屏中未设半自动闭塞线路电源，则必须在半自动闭塞组合中设一台整流器。原使用 ZG-130/0.1 型整流器专供线路电源，ZG-130/0.1 型整流器的交流输入电压 220 V 或 110 V，输出功率 10 W，直流输出电压有 50 V、80 V、130 V 三种，可根据需要选用。后研制了专用的 ZG1-42/0.5 型整流器，包括变压器、桥式整流器和电容器 3 部分，额定容量 21 W，输入电压交流 220 V；额定输出电流 0.5A，直流输出电压有 24 V、28 V、32 V、36 V、42 V 五档。

5. 闭塞外线

继电半自动闭塞的外线原来是与站间闭塞电话线共用的，为了防护外界电源对闭塞机的干扰，提高闭塞电话的通话质量，应采用两根外线。当采用电缆作为闭塞外线时，应将闭塞机外线和闭塞电话外线分开。

原闭塞外线为架空明线时，一般采用 4.0 mm 镀锌铁线，其环线电阻 22 Ω/km。当采用电缆线路时，由于电缆芯线线径只有 1.0 mm，其环线电阻为 57 Ω/km，若在线路电源电压一定的条件下，则闭塞机的控制距离将缩短。为提高闭塞机的控制距离，可在线路继电器上并联二极管，其电路如图 2-2-3 所示。当二极管被击穿时，线路继电器被短路而不能吸起；当二极管断线时，则线路继电器不能正常工作，满足“故障-安全”原则，但此时闭塞机与闭塞电话不能合用外线。

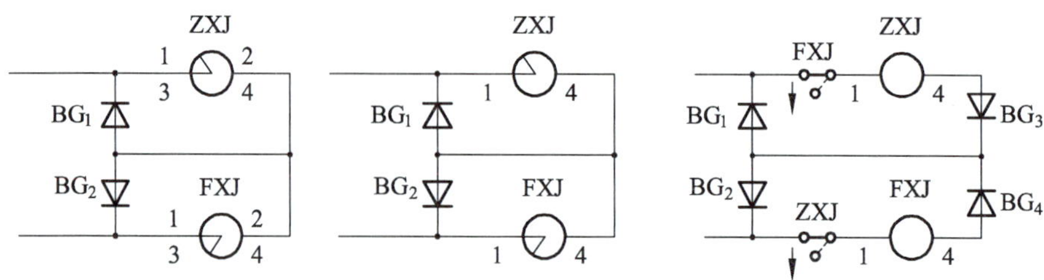

图 2-2-3　线路继电器并联二极管电路

闭塞外线的任一处发生断线、接地、混线、混电及外电干扰故障时，均不应使闭塞机发生危险侧故障。

由于通信传输手段的现代化，光纤传输和无线传输越来越普遍，于是出现了将闭塞信号通过编码，由光缆或无线进行传输，以代替电缆传输。

知识点 4　64D 型继电半自动闭塞的办理

单线继电半自动闭塞要求两个车站的值班员共同办理闭塞手续，其办理手续分为正常办理、取消复原和事故复原 3 种。根据列车运行情况和设备状态分别采用之。设甲站为发车站，乙站为接车站。

1. 正常办理

所谓正常办理是指两站间列车的正常运行及闭塞机处于正常状态时的办理方法，共有 5 个步骤，分别是甲站请求发车、乙站同意接车、列车从甲站出发、列车到达乙站、到达复原，具体办理步骤如下：

1）甲站请求发车

甲站要向乙站发车，甲站车站值班员应先检查控制台上的接、发车指示灯处于灭灯状态，并确认区间空闲后，通过闭塞电话与乙站联系，然后按下闭塞按钮，向乙站发送请求发车信号。此时，乙站电铃鸣响。当甲站车站值班员松开闭塞按钮后，乙站自动向甲站发送自动回执信号，使甲站发车表示灯亮黄灯，同时电铃鸣响。当发完自动回执信号后，乙站接车表示灯也亮黄灯。这说明甲站办理请求发车的手续已完成。

2）乙站同意甲站发车

乙站如果同意甲站发车，乙站车站值班员在确认接车表示灯亮黄灯后，按下闭塞按钮，向甲站发送同意接车信号。此时，乙站接车表示灯黄灯熄灭，绿灯点亮，甲站发车表示灯黄灯也熄灭，改亮绿灯，同时电铃鸣响。

至此，两站间完成了一次列车占用区间的办理闭塞手续。闭塞机处于“区间开通”状态，表示乙站同意甲站发车，甲站至乙站方向区间开通，甲站出站信号机可以开放。

3）列车从甲站出发

甲站车站值班员看到发车表示灯亮绿灯，即可办理发车进路，开放出站信号机。当出发列车驶入出站信号机内方，出站信号机自动关闭。当列车驶入进站信号机内方第一个轨道区段时，使甲站发车表示灯变为点红灯，并自动向乙站发送出发通知信号，使乙站接车表示灯也变点红灯，同时电铃鸣响。

至此，双方站的闭塞机均处于“区间闭塞”状态，表明该区间内有一列列车在运行，此时双方站向该区间的出站信号机均不能再次开放。

4）列车到达乙站

乙站车站值班员在同意接车后，应准备好列车进路。当接车表示灯由绿灯变为红灯及电铃鸣响后（说明列车已从邻站开出），应根据列车在区间运行时分的长短，及时建立接车进路，开放进站信号机，准备接车。当列车到达乙站，进入乙站进站信号机内方第一个轨道区段时，乙站的发车表示灯和接车表示灯都亮红灯，表示列车到达。此时，乙站进站信号机自动关闭。

5）到达复原

列车全部进入乙站股道后，接车进路解锁。乙站车站值班员在确认列车完整到达后，按下复原按钮，办理到达复原。此时，乙站接、发车表示灯的红灯均熄灭，同时向甲站发送到达复原信号，使甲站的发车表示灯红灯熄灭，电铃鸣响。至此，两站闭塞机均恢复定位状态。

两站间正常办理闭塞步骤与闭塞机状态如图 2-2-4 所示。

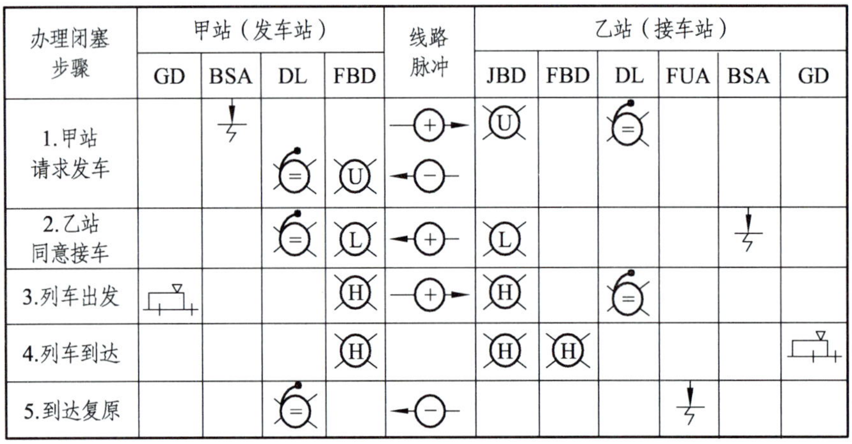

办理闭塞步骤	甲站（发车站）				线路脉冲	乙站（接车站）					
	GD	BSA	DL	FBD		JBD	FBD	DL	FUA	BSA	GD
1.甲站请求发车			=	U	+ −	U		=			
2.乙站同意接车			=	L	+	L					
3.列车出发				H	+	H		=			
4.列车到达				H		H	H				
5.到达复原			=		−						

图 2-2-4　两站间正常办理步骤与闭塞机状态示意图

2. 取消复原

取消复原是指办理闭塞手续后，列车因故不能发车时，而采用的取消闭塞的方法。取消复原有以下 3 种情况：

（1）发车站请求发车，收到接车站的回执信号后取消复原。此时，发车站的发车表示灯、接车站的接车表示灯均亮黄灯，如果接车站不同意对方站发车或发车站需取消发车时，经双方联系后可由发车站车站值班员按下复原按钮办理取消复原。

（2）发车站收到对方站的同意接车信号后，但其出站信号机尚未开放以前取消复原。这时发车站的发车表示灯和接车站的接车表示灯均亮绿灯，如需取消闭塞，也需经两站车站值班员联系后，由发车站车站值班员按下复原按钮，办理取消复原。

（3）在电气集中联锁的车站，发车站开放出站信号机后，列车尚未出发之前取消复原。此时若要取消复原，需经两站车站值班员电话联系后，确认列车未出发，发车站车站值班员先办理发车进路的取消或人工解锁（视列车接近的情况）。在出站信号机关闭，发车进路解锁后，再按下复原按钮，办理取消复原。

以上 3 种情况的取消复原，执行者均为发车站车站值班员，如由接车站车站值班员办理取消复原，则是无法实现的。

3. 事故复原

使用事故按钮使闭塞机复原的方法，叫事故复原。事故复原是在闭塞机不能正常复原时，所采用的一种特殊复原方法。由于事故复原不检查任何条件，行车安全全靠人为保证，因此两站车站值班员必须共同确认区间没有被占用（列车没有出发、区间没有车运行、列车整列到达），双方出站信号机均关闭，并应在“行车设备检查登记簿”中登记，然后由发生故障一方的车站值班员打开铅封，按下事故按钮使闭塞机复原。在下列情况下，允许使用事故按钮办理事故复原：

（1）闭塞电源断电后又重新恢复供电时。

（2）列车到达接车站，因轨道电路故障不能办理到达复原时。

（3）列车正常发车后，由区间返回原发车站时。

加封的事故按钮，破封后不准连续使用。装有计数器的事故按钮，破封后可以继续使用。无论装不装计数器，每办理一次事故复原，车站值班员都应在“行车设备检查登记簿”中登记，并在交接班时登记计数器上的数字，以便明确责任。事故按钮使用后，应及时加封。

【任务实施】

（1）简述 64D 型继电半自闭塞的作用。

（2）简述 64D 型半自行闭塞的主要特点。

（3）简述 64D 型半自行闭塞两站间传递的闭塞信号及极性。

（4）简述 64D 型继电半自动闭塞的组成及各部分作用。

（5）简述 64D 型继电半自动闭塞的办理方法及表示灯的变化。

【考核评价】

序号	考核点	评分点	分值	得分
1	理论分析	64D 型继电半自动塞的组成	10	
		64D 型继电半自动闭塞两站间传递的闭塞信号	10	
		64D 型继电半自动塞的办理	25	
2	设计与提高	能正确说出 64D 型半自动闭塞各组成部分的作用	15	
		能熟练进行正常办理、取消复原和事故复原 3 种方式的操作	25	
3	课堂表现	态度认真，积极参与，认真思考	15	
总分			100	

【巩固提高】

1. 填空题

（1）64D 型继电半自动闭塞设备的办理手续有________________、________________、______________三种，根据列车运行和状态分别采用。

（2）64D 型继电半自动闭塞设备正常办理手续的方法有__________、__________、列车从出发站出发、＿＿＿＿＿＿、＿＿＿＿＿＿共 5 个步骤。

（3）64D 型继电半自动闭塞设备列车到达复原由＿＿＿＿＿＿值班员办理，取消复原由＿＿＿＿＿值班员办理。

（4）64D 半自动闭塞在办理闭塞手续中，两站间传递的正极性脉冲有＿＿＿＿＿＿、＿＿＿＿＿＿、＿＿＿＿＿＿。

2. 选择题

（1）64D 半自动闭塞的接车站办理同意接车手续时（　　）。

A. 必须先开放进站信号，然后再按下 BSA

B. 两者动作顺序不限

C. 必须先按下 BSA，然后才开放进站信号

D. 不须按下 BSA，直接开放进站信号

（2）64D 半自动闭塞办理请求发车后，甲、乙两站在吸起状态的继电器是（　　）。

A. 甲站：ZDJ、GDJ、ZKJ　　乙站：BSJ、TJJ、ZXJ

B. 甲站：KTJ、BSJ、XZJ　　乙站：HDJ、TJJ

C. 甲站：BSJ、ZKJ、GDJ、XZJ　　乙站：BSJ、TJJ

D. 甲站：ZDJ、BSJ、ZKJ　　乙站：TJJ、ZXJ

（3）64D 半自动闭塞，接车站同意接车，按下 BSA 后，（　　）。

A. 接车站 JBD 先亮绿灯　　B. 发车站 FBD 先亮绿灯

C. 接车站 FBD 先亮黄灯　　D. 发车站 JBD 先亮黄灯

3. 简答题

（1）64D 型继电半自动闭塞正常办理两站间顺序传递了哪些闭塞信号？它们的极性分别是什么？

（2）列车由发车站出发后，由区间返回原发车站的复原如何办理？

（3）当发车站的发车表示灯点亮红时，区间一定有车占用吗？为什么？举例说明。

（4）半自动闭塞的闭塞电源分为哪几种？分别有什么作用？

工作任务 2.3　64D 半自动闭塞设备操作实训

【学习目标】

知识目标	能力目标	素质目标
1. 掌握 64D 型半自动闭塞设备的组成。 2. 掌握 64D 型半自动闭塞正常办理、取消复原和事故复原的操作方法	1. 能正确进行 64D 型半自动闭塞正常办理、取消复原和事故复原的操作办理。 2. 能正确掌握两站闭塞机、表示灯及继电器状态变化、FBD 和 JBD 的含意	1. 培养学生严谨的工作作风及良好的职业素养。 2. 培养团队合作意识

【任务引导】

64D 型继电半自动闭塞正常办理、取消复原及事故复原的操作步骤是什么？它们在操作方法上有什么不同？

【工具器材】

64D 型继电半自动闭塞机 1 套、导线或小火车。

【相关知识】

知识点 1　实训准备

（1）64D 型继电半自动闭塞正常办理、取消复原和事故复原的操作方法。

（2）实验设备：64D 型继电半自动闭塞设备 1 套/组、模拟沙盘 1 套、导线 1 根或小火车 1 辆（用于模拟列车运行出发或到达）。

（3）实训小组：按 4 ~ 6 人/组，设组长 1 名，负责组织本组的实训工作。

知识点 2　实训内容

（1）64D 型继电半自动闭塞正常办理。

（2）64D 型继电半自动闭塞取消复原办理。

（3）64D 型继电半自动闭塞事故复原办理。

知识点 3 注意事项

（1）严格按图纸要求接线，接好线后经检查确认后，再接电源，避免发生短路事故。

（2）按规定操纵按钮，不要盲目动作，错误按压其他按钮。

（3）注意观察相关继电器动作、FBD 和 JBD 的变化。

知识点 4 实训步骤

1. 正常办理

1）发车站请求发车

发车站值班员确认 64D 型半自动闭塞设备处于定位状态，控制台表示灯灭，区间空闲，经双方车站值班员联系确认后，发车站值班员按下 BSA，办理请求发车手续。发车站 FBD 和接车站 JBD 点亮黄灯后，观察两站控制台表示灯和继电器的变化情况。

2）接车站同意接车

接车站值班员确认 JBD 亮黄灯时，按下 BSA，办理同意接车手续。当发站 FBD 和接车站 JBD 点亮绿灯后，观察两站控制台表示灯和继电器的变化情况。

3）列车出发

发车站值班员看到 FBD 点亮绿灯后，办理发车进路，开放出站信号机。在沙盘处模拟列车出发，当列车占用出站信号机内方第一个轨道区段时，观察出站信号机有何变化。

当列车占用进站信号机内方的轨道区段时，观察 FBD 表示灯和继电器的又有什么变化。

接车站值班员听到铃声，看到 JBD 点亮红灯后，应及时办理接车进路，开放进站信号机（也可在接车站同意接车后）。

4）列车到达

在沙盘处模拟列车进入接车站，占用进站信号机内方第一个区段时，观察接车站表示灯和继电器的变化情况。

5）到达复原

列车完全进入相应的股道，解锁接车进路。接车站值班员确认列车完整到达（列车全部进入进站信号机内方轨道区段）后，按下 FUA 办理到达复原手续。此时，观察发车站和接车站的表示灯和继电器处于什么状态。

2. 取消复原

取消复原的办理有以下三种情况：

（1）发车站办理了请求发车，FBD 点亮黄灯。

（2）发车站收到了接车站发来的同意接车信号，发车站 FBD 和接车站 JBD 均点亮绿灯，但发车站的出站信号机未开放信号。

（3）电气集中车站，发车站开放了出站信号机，但列车尚未出发前。

以上三种情况办理取消复原时，均由发车站值班员办理，经双方联系后，确认列车未出发，由发车站值班员按下 FUA 办理取消复原。

3. 事故复原

事故复原的办理有以下三种情况：

（1）闭塞电源断电后重新恢复供电时。

分别模拟发车站和接车站闭塞电源断电后重新恢复供电。以上两种情况下，两站值班员联系后，确认区间无车，则闭塞机的表示灯点亮红灯是因为停电造成的。由故障站的值班员登记破封按下 SGA，办理事故复原。

（2）列车到达接车站，因轨道电路故障不能办理到达复原时。

按正常办理的手续办理闭塞及列车出发，当列车到达接车站时，模拟轨道电路故障，使进站信号机内方第一个轨道电路的 GJ 不能吸起，因此 GDJ 落下，从而不能办理到达复原。双方值班员联系后，确认列车完整到达后，由接车站值班员登记破封按下 SGA，办理事故复原。

（3）列车正常出发后，由区间返回原发车站。

按照正常办理的手续办理闭塞及列车出发，当列车出发后，接车站不办理接车进路，由原发车站办理接车进路，开放进站信号机。当列车完整返回原发车站后，经双方值班员联系，发车站值班员登记破封按下 SGA，接车站值班员听到电铃鸣响后，同时按下 FUA，办理事故复原。

【任务实施】

分小组进行 64D 型继电半自动闭塞正常办理、取消复原及事故复原的办理操作，办理过程中观察并记录表示灯和继电器状态。

（1）发车站和接车站实训人员交换角色进行正常办理操作，观察表示灯和继电器状态并记录在表 2-3-1 中。

表 2-3-1　正常办理表示灯和继电器状态表

电路状态	发车站					线路脉冲	接车站				
	吸起继电器	JBD	FBD	DL	按压按钮		按压按钮	JBD	FBD	DL	吸起继电器
1. 定位											
2. 请求发车											
3. 同意接车											
4. 开放出站信号											
5. 列车出发											
6. 列车到达											
7. 到达复原											

（2）发车站和接车站实训人员交换角色进行取消复原办理操作，观察表示灯和继电器状态并记录在表 2-3-2 中。

表 2-3-2　取消复原表示灯和继电器状态表

电路状态		发车站					线路脉冲	接车站				
		吸起继电器	表示			按压按钮		按压按钮	表示			吸起继电器
			JBD	FBD	DL				JBD	FBD	DL	
1	请求发车后				—	—		—			—	
	同意接车后				—	—		—			—	
	电路恢复定位状态											
2	出站信号开放列车出发前				—	—		—			—	
	电路恢复定位状态											

（3）发车站和接车站实训人员交换角色进行事故复原办理操作，观察表示灯和继电器状态并记录在表 2-3-3 中。

表 2-3-3　事故复原表示灯和继电器状态表

电路状态		发车站					线路脉冲	接车站				
		吸起继电器	表示			按压按钮		按压按钮	表示			吸起继电器
			JBD	FBD	DL				JBD	FBD	DL	
1	发车站停电恢复				—	—	—	—			—	
	电路恢复定位状态											
2	接车站停电恢复				—	—	—	—			—	
	电路恢复定位状态											
3	接车站轨道电路故障				—	—	—	—			—	
	电路恢复定位状态											
4	列车出发后返回原发车站				—	—	—	—			—	
	电路恢复定位状态											

【考核评价】

序号	考核点	评分点	分值	得分
1	半自动闭塞办理操作方法	能按照正确的操作流程办理正常接发一趟列车任务	10	
		能正确进行取消复原任务操作	10	
		能正确进行事故复原任务操作	10	
2	表示灯及继电器状态	能正确填写正常办理操作表示灯及继电器状态变化表	25	
		能正确填写取消复原办理操作表示灯及继电器状态变化表	15	
		能正确填写事故复原办理操作表示灯及继电器状态变化表	15	
3	课堂表现	态度认真，积极参与，认真思考	15	
总分			100	

【巩固提高】

1. 填空题

（1）正常办理是指两站间________正常运行及________处于正常状态时的办理方法。

（2）甲站向乙站请求发车，甲站值班员应先检查控制台的________处于灭灯状态，并确认________空闲后，通过________与乙站联系，按下闭塞按钮，向乙站发出________信号。

2. 简答题

（1）64D 型半自动闭塞，两站同时办理请求发车时，两站闭塞机会有什么变化？

（2）64D 型半自动闭塞电铃在什么时候鸣响？电铃鸣响的主要条件是什么？

工作任务 2.4　64D 型继电半自动闭塞电路动作程序

【学习目标】

知识目标	能力目标	素质目标
1. 掌握 64D 型继电半自动闭塞电路正常办理时电路的动作程序。 2. 掌握 64D 型继电半自动闭塞电路取消复原时电路的动作程序。 3. 掌握 64D 型继电半自动闭塞电路事故复原时电路的动作程序	1. 掌握 64D 型继电半自动闭塞电路正常办理时发车站和接车站继电器动作的逻辑关系。 2. 掌握 64D 型继电半自动闭塞电路取消复原时发车站和接车站继电器动作的逻辑关系。 3. 掌握 64D 型继电半自动闭塞电路事故复原时发车站和接车站继电器动作的逻辑关系	1. 技能提高效益、确保劳动安全。 2. 培养学生遵循事物的发展规律及严谨求实的职业精神

【任务引导】

引导问题 1：64D 型继电半自动闭塞机在定位状态时，各继电器的工作状态如何？FBD 和 JBD 状态又如何？

引导问题 2：64D 型继电半自动闭塞正常办理有几个步骤？它们的继电器动作程序又如何？

引导问题 3：64D 型继电半自动闭塞取消复原和事故复原分别由哪个车站的值班员办理？

【工具器材】

64D 型半自动闭塞机。

【相关知识】

64D 型继电半自动闭塞机在定位状态时，除 BSJ 吸起外，其他继电器均处于落下状态，两站的 FBD 和 JBD 都熄灭。为了便于叙述，以甲站为发车站，乙站为接车站，按办理闭塞手续的顺序说明电路动作程序。

知识点1　正常办理

1. 甲站请求向乙站发车

单线继电半自动闭塞，由于相邻两站间的区间用一对闭塞机，因此在闭塞电路设计上，既可作为发车站，又可作为接车站使用。当甲站先按下闭塞按钮时，甲站就成为发车站，而乙站则成为接车站，反之亦然。

甲站要向乙站发车，甲站车站值班员按下 BSA，此时甲站的 ZDJ 吸起。ZDJ 吸起后，一方面使本站的 XZJ 吸起并自闭，给电容器 C_3 充电；另一方面向乙站发送一个正极性脉冲的请求发车信号，使乙站的 ZXJ 吸起。

在乙站，ZXJ 吸起后，一方面接通电铃电路，使电铃鸣响，另一方面使 HDJ 吸起，并给电容器 C_2 充电。

当甲站车站值班员松开 BSA 后，ZDJ 因电容器 C_1 的放电而缓放落下后，请求发车信号结束，使乙站的 ZXJ 落下，电铃停响，并断开了 HDJ 的励磁电路。在 ZXJ 落下和 HDJ 缓放（因 C_2 放电）的时间里接通了 TJJ 电路，使 TJJ 吸起并自闭。TJJ 吸起后与 HDJ（在缓放）共同接通 FDJ 的励磁电路，FDJ 吸起后向甲站发送一个负极性脉冲的自动回执信号。

在甲站，当收到自动回执信号时 FXJ 吸起。FXJ 吸起后，一方面使电铃鸣响，另一方面经 XZJ 的前接点使 ZKJ 吸起并自闭。ZKJ 吸起后一方面给电容器 C_2 充电，另一方面接通了 GDJ 的励磁电路，使 FBD 亮黄灯，表示请求发车。

在乙站，当 HDJ 缓放落下后，一方面断开了 FDJ 的励磁电路，当 FDJ 因电容器 C_1 的放电而缓放落下后，结束自动回执信号，另一方面使 JBD 亮黄灯，表示对方站请求发车。

至此，甲站闭塞机中有 BSJ、XZJ、ZKJ 和 GDJ 吸起，FBD 亮黄灯，表示本站请求发车；乙站闭塞机中有 BSJ 和 TJJ 吸起，JBD 亮黄灯，表示邻站请求发车。

甲站请求向乙站发车的电路动作程序如图 2-4-1 所示。

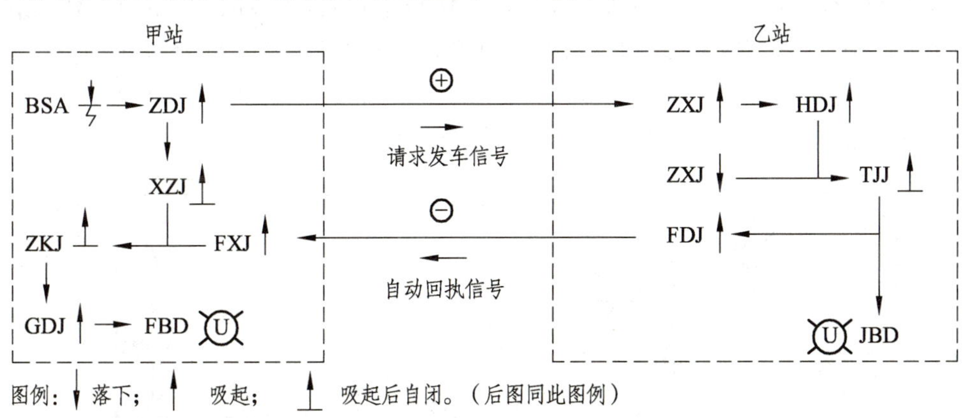

图 2-4-1　甲站向乙站请求发车的电路动作程序

2. 乙站同意甲站发车

乙站车站值班员看到接车表示灯亮黄灯，待电铃停止鸣响后，按下 BSA，表示同意接车。此时，由于乙站的 TJJ 已吸起，所以使 BSJ 落下。BSJ 落下后，一方面使 JBD 亮绿灯，另一方面接通 ZDJ 电路，ZDJ 吸起后，向甲站发送一个正极性脉冲的同意接车信号。

在甲站，当收到同意接车信号后，ZXJ 吸起，一方面接通电铃电路使之鸣响，另一方面接通 KTJ 电路，使 KTJ 吸起并自闭且接通 FBD 的绿灯电路，使其亮绿灯，表示邻站同意发车。

当乙站车站值班员松开 BSA 后，ZDJ 经电容器 C_1 放电而缓放落下后，停止发送同意接车信号，使甲站的 ZXJ 落下。

至此，甲站有 BSJ、XZJ、ZKJ、KTJ、GDJ 吸起，FBD 亮绿灯；乙站只有 TJJ 吸起，JBD 亮绿灯，表示从甲站到乙站方向的区间开通。

乙站同意甲站发车时的电路动作程序如图 2-4-2 所示。

图 2-4-2　乙站同意甲站发车时的电路动作程序

3. 列车从甲站出发

甲站车站值班员看到发车表示灯亮绿灯，即可办理发车进路，开放出站信号机，此时 XZJ 落下。当列车出发驶入出站信号机内方，出站信号机自动关闭。当列车驶入进站信号机内方第一个轨道区段时，由于 GDJ 落下，使 BSJ、ZKJ 和 KTJ 相继落下。因为 ZXJ 的缓放（电容器 C_2 放电所致），其落下后才使 KTJ 落下，所以在 BSJ 已落下和 KTJ 尚未落下的时间里，使 ZDJ 吸起，向乙站发送一个正极性脉冲的出发通知信号。

在乙站，收到出发通知信号后，使 ZXJ 吸起并接通 TCJ 励磁电路，使 TCJ 吸起并自闭。TCJ 吸起后又使 GDJ 吸起，准备接车。GDJ 吸起后断开了 TJJ 的自闭电路，使 TJJ 落下。

至此，甲站的全部继电器都落下，FBD 亮红灯；乙站只有 TCJ 和 GDJ 吸起，JBD 亮红灯，表示两站闭塞机转入“区间闭塞”状态，甲站到乙站方向的区间闭塞，并有一列列车占用。

列车从甲站出发的电路动作程序如图 2-4-3 所示。

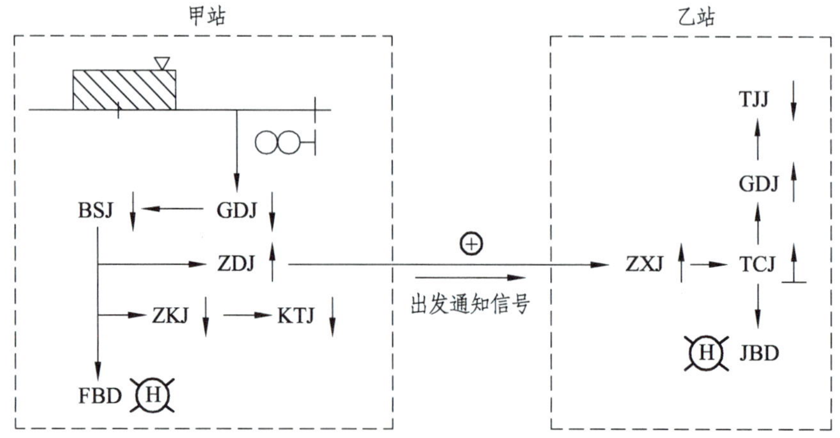

图 2-4-3　列车从甲站出发的电路动作程序

4. 列车到达乙站

乙站车站值班员看到接车表示灯由绿灯亮为红灯，电铃鸣响后，表明列车已由甲站开出，应及时建立接车进路，开放进站信号机，准备接车。当列车到达乙站，进入乙站进站信号机内方第一个轨道区段时，由于 GDJ 落下，使 HDJ 吸起并自闭，发车表示灯 FBD 亮红灯。此时，乙站进站信号机自动关闭。列车出清该轨道区段后，重新吸起。

列车到达乙站时的电路动作程序如图 2-4-4 所示。

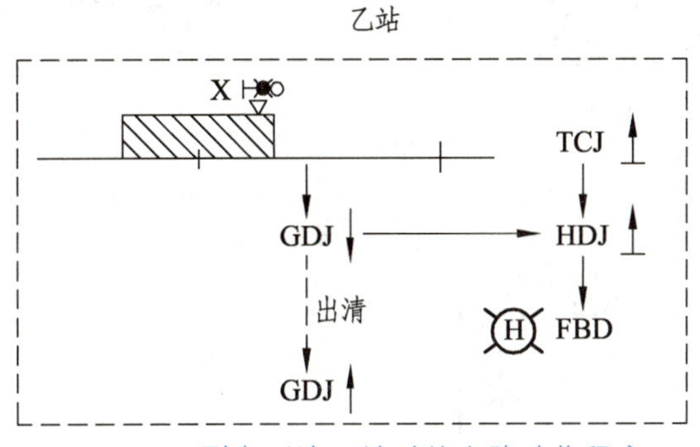

图 2-4-4　列车到达乙站时的电路动作程序

至此，乙站有 TCJ、GDJ 和 HDJ 吸起，JBD 和 FBD 都亮红灯，表示列车到达。甲站闭塞机状态无变化，FBD 仍亮红灯。

5. 到达复原

列车全部进入乙站股道后，接车进路解锁。乙站车站值班员在确认列车完整到达后，按下 FUA，办理到达复原。此时乙站的 FDJ 吸起，FDJ 吸起后，一方面接通本站的 FUJ 电路，另一方面向甲站发送一个负极性脉冲的到达复原信号。

在乙站，由于 FUJ 吸起，使 BSJ 吸起并自闭。BSJ 吸起后，使 TCJ、GDJ 和 HDJ 相继落下，JBD 和 FBD 的红灯熄灭。

在甲站，当收到到达复原信号时，FXJ 吸起，它一方面接通电铃电路使之鸣响，另一方面使 FUJ 吸起。FUJ 吸起后又使 BSJ 吸起并自闭，FBD 红灯熄灭。

至此，甲乙两站闭塞机中只有 BSJ 吸起，两站的接、发车表示灯均熄灭，两站闭塞机恢复定位状态，表示区间空闲。

乙站办理到达复原时的电路动作程序如图 2-4-5 所示。

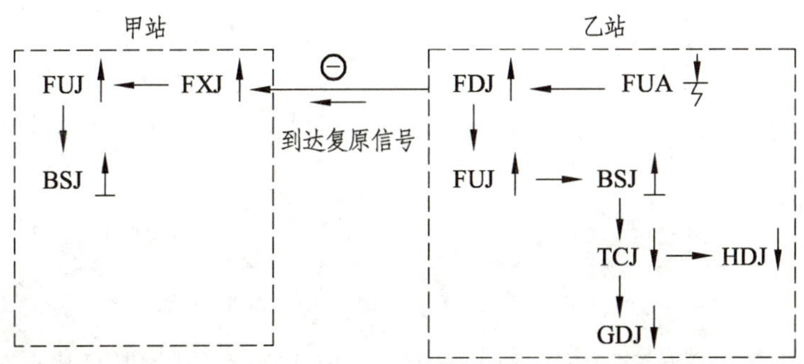

图 2-4-5　乙站办理到达复原时的电路动作程序

知识点 2　取消复原

办理取消复原可分为 3 种情况，它们的电路动作程序如下：

（1）甲站收到自动回执信号，即 FBD 亮黄灯之后。当甲站请求发车之后，乙站同意接车之前，FBD 亮黄灯时，如果乙站不同意甲站发车或甲站需要取消发车时，经双方联系后，可由甲站车站值班员按下复原按钮办理取消复原。此时，在甲站闭塞机中有 BSJ、XZJ、ZKJ 吸起并自闭，GDJ 也已吸起，FBD 亮黄灯；乙站有 BSJ 和 TJJ 吸起并自闭，JBD 亮黄灯。甲站 FBD 亮黄灯时办理取消复原的电路动作程序如图 2-4-6 所示。

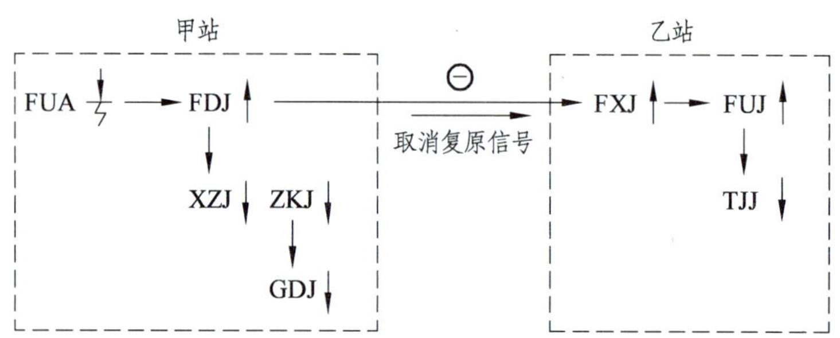

图 2-4-6　甲站 FBD 亮黄灯时办理取消复原的电路动作程序

在甲站，当甲站车站值班员按下 FUA 后，使 FDJ 吸起，FDJ 吸起后，用它的后接点断开 ZKJ 和 XZJ 的自闭电路；用 ZKJ 的前接点断开 GDJ 电路；用 GDJ 的前接点断开 FBD 的黄灯电路。同时，经 FDJ 前接点，通过外线向乙站发送一个负极性的取消复原信号。

在乙站，当收到负极性的取消复原信号时，FXJ 吸起。FXJ 吸起后使电铃鸣响，同时接通 FUJ 励磁电路。FUJ 吸起后，用 FUJ 的后接点断开 TJJ 的自闭电路；TJJ 落下后又用其前接点断开 JBD 的黄灯电路。

至此，两站闭塞机中只有 BSJ 吸起，表示灯都熄灭，闭塞机恢复定位。

（2）甲站收到同意接车信号，FBD 亮绿灯，尚未开放出站信号机之前。此时，需要取消闭塞，经两站车站值班员联系后，由甲站车站值班员按下 FUA，办理取消复原。在这种情况下，甲站闭塞机中除 BSJ、XZJ、ZKJ 和 GDJ 吸起外，尚有 KTJ 吸起，FBD 亮绿灯。乙站闭塞机中只有 TJJ 吸起，JBD 亮绿灯。甲站 FBD 亮绿灯后办理取消复原的电路动作程序如图 2-4-7 所示。

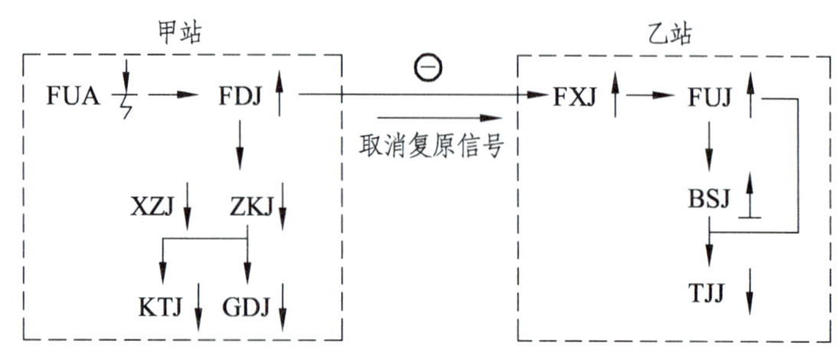

图 2-4-7　甲站 FBD 亮绿灯后办理取消复原的电路动作程序

当甲站车站值班员按下 FUA 时，使 FDJ 吸起。FDJ 吸起后，用其后接点断开 ZKJ 和 XZJ 的自闭电路；ZKJ 落下后，用其前接点断开 KTJ 的自闭电路和 GDJ 电路。KTJ 落下后，用其前接点断开 FBD 绿灯电路，FBD 熄灭。

在乙站，当收到取消复原信号时，FXJ 吸起，使电铃鸣响，同时使 FUJ 吸起。FUJ 吸起后，使 BSJ 吸起并自闭。用 BSJ 的后接点断开 TJJ 的自闭电路和 JBD 的绿灯电路，JBD 熄灭。

至此，两站闭塞机中只有 BSJ 吸起，表示灯都熄灭，闭塞机恢复定位。

（3）在电气集中联锁车站，甲站开放出站信号机之后，列车尚未出发之前。在这种情况下要取消闭塞时，需经两站车站值班员电话联系后，确认列车未出发，甲站车站值班员先人工解锁发车进路。在出站信号机关闭，发车进路解锁后，XZJ 重新吸起，再按下 FUA，办理取消复原。其电路动作顺序同前。

知识点 3　事故复原

由于事故复原不检查任何条件，行车安全完全靠两站车站值班员人为保证，所以在办理事故复原时，两站车站值班员必须充分确认列车未出发或区间无车占用或双方出站信号机均关闭，然后由发生故障的一方车站值班员打开铅封，按下事故按钮，办理事故复原。

根据继电半自动闭塞使用方法的规定，只准在下列 3 种情况下使用事故复原：

（1）闭塞机停电后恢复时。闭塞机停电恢复后，BSJ 等所有继电器均落下，FBD 亮红灯，闭塞机处于发车闭塞状态。此时，停电车站（如甲站）的车站值班员打开铅封，按下 SGA，使闭塞机复原。停电恢复后办理事故复原时的电路动作程序如图 2-4-8 所示。

当甲站按下 SGA 后，使 FDJ 吸起。FDJ 吸起后，一方面使 FUJ 吸起，继而使 BSJ 吸起并自闭，用 BSJ 的后接点断开 FBD 红灯电路，使甲站闭塞机恢复定位。

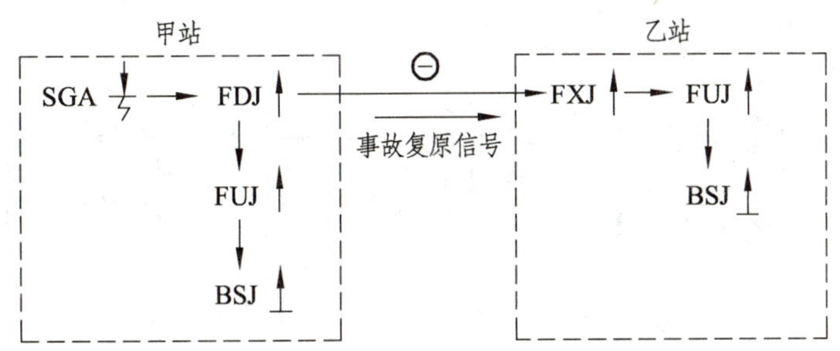

图 2-4-8　停电恢复后办理事故复原时的电路动作程序

另一方面，向乙站发送一个负极性的事故复原信号，使乙站的 FXJ 吸起，电铃鸣响。FXJ 吸起后，使 FUJ 吸起，继而使 BSJ 吸起并自闭，用 BSJ 后接点断开 FBD 红灯电路，使乙站闭塞机恢复定位。

（2）当列车到达接车站后，因轨道电路故障不能办理到达复原时。当列车到达，进入并出清接车站进站信号机内方第一个轨道电路区段后，因轨道电路故障，轨道继电器不能再次吸起，若此时接车站的车站值班员按下 FUA，则因 GDJ 的落下，不能使 FDJ 吸起，故 FUJ、BSJ 也不能吸起，闭塞机不能复原，而应经双方车站值班员电话联系，确认列车整列到达，根据列车调度员命令，由接车站值班员登记破封，按下 SGA，办理事故复原。接车站轨道电路故障时办理事故复原的电路动作程序如图 2-4-9 所示。

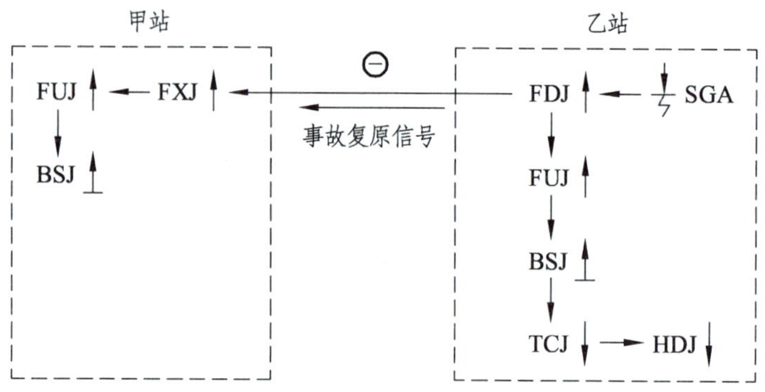

图 2-4-9 接车站轨道电路故障时办理事故复原的电路动作程序

（3）列车正常发车后，由区间返回原发车站时。当路用列车由区间返回发车站后，发车站闭塞机中的继电器全部处于落下状态，FBD 亮红灯，接车站闭塞机中的 TCJ 和 GDJ 在吸起状态，JBD 亮红灯，两站闭塞机均处于闭塞状态。此时，发车站的车站值班员向司机取回钥匙路签放入控制台，登记破封，用事故按钮办理事故复原，使 FDJ 吸起。FDJ 吸起后，一方面使 FUJ 吸起，继而使 BSJ 吸起并自闭，从而断开 FBD 红灯电路，使闭塞机恢复定位。另一方面向接车站发送一个负极性的事故复原信号，使接车站的 FXJ 吸起并接通电铃电路，接车站的车站值班员在电铃鸣响过程中，应按下 FUA，使本站闭塞机中的 FUJ 吸起，继而使 BSJ 吸起并自闭，TCJ 和 GDJ 相继落下，JBD 红灯熄灭，闭塞机恢复定位。

列车由区间返回原发车站办理事故复原时电路动作程序如图 2-4-10 所示。

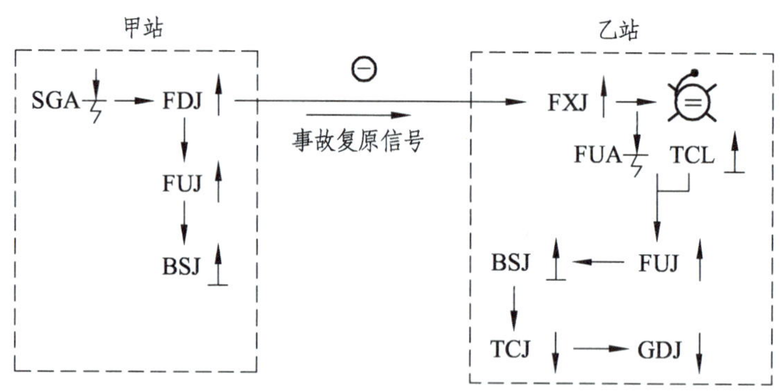

图 2-4-10 列车由区间返回原发车站办理事故复原时的电路动作程序

【任务实施】

根据 64D 型继电半自动闭塞的正常办理、取消复原和事故复原办理步骤，结合两站间传递的脉冲信号及 13 台继电器的电路原理说明各步骤继电器的动作程序、FBD 和 JBD 的显示。

例如：在办理闭塞过程中，当 ZDJ 吸起时，就向对方站发送正脉冲信号，对方站的 ZXJ 吸起并接通电铃电路，使电铃鸣响。同理，当 FDJ 吸起时，就向对方站发送负脉冲信号，对方站的 FXJ 吸起并接通电铃电路，使电铃鸣响。

【考核评价】

序号	考核点	评分点	分值	得分
1	理论分析	能否正确说明正常办理各步骤完成后继电器的状态和表示灯点亮灯光	10	
		能否正确说明正常办理、取消复原、事故复原各步骤继电器的动作程序	25	
2	设计与提高	能通过操作步骤和表示灯变换，说明继电器的动作程序	25	
		能正确分析 FBD 和 JBD 的工作原理	10	
		能阐述自己的设计思路	10	
3	课堂表现	态度认真、积极参与、遵守纪律	20	
总分			100	

【巩固提高】

1. 填空题

（1）64D 型继电半自动闭塞 XZJ 的作用是区分____________和____________ 两种负极性的闭塞信号用的。当 ____________时，它失磁落下。

（2）64D 型继电半自动闭塞 KTJ 的作用是____________，并控制____________。

（3）64D 型继电半自动闭塞 GDJ 的作用是____________与____________。

2. 选择题

（1）64D 型半自动闭塞未办任何手续，发车站的 FBD 亮红灯，说明（　　）。

A. 列车占用区间　　B. 停电恢复

C. 列车到达　　D. 轨道电路故障

（2）64D 型半自动闭塞中 XZJ 缓放的作用是（　　）。

A. 使 ZDJ 可靠吸起　　B. 使 FDJ 可靠吸起

C. 使 ZXJ 可靠吸起　　C. 使 FXJ 可靠吸起

（3）64D 型半自动闭塞，当区间开通，出站信号机开放，（　　）。

A. 发车站的 XZJ↓　　B. 接车站的 XZJ↓

C. 接车、发车站的 XZJ↓　　D. 发车站 XZJ↑

（4）64D 型半自动闭塞，自动回执信号的长度由（　　）。

A. TJJ 缓放时间决定　　B. HDJ 缓放时间决定

C. ZDJ 缓放时间决定　　D. FDJ 缓放时间决定

3. 简答题

（1）正常办理的 5 个步骤完成后，两站有哪些继电器是吸起的？表示灯点什么灯光？

（2）列车正常发车后，由区间返回原接车站办理事故复原是如何操作的？

工作任务 2.5　64D 型继电半自动闭塞电路分析

【学习目标】

知识目标	能力目标	素质目标
1. 掌握 64D 型继电半自动闭塞 8 个单元电路的工作原理。 2. 掌握 64D 型继电半自动闭塞与车站联锁设备的结合电路	1. 掌握 64D 型继电半自动闭塞 13 个继电器电路的励磁条件和失磁条件。 2. 能读懂 64D 型继电半自动闭塞与车站联锁设备的结合电路	1. 培养学生严谨务实的科学态度，不断积累知识，为以后的工作打下基础。 2. 培养学生的创新意识

【任务引导】

引导问题 1：64D 型继电半自动闭塞机在定位状态时，BSJ 是否是保持吸起的？如果保持吸起何时落下？

引导问题 2：6502 电气集中车站，出站信号机的 LXJ 励磁电路中，接有 64D 型继电半自动闭塞系统需要什么条件？它的作用是什么？

【工具器材】

64D 型继电半自动闭塞机、万用表。

【相关知识】

为使电路简单明了，便于掌握，将 64D 型继电半自动闭塞电路按功能不同设计成独立的单元式电路。它由线路继电器电路、信号发送器电路、发车接收器电路、接车接收器电路、闭塞继电器电路、复原继电器电路、轨道继电器电路和表示灯电路等 8 个单元电路组成，具体可参阅《计算机联锁图册》图 I -18。

知识点 1　线路继电器电路

线路继电器电路如图 2-5-1 所示，其作用是发送和接收闭塞信号。它由正线路继电器 ZXJ 和负线路继电器 FXJ 组成。在每个闭塞区间两端的线路继电器是对称的，每端串联两个线路继电器，ZXJ 接收正极性的闭塞信号，FXJ 接收负极性的闭塞信号。线路继电器之所以采用偏极继电器，是因为偏极继电器具有选择电流极性的特性。为降低继电器的工作电压，线路继电器两个线圈并联使用。

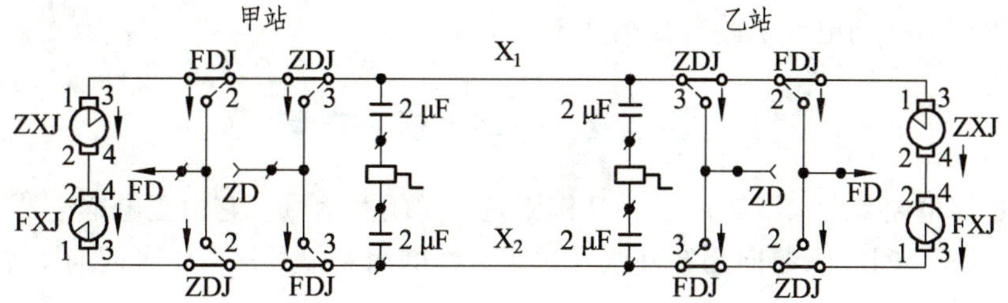

图 2-5-1　线路继电器电路

为了向线路发送正负两种极性的闭塞信号，在线路继电器电路中接有两组 ZDJ 的接点和两组 FDJ 的接点。ZDJ 吸起时向线路发送正极性的闭塞信号；FDJ 吸起时向线路发送负极性的闭塞信号。由于 ZDJ 和 FDJ 的两组接点是互相照查的，所以两个继电器同时吸起时，不会向线路上发送任何闭塞信号。

为防护外线混电，电路由 ZDJ 和 FDJ 的双断接点通断电源，因此当一条外线混电时，不会引起线路继电器的错误动作。

闭塞电话与线路继电器电路共用一对外线。为防止直流闭塞信号进入电话机，在闭塞电话电路中串联两个 2 μF 的电容器。

甲站请求向乙站发车，按下 BSA，使 ZDJ 吸起，向乙站送正极性的请求发车信号，使乙站 ZXJ 吸起，励磁电路为

甲站 ZD—ZDJ$_{32\text{-}31}$—外线 X_1—乙站 ZDJ$_{31\text{-}33}$—FDJ$_{21\text{-}23}$—ZXJ$_{1\text{、}3\text{-}2\text{、}4}$—FXJ$_{2\text{、}4\text{-}1\text{、}3}$—ZDJ$_{23\text{-}21}$—FDJ$_{33\text{-}31}$—外线 X_2—甲站 FDJ$_{31\text{-}33}$—ZDJ$_{21\text{-}22}$—FD。

乙站 ZXJ 吸起后，使 HDJ 吸起。甲站松开 BSA，乙站 ZXJ 落下，使 TJJ 吸起，TJJ 吸起后与正在缓放中的 HDJ 共同接通 FDJ 电路，FDJ 吸起后向甲站发送负极性的自动回执信号，使甲站的 FXT 吸起，励磁电路为：

乙站 ZD—FDJ$_{32\text{-}31}$—外线 X_2—甲站 FDJ$_{31\text{-}33}$—ZDJ$_{21\text{-}23}$—FXJ$_{1\text{、}3\text{-}2\text{、}4}$—ZXJ$_{2\text{、}4\text{-}1\text{、}3}$—FDJ$_{23\text{-}21}$—ZDJ$_{33\text{-}31}$—外线 X_1—乙站 ZDJ$_{31\text{-}32}$—FDJ$_{21\text{-}22}$—FD。

乙站同意甲站发车，按下 BSA，由于 TJJ 已吸起，使 BSJ 落下，接通 ZDJ 电路，向甲站发送正极性的同意接车信号，使甲站的 ZXJ 吸起，励磁电路为：

乙站 ZD—ZDJ$_{32\text{-}31}$—外线 X_1—甲站 ZDJ$_{31\text{-}33}$—FDJ$_{21\text{-}23}$—ZXJ$_{1\text{、}3\text{-}2\text{、}4}$—FXJ$_{2\text{、}4\text{-}1\text{、}3}$—ZDJ$_{23\text{-}21}$—FDJ$_{33\text{-}31}$—外线 X_2—乙站 FDJ$_{31\text{-}33}$—ZDJ$_{21\text{-}22}$—FD。

列车从甲站出发，驶入进站信号机内方第一个轨道区段时，GDJ 落下，使 BSJ、ZKJ、KTJ 相继落下，在 BSJ 已落下和 KTJ 因 ZKJ 缓放尚未落下时，使 ZDJ 吸起，向乙站发送正极性的出发通知信号，使乙站 ZXJ 吸起，励磁电路同请求发车时的 ZXJ 励磁电路。

列车到达乙站，乙站在确认整列到达后办理到达复原，按下 FUA，使 FDJ 吸起，向甲站发送负极性的到达复原信号，使甲站 FXJ 吸起，其励磁电路与接收自动回执信号时相同。

取消复原时，甲站按下 FUA 后，使 FDJ 吸起，向乙站发送负极性的取消复原信号，使乙站的 FXJ 吸起，励磁电路为

甲站 ZD—FDJ$_{32\text{-}31}$—外线 X_2—乙站 FDJ$_{31\text{-}33}$—ZDJ$_{21\text{-}23}$—FXJ$_{1\text{、}3\text{-}2\text{、}4}$—ZXJ$_{2\text{、}4\text{-}1\text{、}3}$—FDJ$_{23\text{-}21}$—ZDJ$_{33\text{-}31}$—外线 X_1—甲站 ZDJ$_{31\text{-}33}$—FDJ$_{21\text{-}22}$—FD。

为了引起车站值班员的注意，在收到对方站发来的各种闭塞信号时电铃都鸣响，为此用

$ZXJ_{21\text{-}22}$或$FXJ_{21\text{-}22}$接通电铃电路，如图 2-5-8 所示。

知识点 2 信号发送器电路

信号发送器电路如图 2-5-2 所示，其作用是发送闭塞信号。它由正电继电器 ZDJ 和负电继电器 FDJ 组成，ZDJ 吸起向闭塞外线发送正极性的闭塞信号；FDJ 吸起向闭塞外线发送负极性的闭塞信号。

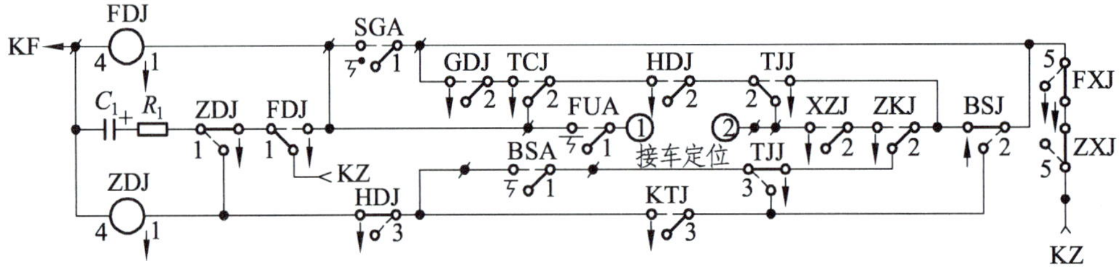

图 2-5-2 信号发送器电路

1. ZDJ 电路

ZDJ 吸起向闭塞外线发送请求发车信号、同意接车信号和出发通知信号等 3 种正极性的闭塞信号。

1）请求发车信号

这是闭塞机在定位状态时才能发出的信号，此时 ZDJ 的励磁电路要检查的条件是：

（1）区间空闲，闭塞机在定位状态（BSJ↑）。

（2）双方站未请求发车（HDJ↓）。

（3）本站闭塞机未转到接车状态（TJJ↓）。

（4）本站闭塞机也未转到准备开通状态（ZKJ↓）。

请求发车信号的控制条件是 BSA，当本站车站值班员按下闭塞按钮时，经过$BSA_{11\text{-}12}$接通 ZDJ 励磁电路，ZDJ 吸起后向闭塞外线发送正极性的请求发车信号。

因为 BSA 是自复式按钮，所以当车站值班员松开 BSA 后，即断开 ZDJ 电路。为了保证电路的可靠动作，要求发送的闭塞信号有足够的长度，故 ZDJ 和 FDJ 电路共用由电阻 R_1（510 Ω/2 W）和电容器 C_1（500 μF）构成的阻容缓放电路。电容器 C_1 平时经过$ZDJ_{11\text{-}13}$和$FDJ_{11\text{-}13}$处于充电状态，当 ZDJ 吸起时，经过$ZDJ_{11\text{-}12}$使 C_1、R_1 并联在 ZDJ 的线圈上，而当 FDJ 吸起时，经过$ZDJ_{11\text{-}13}$和$FDJ_{11\text{-}12}$使 C_1、R_1 并联在 FDJ 的线圈上。当 ZDJ 或 FDJ 断电时，C_1 向 ZDJ 或 FDJ 的线圈放电，使其缓放，其缓放时间应不小于 1.6 s。

因 C_1 采用经常充电的方式，所以 ZDJ 和 FDJ 只缓放不缓吸，缓放时间稳定，保证闭塞信号长度的一致，从而不受本站车站值班员按压按钮时间长短的影响。

$ZXJ_{51\text{-}53}$和$FXJ_{51\text{-}53}$接在信号发送器的总电路中，其作用是保证闭塞机在接收完对方站发来的闭塞信号之后，才能使 ZDJ 或 FDJ 吸起，以防止车站值班员抢先办理闭塞时使电路无法动作。

2）同意接车信号

这是在收到对方站的请求发车信号、本站闭塞机转为接车状态后才能发送的信号，此时ZDJ的励磁电路要检查以下条件：

（1）闭塞机转为接车状态（TJJ↑）。

（2）车站值班员同意接车，按下BSA（BSA_{11-12}）。

（3）闭塞机转为闭塞状态（BSJ↓）。

HDJ_{31-33}是综合电路时并入的，它保证在发送回执信号时断开ZDJ的励磁电路，以保证自动回执信号的脉冲长度。当HDJ落下时，证实自动回执信号已发完。

3）出发通知信号

这是在列车自发车站出发，进入发车站进站信号机内方第一个轨道区段时，闭塞机自动发出的信号，此时ZDJ的励磁电路要检查以下条件：

（1）列车出发进入进站信号机内方第一个轨道电路区段（GDJ↓）。

（2）闭塞机转入闭塞状态（BSJ↓）。

应该指出的是，在出发通知信号电路中并没有GDJ的后接点，它是通过BSJ_{21-23}来证明的。因为在发车站的BSJ电路中，由于此时KTJ是吸起的，当列车出发进入轨道电路区段时，GDJ落下，BSJ才落下。

列车出发通知信号是自动接通和断开的，电路的接通条件是BSJ_{21-23}，而断开的条件是KTJ_{31-32}。因为列车出发时，电路动作顺序是GDJ↓→BSJ↓→ZKJ↓→KTJ↓且ZKJ的线圈上并联电容器C_2，有一定的缓放时间，当ZKJ落下后，KTJ才落下。所以，此时的ZDJ电路由BSJ的落下来接通，用KTJ的落下来断开，以保证ZDJ有一定的吸起时间。

2. FDJ电路

FDJ吸起向闭塞外线发送自动回执信号、到达复原信号、取消复原信号和事故复原信号等四种负极性的闭塞信号。

1）自动回执信号

这是接车站收到请求发车信号之后，自动向发车站发送的证实信号，此时FDJ的励磁电路要检查的条件是：

（1）本站闭塞机在定位状态（BSJ↑）。

（2）收到请求发车信号（HDJ↑）。

（3）本站闭塞机已转为接车状态（TJJ↑）。

TCJ第二组接点用来区分是自动回执电路还是到达复原电路。当TCJ落下，FDJ吸起时，向闭塞外线发送的是自动回执信号，当TCJ吸起，FDJ吸起时，向闭塞外线发送的是到达复原信号。

TJJ_{21-22}和HDJ_{21-22}在电路中起着自动接通和断开自动回执电路的作用。用TJJ_{21-22}接通FDJ电路，开始发送自动回执信号。HDJ经过一段时间的缓放后落下，用HDJ_{21-22}断开FDJ电路，终止发送自动回执信号。

自动回执信号的脉冲长度近似等于HDJ和FDJ缓放时间之和，起控制作用的是HDJ缓放时间的长短。FDJ 吸起后经 FDJ_{11-12} 接通 C_1 放电电路，使 FDJ 有足够的缓放时间。

2）到达复原信号

这是在列车完整到达接车站后，由接车站的车站值班员办理到达复原时发送的信号，此时 FDJ 的励磁电路要检查的条件是：

（1）收到出发通知信号（TCJ↑）。

（2）列车到达本站（HDJ↑）。

（3）列车出清接车站接车进路第一个轨道电路区段（GDJ↑）。

（4）“接车定位条件”是结合车站联锁设备情况，用能证实接车进路解锁的继电器接点来接通。

（5）本站车站值班员办理到达复原，按下 FUA。

TJJ_{21-23} 接点是为了进一步证实列车已从对方站出发而加入的。TCJ 第二组接点和 TJJ 第二组接点是区分电路用的，加入这两个条件后，自动回执电路和到达复原电路可共用一组 HDJ_{21-22} 接点。

3）取消复原信号

这是在本站请求发车之后和列车未出发之前由车站值班员办理取消闭塞时发送的信号，此时 FDJ 的励磁电路要检查的条件是：

（1）本站办理请求发车并收到自动回执信号（BSJ↑和 ZKJ↑）。

（2）出站信号机未开放（XZJ↑）。

（3）本站值班员办理取消复原按下 FUA（FUA_{11-12}）。

“接车定位条件”不是本电路的必要条件，是合并电路时加入的。

4）事故复原信号

这是当闭塞机发生故障不能正常复原，而办理事故复原时发送的信号。因为故障情况可能随时发生，所以在事故复原电路中，除 ZXJ 和 FXJ 后接点外，不检查任何条件，只要车站值班员按下事故按钮（SGA_{11-12}），即可构成 FDJ 的励磁电路。松开 SGA，FDJ 落下。

知识点 3　发车接收器电路

发车接收器电路的作用是记录发车站闭塞机状态的，它由选择继电器 XZJ、准备开通继电器 ZKJ 和开通继电器 KTJ 组成。

1. XZJ 电路

XZJ 电路有两个作用：一是区分自动回执信号和复原（到达复原、取消复原、事故复原）信号；二是请求发车后检查出站信号机是否开放。XZJ 电路如图 2-5-3 所示。

自动回执信号和复原信号都是从对方站发来的负极性脉冲，为了区分这两种代表不同意义的负极性信号，在 ZKJ 和 FUJ 电路中分别检查 XZJ_{31-32} 和 XZJ_{61-63}。XZJ 吸起时，通过 XZJ_{31-32} 证明接收的是自动回执信号，而 XZJ 落下时，通过 XZJ_{61-63} 证明接收的是复原信号。

XZJ 是当办理请求发车时经过 ZDJ_{41-42} 吸起，然后经 XZJ_{11-12} 自闭，并一直保持到收到同意接车信号 KTJ 吸起和车站值班员开放出站信号机后才落下。开放出站信号机前，XZJ 吸起，允许调车和取消闭塞；出站信号机开放后，XZJ 落下，则不允许调车和取消闭塞。这样，在出站信号机开放前后，闭塞机状态就有了一个变化。

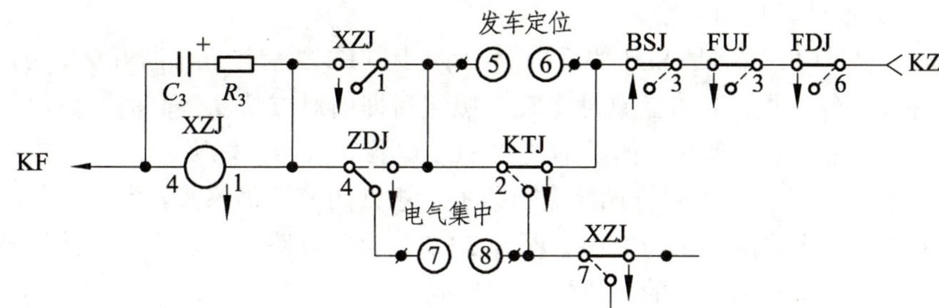

图 2-5-3　XZJ 电路

当本站办理取消复原时，用 $FDJ_{61\text{-}63}$ 断开 XZJ 电路；当对方站办理事故复原时，用 $FUJ_{31\text{-}33}$ 断开 XZJ 电路。

当一个区间两端的车站值班员同时办理请求发车，按下 BSA 时，两站的 XZJ 都能吸起并自闭，但是由于两个正极性的闭塞信号在外线相顶，双方都收不到自动回执信号。在这种情况下，如某站再次办理请求发车，接车站在发送自动回执信号时 FDJ 吸起，用其第 6 组后接点断开 XZJ 的自闭电路，使 XZJ 落下。

若在因故障收不到对方站发来的自动回执信号的情况下办理事故复原时，也是用 $FDJ_{61\text{-}63}$ 断开 XZJ 的自闭电路的。

电路中的 $BSJ_{31\text{-}32}$ 是与 ZKJ 共用的，它表明只有闭塞机在定位状态（BSJ 吸起）时，才能办理请求发车，XZJ 才能吸起。

XZJ 要有一定的缓放时间，是因为在办理取消复原时，$FDJ_{61\text{-}63}$ 接点一断开，XZJ 就要落下，这样 $XZJ_{21\text{-}22}$ 将切断 FDJ 的励磁电路。为使 FDJ 可靠吸起，XZJ 应缓放。为此在 XZJ 的线圈上并联 C_3、R_3 缓放电路，C_3 为 100 μF，R_3 为 510 Ω。

2. ZKJ 电路

ZKJ 电路如图 2-5-4 所示，其作用是接收自动回执信号。当收到自动回执信号时，ZKJ 吸起并自闭，将闭塞机转至准备开通状态。ZKJ 的励磁条件是：

（1）区间空闲。

（2）闭塞机在定位状态（BSJ↑）。

（3）本站已办理请求发车（XZJ↑）。

（4）收到了对方站的自动回执信号（FXJ↑）。

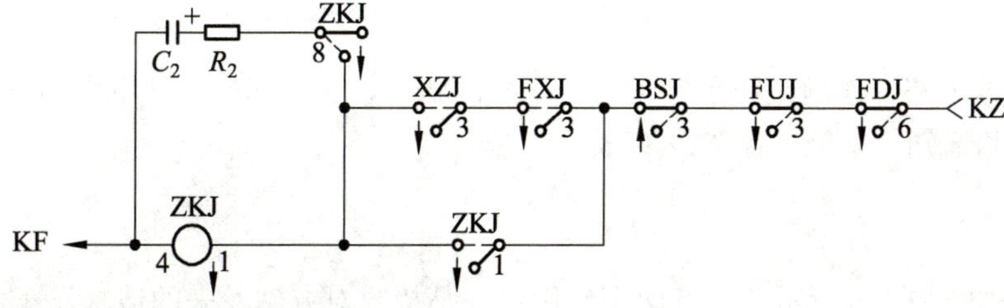

图 2-5-4　ZKJ 电路

ZKJ 吸起后经 $ZKJ_{11\text{-}12}$ 自闭。

ZKJ 的失磁条件是：列车出发，区间闭塞时由 $BSJ_{31\text{-}32}$ 断开其自闭电路或本站办理取消复原时，用 $FDJ_{61\text{-}63}$ 断开其自闭电路。

在办理取消复原时，用的是 FDJ 的后接点，而不用 FUJ 的后接点来断开 ZKJ 的自闭电路，这是因为在请求发车后办理取消复原时，FDJ 吸起后即向对方站发送取消复原信号，而本站的 FUJ 要经过 $FDJ_{61\text{-}62}$ 才能吸起。如果本站的 FUJ 电路因故障不能吸起，若用 FUJ 后接点时即不会使 ZKJ 落下，这就发生对方站闭塞机复原，本站闭塞机仍保留着发车条件的故障，这不符合“故障-安全”原则，而用 $FDJ_{61\text{-}63}$ 断开 ZKJ 的自闭电路，就防止了上述故障，保证在办理取消复原时双方闭塞机工作的一致性。

ZKJ 要求有一定的缓放时间（不小于 0.32 s），以保证办理取消复原时使 FDJ 可靠吸起，这和 XZJ 的缓放要求是相似的。ZKJ 的缓放还有另一个作用，即当列车出发时，因 BSJ 先落下，ZKJ 缓放，使 KTJ 也缓放，这样才能通过 $BSJ_{21\text{-}23}$ 和 $KTJ_{31\text{-}32}$ 构成 ZDJ 的励磁电路，从而能可靠发送列车出发通知信号，并使之有足够的长度。

3. KTJ 电路

KTJ 电路的作用是接收对方站发来的同意接车信号，并将闭塞机转到开通状态。KTJ 电路如图 2-5-5 所示，其励磁条件是：

（1）闭塞机收到自动回执信号（ZKJ↑）。

（2）闭塞机收到同意接车信号（ZXJ↑）。

（3）半自动闭塞用轨道电路良好（GDJ↑）。

KTJ 吸起后经 $KTJ_{11\text{-}12}$ 自闭。

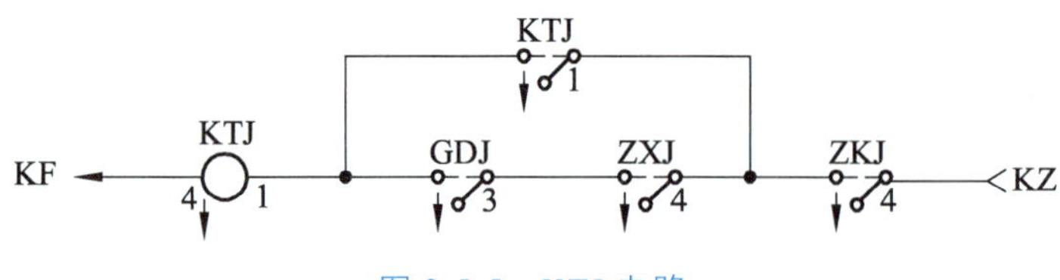

图 2-5-5　KTJ 电路

KTJ 的失磁条件和 ZKJ 的一样，所以当 $ZKJ_{41\text{-}42}$ 断开时，KTJ 也落下。

在发车接收器电路中 XZJ、ZKJ 和 KTJ 按办理闭塞的顺序依次动作，保证了两站间在区间空闲、电路动作正常的情况下，必须往返三次不同极性的闭塞信号时，发车站闭塞机才能表示“区间开通”，从而提高了发车接收器电路的抗干扰能力。

知识点 4　接车接收器电路

接车接收器电路的作用是记录接车站闭塞机的状态，它由回执到达继电器 HDJ，同意接车继电器 TJJ 和通知出发继电器 TCJ 组成。

1. HDJ 电路

HDJ 电路如图 2-5-6 所示，它有两个作用：一是接收对方站发来的请求发车信号，与 TJJ 一起构成自动回执信号电路；二是记录列车到达。因为这两个作用不是同时完成的，所以可由一个继电器来兼用，而设计成两组电路，用 TCJ 第 5 组接点来区分两组电路。在收到列车出发通知信号之前，因 TCJ 落下，此时 HDJ 吸起作为发送回执信号之用；而在收到列车出发通知信号之后，因 TCJ 吸起，此时 HDJ 吸起作为记录列车到达之用。

HDJ“自动回执”电路的励磁条件是：

（1）区间空闲（BSJ↑）。

（2）收到对方站的请求发车信号（ZXJ↑）。

电路中的 $ZKJ_{51\text{-}53}$ 是为了区别请求发车信号和同意接车信号用的，因为两者都使 ZXJ 吸起，这样当发车站闭塞机转到准备开通状态之后，再收到同意接车信号时，由于 $ZKJ_{51\text{-}53}$ 断开，所以不会错误构成 HDJ 电路。

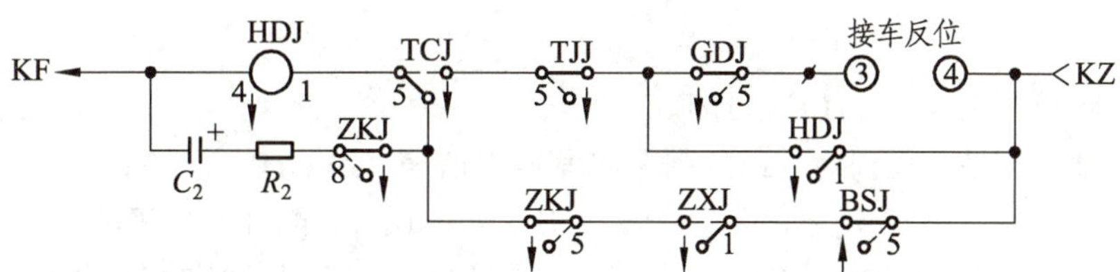

图 2-5-6　HDJ 电路

随着请求发车信号的终止，ZXJ 落下，HDJ 依靠 C_2 和 R_2 组成的电路缓放。在 HDJ 落下后，停止发送自动回执信号。HDJ“到达”电路的励磁条件是：

（1）收到列车出发通知信号（TCJ↑）。

（2）接车进路已建立。

（3）列车到达进入进站信号机内方第一个轨道电路区段（GDJ↓）。

HDJ 吸起后自闭。

在办理到达复原时，TCJ 落下后断开 HDJ 自闭电路，HDJ 落下。

在 HDJ 的“到达”电路中加入 $TJJ_{51\text{-}53}$ 接点，是因为 GDJ 在 TCJ 吸起后才能吸起，如果在 HDJ 的“到达”电路中没有 $TJJ_{51\text{-}53}$ 接点，那么在列车出发前，接车站过早地开放进站信号机，则在 TCJ 吸起后 GDJ 尚未吸起之前，会使 HDJ 错误吸起，造成列车虚假到达的故障。加入 $TJJ_{51\text{-}53}$ 后，它们的动作顺序是 TCJ↑→GDJ↑→TJJ↓。由于 TCJ 吸起后 GDJ 尚未吸起时，TJJ 处于吸起状态，即防止了上述错误。

电路中接有“接车反位条件”是为了在进站信号机未开放前，可以利用正线进行调车作业，此时 HDJ 不会吸起。

对 HDJ 要求有一定的缓放时间（不小于 0.6 s），因为在接收请求发车信号时，HDJ 经 $ZXJ_{11\text{-}12}$ 而吸起，当请求发车信号终了 ZXJ 落下时，则断开了 HDJ 的励磁电路，但是要用 $ZXJ_{11\text{-}13}$ 和 $HDJ_{61\text{-}62}$ 构成 TJJ 的励磁电路，而用 $TJJ_{21\text{-}22}$ 和 $HDJ_{21\text{-}22}$ 构成 FDJ 的励磁电路发送自动回执信号，因此，为了使 TJJ 可靠吸起，并可靠地发送自动回执信号，要求 HDJ 缓放。它是通过在 HDJ 的线圈上并联 C_2（200 μF）及 R_2（510 Ω）而实现的。C_2、R_2 是与 ZKJ 共用的，用 ZKJ 的第 8 组接点来区分。

2. TJJ 电路

TJJ 电路如图 2-5-7 所示，其作用是接收请求发车信号。TJJ 吸起后将闭塞机转为接车状态，并为发送同意接车信号做好准备。TJJ 的励磁条件是：

（1）闭塞机在定位状态（BSJ↑）。

（2）收到请求发车信号（HDJ↑）。

（3）请求发车信号终了（ZXJ↓）。

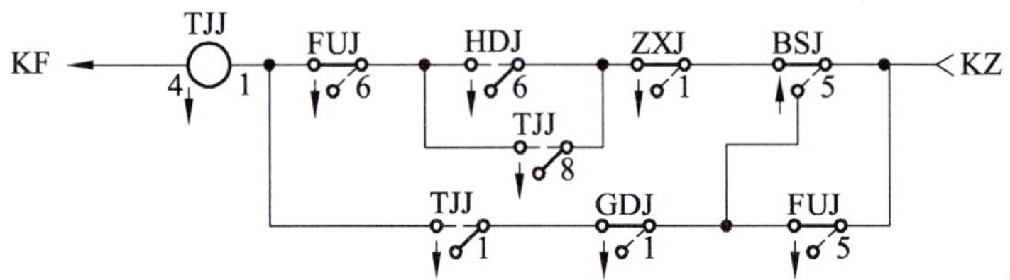

图 2-5-7　TJJ 电路

TJJ 吸起后经 $TJJ_{81\text{-}82}$、$TJJ_{11\text{-}12}$ 自闭。

TJJ 的失磁条件是：收到对方站的列车出发通知信号，用 $GDJ_{11\text{-}13}$（TCJ↑→GDJ↑）断开其自闭电路。收到对方站的取消复原信号，用 $FUJ_{51\text{-}53}$、$FUJ_{61\text{-}63}$ 断开其自闭电路。

在 TJJ 的励磁电路中，加入 $FUJ_{61\text{-}63}$ 接点，是防止在办理到达复原时，因 BSJ 吸起后，HDJ 落下前（BSJ 先吸起，HDJ 后落下），使 TJJ 错误吸起。

在 TJJ 的自闭电路中，加入 $FUJ_{51\text{-}53}$ 接点的作用是：在发车站办理请求发车以后（FBD 亮黄灯时），办理取消复原时，用以切断 TJJ 的自闭电路。加入 $BSJ_{51\text{-}53}$ 接点的作用是，在接车站办理同意接车后（JBD 亮绿灯时），发车站办理取消复原时，使接车站的 FBD 不闪红灯。因此时接车站的 FUJ 先吸起，在 BSJ 尚未吸起的瞬间 TJJ 会落下，使 FBD 闪红灯。若加入 $BSJ_{51\text{-}53}$ 接点后，在上述情况下，TJJ 就不会落下，当 BSJ 吸起后，才断开 TJJ 的自闭电路，从而避免了 FBD 闪红灯的现象。

在 TJJ 的电路中，$TJJ_{81\text{-}82}$ 接点的作用是：防止 TJJ 的自闭电路断线后，由于车站值班员错误办理闭塞而使两站闭塞机错误复原。当发车站办理请求发车收到自动回执信号后，FBD 亮黄灯，由于接车站的 TJJ 自闭电路断线而不能自闭，所以在发完自动回执信号后，TJJ 落下，JBD 无显示。如果接车站此时办理请求发车，XZJ 吸起自闭，其请求发车信号送到发车站后变成了同意接车信号，使发车站的 FBD 亮绿灯。发车站办理发车进路开放出站信号机，列车出发进入发车站进站信号机内方第一个轨道电路区段时，FBD 亮红灯，并向接车站发送列车出发通知信号。由于接车站的 BSJ 仍处在吸起状态，所以使列车出发通知信号变成请求发车信号，并向发车站送出自动回执信号，而接车站的 TJJ 吸起后不再自闭而又落下。由于发车站的 BSJ 在列车出发时已落下，此时在收到自动回执信号后，因 FUJ 的吸起又使其吸起，FBD 红灯熄灭，闭塞机复原。如果发车站的车站值班员继续错误办理请求发车，接车站在发送自动回执信号时，因 FDJ 的吸起切断了 XZJ 的自闭电路使其落下，而 TJJ 吸起后因不能自闭又落下，此时接车站的闭塞机复原，发车站的 FBD 亮黄灯。若发车站的车站值班员再次错误办理取消闭塞，则造成列车在区间运行时两站闭塞机均恢复定位，这决不能允许。为此，在 TJJ 励磁电路中的 $HDJ_{61\text{-}62}$ 接点上并联 $TJJ_{81\text{-}82}$，构成另一条自闭电路。这样，如果 TJJ 的自闭电路断线，则 TJJ 会经过 $BSJ_{51\text{-}52}$、$ZXJ_{11\text{-}13}$、$TJJ_{81\text{-}82}$ 和 $FUJ_{61\text{-}63}$ 而保持自闭。当接车站的车站值班员办理同意接车时，由于 BSJ 的落下而使 TJJ 也落下，使故障导向安全。

3. TCJ 电路

TCJ 电路如图 2-5-8 所示，其作用是接收列车出发通知信号，励磁条件是：

（1）闭塞机在接车闭塞状态（BSJ↓、TJJ↑）。

（2）收到出发通知信号（ZXJ↑）。

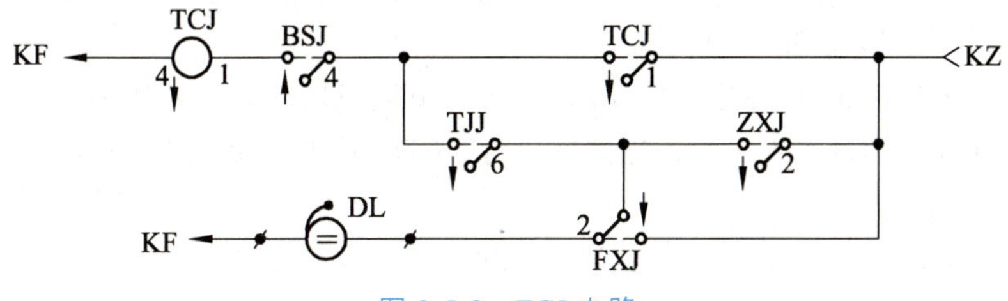

图 2-5-8　TCJ 电路

TCJ 吸起后经 $TCJ_{11\text{-}12}$ 自闭。

当闭塞机复原时，用 $BSJ_{41\text{-}43}$ 断开其自闭电路。

在收到列车出发通知信号后，如果接车站轨道电路发生故障，TCJ 吸起后 GDJ 未吸起，则 TJJ 不会落下。此时经过 $TCJ_{11\text{-}12}$、$TJJ_{62\text{-}61}$、$FXJ_{23\text{-}21}$ 接通电铃电路，使电铃连续鸣响，发出报警，以便在列车到达前及时修复轨道电路。

知识点 5　闭塞继电器电路

闭塞继电器 BSJ 电路的作用是反映区间的闭塞状态。BSJ 吸起时，表示区间空闲，闭塞机在定位状态；BSJ 落下时，表示区间闭塞，闭塞机在闭塞状态。

BSJ 电路如图 2-5-9 所示。BSJ 平时吸起并经过 $BSJ_{11\text{-}12}$、$TJJ_{41\text{-}43}$、$KTJ_{41\text{-}43}$ 自闭。

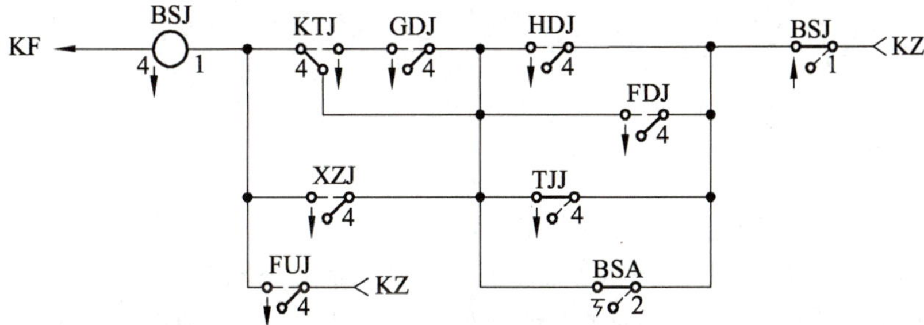

图 2-5-9　BSJ 电路

作为发车站，当办理发车后，列车出发进入进站信号机内方第一个轨道电路区段时，BSJ 落下。BSJ 的失磁条件是：出站信号机已开放，由 $XZJ_{41\text{-}42}$ 断开一条电路；列车出发进入出站信号机内方第一个轨道电路区段，由 $GDJ_{41\text{-}42}$ 断开另一条电路。

作为接车站，办理接车时，BSJ 的失磁条件是：收到请求发车信号，由 $TJJ_{41\text{-}43}$ 断开一条电路；车站值班员同意接车按下 BSA，由 $BSA_{21\text{-}23}$ 断开另一条电路。

在办理接车时，为了防止车站值班员过早地按下 BSA 影响自动回执信号的发送，将 $FDJ_{41\text{-}42}$ 和 $HDJ_{41\text{-}42}$ 接点并联在 $BSA_{21\text{-}23}$ 接点上，从而保证了在发送自动回执信号期间，即使车站值班员过早地按下 BSA，也不会使 BSJ 落下，不影响发送自动回执信号。

在 BSJ 的自闭电路中，KTJ_{42} 与 GDJ_{43} 相连，在两接点上再并联 $XZJ_{41\text{-}42}$。这样连接可使 BSJ 在平时未办理闭塞或已办理闭塞出站信号机开放后，其自闭电路均接通。当列车出发进入进站信号机内方第一个轨道电路区段时，才断开 BSJ 自闭电路。

这种接法避免了发车站在请求发车后（FBD 亮黄灯）办理取消复原时，FBD 闪红灯的现象。如果 KTJ_{43} 与 GDJ_{43} 相连，当发车站 ZKJ 吸起后办理取消复原，若 XZJ 缓放时间不足，会使 BSJ 瞬时落下，造成 FBD 闪红灯。

在 BSJ 电路中加入 $XZJ_{41\text{-}42}$ 接点的作用，是在收到同意接车信号但出站信号机未开放之前，进行站内调车作业车列进入发车轨道电路区段时，GDJ 落下，BSJ 仍保持吸起，不影响闭塞机的工作。

当本站或对方站办理复原时，由于 FUJ 吸起，使 BSJ 吸起并自闭。

知识点 6　复原继电器电路

复原继电器 FUJ 电路的作用是用来使闭塞机复原，FUJ 电路如图 2-5-10 所示，它的励磁有 4 种情况。

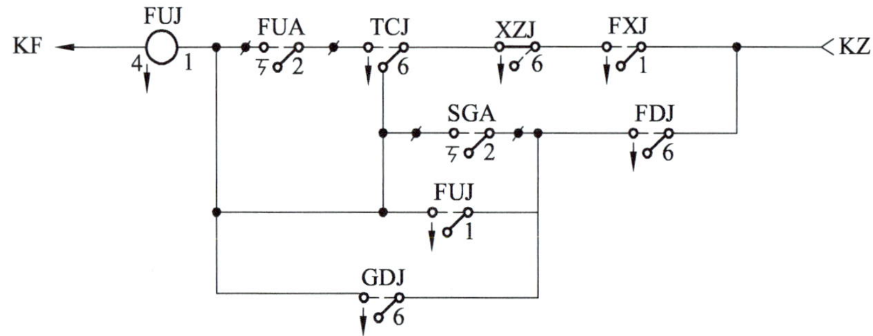

图 2-5-10　FUJ 电路

1. 对方站办理复原（取消复原时本站为接车站，到达复原时本站为发车站）时

FUJ 的励磁条件为：

（1）收到对方站发来的负极性脉冲（FXJ↑）。

（2）证实此负极性脉冲是复原信号而不是自动回执信号（XZJ↓）。

电路中 $TCJ_{61\text{-}63}$ 接点的作用是为了保证接车站收到列车出发通知信号（TCJ↑）后，区间有列车运行时，即使发车站送来复原信号或外线上有负极性脉冲干扰（FXJ↑），也不能使接车站 FUJ 吸起，以保证列车在区间运行的安全。

2. 在本站办理到达复原（本站为接车站）或取消复原（本站为发车站）时

FUJ 的励磁条件为：

（1）车站值班员按下 FUA，使 FDJ 吸起（$FDJ_{61\text{-}62}$）。

（2）办理到达复原时，$GDJ_{61\text{-}62}$ 表示列车出清接车站进站信号机内方第一个轨道电路区段；而在办理取消复原时，$GDJ_{61\text{-}62}$ 表示列车在发车站尚未出发。

FUJ 吸起后经 $FUJ_{11\text{-}12}$ 自闭。

FDJ 落下后使 FUJ 复原。

3. 在本站办理事故复原时

车站值班员按下 SGA，FDJ 吸起后，FUJ 即吸起。

FUJ 吸起后经 $FUJ_{11\text{-}12}$ 自闭，直到 FDJ 落下后 FUJ 才落下。由于 FDJ 有足够的缓放时间，所以车站值班员在办理复原时，只要按下 SGA 即可，不必过长。

4. 为中途折返列车复原用的励磁条件

当在路用列车或机外调车需越出进站信号机占用区间时，车站值班员都应按照发车手续办理闭塞，然后开放出站信号机。当路用列车或机外调车进入区间后，两站闭塞机都闭塞，待路用列车或调车车列返回到本站时，由本站车站值班员确认后，按下 SGA 使 FUJ 吸起，办理事故复原。此时，对方站的 TCJ 已吸起，为使对方站的闭塞机复原，需要对方站车站值班员在听到电铃声时按下 FUA，然后通过 $TCJ_{61\text{-}62}$ 和 $FUA_{21\text{-}22}$ 使 FUJ 吸起，从而使闭塞机复原。

知识点 7　轨道继电器电路

闭塞机中的轨道继电器 GDJ，是现场轨道继电器的复示继电器，其作用是用来监督列车出发和到达，并以此来控制闭塞电路的动作。GDJ 电路如图 2-5-11 所示。

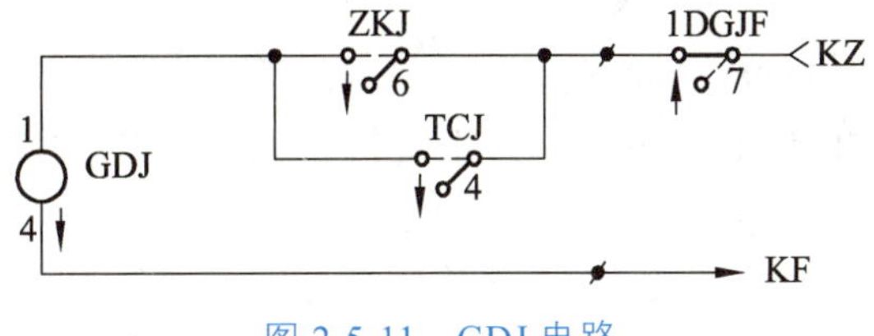

图 2-5-11　GDJ 电路

对于发车站，在办理请求发车并收到自动回执信号之后，经 $ZKJ_{61\text{-}62}$ 接通电路。GDJ 吸起后，用 $GDJ_{41\text{-}42}$ 为接通 BSJ 的自闭电路准备条件；用 $GDJ_{71\text{-}72}$ 使 FBD 亮黄灯。当列车进入发车站进站信号机内方第一个轨道电路区段时，GDJ 落下，以监督列车出发。

对于接车站，在收到列车出发通知信号之后，经 $TCJ_{41\text{-}42}$ 接通电路。此时 GDJ 吸起后，用 $GDJ_{11\text{-}13}$ 断开 TJJ 的自闭电路；在 FDJ 和 FUJ 电路中，用 $GDJ_{21\text{-}22}$ 和 $GDJ_{61\text{-}62}$ 监督列车出清轨道电路区段，以便办理到达复原。当列车进入进站信号机内方第一个轨道电路区段时，GDJ 落下，在 HDJ 电路中，用 $GDJ_{51\text{-}53}$ 监督列车的到达。

知识点 8　表示灯电路

表示灯电路的作用是用于表示闭塞机的各种状态。FBD 和 JBD 电路如图 2-5-12 所示。

1. FBD 的 5 种状态

（1）定位状态：BSJ↑，无表示。

（2）请求发车：BSJ↑，GDJ↑，亮黄灯。

（3）区间开通：BSJ↑，KTJ↑，亮绿灯。

（4）发车闭塞：BSJ↓，亮红灯。

（5）列车到达：作为接车站时，TCJ↑，HDJ↑，亮红灯。

2. JBD 的 4 种状态

（1）定位状态：BSJ↑，无表示。

（2）邻站请求发车：BSJ↑，TJJ↑，亮黄灯。

（3）同意接车：BSJ↓，TJJ↑，亮绿灯。

（4）接车闭塞：TCJ↑，亮红灯。

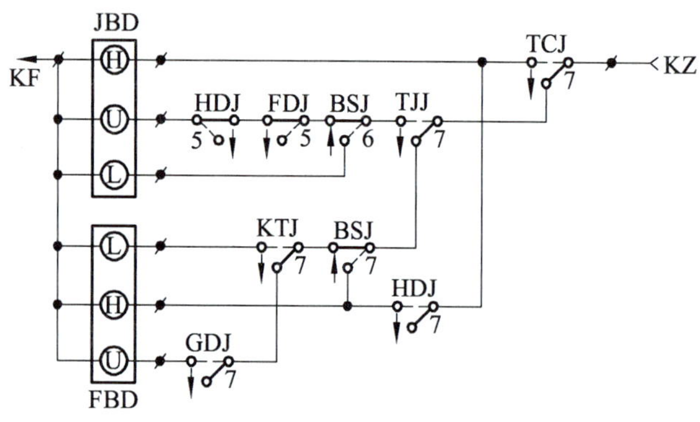

图 2-5-12　FBD 和 JBD 电路

表示灯电路中每个接点的作用如下：

在办理接车时，必须保证 FBD 灭灯，为此在 FBD 的 3 个点灯电路中都检查了 TCJ 和 TJJ 的后接点。当收到发车站的请求发车信号，以及向发车站发送同意接车信号时，用 TJJ 后接点切断 FBD 的点灯电路；当收到发车站的列车出发通知信号时，用 TCJ 后接点切断 FBD 的点灯电路。为了简化表示灯电路，在列车到达时 JBD 和 FBD 都亮红灯，此时经过 $TCJ_{71\text{-}72}$ 和 $HDJ_{71\text{-}72}$ 接通 FBD 的红灯电路。

在接车站，当收到列车出发通知信号时，TCJ 吸起后使 JBD 亮红灯，表示列车已从对方站出发，而在 JBD 亮黄灯或绿灯时，为了证实列车未出发，须检查 TCJ 的后接点和 TJJ 的前接点。

为了防止接车站的车站值班员在办理接车时过早地按下 BSA，在 JBD 的黄灯电路中加入 $HDJ_{51\text{-}53}$，以保证在发完自动回执信号 JBD 亮黄灯后，当车站值班员看到亮黄灯时再按下 BSA，向对方站发送同意接车信号。

在发车站，为了在办理请求发车后，能随时监督轨道电路的状态，以免影响发车，在 FBD 的黄灯电路中检查 GDJ 的前接点。

知识点 9　64D 型继电半自动闭塞电路的改进

为了在处理故障时使半自动闭塞设备复原，而在 64D 型继电半自动闭塞专设了事故按钮，从电路设计上来看，不检查区间是否有车占用等条件，只要按下事故按钮，闭塞设备就能复原。因此，平时事故按钮应加铅封，必须使用时，由相邻两站的车站值班员确认区间空闲后，应严格执行检查和登记制度，并根据调度员的命令，由发生故障车站的车站值班员打开铅封，按压事故按钮，从而使闭塞设备复原。这种操作，只按一次按钮就可使已建立的闭塞复原，若误按了事故按钮，也会使不该取消的闭塞取消掉，显然，这种工作方式是很不安全的。为此，对事故复原电路进行了改进，采用“延时确认、两次办理”的方式。这种办理的方式是：当第一次按压事故按钮后，用音响和红色闪光灯来提醒车站值班员，以引起注意，延时 30 s 后，音响停止，闪光表示仍然亮灯。车站值班员应在 13 s 以内第二次按压事故按钮，这时原半自动闭塞的事故复原电路生效，半自动闭塞设备复原。显然，两次动作要比一次动作的可靠性高得多。

事故复原延时电路如图 2-5-13 所示。事故按钮 SGA 和事故按钮继电器 SGAJ 仍用原电路的设备。另外增设了第一事故按钮继电器 $SGAJ_1$（JWXC-1700 型）、第二事故按钮继电器 $SGAJ_2$（JWXC-H340 型）、第一、第二时间继电器 $YSHJ_1$、$YSHJ_2$（JSBXC-850 型），$YSHJ_1$ 延时 30 s、$YSHJ_2$ 延时 13 s。报警指示灯选用发光二极管，音响报警器可用语言提示器、蜂鸣器或电铃。

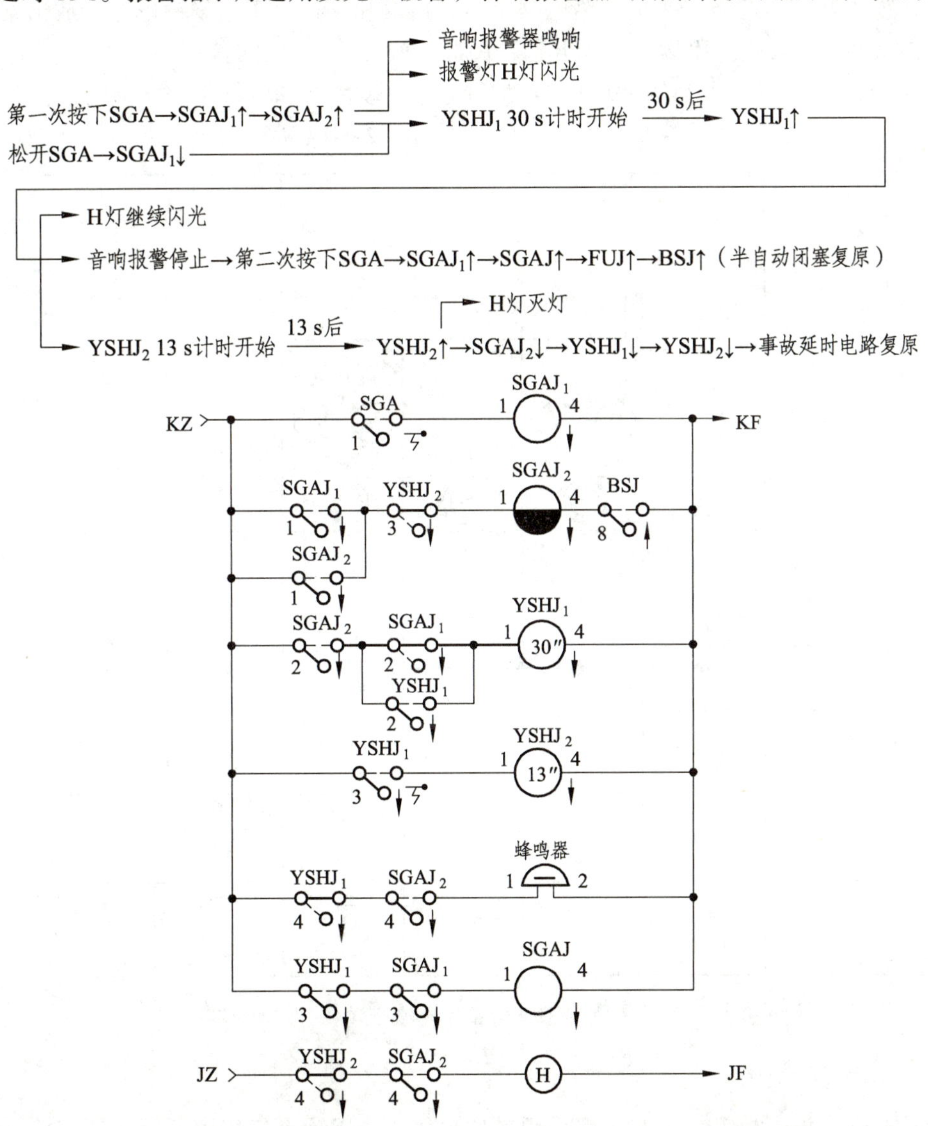

图 2-5-13　事故复原延时电路

从上述事故复原延时电路动作程序中可知，在设计事故复原延时电路时，未改动原定型电路，只是在事故按钮继电器 SGAJ 动作之前增加了一些电路环节，从而达到延时、报警、确认的目的。若车站值班员第一次按压 SGA 确属误办，则不会第二次按压 SGA。这样，音响停止 13 s 后闪光灯灭灯，第一次按压 SGA 所预办的延时电路会自动恢复到常态，不会误动事故复原电路，也不影响以后事故复原的正常办理。

如果车站值班员在第一次按压 SGA 后的 30 s 内第二次按压，则重新延时 30 s，故障复原无效。

知识点 10　与继电联锁设备的结合

为使继电半自动闭塞与车站继电联锁设备发生联锁关系，使半自动闭塞电路能反映是否已排列并锁闭好发车进路或接车进路，列车是否出发和到达；车站联锁电路开放出站信号机必须检查已办好区间闭塞手续，区间开通，因此它们必须有结合电路。

现以 6502 型电气集中为例，说明 64D 型继电半自动闭塞和电气集中联锁的结合电路。64D 型继电半自动闭塞区段车站控制台面板（局部）如图 2-5-14 所示。

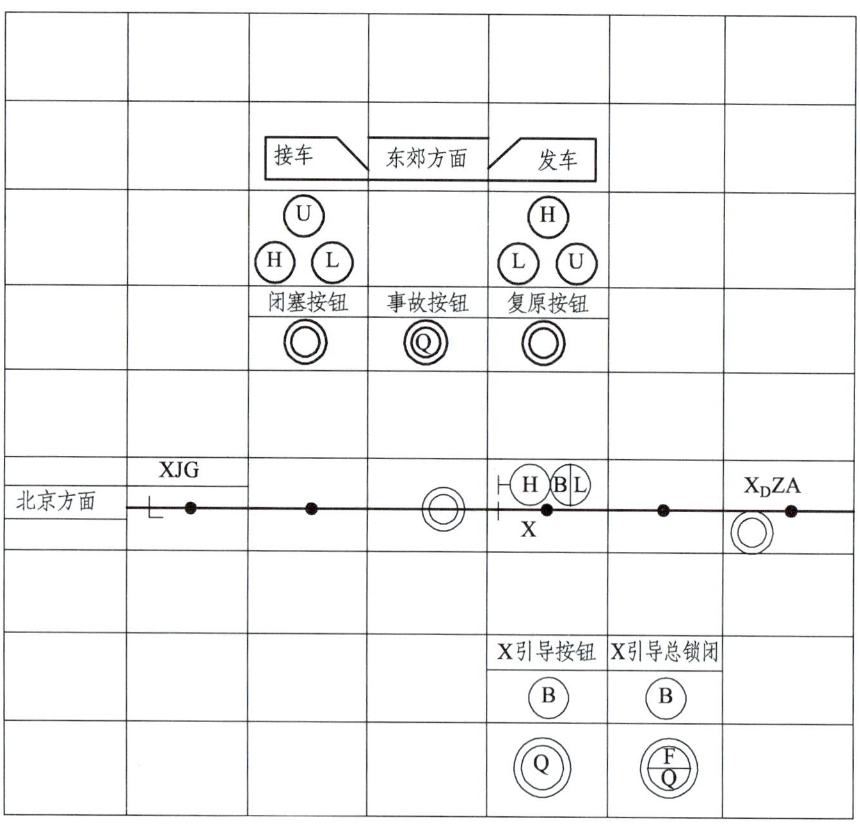

图 2-5-14　64D 型继电半自动闭塞区段车站控制台面板（局部）

1. 半自动闭塞组合

为了与电气集中相统一，按钮都采用二位自复式。因为电气集中所用的按钮接点是单组接点，故增设了 BSAJ、FUAJ 和 SGAJ 3 个按钮继电器。为电路结合之用，以及提高电路定型率，还增设了接近电铃继电器 DLJ、接车锁闭继电器 JSBJ、发车锁闭继电器 FSBJ 和作为线路电源的硅整流器 ZG，这些设备连同半自动闭塞原有的 13 个继电器，一般做成定型组合，称为半自动闭塞组合 B_1、B_2，放在组合柜上。若采用改进电路，则增加半自动闭塞组合 B。B_1、B_2、B 组合内的继电器及其类型见表 2-5-1。

表 2-5-1 B1、B2、B 组合内的继电器及其类型

组合	继电器									
B_1	HDJ	BSJ	KTJ	ZDJ	FDJ	GDJ	FUAJ	SGAJ	BSAJ	ZG-42/0.5
	JWXC-1700	JWXC-1700	JWXC-1700	JWXC-1700	JWXC-1700	JWXC-1700	JWXC-1700	JWXC-1700	JWXC-1700	
B_2	ZXJ	FXJ	FUJ	ZKJ	XZJ	TJJ	TCJ	JSBJ	FSBJ	DLJ
	JPXC-1000	JPXC-1000	JWXC-1700	JWXC-1700	JWXC-1700	JWXC-1700	JWXC-1700	JWXC-1700	JWXC-1700	JWXC-1700
B	$SGAJ_1$	$YSHJ_1$	$YSHJ_2$	$SGAJ_2$						
	JWXC-1700	JSBXC-850	JSBXC-850	JWXC-1700						

2. 结合电路

64D 与 6502 电气集中结合电路如图 2-5-15 所示，它由下列电路组成。

1）按钮继电器电路

用闭塞按钮继电器 BSAJ、复原按钮继电器 FUAJ 和事故按钮继电器 SGAJ 分别反映 BSA、FUA 和 SGA 的状态。按下某按钮时，相应的按钮继电器吸起，松开后随即落下。

2）接车锁闭继电器电路

接车锁闭继电器 JSBJ 平时落下，当进站信号机开放后（列车信号复示继电器 LXJF 吸起），列车驶入接近区段（接近轨道复示继电器 JGJF 落下）时，JSBJ 吸起并自闭。自闭电路中检查了进站信号机内方第一个道岔区段的进路继电器的后接点（图 2-5-15 中的 1DG/2LJ），列车经由该区段的进路时，进路继电器 2LJ 落下。列车进站驶过该区段后，2LJ 吸起。当列车出清接车进路的第一个道岔区段，待其解锁 1DG 的 2LJ 励磁后才断开 JSBJ 的自闭电路，从而实现对列车的到达进行“两点检查”。这样，任何一段轨道电路故障或错误动作，都不会造成列车的虚假到达。

3）发车锁闭继电器电路

发车锁闭继电器 FSBJ 平时吸起。电路中的 ZCJ 是发车口部位的照查继电器，排列向 1DG 的列车、调车进路时，ZCJ 落下，而在 1DG 道岔区段解锁后，ZCJ 吸起。ZJ 是终端继电器，向 1DG 排列调车进路时吸起，使 FSBJ 不落下，不致影响行车。当办理发车进路时，用 ZCJ 和 ZJ 都落下来说明以该发车口为终端建立并锁闭了发车进路，使 FSBJ 落下，从而断开发车定位条件。直到发车进路解锁，才能再次构成此条件。此联锁条件的作用是控制闭塞机能否取消闭塞，使闭塞机复原。

4）接近电铃继电器电路

列车由对方站出发后，通知出发继电器 TCJ 吸起，用其第 3 组前接点接通电容器 C_3 电路，向 C_3 充电。当列车驶入接车站的接近区段时，接近轨道继电器 JGJ 落下，接通电铃继电器 DLJ 电路。由 C_3 向 DLJ 放电，使之瞬间吸起。在 DLJ 吸起时间内，接近电铃鸣响。

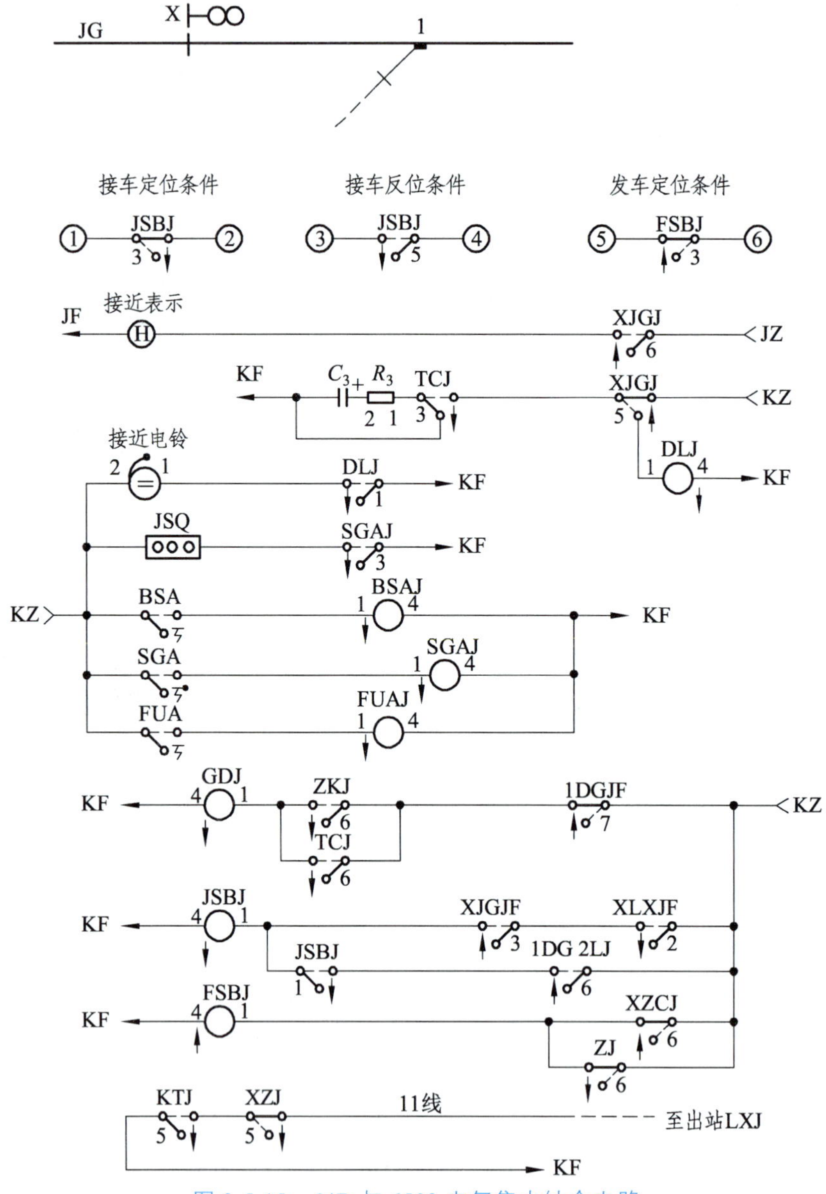

图 2-5-15　64D 与 6502 电气集中结合电路

3. 结合设计

在 64D 型继电半自动闭塞电路中要进行以下结合设计：

（1）在 FDJ 电路中的“接车定位条件”处加入“确认列车进站”条件——JSBJ 的第 3 组后接点，当列车到达接车站并出清进站信号机内方的第一个轨道电路区段后，JSBJ 落下，为办理到达复原时 FDJ 的励磁准备好条件。对于电气集中车站，列车进站后，进站信号机自动关闭，列车完全进入股道后，接车进路自动解锁，此时 JSBJ 落下，自动构成接车定位条件。但这只能说明列车已经到达或进入股道，并不能证实到达列车是否完整，所以，还必须由车站值班员确认列车完整后，才能按下 FUA 办理到达复原手续，构成 FDJ 的励磁条件。

（2）在 HDJ 电路中的“接车反位条件”处加入“接车锁闭”条件——JSBJ 的第 5 组前接点，进站信号机开放后，列车进站进入轨道电路区段，闭塞电路才能构成列车到达状态。在电气集中车站要求对列车的到达进行“两点检查”。当进站信号机开放后列车进入进站信号机的接近区段时，才能构成列车到达的条件，从而实现第一点检查。这样允许接车站在区间闭塞后尚未开放进站信号机之前，进行站内调车。第二点检查是由 HDJ 电路中的轨道继电器 GDJ 第 5 组后接点来完成的，用以证明列车占用过接车进路的第一个轨道电路区段。这样，就检查了列车顺序地驶过了接近区段和进站信号机内方第一个轨道电路区段，若任何一段轨道电路故障或错误动作，都不会造成列车的虚假到达。

（3）在 XZJ 电路中“发车定位条件”处加入 FSBJ 第 3 组前接点，以便在未建立发车进路前，XZJ 吸起，允许调车和取消闭塞，而出站信号机开放后，XZJ 落下，就不允许调车和取消闭塞。对电气集中联锁的车站来说，因道岔区段全部装设轨道电路，列车是否出发，电路能检查。开放出站信号机后，因故不需要发车，可取消发车进路，当出站信号机关闭后，只要发车进路解锁（FSBJ 吸起），就说明列车确实没有越过出站信号机。由于取消复原的 FDJ 电路中检查了 XZJ 的吸起，所以用发车进路解锁条件来控制 XZJ 的吸起，实际上就满足了检查列车是否越过出站信号机的要求。

在 XZJ 电路中将 ZDJ_{43} 和 KTJ_{22} 连起来，在出站信号机关闭和进路解锁后，使 XZJ 再次吸起，以便办理取消复原或进行站内调车作业。

（4）在 GDJ 电路中接入进站信号机内方第一个轨道继电器的前接点，这里因接车和发车用同一个轨道继电器，所以必须选用进站信号机内方的第一个轨道区段。

在 6502 电气集中电路中，要进行以下结合设计：在出站信号机的列车信号继电器 LXJ 电路中接入闭塞条件予以控制，即用半自动闭塞的开通继电器 KTJ 前接点来控制出站信号机的开放。在 11 线网络（LXJ 电路）的发车口部位，接入 KTJ 的第 5 组前接点和 XZJ 的第 5 组后接点，用前者证明闭塞机开通允许发车，用后者证明确已排除取消闭塞的可能。

知识点 11　与计算机联锁设备的结合

以 TYJL-Ⅱ为例介绍 64D 型继电半自动闭塞与计算机联锁设备的结合。

1. 按钮继电器电路

计算机联锁一般采用显示器和鼠标作为控制和显示设备，“闭塞按钮”“事故按钮”“复原按钮”都通过鼠标进行操作，微机闭塞按钮继电器 WBSAJ、微机复原按钮继电器 WFUAJ、微机事故按钮继电器 WSGAJ 由计算机联锁驱动。计算机联锁还驱动微机照查继电器 WZCJ 作为联锁条件的检查。计算机联锁采集 WSGAJ、WZCJ 的前后接点作为回读。计算机联锁的采集驱动电路如图 2-5-16 所示。

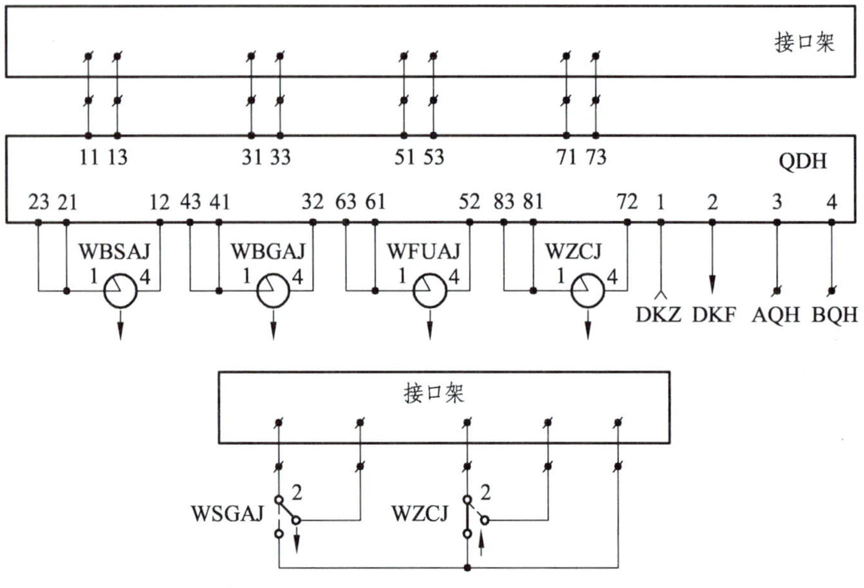

图 2-5-16　计算机联锁的采集驱动电路

由 WBSAJ、WFUAJ、WSGAJ 分别接通 BSAJ、FUAJ、SGAJ 电路，BSAJ、FUAJ 和 SGAJ 电路如图 2-5-17 所示。

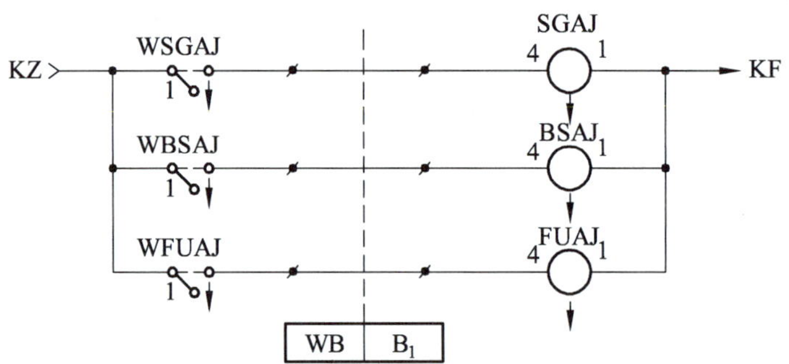

图 2-5-17　BSAJ、FUAJ 和 SGAJ 电路

2. 接车锁闭继电器电路

接车锁闭继电器 JSBJ 电路如图 2-5-18 所示。JSBJ 的励磁电路由接近区段轨道复示继电器 JGJF 后接点和列车信号继电器 LXJ 前接点接通，自闭电路中有锁闭继电器 SJ 后接点。LXJ 和 SJ 由计算机联锁驱动。

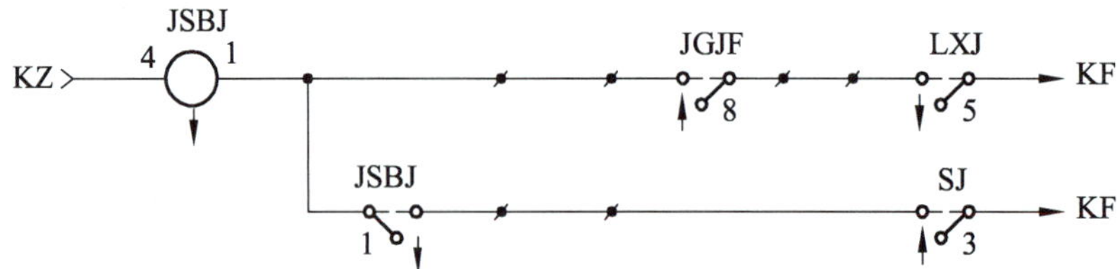

图 2-5-18　接车锁闭继电器 JSBJ 电路

3. 发车锁闭继电器电路

由 WZCJ 的前接点接通发车锁闭继电器 FSBJ 电路，FSBJ 电路如图 2-5-19 所示。

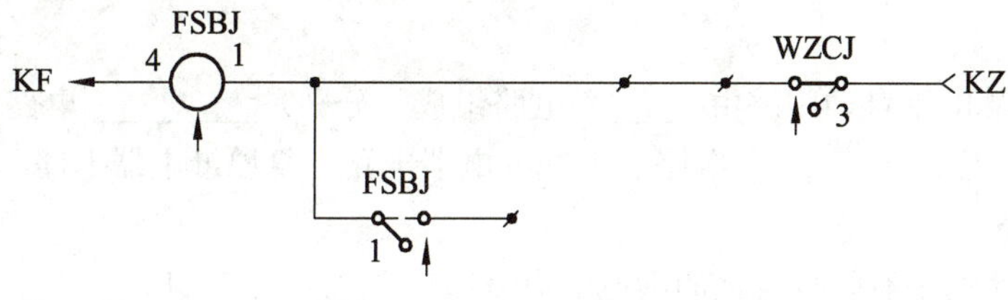

图 2-5-19　FSBJ 电路

对于计算机联锁，KTJ 和 XZJ 的前后接点为计算机联锁采集，作为开放出站信号机的条件，采集 KTJ 和 XZJ 的电路如图 2-5-20 所示。

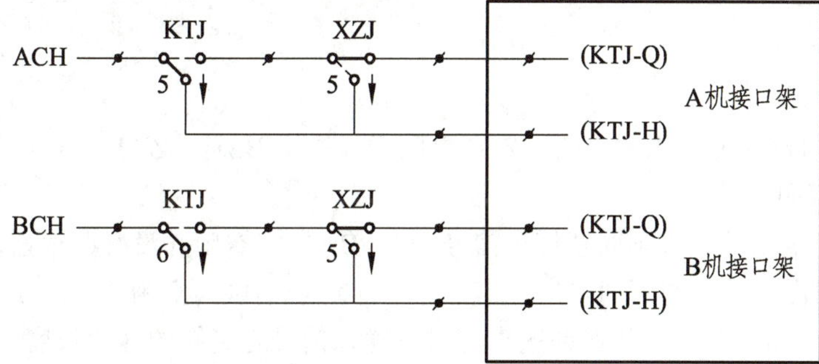

图 2-5-20　采集 KTJ 和 XZJ 的电路

【任务实施】

（1）64D 型继电半自动闭塞 13 台继电器的作用是什么？

（2）根据 64D 型继电半自动闭塞正常办理、取消复原和事故复原三种办理方式，对 13 台继电器电路分别进行工作原理分析。

【考核评价】

序号	考核点	评分点	分值	得分
1	理论分析	能通过 64D 型继电半自动闭塞表示灯判断设备的工作状态	10	
		能正确说明正常办理、取消复原、事故复原各步骤继电器动作的主要条件是什么	25	
2	设计与提高	能通过继电器的工作程序，说明继电器电路的工作原理	25	
		通过 FBD 和 JBD 的变换，能正确分析电路的工作状态	10	
		能阐述自己的设计思路	10	
3	课堂表现	态度认真、积极参与、遵守纪律	20	
总分			100	

【巩固提高】

1. 填空题

（1）64D 型继电半自动闭塞由_____个电路组成，分别是_________电路、信号发生器电路、_________电路、_________电路、闭塞继电器电路、复原继电器电路、_________电路和_________电路。

（2）半自动闭塞中有缓放特性的继电器有 HDJ、______、XZJ、_______、_______等 5 台继电器。

（3）信号发生器电路中，ZDJ 吸起向闭塞外线发送_______、________、______3 种正极性的闭塞信号。FDJ 吸起向闭塞外线发送_______、_______、_______、_______4 种负极性的闭塞信号。

2. 选择题

（1）64D 半自动闭塞请求发车时，ZDJ 电路中检查了 BSJ↑、ZKJ↓、TJJ↓、HDJ↓、ZXJ↓、FXJ↓ 的条件，说明了（　　）。

A. 区间空闲并已收到同意接车信号　　B. 区间空闲并没有办理任何闭塞手续

C. 区间占用并已收到列车出发信号　　D. 说明区间空闲并办理了请求闭塞手续

（2）64D 半自动闭塞，为了保证送出的出发通知信号有足够的脉冲长度，将 C_2、R_2 并接在（　　）。

A. HDJ 线圈的两端　　B. XZJ 线圈的两端

C. ZKJ 线圈的两端　　D. TJJ 线圈的两端

（3）64D 型继电半自动闭塞，接车站同意接车，按下 BSA 后，（　　）。

A. 接车站 JBD 先亮绿灯　　B. 发车站 FBD 先亮绿灯

C. 接车站 FBD 先亮黄灯　　D. 发车站 JBD 先亮黄灯

（4）64D 型继电半自动闭塞正常办理过程中 TCJ 的吸起时机是（　　）。

A. 列车出发 BSJ 落下时　　B. 收到通知出发的正脉冲 ZXJ 吸起时

C. 出站信号机开放 XZJ 落下时　　D. 收到同意接车的正脉冲 ZXJ 吸起时

3. 简答题

（1）根据 64D 型继电半自动闭塞线路继电器电路中 ZXJ 和 FXJ 动作的条件是什么？它们的电源是如何提供的？

（2）64D 型继电半自动闭塞车站，出站信号机开放与半自动闭塞有何关系？

工作任务 2.6　64D 型继电半自动闭塞设备维护

【学习目标】

知识目标	能力目标	素质目标
1. 掌握 64D 型继电半自动闭塞设备常见的故障现象。 2. 掌握 64D 型继电半自动闭塞常见故障的处理方法和步骤	1. 能根据控制台表示灯和继电器状态分析故障原因，确定故障位置。 2. 能正确分析和处理常见的设备故障	1. 提升动手能力，做一名合格专业技术人员。 2. 培养学生精益求精的工作作风、安全质量意识及团队合作能力

【任务引导】

引导问题 1：闭塞外线断线时，两站闭塞机有什么现象？

引导问题 2：控制台表示灯灭灯时，64D 型半自动闭塞设备能否工作？

【工具器材】

64D 型继电半自动闭塞机、万用表。

【相关知识】

知识点 1　半自动闭塞的维护

半自动闭塞的维护包括日常维修和集中检修。半自动闭塞的组合柜、信号机、轨道电路、操纵和表示元件、电源都是和车站联锁系统共用的，其日常维修根据《铁路信号维护规则业务管理》规定安排，参见《铁路信号基础设备维护》《铁路车站信号自动控制系统维护》的有关部分。

半自动闭塞的集中检修包括操纵设备、继电器、半自动闭塞组合电路的集中检修。

1. 操纵设备的检修

（1）表示灯应有足够的亮度，颜色鲜明。灯座不旷动，灯泡插入接触可靠。

（2）自复式按钮应保证按、拉灵活及自动复原。

（3）按钮的同类接点应同时接通和断开，接点接触压力、断开间隙、接点接触电阻符合规定。

（4）所有接线应焊接牢固、不腐蚀、不虚焊、不断股，并应附有套管。

（5）事故按钮应加封良好，并装有计数器。计数器数字清楚，每次检修时应登记。计数器应保证每拉一次动作时，读数只增加一个数字。

（6）电铃音响清晰，车站两端的电铃铃声应有区别。接点无火花和烧黑现象。

（7）控制台内应清扫干净，控制台门关闭严密并加封良好。

2. 继电器的集中检修

（1）继电器外罩完整、清洁，封闭良好，可动部分和导电部分与外罩间均有 2 mm 以上间隙。

（2）所有金属零件的防护层，不龟裂、融化、脱落、变色和锈蚀。

（3）线圈引出线及各部连接线良好，安装牢固，不转动并无较大旷动。

（4）端子及导电部分的绝缘电阻符合要求。

（5）磁极清洁平整，无杂物。

（6）接点接触可靠，接点压力、间隙、接触电阻、电气特性均符合规定。同类接点同时接触或断开。

3. 半自动闭塞组合电路的检查和试验

1）电路元件的检查和测试

电路元件的检查和测试应在装配前进行，项目有：

（1）继电器电气特性试验，检查工作值、落下值、线圈电阻是否符合要求。

（2）检查继电器、按钮的接点压力、接点电阻是否符合要求。

（3）检查电阻器电阻值是否符合要求。

（4）检查电容器容量是否符合要求。

（5）测试继电器并联电容器后的缓放时间是否达到要求。

2）操纵和表示元件的检查

主要检查其完整性和灵活性，项目有：

（1）表示灯安装牢固，色玻璃位置正确，灯泡无烧毁，与灯座接线片接触良好。

（2）按钮安装牢固，按下和拉出灵活并能自动复原。

（3）电铃安装牢固，铃声清晰无噪声。

3）配线的检查

（1）插座完整无裂纹，插头、插座接触可靠，安装牢固。

（2）各接线片焊接牢靠，无虚焊和断股现象。

（3）接线的接头应全部焊在接线片的焊锡里，线头不得有很长的裸线。焊后应擦去焊油，应有绝缘套管。

（4）接线应有足够的长度，便于检查和测试，不束缚元件安装和拆卸。

（5）扎线的径路不应影响检查和测试，线条应没有烫伤现象。

4）电路的检查

电路检查的目的是检查接线是否完整正确。进行检查前，应按结合设计的要求，接上有关条件。一般检查下述 3 种情况：

（1）检查两点间的接点和接线是否接通。

用欧姆表法来检查。断开电源，将万用表置于欧姆挡，分别检查两点间的接点和接线接通情况。这样不仅能检查是否接通，而且能大致检查其间的接触电阻和接线电阻。

（2）检查断线点。

将闭塞机供以电源，用电压表进行电压追踪检查。将电压表的一支表笔接负极，另一支表笔从正极开始，沿电路检查是否有电压。遇有接点断开的地方，可用人工方法使其接通，然后继续检查，直到查到没有电压的地方，证明该处断线。

（3）检查混线点。

查找电路混线或混电较麻烦，可用接点分离法来查找。闭塞电路混线的检查如图 2-6-1 所示，图中 FUJ_{51} 和 FUJ_{61} 间混线，使 TJJ 吸起并自闭。在查找故障时，先看 TJJ 有几条电路，然后分析哪一条电路混线，再查从哪处混。为此，先断开 $GDJ_{11\text{-}13}$，看 TJJ 是否落下；若 TJJ 不落下，再断开 $FUJ_{51\text{-}53}$，若 TJJ 都不落下，可分析出混线是从励磁电路混入的。再分离励磁电路的各接点，当断开 $FUJ_{61\text{-}63}$ 时（此时应同时断开自闭电路）TJJ 落下，可知混线在 HDJ_{61} 到 FUJ_{63} 之间，然后进一步查找，即可定位故障点。

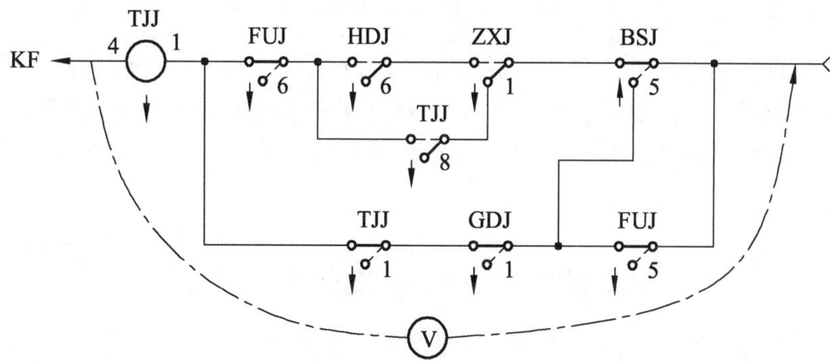

图 2-6-1　闭塞电路混线的检查

5）闭塞电路的试验

进行了各项检查后，将操纵和表示元件、闭塞机、站内结合设备的模拟盘连接起来，并在外线端子上接上一组电源和双刀双掷开关 SK，进行单个闭塞机的试验。闭塞机接通电源后，发车表示灯 FBD 亮红灯。试验前先按下 SGA，使闭塞机复原。

发车闭塞试验步骤：

（1）按一下 BSA，ZDJ 和 XZJ 吸起。

（2）将 SK 扳向下方（每次扳完后都应恢复至中间位置），给闭塞机送一负极性回执信号。此时，FXJ、XZJ、GDJ 相继吸起，FBD 亮黄灯。

（3）将 SK 扳向上方，给闭塞机送一个正极性的同意接车信号，此时 ZXJ、KTJ 相继吸起，FBD 亮绿灯。

（4）将发车条件和轨道电路条件反位，使 GDJ、BSJ、ZKJ、KTJ 相继落下，FBD 亮红灯。

（5）将发车条件和轨道电路条件恢复定位。

（6）将 SK 扳向下方，向闭塞机送负极性的到达复原信号，此时 FXJ、FUJ、BSJ 相继吸起，FBD 熄灭。至此，闭塞机恢复定位。

接车闭塞试验步骤：

（1）将 SK 扳向上方，向闭塞机送正极性的请求发车信号，此时 ZXJ、HDJ 相继吸起，脉冲终了时，ZXJ 落下，在 HDJ 缓放时间里 TJJ 吸起并自闭，JBD 亮黄灯。

（2）按下 BSA，BSJ 落下，JBD 亮绿灯。

（3）将 SK 扳向上方，向闭塞机送正极性的出发通知信号，此时 ZXJ、TCJ、GDJ、TJJ 相继吸起，JBD 亮红灯。

（4）将接车条件和轨道电路条件反位，GDJ 落下，HDJ 吸起，FBD 和 JBD 都亮红灯。

（5）将接车条件和轨道电路条件恢复定位。

（6）按下 FUA 办理到达复原，此时 FDJ、FUJ 吸起，使 BSJ 吸起并自闭，表示灯熄灭，闭塞机恢复定位。

以上是一端闭塞机的试验方法。两台闭塞机连接起来进行试验更为合适，这样可检查两台闭塞机的参数是否满足要求。

以上检查和试验，在现场安装之前必须进行。

知识点 2　半自动闭塞的测试

半自动闭塞的测试包括外线输出、输入电压和环线电阻测试。外线输出、输入电压用直流电压表在试办理闭塞发送脉冲信号时测量。测量环线电阻需要点停止使用半自动闭塞机，将区间一端车站的外线端子环接，在另一端车站用欧姆表，最好用惠斯登电桥测量外线的环线电阻。

知识点 3　半自动闭塞的常见故障

半自动闭塞设备发生故障时，应迅速判明情况，积极查找故障，及时修复使用。

1. 半自动闭塞容易发生故障的地点

半自动闭塞容易发生故障的地点如下：

（1）表示灯泡断丝，灯座弹片接触不良。

（2）电源断电或电源电压不足。

（3）插座断线或接触不良。

（4）电容器断线或容量不足。

（5）电阻器断线或调整触头接触不良。

（6）继电器弹簧钢丝卡松动，使吸上空气隙增大，工作值提高或不吸起。

（7）继电器接点因火花影响，接点电阻增大。

（8）按钮动程不足，接点接触不良。

（9）电铃内接点因火花影响，接触不良或粘住，使电铃不响。

（10）轨道电路故障或室内外连接有故障，使 GDJ 不能正常动作。

2. 半自动闭塞的常见故障

1）电线路故障

电线路故障有断线、半断线、混线、接错等情况。

（1）断线故障包括架空线和电缆断线、断路器脱扣、由于线头假焊及接线端子螺丝松动等造成的电路不通。一般可按其所经过的电路进行分段测试或以连线跳接来检查。

（2）半断线故障一般发生在线头剪刀点上和导线中有伤痕处或导线与机械磨卡的位置。

（3）混线故障包括电线路互相碰叠、绝缘不良、在导电回路中有两处以上与大地接通等情况。

（4）接错，如闭塞外线接反，可导致线路继电器错误转极。

2）电源故障

电源故障有电源无端电压和端电压不足、不稳定、极性接反等情况。

（1）电源没有端电压，其原因可能是整流器故障、连接线断线或松动、电源断路器脱扣等。

（2）电源端电压不足，其原因可能是接线端子松动、无稳压器时交流电压下降、共用电源串电等。

（3）电源端电压不稳定，其原因多为无稳压器交流电压波动或端子松动有半接触现象。

3）继电器电路故障

继电器电路的常见故障如下：

应励磁而不励磁，系接点接触不良、接点氧化、接点间有灰尘或绝缘物、断线、焊线、假焊、腐蚀、端子松动、电源电压不足、线圈断线等原因所致，可用电压表在带电情况下分段进行查找。

（1）不应励磁时励磁了，多数系混电所致或错误地共用一组接点。

（2）应自闭时不能自闭而产生脉动现象，多系自闭接点错误地用了后接点或继电器时间参数（如缓放时间）不够所引起的。

（3）应励磁时不励磁，又使断路器脱扣，可能是电源被短路或继电器线圈内部短路所致。

（4）应落下时不落下，可能是接点烧熔断不开或衔铁卡住。

4）轨道电路故障

轨道电路无车占用时轨道继电器不励磁，原因可能是轨道继电器线圈断线、整流器失效、端子松动接触不良、电缆芯线折断、引接线折断或开焊脱落、送电端轨间电压低或无电压（有铁线或其他导体搭连两钢轨、轨距杆绝缘破损致使轨道间短路、导接线折断或接触不良、钢丝绳引接线混线、轨端绝缘破损等）、送电端轨间电压低或无电压（电源、整流器、轨道变压器不良；端子松动、接触不良；限流电阻接触不良或断线、更换整流器或蓄电池时把极性接反；绝缘破损等）。

轨道电路有车占用时，轨道继电器不落下，原因有轨面上有砂子或污垢、车辆轮缘上有污垢、受电端电压过高。

轨道电路遭雷击后，可能引起轨道继电器、轨道变压器、整流器被击坏、电缆断线等故障。

此外，还有按钮接点接触不良、表示灯泡断丝、接触不良等故障。

知识点 4　半自动闭塞故障实例

1. 因混线造成的故障

接车站通知，某区间不能办理闭塞，且控制台无表示。欲与对方站联系，闭塞电话也不通。闭塞电路与闭塞电话共用外线，而现在同时发生故障，经分析确定先排除电话的故障，而这种故障一般在外线。经查找，发现系通信电线路混线。排除混线后，设备即复原。

2. 因电容器击穿造成的故障

在办理闭塞过程中，开始电铃音响正常，以后逐渐缩短直至不响，闭塞也不能办理，而闭塞电话是正常的。这说明外线没有问题。电铃的作用是了解办理闭塞的情况，更重要的是反映对方站送来的脉冲信号的长短。现在电铃从响到不响，说明对方站信号发生器有故障。而脉冲从长到短，说明继电器正常，电路也正常，C_1 可能故障。C_1 与 ZDJ、FDJ 并联，控制脉冲的长短，经分析确定 C_1 被击穿。

3. 因按钮接点接触不良造成的故障

列车到达后不能复原，按下 FUA 后，设备不动作，这说明 FDJ 有故障。FDJ 电路除继电器接点外，还有按钮接点。经检查发现按钮接点接触不良，系按钮弹簧超限且螺丝松动使接点位置有所变动所致。

4. 因轨道引接线钩钉松动造成的故障

因振动使钩钉处松动，接触电阻增加，致使 GDJ 不能吸起，闭塞电路不能复原。

知识点 5　查找故障的方法

要迅速查找故障，必须学透电路原理，弄清电路动作顺序，熟悉配线，善于分析故障原因，掌握查找故障的正确方法，在实践中积累经验。单线半自动闭塞故障查找方法见表 2-6-1 所示

1. 查找故障的基本方法

（1）“问”：问车站值班员，搞清楚发生故障的全部情况。
（2）“办”：认真进行办理闭塞的试验。
（3）“听”：仔细听继电器、电话、电铃的动静。
（4）“看”：注意看表示灯和各种设备的状态。
（5）“想”：详细分析是哪种故障。
（6）“测”：正确使用万用表测出故障位置。

2. 查找故障的步骤

（1）电源：检查电源有无端电压、端电压大小、是否稳定、极性是否正确。

（2）电路：检查有无断线、半断线、混线、外线反接的情况。

（3）接触：检查接点状态及接触是否良好、牢固。

（4）机械：检查按钮的动作情况。

（5）磁路：检查衔铁是否被卡，永磁螺钉有无脱落。

表 2-6-1 单线继电半自动闭塞故障现象及分析

顺序	故障现象	检查步骤	故障分析
一、发车站请求发车时	1. 闭塞机在定位，区间空闲，双方站都没有办理，闭塞机错误取得显示	1. 检查是否瞬间中断电源。 2. 检查外线是否混入电源	1. 如果 FBD 亮红灯，则是瞬间中断电源。 2. 如果双方 JBD 都变黄灯，则是外线瞬间混入一正电源，使 TJJ 吸起并自闭而致
	2. 闭塞机在定位，发车站按下 BSA 后，不能办理请求发车	1. 按下 BSA，观察接车站 ZXJ 是否吸起（电铃是否鸣响）。 2. 按下 BSA，观察发车站 ZDJ 是否吸起。 3.按下 BSA，检查外线端子间是否有电压	1. 接车站 ZXJ 吸起，说明发车站电路正常，检查接车站电路；若 ZXJ 不吸，要检查发车站电路 2. ZDJ 不吸，检查 ZDJ 电路；ZDJ 吸起，要检查线路继电器电路 3. 如果外线端子间没有电压，可能是线路电源断线
	3. 发车站请求发车后，接车站 JBD 不亮黄灯	1. 检查接车站 TJJ 是否吸起并自闭。 2. TJJ 未吸起，要检查接车站的 ZXJ 和 HDJ 是否吸起	1. 若 TJJ 已吸起并自闭，要检查表示灯电路是否有电压，灯泡是否烧坏，灯座弹片与灯泡是否接触良好。 2. 若 ZXJ 和 HDJ 吸起，TJJ 不吸起，可能是 HDJ 的缓放时间不够长，电容器 C_2 断线或失效
	4. 发车站请求发车后，收不到回执信号，FBD 不亮黄灯	1. 检查发车站 ZKJ 是否吸起。 2. 若 ZKJ 吸起，检查 GDJ 是否吸起	1. 若 ZKJ 不吸起，检查 HDJ 和 FDJ 的缓放时间够不够。若 HDJ 和 FDJ 的缓放时间不够长，都会使回执信号脉冲不够长。 2. GDJ 不吸起，可能是现场轨道电路及室内外连接线的毛病；若 GDJ 吸起，可能是 GDJ 的第 7 组前接点接触不良；若接触良好，可能是 FBD 灯泡接触不良或断丝
	5. 请求发车后，办理取消复原时，发车站能取消，接车站不能取消	1. 检查接车站 FXJ 是否吸起过短或不吸起 2. 若 FXJ 吸起，检查接车站的 FUJ 电路	1. FXJ 吸起时间过短，是因为发车站的 FDJ 的缓放时间不够长。 2. FXJ 不吸起，可能是发车站线路电源电压不足或外线断线

续表

顺序	故障现象	检查步骤	故障分析
一、发车站请求发车时	6. 请求发车后，接车站只有电铃鸣响，其他无变化	观察接车站是ZXJ吸起还是FXJ吸起	1. 若ZXJ吸起，则可能是HDJ和TJJ电路故障。 2. 若FXJ吸起，则可能是维修外线时将外线接反了
	7. 当发车站按下BSA后，发FBD亮红灯	检查线路电源是否接地	线路电源如一极(如负极)接地，则按下BSA、ZDJ吸起时，造成电源混线，电源处于半短路状态，端电压下降，使BSJ保持不住而落下，FBD亮红灯
二、接车站同意接车时	1. 接车站按下BSA同意接车后，JBD亮绿灯，发车站收不到同意接车信号，FBD不亮绿灯	1. 检查发车站KTJ是否吸起。 2. 若KTJ吸起并自闭，检查发车站ZXJ是否吸起，FBD是否良好	1. 若KTJ未吸起，在接车按下BSA时，观察发车站ZXJ是否吸起。若ZXJ不吸起或吸起时间很短，可能是接车站ZDJ缓放时间不够。 2. 发车站FBD灯泡接触不良或断丝
	2. 接车站按下BSA同意接车后，JBD和FBD均不变绿灯	检查BSA的按下接点是否接触良好	由于接点接触不良，ZDJ不能吸起，无法向发车站发送同意接车信号，故发车站的KTJ无法吸起
三、列车从发车站出发时	1. 列车从发车站出发后，双方站表示灯都不亮红灯	检查发车站轨道电路动作是否可靠，出发列车是否是轻型轨道车	可能是由于轨道电路分路效应不好
	2. 列车从发车站出发后，发车站FBD亮红灯，接车站JBD不亮红灯	1. 检查发车站TCJ是否吸起。 2. 若TCJ吸起，应进一步检查接车站JBD电路	1. 若TCJ未吸起，应人为地由发车站向接车站送正电，观察ZXJ和TCJ是否吸起。若TCJ吸起并自闭，可能是发车站列车出发通知信号不够长，ZKJ和ZDJ缓放时间不够长。 2. JBD灯泡断丝或接触不良
	3. 列车从发车站出发后，接车站电铃一直鸣响	观察接车站GDJ是否吸起	若接车站GDJ故障，列车从发车站出发后，接车站TCJ吸起，GDJ不吸起，TJJ不落下，使电铃一直鸣响

续表

顺序	故障现象	检查步骤	故障分析
四、列车到达接车站时	列车到达接车站时，接车站 FBD 不亮红灯	1. 观察接车站 HDJ 是否吸起。 2. 若 HDJ 不吸起，应检查接车站轨道电路及室内外的连接线是否良好	1. HDJ 吸起，则是表示灯电路有故障。 2. 闭塞机内的 GDJ 是否与现场轨道继电器动作一致
五、办理到达复原时	1. 列车到达接车站后，JBD 和 FBD 都亮红灯，但不能办理到达复原	1. 按下 FUA，观察接车站 FDJ 是否吸起。 2. 若 FDJ 不吸起，应检查 FDJ 励磁电路。 3. 检查 FUJ 和 BSJ 是否吸起	1. 如 FDJ 吸起，则进一步检查 FUJ 电路。 2. 检查列车是否出电路区段，GDJ 是否吸起
	2. 接车站办理到达复原时，发车站闭塞机不能复原	1. 由接车站送负电，观察 FXJ 是否吸起。 2. 若 FDJ 不吸起，应检查 FDJ 电路。 3. 检查 FUJ 和 BSJ 是否吸起	1. 若 FXJ 不吸起或吸起时间短，可能是接车站线路电源电压低、FDJ 缓放时间不够、外线断线或混线。 2. 如果发车站 FXJ 吸起时间短，FUJ 来不及吸起，一般是接车站 FDJ 缓放时间不够
	3. 接车站办理到达复原后，JBD 又亮黄灯	1. 检查 HDJ 缓放时间是否过长。 2. 检查 FDJ 缓放时间是否不足	1. HDJ 缓放时间大于 FDJ 的缓放时间时，在 FUJ 落下和 HDJ 缓放时间里，TJJ 又重新吸起。 2. 电容器 C_1 断线或失效
六、其他	1. 一方按下 SGA 办理事故复原时，两站间连续地互相传送正极性信号	1. 检查两站间外线是否接反了。 2. 检查线路电源极性是否接反了。 3. 检查线路继电器极性是否接反了	若有检查步骤中任一故障，都使两站间传送的闭塞信号相反。送出的事故复信号，到对方站变成请求发车信号，对方站又送来回执信号；此时本站 ZXJ 吸起，然后又向对方站送回执信号……互相来回传送正极性信号
	2. 一方按下 SGA 办理事故复原时，本站闭塞机复原，对方站 JBD 亮黄灯	1. 检查本站线路电源是否接反了。 2. 检查对方站线路继电器极性是否接反了	若有检查步骤中任一种故障，一方在发送事故复原信号时，到对方站变成请求发车信号，使 TJJ 吸起，JBD 亮黄灯

64D 型继电半自动闭塞电路按功能不同设计成独立的单元式电路，由线路继电器电路、信号发送器电路、发车接收器电路、接车接收器电路、闭塞继电器电路、复原继电器电路、轨道继电器电路和表示灯电路等 8 个单元电路组成。继电半自动闭塞必须与车站继电联锁设

备发生联锁关系，它们之间有结合电路。微电子半自动闭塞传输设备是利用光纤传输闭塞信号的设备，在采用光纤通信的线路广泛应用。半自动闭塞的维护包括日常维护和集中检修。在半自动闭塞发生故障时，务必迅速判明情况，积极查找故障，及时修复使用。

【任务实施】

64D 型继电半自动闭塞故障分析及查找方法有哪些？根据 64D 型继电半自动闭塞正常办理的各项步骤，通过表示灯的变化及继电器的动作程序，分析和判断设备的故障范围，熟练掌握故障查找方法。

【考核评价】

序号	考核点	评分点	分值	得分
1	理论分析	64D 型继电半自动闭塞正常办理的 5 个步骤的办理，能否通过表示灯判断设备工作状态	10	
		通过电路的动作程序，能否正确判断设备的故障范围及查找出故障点？	25	
2	设计与提高	能熟练掌握 64D 型继电半自动闭塞办理方法，分析和判断故障范围	10	
		通过电路分析及故障查找，全面正确掌握电路的工作原理及故障查找方法	25	
		能阐述自己的设计思路	10	
3	课堂表现	态度认真、积极参与、勤学好问	20	
4	教师评语			
总分			100	

【巩固提高】

（1）64D 型继电半自动闭塞有几个闭塞信号是自动发送的？请说明是如何实现自动发送的。

（2）闭塞继电器何时失磁？失磁后何时励磁？

（3）GDJ 在什么情况下复示现场轨道继电器的状态？

（4）当发车站的发车表示灯及接车站的接车表示灯均点黄灯时，接车站能否办理取消复原？为什么？

（5）在接车站同意接车后（JBD 点绿灯），发车站办理取消复原时，如何切断同意接车继电器 TJJ 的自闭电路？

（6）若与 FDJ 线圈并联的电容器 C_1 断线，当接车站办理到达复原时，会出现什么现象？

（7）若两站闭塞机闭塞外线接反，写出此时发车站办理事故复原时的电路动作程序。

项目 3

自动闭塞系统认知与维护

工作任务 3.1 自动闭塞系统认知

【学习目标】

知识目标	能力目标	素质目标
1. 掌握自动闭塞的概念、特点与分类。 2. 掌握三显示、四显示自动闭塞的基本原理。 3. 掌握区间闭塞分区的命名与通过信号机的编号	1. 能画出四显示自动闭塞原理图，并说明各信号显示的含义。 2. 能正确进行闭塞分区的编号。 3. 在自动闭塞区段，根据列车的运行，能正确说出各区段通过信号机的显示及其意义	1. 崇尚技能宝贵、劳动光荣。 2. 培养安全意识，团队合作能力和动手能力

【任务引导】

引导问题 1：什么是自动闭塞？自动闭塞有什么优点？

引导问题 2：什么是三显示自动闭塞？什么是四显示自动闭塞？

【工具器材】

自动闭塞设备。

【相关知识】

自动闭塞是保证列车在区间运行安全和提高效率的重要设备。在双线自动闭塞区段，列车按上下行组织运行，线路上允许运行追踪列车，因而可以大幅度提高区间的通过能力。

ZPW-2000A 型无绝缘轨道电路是在引进法国 UM71 无绝缘轨道电路的基础上，结合我国国情改进而来，是我国目前铁路干线上广泛使用的轨道电路设备。不仅可以实现区间空闲和占用的检测，还可以向车载设备传递行车信息。更为重要的是，这种轨道电路取消了钢轨线路上传统的机械绝缘节，而是以电气绝缘的方式实现相邻闭塞分区的隔离，消除了列车经过机械绝缘节和轨缝时带来的线路磨损，更可大幅度提高旅客列车的舒适度。

知识点 1　自动闭塞的基本概念

自动闭塞是根据列车运行及有关闭塞分区状态，自动变换通过信号机显示，而司机凭信号行车的一种先进的行车闭塞方法。

双线单方向自动闭塞如图 3-1-1 所示，它将一个区间划分为若干闭塞分区，在每个闭塞分区的起点装设通过信号机，图 3-1-1 中的 1、3、5、7 和 2、4、6、8 信号机均为通过信号机，用以防护该闭塞分区。每个闭塞分区内都装设轨道电路，利用轨道电路将列车的运行和通过信号机的显示联系起来，使得随着列车运行及有关闭塞分区状态变化，通过信号机可以自动变换其显示。

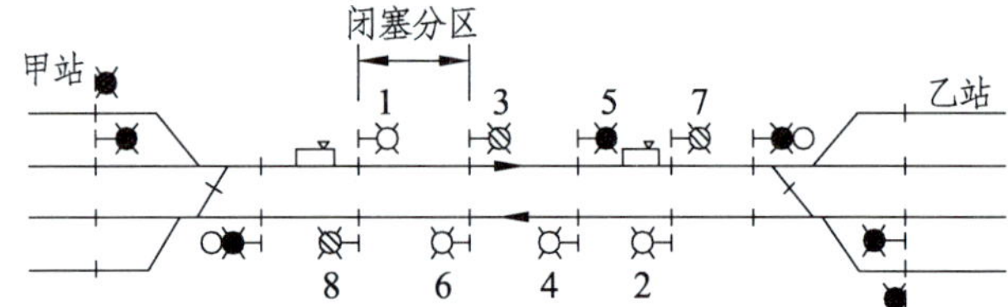

图 3-1-1　双线单方向自动闭塞示意

自动闭塞不需要办理闭塞手续，并可开行追踪列车，既保证了行车安全，又提高了运输效率，它有以下优点：

（1）两站间的区间允许后续列车追踪运行，大幅度提高了行车密度，显著地提高了区间通过能力。

（2）由于不需要办理闭塞手续，简化了办理接、发列车的程序，因此既提高了通过能力，又大大减轻了车站值班人员的劳动强度。

（3）通过信号机的显示能直接反映运行前方列车所在位置，以及线路状态，确保列车在区间运行的安全。

（4）自动闭塞还可以和列车运行控制系统结合起来，为列车运行控制系统提供行车信息，保证列车高速运行的安全。

由于自动闭塞具有明显的技术经济效果，便于和列车自动控制、行车指挥自动化等系统相结合，它已成为现代化铁路必不可少的基础设备，被广泛应用于各国铁路（尤其是双线铁路）。

知识点 2　自动闭塞的基本原理

自动闭塞通过轨道电路自动地检查闭塞分区的占用情况，根据轨道电路的占用和空闲状态，通过信号机自动地变换其显示，以指示列车运行。

三显示自动闭塞基本原理如图 3-1-2 所示，通过信号机的不同显示是调整列车运行的命令。

自动闭塞区间通过信号机定位显示为绿灯，即“定位开放式”，只有当列车占用该信号机所防护的闭塞分区或线路发生断轨等故障时，才显示红灯——停车信号。

每架通过信号机处为一个信号点，信号点的名称以通过信号机命名。以图 3-1-2 为例说明三显示自动闭塞的工作原理：

当列车进入 5G 闭塞分区时，5G 的轨道电路被列车轮对分路，5GJ 处于落下状态，5GJ 的后接点接通，因此通过信号机 5 的红灯电路被接通，5 显示红灯。当列车出清 3G，此时 3GJ 恢复吸起状态，5GJ 仍是落下状态，通过信号机 3 的黄灯电路被接通显示黄灯。对通过信号机 1 来说，1GJ 和 3GJ 都在吸起状态，信号机 1 的绿灯电路被接通，因此 1 显示绿灯。当列车继续运行驶入 7G 并出清 5G 时，轨道继电器 5GJ 吸起，7GJ 落下，通过信号机 7 显示红灯，通过信号机 5 显示黄灯，通过信号机 3 显示绿灯。

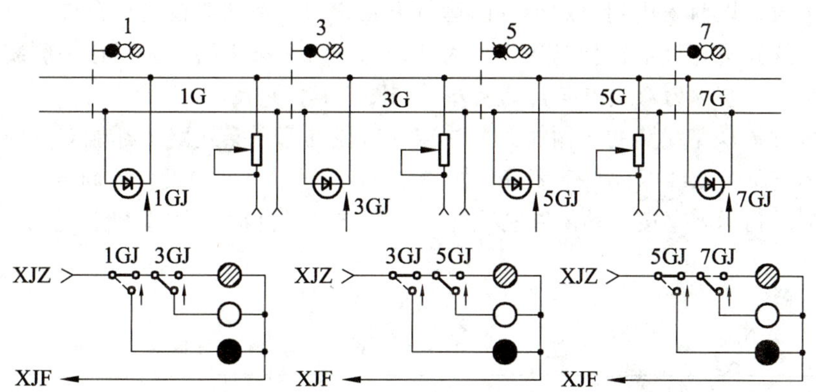

图 3-1-2　三显示自动闭塞基本原理

通过对三显示自动闭塞基本原理的叙述，可得出以下几点结论：

（1）通过信号机的显示是随着列车运行的位置而自动改变的。当显示黄灯时，列车运行前方只有一个闭塞分区空闲；当显示绿灯时，列车运行前方至少有两个闭塞分区空闲。

（2）通过信号机的禁止信号（红灯显示），是利用轨道电路传送的，而其他的显示信息可以利用轨道电路，也可利用电缆传送。对于三显示自动闭塞必须传递 3 种以上的信息。

（3）若利用轨道电路传送信息，在每一个信号点处不但有接收本信号点信息的接收设备，同时还须有向前方信号点发送信息的发送设备。

虽然自动闭塞有不少制式，但是它们有着共同的特点，即大多是以轨道电路为基础构成的，也就是说是采用轨道电路来传输信息的。

知识点 3　自动闭塞分类

自动闭塞一般是根据运营上和技术上的特征来进行分类的。

1. 按行车组织方法分

按行车组织方法，可分为单向自动闭塞和双向自动闭塞。

在单线区段，两站之间的区间只有一条线路，既要运行上行列车，又要运行下行列车。为了组织双方向列车的运行，在线路的两侧都要装设通过信号机，这种自动闭塞称为单线双向自动闭塞，如图 3-1-3 所示。

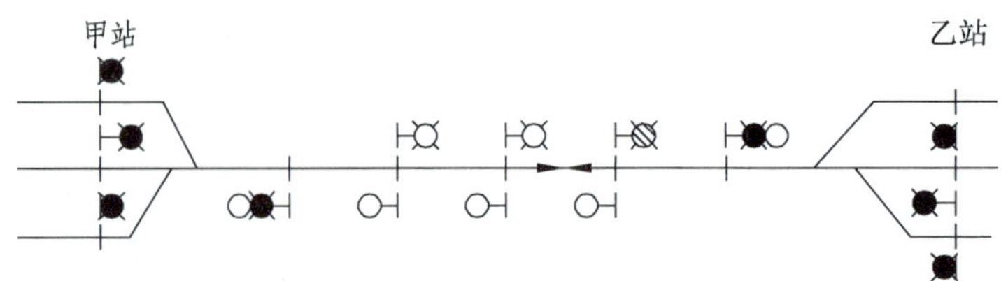

图 3-1-3　单线双向自动闭塞

在单线区段，为了防止列车的迎面冲撞，列车在区间运行时，只允许一侧的通过信号机开放，另一侧的通过信号机必须在灭灯状态。

在双线区段，以前采用列车的单方向运行方式，即一条铁路线路只允许上行列车运行，而另一条铁路线路只允许下行列车运行。为此，对于每一条铁路线路仅在一侧装设通过信号机，这样的自动闭塞称为双线单向自动闭塞，如图 3-1-1 所示。

为了充分发挥铁路线路的运输能力，让双线区段的每一条线路上都能双方向运行列车，这样的自动闭塞称为双线双向自动闭塞，如图 3-1-4 所示。正方向设置地面通过信号机，以通过信号机的显示指示列车按自动闭塞制式运行。反方向以自动站间闭塞制式运行。

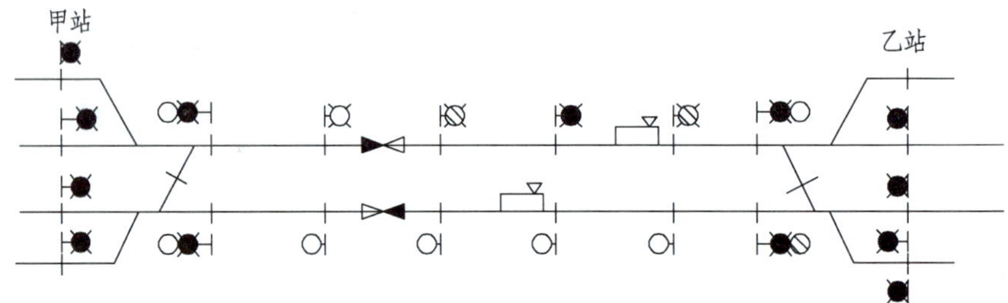

图 3-1-4　双线双向自动闭塞

2. 按通过信号机的显示制式分

按通过信号机的显示制式，可分为三显示自动闭塞和四显示自动闭塞。

三显示自动闭塞的通过信号机具有三种显示，能预告列车运行前方两个闭塞分区的状态。

三显示自动闭塞通过信号机的显示意义如下：

一个绿色灯光——准许列车按规定速度运行，表示运行前方至少有两个闭塞分区空闲。

一个黄色灯光——要求列车注意运行，表示运行前方只有一个闭塞分区空闲。

一个红色灯光——列车应在该信号机前停车。

三显示自动闭塞能使列车按规定速度在绿灯下运行，并能得到前方一架通过信号机显示的预告，既能满足运行要求，又能保证行车安全。因此曾经得到较广泛的应用，但现已不再发展，并逐渐改造为四显示自动闭塞。

列车运行在三显示自动闭塞区段，越过显示黄灯的通过信号机时开始减速，至次架显示红灯的通过信号机前停车，因此要求每个闭塞分区的长度绝对不能小于列车的制动距离。随着列车速度和密度的不断提高，在一些繁忙的客货混运区段，各种列车运行的速度和制动距离相差很大，如市郊列车等需经常停车且制动距离短，要求实现最小运行间隔，闭塞分区长度越短越好；而高速客车、重载货车制动距离长，闭塞分区长度又不能太短。因此，三显示自动闭塞不能解决这一矛盾，提高区间通过能力的最好方法是采用四显示自动闭塞。

四显示自动闭塞是在三显示自动闭塞的基础上增加一种绿黄显示，它能预告列车运行前方三个闭塞分区的状态，绿黄是针对高速列车而设的。当列车速度达到 160 km/h，列车越过绿黄灯，必须减速，使列车抵达黄灯时不超过黄灯规定的允许速度，即低于 120 km/h，这样能保证列车在显示红灯的信号机前能停下来。当列车速度达到 160 km/h，所需要的制动距离为 1 400 m，四显示自动闭塞一个闭塞分区的长度不能保证列车停下来，因此四显示自动闭塞中列车的制动是由两个闭塞分区完成的。针对低速或者制动距离短的列车而言，越过绿黄显示后可不减速。

四显示自动闭塞区段通过色灯信号机的显示方式及其意义：

一个绿色灯光——准许列车按规定速度运行，表示运行前方至少有三个闭塞分区空闲。

一个绿色灯光和一个黄色灯光——准许列车按规定速度运行，要求注意准备减速，表示运行前方有两个闭塞分区空闲。

一个黄色灯光——要求列车减速运行，按规定限速要求越过该信号机，表示运行前方有一个闭塞分区空闲。

一个红色灯光——列车应在该信号机前停车。

四显示自动闭塞如图 3-1-5 所示。

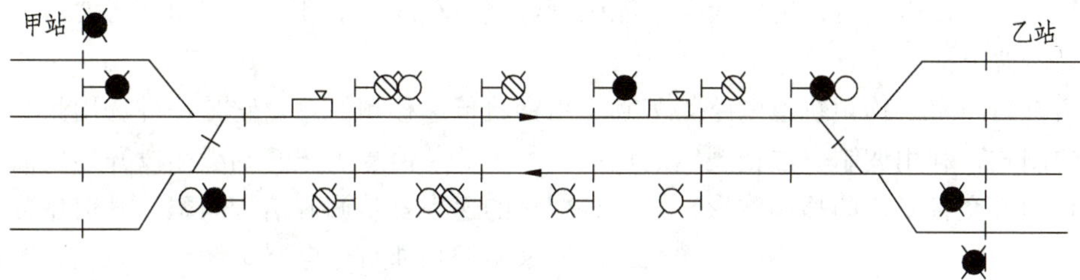

图 3-1-5　四显示自动闭塞

四显示自动闭塞的信号显示具有明确的速差含义，是真正意义的速差式自动闭塞，列车按规定的速度运行，能确保行车安全。四显示自动闭塞能缩短列车运行间隔，缩短闭塞分区长度，提高运输效率。

3. 按设备放置方式分

按设备放置方式，可分为分散安装式自动闭塞和集中安装式自动闭塞。

分散安装式自动闭塞的设备都放置在每个信号点处。分散安装虽然造价低，但设备放置在铁路沿线，受环境温度影响大，设备工作稳定性差，故障率较高，也不利于设备维护。集中安装式自动闭塞的设备集中放置在邻近车站的机械室内，用电缆与通过信号机相联系。集中安装式自动闭塞大大改善了设备的工作条件，提高了设备的稳定性和可靠性，便于维修，但需要大量的电缆，造价较高。目前，自动闭塞均采用集中安装式。

4. 按传递信息的特征分

按传递信息的特征，可分为交流计数电码自动闭塞、极频自动闭塞和移频自动闭塞等。

交流计数电码自动闭塞以交流计数电码轨道电路为基础，以钢轨作为传输通道传递信息，不同信息的特征靠电码脉冲和间隔构成不同的电码组合来区分。交流信号的频率，在非电气化区段是 50 Hz，而电气化区段是 25 Hz，以与 50 Hz 牵引电流相区别。用不同的电码周期的方法解决相邻轨道电路的干扰。交流计数电码自动闭塞采用电磁元件，电路简单，对工作环境要求不严，工作稳定，传输性能好，轨道电路长度可达 2 600 m，具有断轨检查性能。但是这种方法在技术上已落后，信息构成简单，抗干扰性能不强，绝缘双破损时可能出现升级显示；当区间发送设备有一处故障时，会同时造成两相邻信号机点红灯的故障，影响效率；接点磨损严重，维修周期短；信息量少，不能满足所需要的信息要求；应变时间长，最长达 20 s，不能适应铁路运输发展的需要，而且存在冒进信号的危险。经过微电子改造后，交流计数电码自动闭塞性能有所改善。

极性频率脉冲自动闭塞（简称极频自动闭塞）以极性频率脉冲轨道电路为基础，以钢轨作为通道传递信息，不同信息的特征是靠两种不同极性和每个周期内不同数目的脉冲来区分的，其设备采用电子电路，组匣方式。采用工频电源相位交叉来防止相邻轨道电路的干扰，用锁相原理使发送系统设备故障后导向安全，接收端设有抗交流工频连续干扰的抑制电路。极频自动闭塞设备简单，原理简明，容易掌握；轨道电路传输性能较好，长度可达 2 600 m；断轨检查性能较好。但其信息简单，抗来自外界的交直流断续干扰性能差，对于邻线干扰和不规则的脉冲干扰没有防护措施，对于一般离散的脉冲干扰及脉冲尾的干扰很难防护；不适用于电气化区段，因其对接触网火花、晶闸管调速机车的牵引和再生制动、斩波器机车牵引所引起的谐波干扰难以防护。

移频自动闭塞以移频轨道电路为基础，用钢轨传递移频信息。它是一种选用频率参数作为信息的制式，利用调制方法把规定的调制信号（低频信息）搬移到载频段并形成振荡，由上下边频构成交替变化的移频波形，其交替变化的速率就是调制信号频率。其信息特征就是不同的调制信号频率。采用不同载频交叉配置来防护相邻轨道电路绝缘节的破损、上下行邻线的串漏、站内相邻区段的干扰。采用躲开的方法对工频及其谐波的防护，站内将载频选在工频的偶次谐波上，区间选在奇次谐波上。移频自动闭塞抗干扰性能强，设备无接点化，组匣化，工作寿命长，维修方便，信息量相对较多，技术上较先进，适用于电气化和非电气化区段。但在站内相邻线路干扰和绝缘节破损的情况下，因轨道电路载频单边互相侵入曾发生过险性事故，对电力机车的干扰也存在一定的问题；检查断轨性能差；因频率较高，轨道电路长度受到限制，传输长度为 1 950 m；设备较复杂，造价较高，对防雷需特殊电路，调整困难，对元件参数要求过严，尤其是在电气化区段使用时受吸流线、回流线的电流等影响，使轨道电路性能变坏而造成许多不良后果，乃至危及行车安全。

5. 按是否设置轨道绝缘分

按是否设置轨道绝缘，分为有绝缘自动闭塞和无绝缘自动闭塞。

传统的自动闭塞在闭塞分区分界处均设有钢轨绝缘，以分割各闭塞分区。其缺点为：钢轨绝缘的设置不利于线路的长钢轨、无缝化发展；钢轨绝缘损坏率高，影响了设备的稳定工作，并且增加了维修工作量和费用。尤其是电气化区段，为了使牵引电流顺利通过钢轨绝缘，必须安装扼流变压器。无绝缘自动闭塞以无绝缘轨道电路为基础，采用这种闭塞方式，钢轨线路上无须安装机械绝缘节，而是以电气绝缘实现相邻轨道电路的分割。

知识点 4　自动闭塞的主要技术要求

（1）闭塞分区被占用或轨道电路失效时，防护该闭塞分区的通过信号机应自动关闭。

（2）当进站及通过信号机红灯灭灯时，其前一架通过信号机应自动显示红灯。

（3）双向运行的自动闭塞区段，在同一线路上，当一个方向的通过信号机开放后，相反方向的信号机均须在灭灯状态；与其衔接的车站向同一线路发车的出站信号机开放后，对方车站不得向该线路开放出站信号机。

（4）双向运行的自动闭塞区段，当区间被占用或轨道电路失效时，经两站工作人员确认后，可通过规定的手续改变运行方向。

（5）双向运行的自动闭塞区段，当发生设备故障或受外电干扰时，不得出现敌对发车状态。

（6）闭塞设备中，当任一元件、部件发生故障或钢轨绝缘破损时，均不得出现信号的升级显示。

（7）在自动闭塞区段，站内控制台上应设有下列区间表示：

① 双向运行区间列车运行方向及区间占用。

② 邻近车站两端的正线上，至少相邻两个闭塞分区的占用情况。

③ 必要的故障报警。

知识点 5　闭塞分区的划分与编号

我国纵横交错的铁路线和相关设备由北京局集团有限公司、济南局集团有限公司、沈阳局集团有限公司等 17 个铁路局集团有限公司和青藏集团有限公司管辖。每个路局有自己的管辖范围。每个路局下又分为许多站段，负责其范围内的设备维护。铁路区间的设备分属于两端车站对应的工区管辖，两车站管辖区按闭塞分区（轨道电路段）整体划分，分界点两侧的设备分别由两端的车站管辖。室内设备分别安装在所管辖的车站。各工区负责自己范围内的设备维修养护，严禁越界。当然，两站之间必须有联系，须设站间联系电路。

1. 闭塞分区的划分

相邻两架通过信号机之间的距离为闭塞分区的长度，闭塞分区的长度不是等长划分的。根据线路纵断面、牵引机车的类型绘制出列车的速度曲线，然后按照列车的运行时间间隔来布置通过信号机，以此确定闭塞分区的长度。

2. 闭塞分区编号

闭塞分区的编号有两种方式。

1）方法一

闭塞分区编号按运行方向分为 A、B、C、D 四部分，以车站为中心，下行接车方向为 A 端，上行发车为 B 端，上行接车方向为 C 端，下行发车为 D 端。编号均以车站为中心由内向外顺序编号，如图 3-1-6 所示。

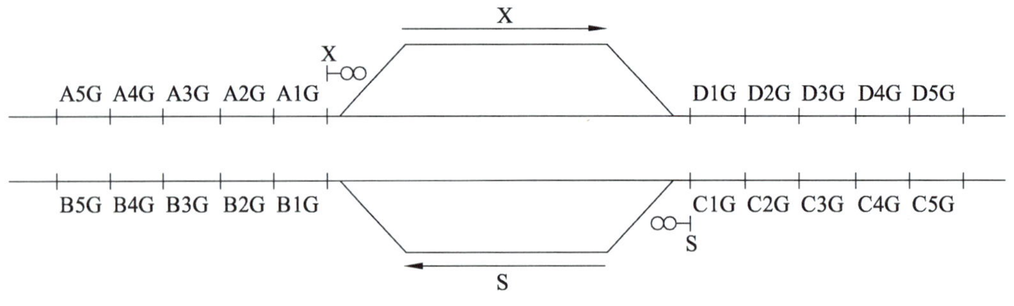

图 3-1-6　闭塞分区编号方法一

如闭塞分区较长，需加设分割点，即每个闭塞分区由两段轨道电路组成。每段轨道电路都设有送电端和受电端。闭塞分区编号用两位数表示，如 D3G 有分割点，则按列车运行方向顺序编为 D3G 和 D3G1。

2）方法二

闭塞分区的编号用防护该分区的通过信号机来命名。下行通过信号机末位使用单号；上行末位使用双号。

如坐标为“k61+067m”处的通过信号机，上行命名为 610，下行命名为 611。611 信号机防护的闭塞分区则命名为 611G。如果该闭塞分区有分割点，则按列车运行正方向顺序编为 611BG 和 611AG。车站的一离去区段不设置通过信号机，该区段的命名根据上下行运行方向分别命名为 S1LQ 和 X1LQ，如图 3-1-7 所示。

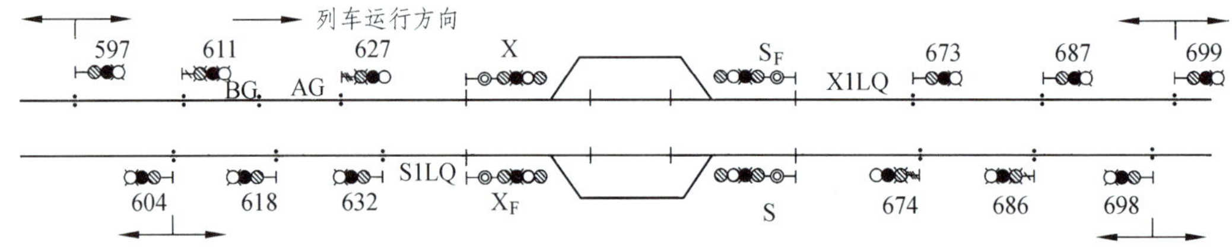

图 3-1-7　闭塞分区编号方法二

知识点 6　我国自动闭塞的发展

新中国成立以来，我国铁路的闭塞设备有了很大的发展。1949 年，我国铁路有 72%的线路没有闭塞设备，仅在天津—张贵庄间有 10 km 的电机半自动闭塞，沈阳—大石桥间有 143 km 的二元三位式交流自动闭塞，两者相加不到营业里程的 2%。大部分铁路采用的是电话、电报闭塞，行车安全无法得到保证。而到 2013 年底，全国铁路营业里程 10 万 km，其中复线 4.4 万 km，大多采用 ZPW-2000 系列主流制式的四显示自动闭塞。

我国以前运用的自动闭塞主要是交流计数电码自动闭塞、极频自动闭塞、移频自动闭塞 3 种。交流计数电码自动闭塞是 20 世纪 50 年代后期从苏联引进的，极频、移频自动闭塞是我国 20 世纪 60 年代自行研制的。它们的共同缺点是可靠性不够高，信息量太少，抗干扰能力不够强，不能满足列车提速、增加行车密度、重载和电气化的需要。随着铁路运输的发展，需要发展四显示自动闭塞、双线双向自动闭塞及列车运行超速防护，而原有自动闭塞不能满足这些要求，亟须研制新型自动闭塞。

新型自动闭塞必须适应提高列车运行速度和行车密度的需要，适应重载运输的需要，适应电气化铁路发展的需要，提高设备的可靠性和安全性，并逐步建立起我国的自动闭塞、机车信号和列车运行超速防护的完整体系。但如果丢开现有的发展基础，从头开始研制新制式，无论从时间上和技术发展上都不现实，无疑会延误我们的发展进程。为此应选择一条适合我国国情的较为便捷的道路，即在现有自动闭塞的基础上，吸收国外先进技术，对现有制式做进一步改进和提高。于是，在京广线郑武段电气化工程中引进了法国的 UM71 和 TVM300，引进后进行了二次开发，以适应我国铁路客货混运、股道没有保护区段等特点，通过消化吸收迅速实现国产化。UM71 型无绝缘移频自动闭塞，采用谐振式无绝缘轨道电路，工作稳定可靠，具有抗电气化干扰能力强、防雷性能好等特点，有断轨检查功能，能满足速差式自动闭塞和列车运行超速防护的需要。WG-21A 型无绝缘轨道电路移频自动闭塞就是完全国产化的创新产品，它不仅保留了 UM71 设备的优点，而且频率精度、抗干扰能力等指标还优于国外设备。

移频自动闭塞和国外标准相近，再做进一步改进方面很有前途，应充分引进先进的技术，扩大信息量，完成轨道电路的无绝缘化，采用集成电路、微型计算机等新型器件，在系统的技术性能、可靠性指标、监测功能、双机故障倒换及器件结构等方面有大幅度的提高，形成新一代的国产移频自动闭塞系统。8 信息和 18 信息移频自动闭塞就在这种情况下应运而生。

ZP-89 型移频自动闭塞是在原 4 信息移频自动闭塞的基础上研制而成的。在满足系统和器件故障-安全及抗干扰性能的基础上采用集成器件，以减小设备体积，提高可靠性。低频信息增加到 8 个，以满足四显示自动闭塞和速差式机车信号的信息要求。低频和移频振荡电路均采用石英晶体振荡器，以提高频率的稳定度和精度，从而提高了系统的稳定性。在电路结构上考虑电气化和非电气化通用，当电气化改造时，只需将轨道变压器改为扼流变压器，及在接收端增设一个滤波器盘即可。

ZP · Y1-18（ZP · DJ）型和 ZP · Y2-18（ZP · WD）型均为 18 信息移频自动闭塞。由于采用微型计算机和数字信号处理等先进技术，成功地解决了信息量少、信干比低、应变时间长等技术难题，实现了多信息、高可靠、高抗干扰、应变速度快等目标。具有 18 种低频信息，不仅可满足四显示自动闭塞的需要且可为列车运行超速防护系统提供必要的信息。安全设计为双软件、双 CPU、双 A/D 及安全与门等冗余结构，并具有故障检测报警等功能，符合“故障-安全”原则；抗干扰能力强，在各种条件下信干比在 1∶1 以上，应变速度快，信息的转换时间不大于 2 s；通用性强，可在电气化和非电气化区段通用；工艺先进，结构合理，外形美观，整机质量高，故障率低，便于施工和维修。

ZP · W1-18 型 18 信息无绝缘移频自动闭塞是在 ZP · Y2-18 型基础上研制而成的，采用频标、微型计算机和微电子技术，为电压发送、电流接收、一送一受、自然衰耗式无绝缘轨道电路，较好地解决了轨道电路越区传输和交叉干扰等问题，没有提前分路情况，列车接近分界点明确，有效地缩短了轨道电路二次分路和滞后恢复长度。采用数字信号处理技术，具有较强的抗电气化干扰和邻线干扰能力，轨道发送变压器具有轨间电流平衡作用，适用于电气化区段。采用自然衰耗隔离方式，适用于低道床电阻轨道电路。系统的接收和发送电子盘 4 种载频通用，实现了设备单一化，采用“n+1”热备工作方式。

但 8 信息、18 信息移频自动闭塞由于载频选择、调制频偏的固有缺陷，使轨道电路存在传输特性差、邻线干扰、半边侵入等问题，尤其是没有断轨检查功能，必须进行技术改造，代之以 ZPW-2000 系列自动闭塞。

在 UM71 国产化的进程中，我国自行开发了具有自主知识产权的 ZPW-2000 系列无绝缘移频自动闭塞。ZPW-2000 系列对 UM71 进行了重大改进，并且予以创新，除采用单片机和数字信号处理技术外，还解决了调谐区断轨检查、谐振单元断线和调谐区“死区”长度及拍频干扰等技术难题，有较高的安全度、可靠的分路保证和断轨检查功能，能抗电气化大电流干扰，传输特性好，适用于无缝线路、双方向、四显示及发展列车自动控制的要求。ZPW-2000 系列自动闭塞是目前性能最为先进的制式，是我国统一制式的主流自动闭塞，获得了迅速的发展，已在我国许多主要干线上运用，对铁路扩能、提速、提效起着非常重要的作用。必须采用 ZPW-2000 系列统一我国铁路自动闭塞制式，这是今后一个时期自动闭塞发展的基本技术政策。因此，今后在自动闭塞基建、更新改造和大修工程中，应统一采用 ZPW-2000 系列自动闭塞，加速淘汰交流计数电码、极频、4 信息、8 信息、18 信息移频自动闭塞及 UM71 自动闭塞。

在高速铁路，实现了闭塞和列控一体化，再没有传统的独立自动闭塞的概念。将 ZPW-2000 轨道电路纳入列控中心控制，实现了区间自动闭塞由继电编码向数字编码的转变。运行非动车组列车的高速铁路（部分运行速度 200 ~ 250 km/h 的高速铁路）区间设通过信号机，其点灯由列控中心控制。区间方向控制也纳入列控中心控制，不再采用继电式改变运行方向电路。而且，站内、区间轨道电路同一制式，即站内、区间一体化，不再需要进行站内轨道电路电码化，真正实现了站内列控信息无盲区且易于实现站内发送、接收设备的转换，实现反方向追踪运行。

在铁路快速发展的进程中，新建双线区段应同步建设自动闭塞，既有双线半自动闭塞，应进行自动闭塞改造。单线提速及繁忙单线区段，应积极发展单线自动闭塞或自动站间闭塞，并与 CTC 结合，开辟单线安全扩能的新途径。

【任务实施】

任务实施步骤：

（1）分析图 3-1-8 所示三显示自动闭塞基本原理并总结其规律。

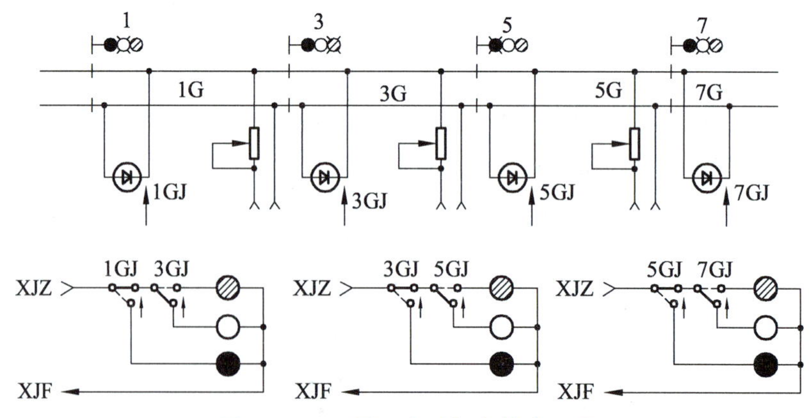

图 3-1-8　三显示自动闭塞基本原理

提示：5G 有列车占用，故 5GJ 处于落下状态，使得 5G 区间的通过信号机点亮红灯（点红灯条件：本区段 GJ 落下）。

3G 区段空闲，3GJ 处于吸起的状态且前方 5G 区段有车占用，5GJ 处于落下的状态，故 3G 区间的通过信号机点亮黄灯（点黄灯条件：本区段 GJ 吸起且前方下一区段 GJ 落下）。

1G 及 3G 区段均空闲，1GJ 及 3GJ 均处于吸起的状态，故 1G 区间的通过信号机点亮绿灯（点绿灯条件：本区段及前方至少一个区段 GJ 吸起）。

（2）为了加深对自动闭塞基本原理的理解，请根据图 3-1-8 画出四显示自动闭塞系统的原理图，并说明其通过信号机的灯光点亮情况。

提示：四显示中增加了绿黄灯光显示，修改了绿灯的显示含义。其中，绿灯显示的含义为准许列车按规定速度运行，表示运行前方至少有三个闭塞分区空闲；绿黄显示的含义为准许列车按规定速度运行，要求注意准备减速，表示运行前方有两个闭塞分区空闲。

【考核评价】

序号	考核点	评分点	分值	得分
1	理论分析	能否正确说明三显示、四显示自动闭塞的区别	15	
		能否正确分析三显示自动闭塞基本原理	15	
2	设计与提高	能画出四显示自动闭塞基本原理图，并能正确标出其继电器接点的吸起和落下的状态	20	
		能正确说出通过信号机点亮绿灯、绿黄、黄灯、红灯的电路和时机	20	
		能阐述自己的设计思路	10	
3	课堂表现	态度认真、积极参与、遵守纪律	20	
4	教师评语			
总分			100	

【巩固提高】

1. 填空题

（1）自动闭塞能根据前发列车占用闭塞分区的状态，________地向后续列车发出不同信号显示的信息，指挥后续列车运行。

（2）双向运行的自动闭塞区段，在同一线路上，当一个方向的通过信号机开放后，______的信号机均须在灭灯状态。

（3）按照行车组织方法分类，自动闭塞可以分成______自动闭塞和______自动闭塞。

2. 选择题

（1）自动闭塞设备中任一元件、部件发生故障或钢轨绝缘破损时，均不得出现（　　）。

A. 升级显示　　B. 红灯显示

C. 绿灯显示　　D. 无灯显示

（2）在一条铁路线路上，同方向有两列车以上的列车，彼此间以几个闭塞分区相隔离而运行时称为（　　）。

A. 间隔运行　　B. 追踪运行

C. 相对运行　　D. 自动运行

（3）自动闭塞区段是利用（　　）来隔离列车的。

A. 时间　　B. 空间

C. 车速　　D. 时间和空间

（4）自动闭塞区间通过色灯信号机编号为 2434 是指（　　）。

A. 第 2 434 架信号机　　B. 第 2 434 km 处的信号机

C. 上行 K243+300 ~ K243+500 处的信号机　　D. 下行 K243+320 处信号机

3. 简答题

（1）什么是自动闭塞？其特点是什么？

（2）说明三显示自动闭塞的工作原理，并说明各表示灯的含义。

（3）说明如何对通过信号机进行编号。

（4）自动闭塞如何分类？

工作任务 3.2　移频自动闭塞系统认知

【学习目标】

知识目标	能力目标	素质目标
1. 了解移频信号的形成及频率选择的依据。 2. 掌握移频自动闭塞的基本原理。 3. 掌握移频自动闭塞的特点	1. 能分析移频自动闭塞的基本原理并说明各闭塞分区移频信号的特征及含义。 2. 能正确进行闭塞分区的载频配置。 3. 能说明发展移频自动闭塞的意义与优势	1. 增强创新意识，崇尚科学，科教兴国。 2. 培养团队合作能力和爱路护路的铺路石精神

【任务引导】

引导问题 1：什么是移频自动闭塞？

引导问题 2：ZPW-2000 系列移频自动闭塞采用的载频类型包括哪些？采用哪些低频信息？

【工具器材】

移频自动闭塞设备。

【相关知识】

移频自动闭塞是采用频率参数作为控制信息的自动闭塞制式。国产 4 信息移频、8 信息移频和 18 信息移频自动闭塞，UM71 系列、WG-21A 型和 ZPW-2000 系列均为移频制式，只是它们的频率参数不同。

知识点 1　移频自动闭塞

移频自动闭塞是以移频轨道电路为基础的自动闭塞。它选用频率参数作为控制信息，采用频率调制的方法，把低频信号（Fc）搬移到较高频率（中心载频 f_0）上，以形成振幅不变、频率随低频信号的幅度做周期性变化的调频信号。在移频自动闭塞中，真正有用的、起控制作用的是低频信息，但是低频信息无法直接在线路上传输，必须借助于一个工具来进行，这个工具就是载频。即将低频信息加载在较高频率的载频信号上，携带着其传输。在发送端，这个过程被称为调制，调制了的信号中已经含有了低频信息，这个信息被送上线路传输；在接收端，再将低频信息从运载工具上挑选出来，这个过程就是解调。用解调后的低频信息来控制通过信号机的显示，从而达到自动指挥列车运行的目的。

1. 二进制频移键控法

移频信号的调制采用频移键控法，即 FSK（Frequency-shift keying）。FSK 是信息传输中使用得较早的一种调制方式，它的主要优点是实现起来较容易，抗噪声与抗衰减的性能较好。在中低速数据传输中得到了广泛的应用。最常见的是用两个频率承载二进制 1 和 0 的双频 FSK 系统。

2FSK 为二进制数字频率调制（二进制频移键控），用载波的频率来传送数字信息，即用所传送的数字信息控制载波的频率。2FSK 信号便是符号“0”对应于载频 f_1，而符号“1”对应于载频 f_2（与 f_1 不同的另一载频）的已调波形，而且 f_1 与 f_2 之间的改变是瞬间的。基带信号输出“0”信号时，发送频率为 f_1 的载波；输出“1”信号时，发送频率为 f_2 的载波。可见，FSK 是用不同频率的载波来传递数字消息的，如图 3-2-1 所示。

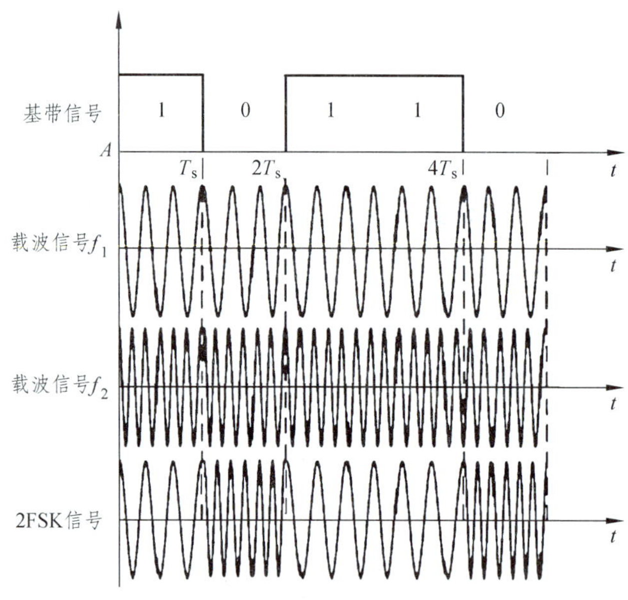

图 3-2-1　2FSK 形成信号波形

2. 移频信号

移频信号波形如图 3-2-2 所示。当低频调制信号输出低电位时，载频 f_0 向下偏移 Δf（称为频偏），为“$f_0-\Delta_f$”，叫作低端载频（或称下边频 f_1）；当低频调制信号输出高电位时，载频 f_0 向上偏移 Δf，为“$f_0+\Delta f$”，叫作高端载频（或称上边频 f_2），调频信号的变化规律是以载频信号 f_0 为中心，上下边频偏移。可见，调频信号是受低频信号的调制而做 f_1、f_2 的交替变化，两者每秒交替变化的次数等于低频调制信号的频率。

在轨道电路中传输的信息是低端载频 $f_1(f_0-\Delta f)$和高端载频 $f_2(f_0+\Delta f)$，载频 f_0 实际上是不存在的。由于低端载频和高端载频的交替变换接近于突变性的，好似频率的移动，因此称为移频信号。应用这种移频轨道电路的自动闭塞称为移频自动闭塞。在移频自动闭塞中，低频信号用于控制通过信号机的显示，而载频 f_0（又称中心载频）则为运载低频信号之用，其目的是提高抗干扰能力。

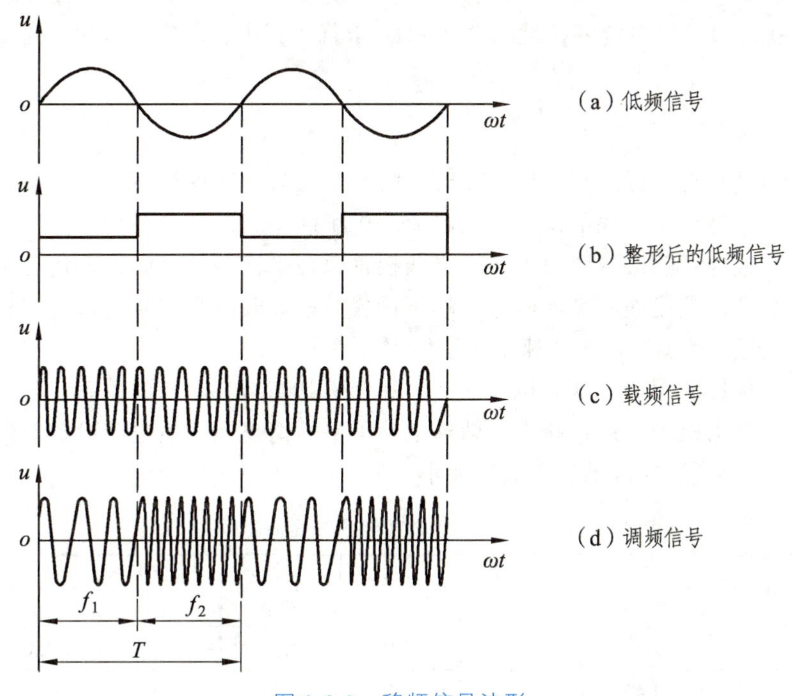

图 3-2-2　移频信号波形

例如，某闭塞分区，选用的载频频率为 1 701.4 Hz，低频频率为 11.4 Hz，频偏 Δf 为 11 Hz，则在低频信号的调制下产生的移频信号为：$f_2 = f_0 + \Delta f = 1\ 701.4 + 11 = 1\ 712.4$ Hz；$f_1 = f_0 - \Delta f = 1\ 701.4 - 11 = 1\ 690.4$ Hz。在钢轨线路上传输的是 1 712.4 Hz 和 1 690.4 Hz 交替变化的移频信号，两者交替变化的频率为 11.4 Hz。

三显示自动闭塞的地面信号显示只要两种参数就可以构成三种信息。例如，选用 Fc_1 为绿灯信息，Fc_2 为黄灯信息，无信号为红灯信息。四显示自动闭塞则在三显示自动闭塞的基础上增加绿黄灯信息。例如，选用 Fc_3 为绿黄灯信息，即构成四种信息。

但是自动闭塞均和机车信号配合使用，由于运营的需要，机车信号应比地面信号有更多的显示。此外，为了和正线停车有所区别，当列车进侧线停车时，需要另设一种显示。因而，低频信息数目设多少个需根据各种闭塞制式下的显示需求而定。

知识点 2　频率参数选择

移频自动闭塞的抗干扰能力较强，既能用在非电气化区段，又可用在干扰较大的电化区段。尤其是近年来，随着列车运行速度的大幅提升，电力机车的应用越来越广泛。电力机车所用的 50 Hz 的牵引电流不平衡时给移频轨道电路带来很大的干扰。在此种情况下，如何合理选择移频自动闭塞的参数，巧妙避开牵引电流的谐波干扰，在很大程度上，决定了移频轨道电路工作的稳定性。

1. 干扰源分析

在交流电气化牵引区段，主要是牵引电流工频及其谐波干扰，以及邻线干扰、高频电磁波的辐射干扰。在非电气化区段，一般存在电传动内燃机车牵引电机干扰、邻线干扰、高频电磁波辐射干扰，以及供电电网接地时的 50 Hz 干扰。其中，以交流牵引电流所引起的干扰最为严重。

1）牵引电流干扰

当机车采用晶闸管进行列车无级调速时，将产生大量奇次谐波电流。当正、负半波产生非对称失真时，又将产生较大的偶次谐波电流。机车启动、制动及升降弓操作时会使牵引电流发生突变，形成连续频谱的牵引电流。当两根钢轨在平衡条件下时，上述奇次、偶次谐波电流突变的连续频谱电流连同基波电流，均不构成对地面及机车接收设备的干扰。当两根钢轨不平衡时，上述干扰就将凸显出来。

电力牵引干扰量的大小与电力机车的类型和牵引状态有着密切的关系，其主要取决于牵引电流的大小、牵引机车的运行状态、轨道电路不平衡情况及轨道电路设备参数等。下面以 SS_4 型电力机车为例说明各次谐波电流的大小，见表 3-2-1。

表 3-2-1　SS4 型电力机车各次谐波电流大小

谐波次数（*n*）	频率/Hz	谐波电流/A	谐波次数（*n*）	频率/Hz	谐波电流/A	谐波次数（*n*）	频率/Hz	谐波电流/A
基波	50	97.3	9	450	2.76	17	850	0.70
2	100	0.45	10	500	0.34	18	900	0.27
3	150	19.88	11	550	1.64	19	950	0.72
4	200	0.53	12	600	0.34	20	1000	0.24
5	250	9.74	13	650	0.99	21	1 050	0.63
6	300	0.41	14	700	0.32	22	1 100	0.113
7	350	5.11	15	750	0.74	23	1 150	0.56
8	400	0.36	16	800	0.32	24	1 200	0.1
25	1 250	0.46	37	1 850	0.175	49	2 450	0.087
26	1 300	0.086	38	1 900	0.05	50	2 500	0.058
27	1 350	0.385	39	1 950	0.13	51	2 550	0.076
28	1 400	0.08	40	2 000	0.04	52	2 600	0.07
29	1 450	0.346	41	2 050	0.096	53	2 650	0.093
30	1 500	0.09	42	2 100	0.043	54	2 700	0.065
31	1 550	0.34	43	2 150	0.076	55	2 750	0.104
32	1 600	0.094	44	2 200	0.047	56	2 800	0.068
33	1 650	0.308	45	2 250	0.068	57	2 850	0.098
34	1 700	0.09	46	2 300	0.05	58	2 900	0.057
35	1 750	0.249	47	2 350	0.078	59	2 950	0.098
36	1 800	0.075	48	2 400	0.054	60	3 000	0.05

通过测试发现奇次谐波幅值较大，而偶次谐波幅值较小。根据在 100 A 不平衡牵引电流条件下基波及各次谐波电流典型分布可知：

（1）奇次谐波电流远大于偶次谐波电流。当总电流为 100 A 时，基波电流为 97.3 A，谐波电流总量为 23.08 A，其中，奇次谐波电流总量为 23.04 A，偶次谐波电流总量为 1.2 A。

（2）奇次谐波电流按次数升高逐次下降。3、5、7、9……奇次谐波电流按 19.88 A、9.74 A、5.11 A、2.76 A……逐次下降，至 33 次谐波（1 650 Hz）已下降到 0.308 A。

（3）偶次谐波电流按次数升高逐次下降。2、4、6、8……偶次谐波电流按 0.45 A、0.53 A、0.41 A、0.36 A……也呈整体下降趋势，至 34 次谐波（1 700 Hz）时，已下降到 0.09 A。

（4）以上各电流比为 100（总电流）∶97.3（基波电流）∶23.08（总谐波电流）∶23.04（总奇次谐波电流）∶1.2（总偶次谐波电流）。

2）邻线干扰

在双线区段，移频信号既是信号源，又是干扰源。如上行线的移频信号对于下行线来说即为干扰，称为邻线干扰。邻线干扰一般来说远小于主信号。但如果有渡线，则存在绝缘破损带来的较大干扰。在同一线路上，还存在绝缘破损的干扰。这两种情况的干扰，都是通过混合或传导方式侵入而形成的干扰，统称为传导干扰。

3）电磁波的辐射干扰

电磁波的辐射干扰，主要是无线电话引起的，它以辐射或辐射、传导同时存在的传输方式，从设备外壳、输入或输出导线、馈电导线进入设备。

2. 抗干扰的防护措施

对于辐射干扰，采用屏蔽的方法予以防护。对于电气化干扰和邻线干扰、通带（通带宽度为 1 650 ~ 2 650 Hz）外的干扰，靠滤波器来防护。为了提高接收设备的抗干扰能力，必须采取一切措施，降低带内干扰，以提高带内信干比。由于牵引电流的大小与列车密度、牵引吨数和线路坡度有密切关系，不能任意改变，所以降低带内干扰主要从以下方面考虑：

（1）选择频率参数尽量远离能量较大的干扰频率，使滤波器对于干扰频率具有足够的防卫度。

（2）采取措施保证轨道电路的平衡性，严禁接触网铁塔地线及其他地线直接接入钢轨。

（3）使轨道电路接收端输入阻抗在信号频率时阻抗值最大，其他低端和高端频率时阻抗值较小，为此扼流变压器信号线圈采用并接谐振电容的方式。对于机车信号，为降低干扰电压，机车接收线圈的安装位置应尽量远离机车轮对。

3. 频率参数的选择

1）载频和频偏的选择

根据在 100 A 不平衡牵引电流条件下，基波及各次谐波电流典型分布可知：在 1 650 ~ 2 650 Hz 频率段内谐波电流总量仅为 0.536 A，其中，33 ~ 53 次奇次谐波（1 650 ~ 2 650 Hz）电流总量为 0.502 A，34 ~ 52 次偶次谐波（1 700 ~ 2 600 Hz）电流总量为 0.189 A。

该频段奇次谐波电流值与偶次谐波电流值较小，而且两者相差倍数也大大低于低频段。这样 50 Hz 工频频率在规定范围内变化，引起 1 650 ~ 2 650 Hz 频段内谐散频点、幅值变化，对采用频谱分析解调及设备的工作都不会有大的影响。

根据在 100 A 不平衡牵引电流条件下，基波及各次谐波电流非典型分布分析可见：偶次谐波处电流值均低于相近奇次谐波处电流值。在 1 650 ~ 2 650 Hz 频段，偶次谐波量值会有一定程度增加，但不会高于奇次谐波水平且整体上处于量值较低的状态。

ZPW-2000 系列无绝缘轨道电路选用法国 UM71 轨道电路使用的 1 650 ~ 2 650 Hz 频段，将有效提高使用条件下的固有信干比，有利于系统工作的稳定。

与国产 4 信息、8 信息、18 信息移频（载频 550 Hz、650 Hz、750 Hz、850 Hz）相比，UM71 轨道电路的载频选得较高（1 700 ~ 2 600 Hz）。在这些频段上，牵引回归电流谐波的强度已经很弱，因此，UM71 轨道电路在电气化区段的抗干扰能力要强于国产移频。

UM71 轨道电路的频偏 Δf 选为 11 Hz。由于频偏较小，信号能量集中在中心频率附近，远离邻线和邻区段的干扰，同时也便于利用一个谐振槽路进行信号的解调。ZPW-2000 在 UM71 的基础上将载频增加为 8 种，有利于防止载频的越区传输和电缆芯线的运用。8 种载频频率如下：

下行：1700-1　1 701.4 Hz；
　　　1700-2　1 698.7 Hz；
　　　2300-1　2 301.4 Hz；
　　　2300-2　2 298.7 Hz。
上行：2000-1　2 001.4 Hz；
　　　2000-2　1 998.7 Hz；
　　　2600-1　2 601.4 Hz；
　　　2600-2　2 598.7 Hz。

2）低频频率的选择

低频频率为 10.3 ~ 29 Hz，每隔 1.1 Hz 一个，呈等差数列，共 18 个。

知识点 3　移频自动闭塞的工作原理

移频自动闭塞是以钢轨作为信息传输的通道，采用移频信号的形式来传输低频信号，自动控制通过信号机的显示，指示列车的运行。在移频自动闭塞区段，移频信息的传输，是按照运行列车占用闭塞分区的状态，迎着列车的运行方向，自动地向前方闭塞分区传递信息的。

移频自动闭塞工作原理如图 3-2-3 所示，下行线有两列列车，分别运行在 8811G 和 8763G 两个分区。列车的运行方向如图所示，信息的传递方向始终迎着列车方向，因此每个闭塞分区的右侧为发送端，左侧为接收端。防护 8811G 和 8763G 的通过信号机显示红灯，不允许后续列车进入。8811 后方的 8799、8787、8775 依次显示黄灯、绿黄和绿灯。

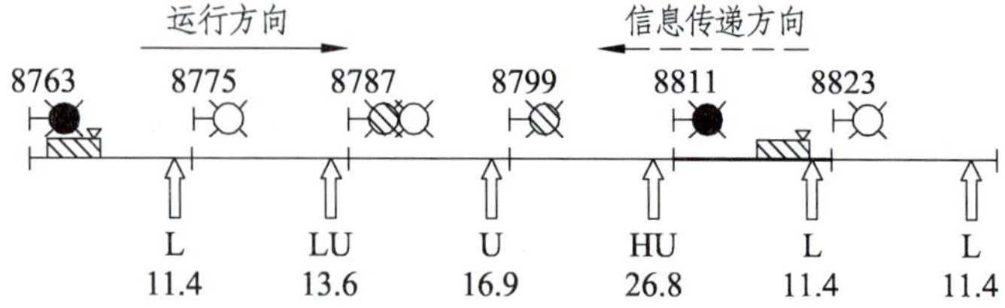

图 3-2-3　移频自动闭塞工作原理

因为 8811 分区有车占用，8811GJ 落下，根据低频编码电路，8799 分区的发送器产生低频为 26.8 Hz 的 HU 码，低频信息调制后，经发送通道，送向轨面。接收端收到该移频信息解调后使 8799GJ 吸起，根据通过信号机的点灯电路，使 8799 信号机点亮黄灯。

因为 8799GJ 吸起、8811GJ 落下，8787 分区的发送器产生低频为 16.9 Hz 的 U 码，该低频信息调制后，经发送通道，送向轨面。接收端收到该移频信息解调后使 8787GJ 吸起，根据通过信号机的点灯电路，使 8787 信号机点亮绿黄灯。

由于 8787GJ 吸起、8799GJ 吸起、8811GJ 落下，8775 分区的发送器产生低频为 13.6 Hz 的 LU 码，该低频信息调制后，经发送通道，送向轨面。接收端收到该移频信息解调后使 8775GJ 吸起，根据通过信号机的点灯电路，使 8775 信号机点亮绿灯。同理，8763 发送器产生低频为 11.4 Hz 的 L 码。

如果前行列车由于某种原因停在 8811G 分区，则当追踪列车进入 8775G 分区，司机见到通过信号机 8787 显示绿黄灯，则应注意减速运行。当追踪列车进入 8787G 分区，司机见到通过信号机 8799 显示黄灯，则应进一步减速运行。当追踪列车进入 8799G 分区时，由于通过信号机 8811 显示红灯，司机采取制动措施，使追踪列车停在显示红灯的通过信号机 8811 的前方。这样，就可根据列车占用闭塞分区的状态，自动改变地面信号机的显示，准确地指挥列车的运行，实现自动闭塞。

当列车在线路上运行时，通过吊装在机车排障器后，第 1 轮对前方左、右两个接收线圈（见图 3-2-4），感应轨面上发来的移频信息。该信息经处理后，送到机车驾驶室的司机操作台上，以机车信号机的方式或以显示器的速度显示告知司机列车运行前方的状况，方便司机驾车。这就是地面装设移频轨道电路设施的意义。

图 3-2-4　双路接收线圈

知识点 4　移频自动闭塞的特点

移频自动闭塞制式具有以下主要特点：

（1）抗干扰能力较强，既适用于非电力牵引区段，又适用于干扰较大的电力牵引区段。

（2）信息量多，可满足四显示自动闭塞和列车速度控制系统信息量的需要。

（3）信号显示的应变时间不大于 2 s，能满足我国高速行车的要求。

（4）当闭塞分区的长度超过移频轨道电路的极限长度时，可采用分割方式延长移频轨道电路的作用距离。

（5）移频轨道电路只做一次调整，便于维修。

（6）以采用电子元件为主，耗电低、体积小、重量轻。在电子元件发生故障的情况，能满足“故障-安全”的要求。

（7）有较完善的过压防护措施，在雷电冲击下，能起到保护作用，保证设备不间断使用。

（8）移频自动闭塞信息能直接用于机车信号，因此在装设机车信号时区间无须增加地面设备。

【任务实施】

根据图 3-2-5 所示移频自动闭塞基本原理图填写表 3-2-2。

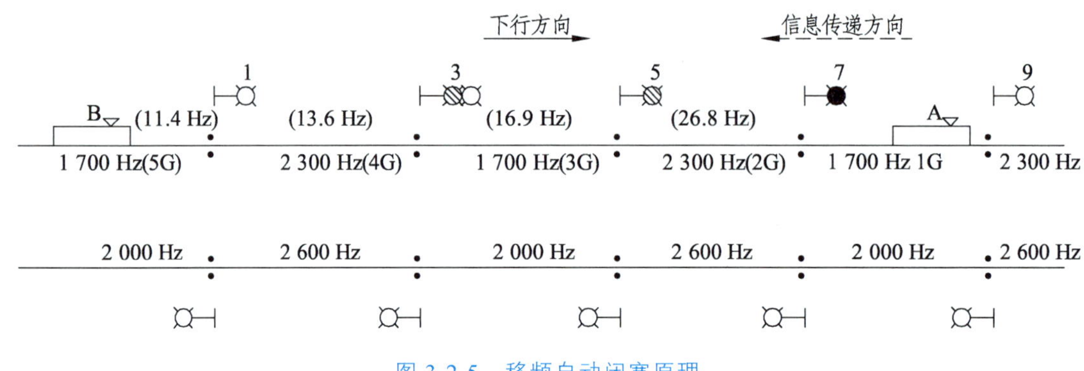

图 3-2-5　移频自动闭塞原理

表 3-2-2　移频信息

区段名称	中心载频/Hz	低频频率/Hz	与低频信息对应的通过信号机编号及显示	发送信息码
1G				
3G				
5G				
7G				

任务实施步骤：

（1）分析移频自动闭塞基本原理图。

（2）思考：各闭塞分区发码与什么有关?

提示：列车进入闭塞分区所接收的信息应能反映前方信号机的状态。

【考核评价】

序号	考核点	评分点	分值	得分
1	移频自动闭塞基础知识	能否理解移频信号的基本特征	15	
		能否正确分析移频自动闭塞的基本原理	15	
2	能力提高	能结合移频自动闭塞原理正确填写任务提出的表格	20	
		能正确说出各闭塞分区移频信号的基本特征	20	
		能正确说出列车进入各闭塞分区接收到的移频信息的意义	10	
3	课堂表现	态度认真、积极参与、遵守纪律	20	
4	教师评语			
总分			100	

【巩固提高】

1. 填空题

（1）移频自动闭塞区段，轨道电路中移频信息是____________方向传递的。

（2）移频轨道电路利用两根钢轨作为传输信息的通道，传输______信息。

（3）移频自动闭塞轨道电路对绝缘破损的防护采用______。

（4）移频自动闭塞以______为基础，用钢轨传递移频信息。

2. 选择题

（1）UM71 无绝缘轨道电路中传输的信息是（　　）。

A. 移频信号　　B. 交流计数脉冲信号

C. 高压不对称脉冲信号　　D. 数字信号

（2）UM71 型移频轨道电路的频偏为±（　　）Hz。

A. 55　　B. 11　　C. 1.1　　D. 1.3

（3）UM71 移频轨道电路载频包括（　　）种。

A. 2　　B. 4　　C. 8　　D. 18

3. 简答题

（1）什么是移频自动闭塞？它有哪些优点？

（2）以 UM71 轨道电路举例说明闭塞分区的载频如何配置？

（3）什么叫中心载频、上边频、下边频、低频调制信号和频偏？

工作任务 3.3 ZPW-2000 系列移频自动闭塞系统认知

【学习目标】

知识目标	能力目标	素质目标
1. 了解 UM71 无绝缘移频轨道电路的载频、低频配置情况及其优势与不足。 2. 掌握 ZPW-2000 系列无绝缘移频轨道电路的载频、低频配置情况及其特点	1. 能正确说出 UM71、ZPW-2000 系列无绝缘移频轨道电路的相同之处。 2. 能理解 UM71 无绝缘移频轨道电路存在的不足。 3. 能正确说出 ZPW-2000 系列无绝缘移频轨道电路的优势	1. 培养学生求真务实，开拓进取的精神。 2. 培养学生的批判性思维和创新意识

【任务引导】

引导问题 1：UM 系列移频自动闭塞有何优势？有何缺点？

引导问题 2：ZPW-2000 系列移频自动闭塞的特点有哪些？

【工具器材】

ZPW-2000 系列移频轨道电路设备。

【相关知识】

ZPW-2000系列无绝缘移频轨道电路是在引进法国UM71无绝缘移频轨道电路技术的基础上，结合我国国情进行了技术改进，充分吸收了 UM71 的技术优势，并实现了重大技术改进和创新，克服了 UM71 在传输安全性和传输长度上存在的问题，在轨道电路传输安全上，解决了轨道电路全路断轨检查、调谐区“死区”长度、调谐单元断线检查、拍频干扰防护等技术难题，延长了轨道电路的传输长度。采用单片微机和数字信号处理技术，提高了抗干扰能力。2002 年 5 月，该系统通过铁道部技术鉴定，在全路范围内推广应用。

该技术目前已经申请了 8 项技术专利，实现了设备国产化，成为我国目前安全性高、传输性能好且具有知识产权的一种设备，广泛应用于我国自动闭塞区段，是目前铁路区间自动闭塞的统一制式。

ZPW-2000 系列包括 ZPW-2000A、ZPW-2000R、ZPW-2000H、ZPW-2000G，普遍使用的是 ZPW-2000A。

知识点 1 UM 系列自动闭塞

1. UM 系列自动闭塞的发展与应用

UM 系列自动闭塞包括 UM71 自动闭塞、UM2000 自动闭塞，是法国高速铁路采用的自动闭塞，它建立在无绝缘轨道电路的基础上。

法国高速铁路（TGV）从东南新干线开始，地面采用 UM71（通用调制 71）型无绝缘轨道电路，是为防止交流电气化牵引区段牵引电流谐波干扰而研制的一种移频轨道电路；机车采用 TVM300（轨道与机车信号传输-300）型带速度监督的机车信号，两者简称“U-T”系统。其以移频无绝缘轨道电路为基础，不设地面信号机，以速差式机车信号作为主体信号，具有速度监督功能。

UM 系列自动闭塞的发送器、接收器集中设置在车站，与轨道电路通过传输电缆并经匹配变压器匹配连接。

钢轨中的传输载频采用 1 700 Hz、2 000 Hz、2 300 Hz、2 600 Hz 四个频率，经实测为谐波干扰最小的频段，其配置方式为载频 1 700 Hz、2 300 Hz，用于下行线；2 000 Hz、2 600 Hz，用于上行线。轨道电路传输信息采用移频的调制方式，频偏为±11 Hz，可抗电化干扰，也不存在半边侵入的问题。轨道电路可传输 18 个信息，能满足多显示机车信号和超速防护等多信息量的要求。调制频率由 10.3 ~ 29 Hz，按 1.1 Hz 等差数列递增。地面和车上均能准确接收，应变时间不大于 2 s。

为提高可靠性，UM 系列采用了双重系统，一套工作，另一套热备用，自动转换。

法国在修建北方线时，采用 UM2000 轨道电路，是在 UM71 模拟轨道电路基础上研制出的数字编码轨道电路。UM2000 轨道电路与 UM71 模拟轨道电路不同，将单频信息改为 27 位数字编码，其中有效信息 21 位，信息量可达到 2^{21}，大大增加了信息的传输量，能满足分段连续速度模式曲线列控的需要。站内各区段均采用 UM2000 轨道电路式，构成了车站、区间轨道电路同一制式，UM2000 轨道电路和 UM2000 点式环线同时向安装有 TVM430 控车设备的各种机车连续提供 ATP（列车自动防护）信息，构成了具有分级连续模式速控曲线的列控系统，实现了列控联锁一体化。

2. UM 系列自动闭塞的技术优势

1）实现了轨道电路的无绝缘化

由于采用谐振式电气绝缘，两相邻轨道电路具有极高的转移系数，使它们界限分明，有效防止了越区传输。以电气绝缘节取代了机械绝缘节，满足了电气化牵引和无缝线路对无绝缘的要求。

2）频率选择合理，抗干扰能力强

选择较高的载频频率，远离 50 Hz 牵引电流的谐波，因而谐波干扰量小；频偏较小，调制系数小，信号能量集中在中心载频附近，对邻线和相邻区段的干扰有较强的抑制能力。

3）具有良好的轨道电路传输性能

由于轨道电路加装补偿电容后趋于阻性，就大幅度抵消了钢轨电感对信号传输的影响，改善了轨道电路信息的传输条件，减小了送、受电端钢轨中的电流比，改善了接收器和机车信号设备的工作条件。当道床电阻从标准值至“∞”间变化时，对接收端信号变化幅度影响小，系统工作较为稳定。

4）可实现电气分离式断轨检查

主轨道电路具有断轨检查功能，进一步提高了安全性。

5）对电气化区段适应能力强

能充分满足 1 000 A 牵引电流、100 A 钢轨不平衡电流条件下正常工作的要求。钢轨对地产生不平衡电位时，对轨道电路的影响较小。

6）可实现双方向运行

不须另外增加设备便可实现正方向和反方向的自动闭塞方式。

7）可取消地面信号机

能给机车信号提供连续、可靠的信息，为机车信号作为行车凭证创造了条件，从而可取消地面信号机。

8）可实现轨道电路的一次调整

根据不同情况的轨道电路，调整发送器、接收器的不同电平，可准确地实现轨道电路的一次调整，遇晴、雨天不用再调整。

3. UM 系列自动闭塞应用概况

UM 系列自动闭塞不仅用于法国高速铁路，而且推广到不少国家。UM71 自动闭塞在我国于 1992 年用于京广线郑武段，后推广至京广全线、广深线、京山线、沈山线。UM71 自动闭塞用于我国，线路正向仍设地面色灯信号机，显示按绿、绿黄、黄、红、红（防护区）设置，通称四显示。提醒区出口信号机按绿灯设置，反向不设地面信号机，只在闭塞分区分界点处设置停车标志。UM71 自动闭塞在我国已经到了大修期，将逐渐改建为 ZPW-2000 系列自动闭塞。

我国于 2002 年引进了 UM2000 轨道电路，安装在秦沈客运专线上。秦沈客运专线全长 406 km，除山海关—秦皇岛地区和沈阳枢纽仍采用 UM71 轨道电路外，共有 371 km 采用了 UM2000 轨道电路。这种列控联锁一体化的信号系统曾经在秦沈客运专线上发挥作用，但其与我国高速铁路的列控系统不一致，已于 2010 年改建为 ZPW-2000A 轨道电路。

知识点 2　UM71 自动闭塞存在的问题

在 UM71 自动闭塞的使用过程中，也发现其存在以下不足之处：

1. 安全方面的问题

（1）调谐区无断轨检查功能。两轨道电路之间的 26 m 调谐区，在不利条件下，任意点断轨均无法检查。

（2）在不利条件下，26 m 调谐区分路“死区”长 20 m。只得规定，调谐区内禁止轻型车和小车停车。

（3）调谐单元断线得不到检查。若本区段轨道电路发送端谐振单元断线，由于“零阻抗”的丧失，则相邻区段接收的信号向本区段扩散传输，使断线得不到检查。同样，本区段轨道电路接收端谐振单元断线，也造成相邻区段发送的信号向本区段扩散，使断线得不到检查。

（4）接收设备对 7 ~ 34 Hz 范围内非 18 种标准低频信号以外的频率无防护能力。

（5）对拍频信号，接收设备采用的斜率鉴频方式无防护能力。

2. 传输方面需改进之处

（1）谐振单元的参数与调谐区 26 m 长的 60 kg/m 钢轨的参数失配。

（2）在 1.0 Ω · km 道床电阻条件下，电缆与钢轨匹配连接也处于失配状态。

（3）对于钢轨电感的补偿，补偿电容的选择不能满足 1.0 Ω · km 道床电阻的要求。

（4）轨道电路传输长度被限制在 7.5 km，不能满足站间距离 10 km 的要求且必须采用 ϕ1.13 mm 线径的电缆，为特殊制造，造价高。

（5）调谐单元、空芯线圈至钢轨的引接线采用截面 70 mm^2、长 3 m 和 1.25 m 的铜线，不利于养路作业，易造成损坏和丢失。

（6）对存在电气绝缘节—机械绝缘节的轨道电路（如邻接车站的接近、离去区段）采用简单的调谐单元、空芯线圈并联方式，恶化了特性，降低了轨道电路的传输长度。

这样，对于电气绝缘节—电气绝缘节（JES—JES），在道床电阻 1.0 ~ ∞ Ω · km 时轨道电路传输长度 900 m；1.2 ~ ∞ Ω · km 时为 1 100 m；1.5 ~ ∞ Ω · km 时为 1 500 m。对于电气绝缘节—机械绝缘节（JES—BA // SVA′）则分别为 800 m、900 m 和 1 050 m。由于轨道电路传输长度不够长，加大了自动闭塞的工程投资。

此外，UM71 自动闭塞采用分立元件和小规模集成电路，在技术上已不先进。

为此，在进行 UM71 自动闭塞国产化，消化吸收国外先进技术的基础上，充分发挥它的技术优势，克服它的不足，采用微机和数字信号处理技术，对其进行改进并予以提高，就构成了具有自主知识产权的新一代无绝缘移频自动闭塞 WG-21 A 型和 ZPW-2000 系列型自动闭塞。

知识点 3　ZPW-2000 系列移频自动闭塞

1. ZPW-2000 系列无绝缘轨道电路技术条件（暂行）

1）一般规定

（1）ZPW-2000 系列无绝缘轨道电路，满足以机车信号为行车凭证的自动闭塞系统要求。适用于电气化牵引区段和非电气化牵引区段的区间及车站轨道电路区段，也可用于机械绝缘节轨道电路区段。电气化牵引区段工作环境：轨道回流≤1 000 A，不平衡系数≤10%。

（2）ZPW-2000 系列无绝缘轨道电路采用调谐式电气绝缘节，沿钢轨按规定距离敷设补偿电容，进行传输补偿。

（3）ZPW-2000 系列无绝缘移频轨道电路在 UM71 无绝缘轨道电路四种载频 1 700 Hz、

2 300 Hz、2 000 Hz、2 600 Hz 的基础上，给每种载频设了两个频标，“-1”和“-2”型，即在原中心载频的基础上“+1.4 Hz”或“-1.3 Hz”，总共 8 种载频。载频中心频率见表 3-3-1。

表 3-3-1　载频中心频率

载频频率/Hz	中心频率/Hz	载频频率/Hz	中心频率/Hz
1700-1	1 701.4	2300-1	2 301.4
1700-2	1 698.7	2300-2	2 298.7
2000-1	2 001.4	2600-1	2 601.4
2000-2	1 998.7	2600-2	2 598.7

传输的低频调制信号频率为 $10.3+N\times 1.1$ Hz，N=0～17，即从 10.3～29 Hz，每隔 1.1 Hz 一个，呈等差数列，共 18 个：10.3 Hz、11.4 Hz、12.5 Hz、13.6 Hz、14.7 Hz、15.8 Hz、16.9 Hz、18 Hz、19.1 Hz、20.2 Hz、21.3 Hz、22.4 Hz、23.5 Hz、24.6 Hz、25.7 Hz、26.8 Hz、27.9 Hz、29 Hz。低频频率信息码见表 3-3-2。

表 3-3-2　低频频率信息码

编号	频率/Hz	信息码	信息定义	说明
F18	10.3	L3	准许列车按规定速度运行，表示运行前方 5 个闭塞分区空闲	列车运行速度≤200 km/h 自动闭塞区段列车超速防护系统所用
F17	11.4	L	准许列车按规定速度运行	
F16	12.5	L2	准许列车按规定速度运行，表示运行前方 4 个闭塞分区空闲	列车运行速度≤200 km/h 自动闭塞区段列车超速防护系统所用
F15	13.6	LU	准许列车按规定速度运行	
F14	14.7	U2	要求列车减速到规定的速度等级越过接近的地面信号机，并预告次一架地面信号机显示两个黄色灯光	
F13	15.8	LU2	要求列车减速到规定的速度等级越过接近的地面信号机，并预告次一架地面信号机显示一个黄色灯光	
F12	16.9	U	要求列车减速到规定的速度等级越过接近的地面信号机，并预告次一架地面信号机显示一个红色灯光	
F11	18	UU	要求列车限速运行，表示列车接近的地面信号机开放经道岔侧向位置进路	

续表

编号	频率/Hz	信息码	信息定义	说明
F10	19.1	UUS	要求列车限速运行，表示列车接近的地面信号机开放经 18 号及以上道岔侧向位置进路，且次一架信号机开放经道岔直向或 18 号及以上道岔侧向位置进路；或表示列车接近设有分歧道岔线路所在的地面信号机开放经 18 号及以上道岔侧向位置进路	
F9	20.2	U2S	要求列车减速到规定的速度等级越过接近的地面信号机，并预告次一架地面信号机显示一个黄色闪光和一个黄色灯光	
F8	21.3	L5	准许列车按规定速度运行，表示运行前方 7 个及以上闭塞分区空闲	200 km/h 动车组在客运专线上运行所需
F7	22.4	U3	要求列车减速到规定的速度等级越过接近的地面信号机，表示接近的地面信号机显示一个黄色灯光，并预告次一架地面信号机为进站或接车进路信号机且显示一个红色灯光	仅适用于双红灯防护的自动闭塞区段第三接近区段用
F6	23.5	L4	准许列车按规定速度运行，表示运行前方 6 个闭塞分区空闲	200 km/h 动车组在客运专线上运行所需
F5	24.6	HB	表示列车接近的进站或接车进路信号机开放引导信号，或通过信号机显示容许信号	
F4	25.7	ZP	要求机车信号或 ATP 按照相应要求实现载频切换	频率切换，用于站内闭环电码化
F3	26.8	HU	要求及时采取停车措施	
F2	27.9	JC	用于轨道占用检查，ATP 应按照掉码处理	反向站间闭塞及站内闭环电码化检测用
F1	29	H	要求列车采取紧急停车措施	仅适用于双红灯防护的自动闭塞区段

（4）两相邻平行 ZPW-2000 系列无绝缘轨道电路采用相同载频时，必须具备可靠的邻线干扰防护能力。

（5）ZPW-2000 系列无绝缘轨道电路必须满足双线双方向运行要求。

（6）ZPW-2000 系列无绝缘轨道电路发送器输出电动势，波动±3%时，该轨道电路接收器必须实现一次调整。

（7）ZPW-2000 系列无绝缘轨道电路必须工作可靠并符合“故障-安全”原则。出现故障后，不能造成地面信号和机车信号显示升级。

（8）ZPW-2000 系列无绝缘轨道电路采用计算机技术，通过硬、软件措施实现轨道电路系统的安全性。

（9）ZPW-2000 系列无绝缘轨道电路（单套设备）平均故障间隔时间（MTBF）≥4.38×10^4 h/区段。

（10）ZPW-2000 系列无绝缘轨道电路计算机软件的安全性完善度等级应为 4 级。

（11）ZPW-2000 系列无绝缘轨道电路电子设备有关电源、外部接口及电磁兼容等环境条件和使用条件的设计应采用与安全性完善度等级相适应的设计方法。

（12）ZPW-2000 系列无绝缘轨道电路硬件和软件结构应实现模块化、标准化、系列化和软件工程化管理。

（13）ZPW-2000 系列无绝缘轨道电路应能向其他系统提供数据。

（14）ZPW-2000 系列无绝缘轨道电路与其他系统通信时，应采用统一、专用的安全通信协议。

（15）ZPW-2000 系列无绝缘轨道电路应具备自检和在线监测联网功能。

（16）ZPW-2000 系列无绝缘轨道电路同序列号设备必须具备互换性。

（17）ZPW-2000 系列无绝缘轨道电路必须具备实现数字化升级的条件。

2）环境条件

ZPW-2000A 型无绝缘移频轨道电路设备在下列环境条件下应可靠工作：

（1）工作环境温度。

① 室内：−5 ~ +40 °C；高寒地区的无温度控制场所：−25 ~ +40 °C。

② 室外：−40 ~ +70 °C。

（2）相对湿度。

① 室内：不大于 85%（温度为 30 °C 时）。

② 室外：不大于 95%（温度为 30 °C 时）。

（3）大气压力。

① 不低于 70.1 kPa（常规型：海拔不超过 3 000 m）。

② 不低于 54.0 kPa（高原型：海拔不超过 5 000 m）。

（4）振动条件。

① 室内：在 10 ~ 150 Hz 时，应能承受加速度为 5 m/s 的正弦稳态振动。

② 室外：在 10 ~ 500 Hz 时，应能承受加速度为 10 m/s 的正弦稳态振动。

（5）周围无腐蚀性和无引起爆炸危险的有害气体。

3）基本功能

（1）发送设备。

ZPW-2000 轨道电路的信号源，根据编码条件，产生移频信号。

（2）接收设备。

对 ZPW-2000 轨道电路输入信号进行解调，输出占用、空闲条件。

（3）衰耗设备。

实现 ZPW-2000 轨道电路的调整。

（4）轨道电路通信接口设备。

实现 ZPW-2000 轨道电路与列控设备的数据通信。

（5）模拟网络设备。

补偿实际信号电缆，模拟电缆传输特性，便于 ZPW-2000 轨道电路调整。

（6）调谐设备。

实现对相邻轨道电路区段信号的电气隔离，同时实现对本区段轨道电路信号的电气谐振。

（7）匹配设备。

实现钢轨阻抗和电缆阻抗的匹配连接。

（8）空芯线圈。

用于平衡牵引电流和稳定调谐区阻抗，线圈中点可以作为钢轨的横向连接，牵引电流回流连接和纵向防雷的接地连接使用。

（9）机械绝缘节空心线图。

用在机械绝缘节处、与调谐设备并接使用，使机械绝缘节特性等效于电气绝缘节。

（10）补偿电容。

补偿由于钢轨感抗产生的无功功率损耗，改善轨道电路的传输性能。

4）设备供电

（1）发送设备、接收设备及轨道电路通信接口设备等为直流电源供电，标称电压为 DC 24 V 或 DC 48 V，电压波动范围在 23 ~ 25 V 或 46 ~ 50 V 时，设备应能正常工作。

（2）监测设备为交流电源供电，标称电压为 AC 220 V，电压波动范围在 210 ~ 230 V 时，设备应能正常工作。

5）工作状态

（1）调整状态。

在标准传输条件下（电缆长度 10 km），最低道床电阻不小于表 3-3-3 所列值，轨道电路必须满足一次调整，轨道电路接收器输入电压，不小于 240 mV，轨道电路设计长度为表 3-3-3 规定值，该设计长度已有 8%的余量。当实际道床电阻低于 0.4 Ω · km 时，可适当缩短轨道电路设计长度，特殊处理。

表 3-3-3 适用于轨道电路两端均采用电气绝缘节或一端为电气绝缘节、一端为机械绝缘节或两端均采用机械绝缘节的配置情况。

表 3-3-3　轨道电路设计长度　　单位：m

载频/Hz	道床电阻值/（Ω · km）					
	1.5	1.2	1.0	0.8	0.6	0.4
1 700	1 900	1 750	1 500	1 050	850	600
2 000	1 900	1 750	1 500	1 050	800	550
2 300	1 800	1 650	1 500	1 050	800	550
2 600	1 800	1 650	1 460	1 050	800	550

（2）分路状态

① 在最不利条件下，用 0.15 Ω 分路电阻在轨道电路任一处轨面分路时（电气绝缘节区域内除外），轨道电路接收器输入电压不大于 140 mV。

② ZPW-2000 系列无绝缘轨道电路电气绝缘节区域内分路死区长度不大于 5 m。

③ 在最不利条件下，在轨道电路任一处轨面机车信号短路电流不小于表 3-3-4 规定值。

表 3-3-4　机车信号短路电流

载频/Hz	1 700	2 000	2 300	2 600
机车信号短路电流/A	0.5	0.5	0.5	0.45

④ 断轨检查。当 ZPW-2000 系列无绝缘轨道电路钢轨出现电气断离时，轨道电路接收器得到可靠占用检查。

6）室外设备

（1）ZPW-2000 系列无绝缘轨道电路设置钢轨补偿电容，沿钢轨按等间隔原则设置。根据轨道电路载频选用补偿电容值或采用一种补偿电容值，通过不同间距，实现对轨道电路各种载频信号的补偿。补偿电容容值不多于 4 种，补偿电容间距不小于 50 m。

（2）ZPW-2000 系列无绝缘轨道电路设置空芯线圈，根据轨道电路载频设置调谐单元，并采用专用引接线构成电气绝缘节。该电气绝缘节长度不大于 30 m。电气绝缘节隔离系数不小于 10。必要时，可设置第 2 级零阻抗器件，进一步防护轨道电路载频信号向其他区段的纵向串音。

（3）补偿电容、调谐单元、空芯线圈等器材的安装，应满足大型自动化养路机械设备施工要求。

（4）ZPW-2000 系列无绝缘轨道电路宜采用铁路内屏蔽数字信号电缆，以实现多区段同频合缆敷设方式。也可采取轨道区段 1 个信号点 1 根电缆的敷设方式。在实际电缆长度基础上，增加电缆模拟盘补充长度，以补足规定长度。当电缆长度超过 10 km，但不大于 15 km 时，进行特殊处理或设置中继站。

电缆芯线使用必须遵守以下原则：

① 相同频率的发送线对和接收线对不能使用同一根电缆；

② 相同频率的发送线对或接收线对不能使用同一四芯组。

7）ZPW-2000 系列无绝缘轨道电路电子设备

（1）ZPW-2000 系列无绝缘轨道电路接收器和发送器的可靠度指标：平均故障间隔时间（MTBF）$\geqslant 15 \times 10^4$ h。

（2）ZPW-2000 系列无绝缘轨道电路接收器和发送器要求最高的安全性完善度等级，其安全度指标要求平均危险侧输出间隔时间 $\geqslant 10^{11}$ h。

（3）ZPW-2000 系列无绝缘轨道电路接收器和发送器应考虑热插拔设计。接插件应接触可靠，易于插拔，结构坚实，不发生机械变形，并应具有防错插措施。接插件插拔次数应保证在 500 次以上。

8）电磁兼容与雷电防护

（1）ZPW-2000 系列无绝缘轨道电路雷电防护措施，应符合相关规定。

（2）ZPW-2000 系列无绝缘轨道电路使用的内屏蔽数字信号电缆，在电缆始、终端，内、外屏蔽层必须良好连接，并可靠接地。当接地断线时，不能造成地面信号和机车信号显示升级。

（3）ZPW-2000 系列无绝缘轨道电路信号楼内布线应采用电磁兼容和防雷设计，发送和接收线对必须单独使用屏蔽扭绞线对。

（4）地线设置。室外贯通地线和室内接地网接地电阻值不大于 1Ω 或执行相关规定。对于重雷害地区，地线设置还应采取特殊措施。

2. ZPW-2000 系列自动闭塞的特点

（1）在解决调谐区断轨检查后，实现了对轨道电路全程断轨的检查，大幅度减少了调谐区死区长度（由 20 m 减小到 5 m 以内），实现了对调谐单元的断线检查和对拍频信号干扰的防护，大大提高了传输的安全性。

（2）利用新开发的轨道电路计算软件实现了轨道电路参数的优化，大大提高了轨道电路的传输长度，将 1.0 Ω · km 道床电阻的轨道电路传输长度提高了 44%（从 900 m 提高到 1 300 m），将电气—机械绝缘节的轨道电路长度提高了 62.5%（从 800 m 提高到 1 300 m），改善了低道床电阻轨道电路工作的适应性。

（3）用 SPT 国产铁路数字信号电缆取代法国的 ZCO3 型电缆，线径由 1.13 mm 降至 1.0 mm，减少了备用芯组，加大了传输距离（从 7.5 km 提高到 10 km），使系统的性能价格比大幅度提高，显著降低了工程造价。调谐区设备的 70 mm^2 铜引接线用钢包铜线取代，方便了维修。

（4）单片微机和数字信号处理芯片代替晶体管分立元件和小规模集成电路，提高了发送移频信号频率的精度和接收移频信号的抗干扰能力。

（5）系统中发送器采用“n+1”冗余，接收器采用成对双机并联运用，提高了系统可靠性，大幅度提高了单一电子设备故障不影响系统正常工作的“系统无故障工作时间”。

3. 设备型号示例

ZPW-2000 系列轨道电路设备型号构成如图 3-3-1 所示。

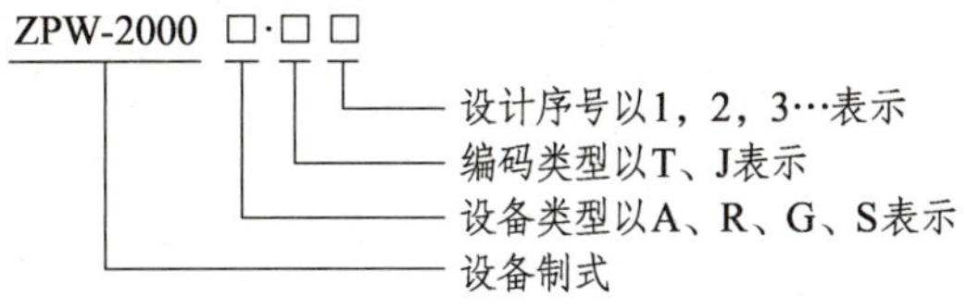

图 3-3-1 ZPW-2000 系列轨道电路设备型号

ZPW-2000 轨道电路设备代号含义见表 3-3-5。

表 3-3-5 代号含义

序号	代号	含义	序号	代号	含义
1	J	继电编码	4	W	无绝缘
2	P	移频	5	Z	自动闭塞
3	T	通信编码			

注：发码控制分为继电编码和通信编码两种方式，继电编码由继电电路实现，通信编码由列控设备通过轨道电路通信接口设备实现。

示例：ZPW-2000A 无绝缘移频自动闭塞通信编码表示为 ZPW-2000A · T2。

【任务实施】

结合低频频率信息码表中对于 18 种低频信息的定义及说明，推断图 3-3-2 所示运行场景下的追踪码序。

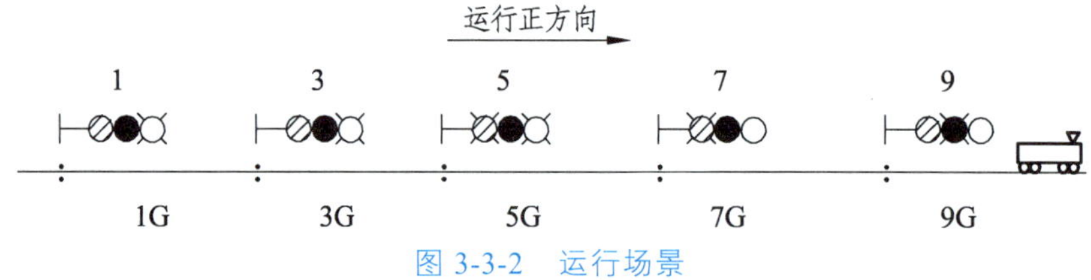

图 3-3-2　运行场景

任务实施步骤：

（1）分析 18 种低频信息的含义及应用情况。

（2）根据各闭塞分区与前行列车之间的相对位置（空闲闭塞分区数）推断其信息码。

提示：各闭塞分区发码应根据前方轨道区段占用状态及前方车站接车进路信号开放情况，按照对应的码序发码。

【考核评价】

序号	考核点	评分点	分值	得分
1	ZPW-2000 系列轨道电路特点	能正确说出 UM71、ZPW-2000 系列无绝缘移频轨道电路的异同	15	
		能否理解 ZPW-2000 系列轨道电路的优势	15	
2	18 种低频信息的应用	能理解 18 种低频信息的含义及应用	20	
		能正确推断区间一般闭塞分区的追踪码序	15	
		能举一反三	15	
3	课堂表现	态度认真、积极参与、遵守纪律	20	
4	教师评语			
总分			100	

【巩固提高】

1. 填空题

（1）U-T 系统是由____________和_____________构成的多信息移频自动闭塞。

（2）ZPW-2000A 型移频自动闭塞发送器能够产生______种低频控制信息，从______Hz 到______Hz，每隔______Hz 递增。

（3）ZPW-2000 系列移频自动闭塞 1700-1 的载频频率为________ Hz。

（4）ZPW-2000 系列轨道电路发码控制分为______编码和______编码两种方式。

2. 选择题

（1）在最不利条件下，用 0.15 Ω 分路电阻在轨道电路任一处轨面分路时（电气绝缘节区域内除外），轨道电路接收器输入电压应不大于（　　）mV。

A. 33　　B. 125　　C. 140　　D. 50

（2）用于实现 ZPW-2000 轨道电路调整的设备是（　　）。

A. 发送设备　　B. 接收设备　　C. 衰耗设备　　D. 补偿电容

（3）ZPW-2000A 型载频频率的 1 型是如何规定的？（　　）

A. ZPW-2000A 型载频频率的 1 型是在主载频频率的基础上+1.4Hz。

B. ZPW-2000A 型载频频率的 1 型是在主载频频率的基础上−1.3Hz。

C. ZPW-2000A 型载频频率的 1 型是在主载频频率的基础上+1.3Hz。

D. ZPW-2000A 型载频频率的 1 型是在主载频频率的基础上−1.4Hz。

（4）ZPW-2000A 型载频频率的 2 型是如何规定的？（　　）

A. ZPW-2000A 型载频频率的 2 型是在主载频频率的基础上+1.4Hz。

B. ZPW-2000A 型载频频率的 2 型是在主载频频率的基础上−1.3Hz。

C. ZPW-2000A 型载频频率的 2 型是在主载频频率的基础上+1.3Hz。

（5）下列属于 UM71 移频轨道电路的安全方面的问题的有（　　）。

A. 调谐区无断轨检查功能

B. 在不利条件下，调谐区分路“死区”长 20 m

C. 调谐单元断线得不到检查

D. 接收设备对 7 ~ 34 Hz 范围内非 18 种标准低频信号以外的频率无防护能力

E. 对拍频信号，接收设备采用的斜率鉴频方式无防护能力

3. 简答题

（1）UM71 移频自动闭塞存在哪些不足？为什么？

（2）ZPW-2000 系列移频自动闭塞解决了哪些问题？

（3）何为死区段？UM71 移频自动闭塞与 ZPW-2000 系列自动闭塞的死区段长度分别为多少？

工作任务 3.4　ZPW-2000A 型无绝缘移频自动闭塞设备认知

【学习目标】

知识目标	能力目标	素质目标
1. 掌握电气绝缘节的构成和工作原理。 2. 掌握 ZPW-2000A 型无绝缘轨道电路设备的组成。 3. 掌握 ZPW-2000A 型无绝缘轨道电路室内设备的结构、作用和工作原理。 4. 掌握 ZPW-2000A 型无绝缘轨道电路室外设备的结构、作用和工作原理	1. 能正确识别铁路现场 ZPW-2000A 型无绝缘轨道电路的各种室外设备。 2. 能正确区分本区段主轨道和相邻区段小轨道的所属关系。 3. 能正确识别 ZPW-2000A 型无绝缘轨道电路系统的各种室内设备；掌握设备之间的关系	1. 培养学生对待困难，勇敢正视的能力。 2. 培养学生不怕吃苦，爱岗敬业的精神

【任务引导】

引导问题 1：ZPW-2000A 型无绝缘移频自动闭塞的室内设备有哪些？各有何作用？

引导问题 2：ZPW-2000A 型无绝缘移频自动闭塞的室外设备有哪些？各有何作用？

【工具器材】

发送器、接收器、衰耗器、移频柜、综合柜、电缆模拟网络盘、补偿电容、调谐单元、空芯线圈、匹配变压器等。

【相关知识】

知识点 1　ZPW-2000A 型无绝缘移频轨道电路系统构成

ZPW-2000A 型无绝缘移频轨道电路系统采用电气绝缘节实现相邻闭塞分区的隔离。该系统有电气—电气绝缘节（JES-JES）和电气—机械绝缘节（JES-BA//SVA′）两种结构，前者用在区间线路，后者用在车站和区间相连的进站口、出站口处。两者电气性能相同，在传输距离上可以实现等长传输。下面以电气—机械绝缘节为例介绍系统的构成。

ZPW-2000A 型无绝缘移频轨道电路系统由室外设备和室内设备两大部分组成，其中室外设备由调谐区设备、匹配变压器、补偿电容、传输电缆、调谐区设备引接线等组成；室内设备由发送器、接收器、衰耗器及电缆模拟网络等组成，其构成如图 3-4-1 所示。

发送器采用“n+1”冗余方式，接收器采用“0.5+0.5”冗余方式，以保证接收系统的高可靠运用。

ZPW-2000A 型无绝缘轨道电路将轨道电路分为主轨道电路和调谐区短小轨道电路两个部分，并将短小轨道电路视为列车运行前方主轨道电路的所属“延续段”。

发送器同时向线路两侧主轨道电路、小轨道电路发送信号。接收器除接收本主轨道电路频率信号外，还同时接收相邻区段小轨道电路的频率信号。接收器采用 DSP 数字信息处理技术，将接收到的两种频率信号进行快速傅氏变换（FFT），获得两种信号能量谱的分布。

上述“延续段”信号由运行前方相邻轨道电路接收器处理，并将处理结果形成小轨道电路轨道继电器执行条件（XG、XGH）送本轨道电路接收器，作为轨道继电器（GJ）励磁的必要检查条件（XGJ、XGJH）之一，ZPW-2000A 型接收器如图 3-4-2 所示。

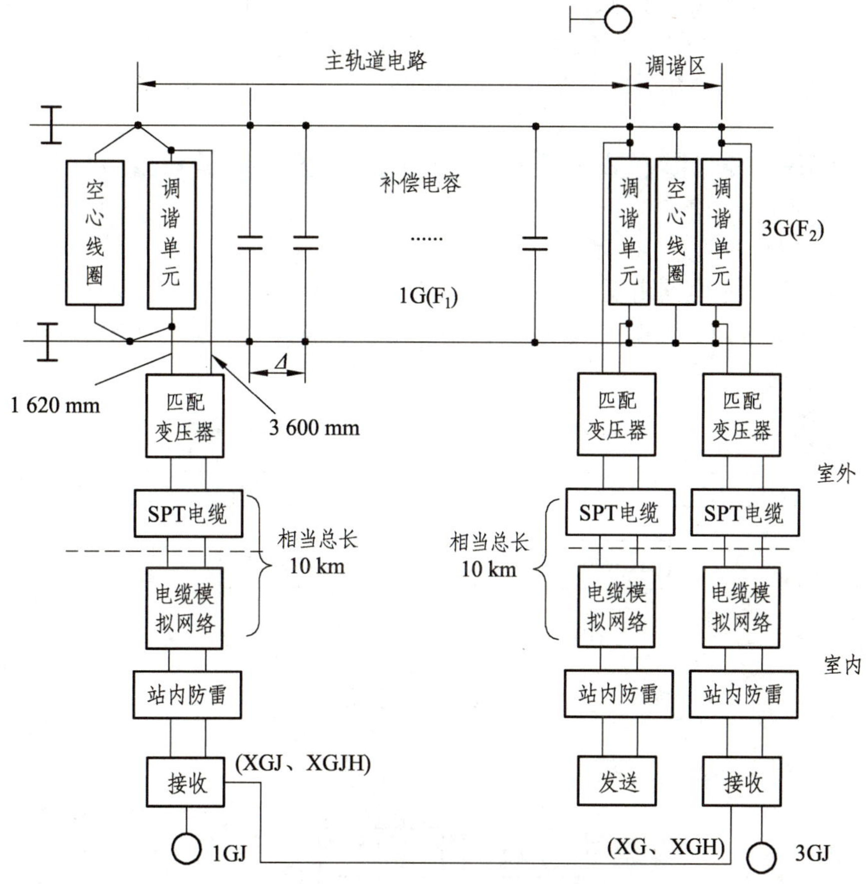

图 3-4-1 ZPW-2000A 型自动闭塞系统构成

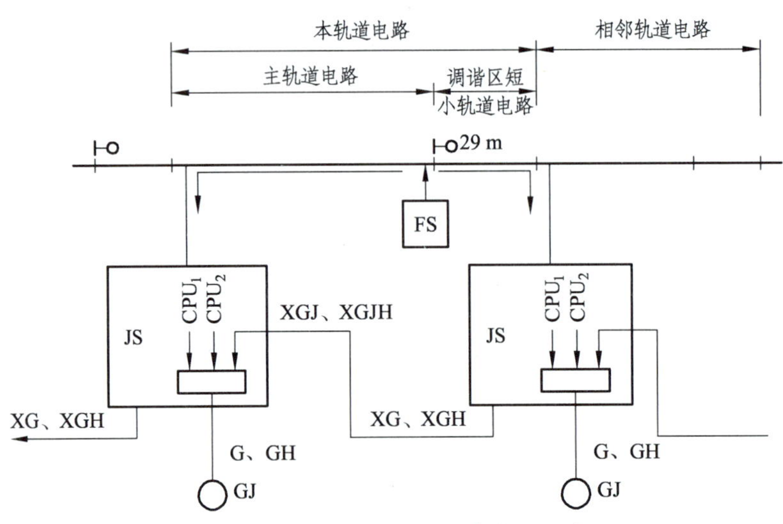

图 3-4-2　ZPW-2000A 型接收器示意

这样，接收器用于接收主轨道电路信号，并在检查所属调谐区短小轨道电路状态（XGJ、XGJH）条件下，动作本轨道电路的轨道继电器（GJ）。另外，接收器还同时接收邻段所属调谐区小轨道电路信号，向相邻区段提供小轨道电路状态（XG、XGH）条件。

知识点 2　谐振式无绝缘轨道电路原理及移频信号传输分析

1. 谐振式无绝缘轨道电路的构成和原理

谐振式无绝缘轨道电路由设于室内的发送器、接收器、轨道继电器和设于室外的调谐单元 BA、空芯线圈 SVA、匹配变压器及若干补偿电容组成，谐振式无绝缘轨道电路原理如图 3-4-3 所示。

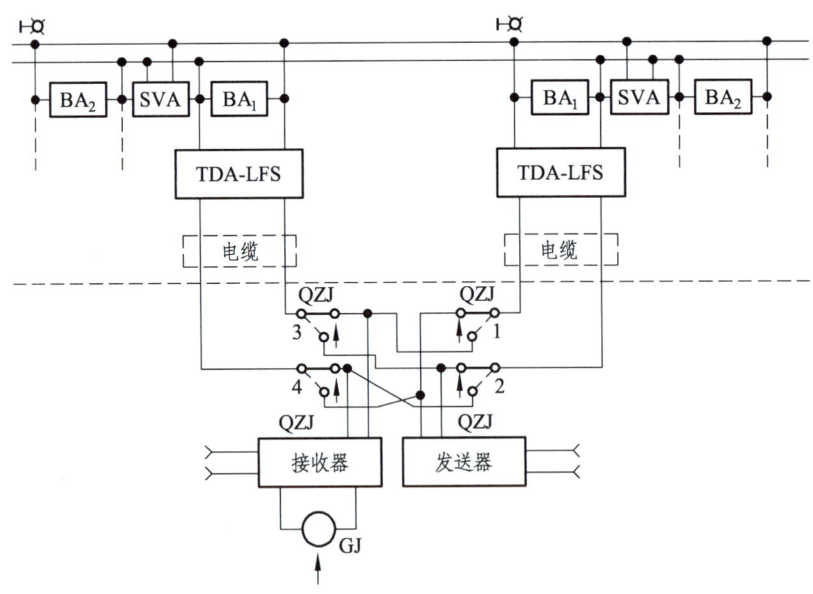

图 3-4-3　谐振式无绝缘轨道电路原理

正方向运行时，QZJ（区间正方向继电器）吸起，发送器功出信号经 QZJ 前接点由电缆传输送上右侧钢轨侧，轨道电路信息传递方向与行车方向相反，区间按自动闭塞制式行车，各闭塞分区根据前方信号机显示发送低频调制信号；反方向运行时，QZJ 落下，发送器功出信号经 QZJ 后接点由电缆传输送上左侧钢轨侧，保证轨道电路信息传递方向依然与行车方向相反，此时区间保持发送 JC 码。

两个调谐单元 BA_1 与 BA_2 之间相距 29 m，空芯线圈 SVA 位于 BA_1、BA_2 的中间。BA_1、BA_2、SVA 及 29 m 长的钢轨构成电气调谐区。电气调谐区又称电气绝缘节，取消了机械绝缘节，实现了相邻轨道电路的电气隔离。

电气绝缘节原理如图 3-4-4 所示。调谐单元 BA 是电气绝缘节的主要部件，相邻轨道电路的载频不同，BA 的型号也不同。对于较低频率轨道电路（1 700 Hz、2 000 Hz）端，设置 L_1、C_1 两元件的 BA_1 型调谐单元；对于较高频率轨道电路（2 300 Hz、2 600 Hz）端，设置 L_2、C_2、C_3 三元件的 BA_2 型调谐单元。图中空芯线圈电感主要起平衡牵引电流作用，因为它对 50 Hz 牵引电流的阻抗很小，相当于短路，而对音频信号的阻抗较大。

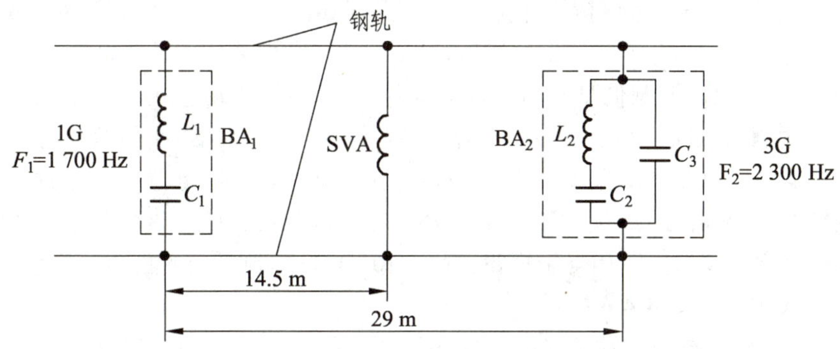

图 3-4-4　电气绝缘节原理

电气绝缘节的绝缘原理是利用谐振来实现的。当载频确定后，选择 BA_1 及 BA_2 的参数，使本区段的调谐单元对相邻区段的频率呈串联谐振，只有百分之几 Ω 的阻抗（称为“0 阻抗”），移频信号被短路，而对本区段的频率呈容抗，与 29 m 钢轨的电感和 SVA 的电感配合产生并联谐振，有 2 ~ 2.5 Ω 的阻抗（称为“极阻抗”），移频信号被接收。这样，某种载频的移频信号只能限制在本区段传送，而不能向相邻区段传送，没有机械绝缘节就像有绝缘节一样，构成了电气隔离。

在图 3-4-5 中，通过选择 BA_1 和 BA_2 的参数，使 BA_1 对相邻区段 3G 的移频信号呈串联谐振，使 3G 的移频信号在 BA_1 处被短路。对 3G 的移频信号，BA_1 不能接收，而且阻止其向左传送。同时，BA_1 对本区段 1G 的移频信号呈容性，与 29 m 长的钢轨和 SVA 的电感相配合，产生并联谐振，使 1G 的移频信号能向左传送或被接收。同理，BA_2 对相邻区段 1G 的移频信号呈串联谐振，1G 的移频信号在 BA_2 处被短路，不能接收，也不能向右传送；BA_2 在 29 m 长的钢轨和 SVA 的电感配合下，对本区段 3G 的移频信号产生并联谐振，能向右传送或被接收。图中 SVA 可以提高电气绝缘节的 Q 值，并能平衡牵引电流。

电气调谐区长 29 m，是轨道电路的“死区段”，在“死区段”内失去对车辆占用的检查。这个“死区段”对列车的正常运行没有妨碍，也不影响机车信号的连续显示，只是短于 29 m 的轨道车或最外轴距短于 29 m 的单机正好停在调谐区内才会造成失去检查的情况。因此，规定调谐区内禁止轻型车辆和小车停留。

调谐区按长 29 m 设计，以获得调谐单元与轨道电路的匹配连接。若调谐区长度选择较长，则 L_1 加大，线圈电阻随之加大，不利于对相邻区段的电气隔离；调谐区长度选择较小，对 F_1 言，使并联谐振阻抗降低，从而加大了 F_1 信号在调谐区的衰耗。C_2 选择较小、L_2 较大，不利于相邻区段信号的电气隔离；C_2 选择较大、L_2 较小，虽利于电气隔离，但是 L_2 减小，又使得对 F_2 的并联谐振阻抗降低，增大了信号的衰耗。另外，C_3 容量随着 C_2 增大而增大（C_3 较 C_2 容量大 3 倍左右），体积过大，增加了制造上的困难。故 C_2、L_2、C_3 三元件要兼顾轨道电路隔离，结合本区段信号衰耗及元件制造等因素，综合考虑确定。

2. 移频信号传输分析

如图 3-4-5 所示，以 B 区段为例分析移频信息的传输情况。B 区段的发送器 BFS 发送的是载频 1700-1 即 1 701.4 Hz 的信息。BFS 发送的信息既向左边（B 区段）发送，同时也向右边（小轨道电路）发送信息。

当向左边（B 区段）发送移频信息时，BFS 端的调谐单元 BA 对本区段的 1 701.4 Hz 调制信息相当于一个电容，此电容与调谐区钢轨、SVA 的综合电感构成并联谐振，呈现较高阻抗（约 2 Ω），使 1 701.4 Hz 调制信息向 B 区段方向传送。同时，BJS 端的调谐单元 BA 对本区段的 1 701.4 Hz 调制信息同样相当于一个电容，并与调谐区钢轨、SVA 的综合电感构成并联谐振，呈现较高阻抗（约 2 Ω），使 B 区段接收器工作，动作轨道继电器。另外，仍有一小部分移频信息继续向左传输，AFS 端的 BA 对 1 701.4 Hz 调制信息产生串联谐振，呈现较低阻抗（约几十毫欧），称“零阻抗”相当于短路，使 1 701.4 Hz 调制信息不能进入载频为 2300-2 的轨道电路 A 区段中，如图 3-4-6 所示。

当向右边（小轨道电路）发送移频信息时，CJS 端的 BA 对 1 701.4 Hz 调制信息为串联谐振，呈现较低阻抗（几十毫欧），形成较低电压，也就是形成小轨道电路信号。

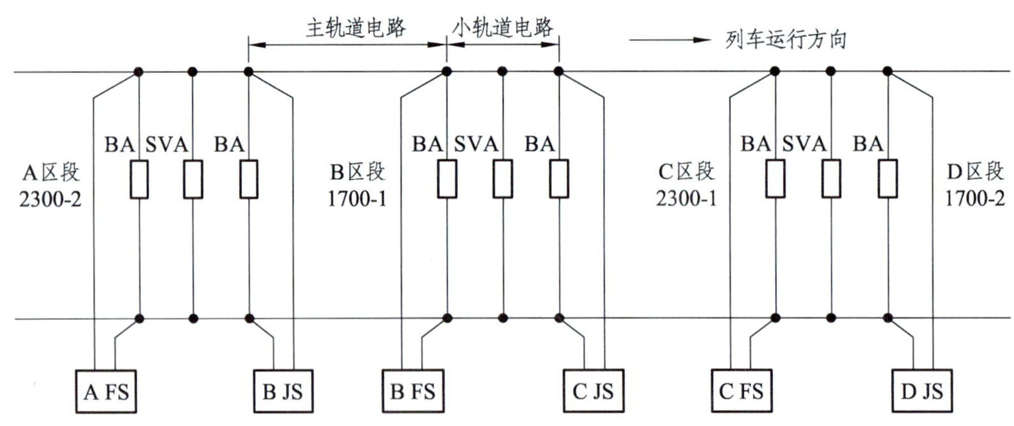

图 3-4-5 移频信号传输示意

知识点 3 室外设备

室外设备包括调谐单元、空芯线圈 SVA、机械绝缘节 SVA′、匹配变压器、补偿电容。

1. 调谐单元

1）作　用

调谐单元是构成电气绝缘节的主要部件，和空芯线圈、29 m 钢轨一起实现两相邻轨道电路间的电气隔离。

2）型　号

调谐单元 BA 是由电感线圈和电容器组成的二端网络。它有 F_1 型和 F_2 型。F_1 型，又称 BA_1 型，由 L_1、C_1 两个元件构成，分别用于上、下行频率较低的载频（1 700 Hz 和 2 000 Hz）。F_2 型，又称 BA_2 型，由 L_2、C_2、C_3 三个元件构成，分别用于上下行线频率较高的载频（2 300 Hz 和 2 600 Hz）。

3）参数选择

各种型号调谐单元的电感、电容元件参数不同，调谐单元的电感、电容元件参数见表 3-4-1。

表 3-4-1　调谐单元的电感、电容元件参数

类型	频率/Hz	L_1（L_2）/μH	C_1（C_2）/μF		C_3/μF	
			C'_1（C'_2）	C''_1（C''_2）	C'_3	C''_3
F_1	1 700	33.5	124	用 0.47 ~ 6.8 调整	—	—
	2 000	34.6	81.6	用 0.47 ~ 5.1 调整	—	—
F_2	2 300	88	90.9	用 0.47 ~ 5.6 调整	127 × 2	用 0.47 ~ 12 调整
	2 600	90	60.4	用 0.47 ~ 3.9 调整	101 × 2	用 0.47 ~ 10 调整

4）结构与安装

如图 3-4-6 和图 3-4-7 所示，调谐单元 BA 设于一个白色聚酯盒内，盖上带有滑槽，盒的尺寸为　355 mm × 270 mm × 86 mm，安装在轨道旁的基础上。为防止热胀冷缩造成元件参数漂移及外力损伤，BA 内部器件被塑胶密封。因此 BA 只测不检，故障报废。

BA 通过带绝缘护套的多芯铜线与两根钢轨相连，多芯铜线至两侧钢轨长分别为 3 m 和 1.25 m，引接线与钢轨的连接电阻应不大于 1 mΩ。为提高可靠性，通常采用两根铜线，一根焊在轨底上，另一根用塞钉连接在轨腰上。调谐单元与匹配变压器背对背安装在轨道边的基础桩上。

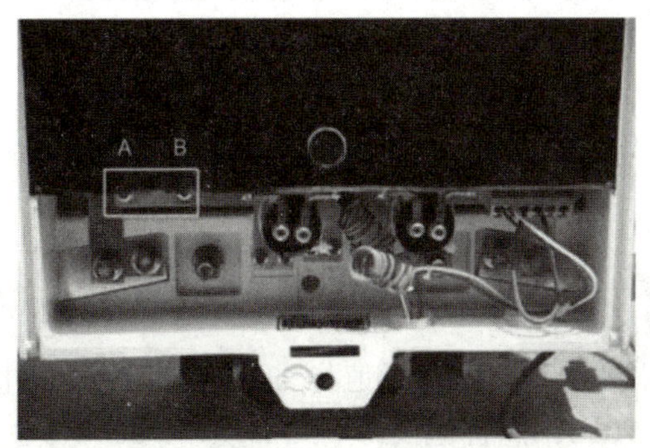

图 3-4-6　调谐单元内部

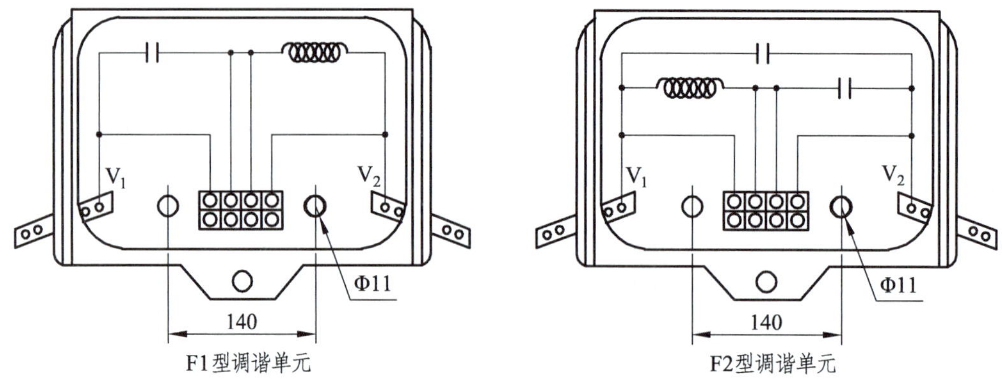

图 3-4-7　调谐单元规格尺寸

2. 空芯线圈

1）作　用

牵引电流对轨道电路的影响主要在于牵引回流沿钢轨不平衡的流散，即纵向不平衡和横向不平衡。纵向不平衡是轨道对牵引回流的阻抗不相等产生的，主要取决于钢轨连接线的截面积；横向不平衡是钢轨对地绝缘的不平衡产生的，主要是接触网杆塔和其他流散阻抗较低的建筑物与钢轨连接引起。

空芯线圈 SVA 由直径 1.53 mm 的 19 股铜线绕成，无铁心，带有中间抽头。单圈可通过 100 A 电流，全圈可通过 200 A 电流。即在 100 A 不平衡电流或 200 A 中点流出牵引电流情况下可长期工作。在 500 A/4 min 的不平衡电流下（或中心点通过 1 000 A 平衡电流下），SVA 也可正常工作。由于没有铁心，大电流情况下，不存在磁路饱和问题。

SVA 设在电气调谐区中间，主要有以下作用：

（1）平衡两钢轨间的不平衡牵引回流。

SVA 主要用来平衡两根钢轨间的不平衡牵引回流。SVA 对钢轨中的 50 Hz 牵引回流及其奇次谐波呈 10 mΩ 左右的电抗，可视为一条短路线，两根钢轨间存在的不平衡回流经 SVA 短路后，将不复存在。牵引回流得到平衡的原理如图 3-4-8 所示，设 I_1、I_2 有 100 A 不平衡电流，由于空芯线圈的短路作用，则 $I_3 = I_4 =(I_1+I_2)/2 = 450$ A，这就对牵引回流起到平衡作用，减小了工频及其谐波对轨道电路的干扰。

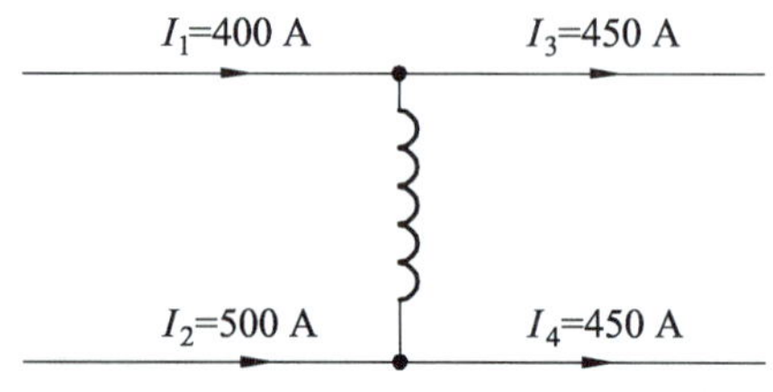

图 3-4-8　牵引回流得到平衡的原理

（2）参与和改善调谐区的工作。

在电气调谐区内，空芯线圈 SVA 的电感值与 29 m 钢轨所具有的电感值一起参与对本区段频率的并联谐振。SVA 对 1 700 Hz 感抗值仅有 0.35 Ω，对 2 600 Hz 也只有 0.54 Ω，但是在调谐区中，不能简单把它作为一个低阻值分路电抗进行分析，而应将其作为并联谐振槽路的组成部分，对 SVA 参数进行适当选择，可为谐振槽路提供一个较为合适的品质因数 Q 值，保证调谐区工作的稳定性。

（3）保证维修安全。

在实际使用中，每隔一定距离，上下行线路间的两个 SVA 中间抽头连在一起并接地，即进行等电位连接，两 SVA 中间抽头进行等电位连接如图 3-4-9 所示。这样，可平衡上下行线路间的不平衡牵引回流，还可保证维修人员的安全。

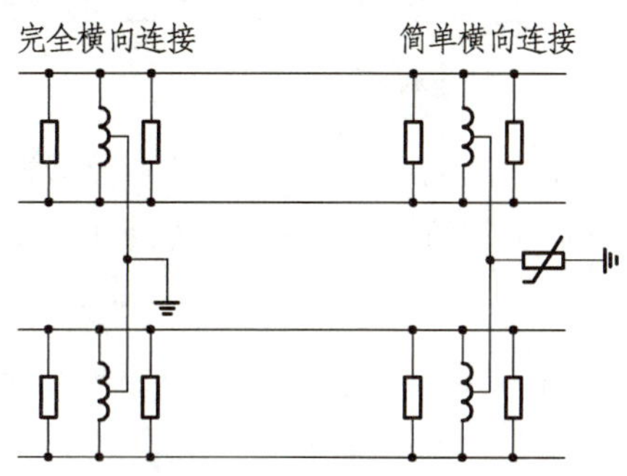

图 3-4-9　两 SVA 中间抽头进行等电位连接

等电位连接分为简单横向连接和完全横向连接。简单横向连接是指在上下行两线路间设置横向连接线（将两线路 SVA 中点连接），构成线路间的等电位，并实现两线路牵引电流的均流。简单横向连接不直接接地（通过防雷元件）。完全横向连接是指在设置横向连接线的同时，将其接至贯通地线或架空回流线，实现线路间等电位连接、牵引电流均流及通过大地、架空线回流。无横向连接的 SVA 中心点，则经过防雷元件接地。要求如下：

① 轨道接地必须通过完全横向连接实现。

② 两个完全横向连接的距离不得小于 1 500 m，即中间必须包含不少于两个轨道电路区段。

③ 两个完全横向连接的距离大于或等于 2 000 m 时，两者之间增加一个简单横向连接，简单横向连接之间的距离不得低于 1 000 m。

④ 如果两轨道电路终端不能通过绝缘节方式完成横向连接时，可以通过增设一个空扼流变压器完成，空扼流变压器的阻抗不得小于 17 Ω（轨道电路载频下）。新增空扼流变压器距机械或电气绝缘节距离大于或等于 50 m，距离补偿电容大于或等于 10 m。

⑤ 如果两线路的电气绝缘节之间的距离超过 100 m，就必须增加一个空扼流变压器完成横向连接。

⑥ 三线区间，一条横向连接线禁止连接两段同一频率的轨道电路，该特殊情况也可通过载频类型合理设置加以避免，不再增加空扼流。

连接横向连接线材料为 70 mm^2 带绝缘护套的多股铜线，线长小于 105 m。连接位置：在电气绝缘节终端，连接空芯线圈中心点；在机械绝缘节终端，连接扼流变压器中心点；在区间线路增设的空扼流变压器中心点。

（4）作扼流变压器用。

在道岔弯股绝缘两侧各安装一个空芯线圈，将两线圈的中间抽头连接可作为扼流变压器使用，空芯线圈作扼流变压器的原理如图 3-4-10 所示。

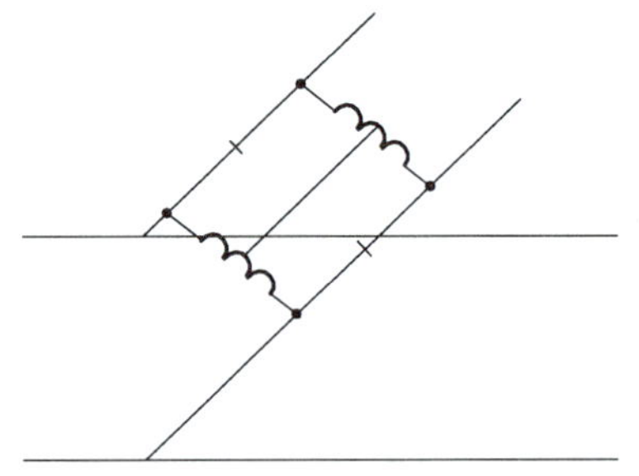

图 3-4-10　空芯线圈做扼流变压器的原理

SVA 设在一个白色聚酯盒内，盒的尺寸同 BA，其参数为电感值（33.5±1）μH；电阻值（18.5±5.5）mΩ。SVA 通过螺栓固定在轨道旁的基础上，与钢轨的连接同 BA。

2）结构与安装

空芯线圈由直径为 1.53 mm 的 19 股电磁线绕制而成，截面积为 35 mm²，电感值 L=（33.5±1）H，电阻值 R=（18.5±5.5）mΩ，对交流 50 Hz 信号感抗为：10.5 mΩ；直流电阻值 R_o=（4.5±0.5）mΩ。

空芯线圈装在不饱和聚酯材料的盒体内，盒体为白色，盒盖上带有滑槽。安装在轨道旁的基础桩上，采用钢包铜引接线与钢轨连接。SVA 外形和结构示意图如图 3-4-11 所示。

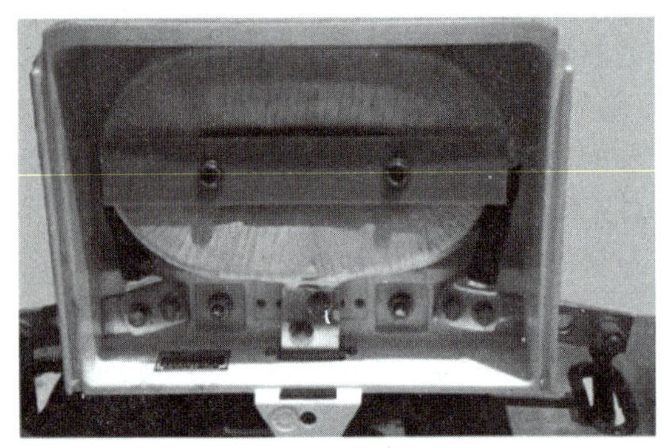

（a）空芯线圈外形

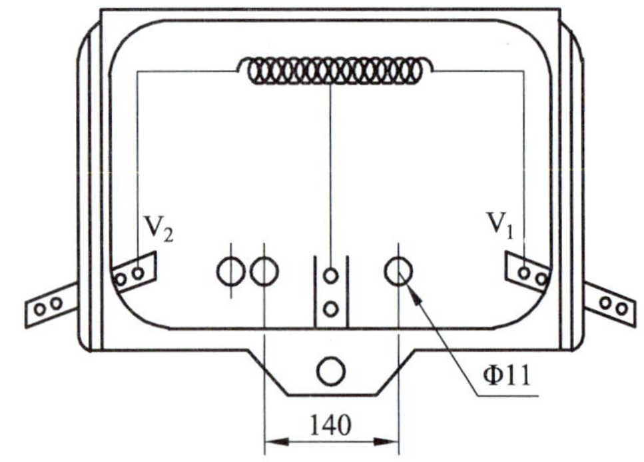

（b）空芯线圈结构示意

图 3-4-11　空芯线圈外形和结构示意图

3. 机械绝缘节空芯线圈 SVA′

在进、出站口处设有机械绝缘节，为使机械绝缘节轨道电路与电气绝缘节轨道电路有相同的传输参数和传输长度，根据 29 m 谐调区四种载频的综合阻抗值，设计了机械绝缘节空芯线圈 SVA′。用特制的 SVA′替代 29 m 调谐区参数并与 BA 并联构成极阻抗，即可获得同无绝缘一样的预期效果。

机械绝缘节空芯线圈的结构特征与空芯线圈一致。机械绝缘空芯线圈按频率（1 700 Hz、2 000 Hz、2 300 Hz、2 600 Hz）分为四种，安装在机械绝缘节轨道边的基础桩上，与相应频率调谐单元相并联。机械绝缘节空芯线圈技术指标见表 3-4-2。

表 3-4-2 机械绝缘节空芯线圈技术指标

序号	项目	指标及范围		备注
		R/mΩ	L/mΩ	
1	ZPW.XKJ-17	29.60±2.96	28.60±0.29	测试频率 1 700 Hz
2	ZPW.XKJ-20	33.58±3.36	28.44±0.29	测试频率 2 000 Hz
3	ZPW.XKJ-23	33.75±3.38	28.32±0.29	测试频率 2 300 Hz
4	ZPW.XKJ-26	35.70±3.57	28.25±0.29	测试频率 2 600 Hz

注：钢包铜引接线数值已减除。

当 BA 及 SVA′任一环节发生故障时，均会造成“极阻抗”值的下降。对于进站口，将造成发送端轨面电压下降，从而使接收器输入信号下降；对于出站口，则造成受端轨面电压下降。因此，无绝缘轨道电路机械绝缘节是符合“故障-安全”的要求的。

4. 匹配变压器

1）作　用

由于钢轨侧阻抗和电缆侧阻抗的差异，为了实现信号传输的最佳效果，设计了匹配变压器以实现钢轨侧阻抗与 SPT 数字信号电缆之间的阻抗匹配。

2）工作原理

匹配变压器原理如图 3-4-12 所示，V_1、V_2 经调谐单元端子接至轨道，E_1、E_2 经 SPT 电缆接至室内。

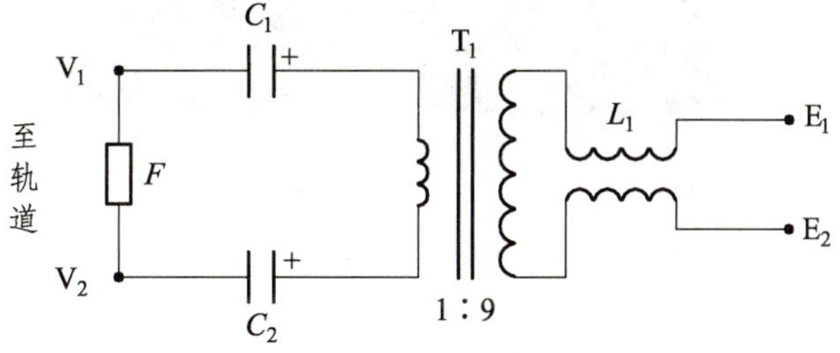

图 3-4-12 匹配变压器电路

考虑到 1.0 Ω · km 道床电阻，并兼顾低道床电阻的道床，变压器 T_1 变比选为 9∶1。

在变压器轨道侧电路串入两个 4 700 μF/16 V 电解电容器 C_1、C_2，该两电容按相反极性串接，构成无极性连接，起到隔直流通交流作用，以保证该设备在直流电力牵引区段运用中，不致因直流成分（如地下铁道）造成匹配变压器磁路饱和。

电感线圈 L_1（10 mH）用作 SPT 电缆表现出的容性的补偿。在与匹配变压器相对应处轨道被列车分路时，它可作为一个阻抗（1 700 Hz 时为 106.8 Ω）。该电感线圈由设在同一线圈骨架两个槽上的单独线圈组成，以便在两条电缆芯线的每一条芯线上呈现出同样的阻抗。该电感线圈由富有弹性的物质灌封，以防止振动和撞击造成电感损坏，使电感量降低或丧失而引起接收器电平的增高。F 为压敏电阻，是匹配变压器的雷电横向防护元件。压敏电阻选择 ~ 75 V 防护等级，其典型型号及特性见表 3-4-3。

表 3-4-3　压敏电阻典型型号及特征

项目	型号		
	V20-C/175	DEHNguard75	SLP-V75
标称放电电流 I_n/kA	15	10	15
最大连续工作电压 U_c/V	AC 75	AC 75	AC 75
限制电压 U_l/V	≤400	≤450	≤400

3）结　构

匹配变压器的盒体采用不饱和聚酯材料，盒盖上带有滑槽，采用钢包铜引接线与钢轨连接。匹配变压器内装有横向防雷单元，其内部结构如图 3-4-13 所示，规格尺寸如下：

（1）型号：ZPW · BP1。

（2）外形尺寸：355 mm × 270 mm × 86 mm。

（3）质量：约 5.4 kg。

4）安　装

匹配变压器（见图 3-4-13）安装在轨道边的基础桩上，盒内的 V_1—V_2 端子接轨道侧；E_1—E_2 端接电缆侧。

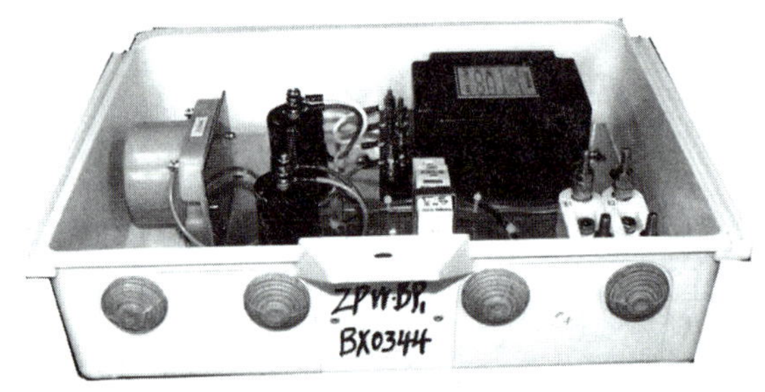

图 3-4-13　匹配变压器内部结构

5. 补偿电容器

ZPW-2000A 型无绝缘移频轨道电路钢轨上传输的是频率较高的移频信号，这种信号用于国产 60 kg/m、1 435 mm 轨距的线路上传输时，对移频信号呈现约 1.3 μH/m 的电感和仅为几个皮法的电容。可见，对 1 700 ~ 2 600 Hz 频段的信号，钢轨相当于一个感性负载，呈现出较高的感抗使信号衰减很快，该值大大高于道床电阻时，对轨道电路信号的传输产生较大的影响。

1）作　用

（1）保证轨道电路传输距离。由于 60 kg/m、1 435 mm 轨距的钢轨电感为 1.3 μH/m，同时每米约有几个皮法电容，对于 1 700 ~ 2 300 Hz 的移频信号，钢轨相当于一个感性负载，呈现较高的感抗值（1.4 mH/m），使信号衰减较快，影响了轨道电路的传输长度。该值大大高于道床电阻时，对轨道电路信号的传输产生较大的影响。为了抵消钢轨的感性，保证轨道电路的传输距离和机车信号的可靠工作，采取分段加补偿电容的方法，减弱电感的影响。

（2）保证接收端信号的有效信干比。由于轨道电路加补偿电容后趋于阻性，改善了轨道电路信号传输性能，加大了轨道入口端短路电流，减小了送受电端钢轨电流比，从而保证了轨道电路入口端信干比，改善了接收器和机车信号的工作。

（3）实现了对断轨状态的检查。

（4）保证了钢轨同侧两端接地条件下，轨道电路分路及断轨检查性能。

因此，加装补偿电容是保证轨道电路有较高技术性能的有效和必要的措施。

2）补偿电容器的补偿原理

设 R 为 100 m 钢轨所具有的电阻，L 为 100 m 钢轨具有的电感，C 为加装的补偿电容。补偿电容器补偿原理可理解为通过补偿电容 C 与钢轨电感 L 形成串联谐振，其等效电路如图 3-4-14 所示。

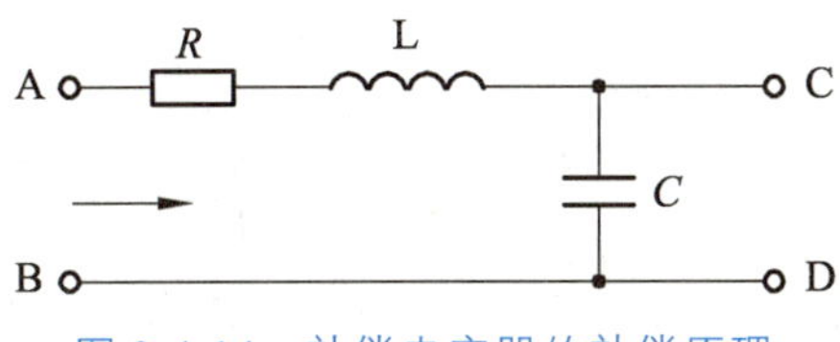

图 3-4-14　补偿电容器的补偿原理

这样，在补偿段入口端（A、B）取得一个趋于电阻性负载 R，在出口端（C、D）取得一个较高的输出电平。

过去在 UM71 轨道电路系统中为使加装补偿电容工作简化，曾采取每隔 100 m 补偿一次，根据 1.5 Ω · km 道床电阻、兼顾 1 700 ~ 2 600 Hz 载频，选取补偿电容容量为 33 μF。这种方式对保证无绝缘轨道电路传输长度有一定的效果。但是，我国目前轨道电路道床电阻标准已改为 1.0 Ω · km，而且南方隧道及特殊线路都存在低道床电阻的情况，因此不适宜再沿用 UM71 轨道电路中补偿电容的加装方法。一般认为补偿电容容量与载频频率、道床电阻的低端数值、电容设置方式、电容设置密度、对轨道电路传输作用的要求等均有关。因此，加装补偿电容时要考虑以下问题：

（1）一般载频频率越低，补偿电容容量越大；最小道床电阻越低，补偿电容容量越大；当轨道电路只考虑加大机车信号入口电流，不考虑列车分路状态时，补偿电容容量越大。

（2）为保证轨道电路调整、分路及机车信号同时满足一定要求，补偿电容容量应有一个优选范围。

（3）补偿电容设置密度加大，有利于改善列车分路；减少轨道电路中列车分路电流的波动范围；延长轨道电路传输长度。设置过密又增加了成本，给维修带来不便，要适当地综合考虑。

3）补偿电容器的设置

补偿电容的设置方式在区间宜采用“等间距法”。

（1）确定本区段轨道电路长度 $L_{补}$。

$L_{补}$是本区段主轨道电路的长度，并非本区段轨道电路的长度。若两端为电气—电气绝缘节，$L_{补}$=轨道电路长度−29 m；若一端为机械绝缘节，一端为电气绝缘节，$L_{补}$=轨道电路长度−14.5 m，即补偿电容只在主轨道进行补偿。

（2）补偿电容的容量。

为了获得最佳传输效果，ZPW-2000A 型无绝缘移频轨道电路在不同载频的区段加装不同大小的补偿电容，即：

① 1 700 Hz：55（1±5%）μF（轨道电路长度 250 ~ 1 450 m）。

② 2 000 Hz：50（1±5%）μF（轨道电路长度 250 ~ 1 400 m）。

③ 2 300 Hz：46（1±5%）μF（轨道电路长度 250 ~ 1 350 m）。

④ 2 600 Hz：40（1±5%）μF（轨道电路长度 250 ~ 1 350 m）。

（3）补偿间距。

按根据优选设计确定的补偿电容总量 N 等分，其步长（等间距长度）$\Delta=L_{补}/N$。轨道电路两端按半步长（$\Delta/2$），中间按全步长（Δ）设置电容，补偿电容的设置如图 3-4-15 所示。安装允许误差±0.5 m。补偿电容器的配置，其容量根据轨道电路频率的不同而不同，其数量按照轨道电路的长度来确定，以获得最佳传输效果。

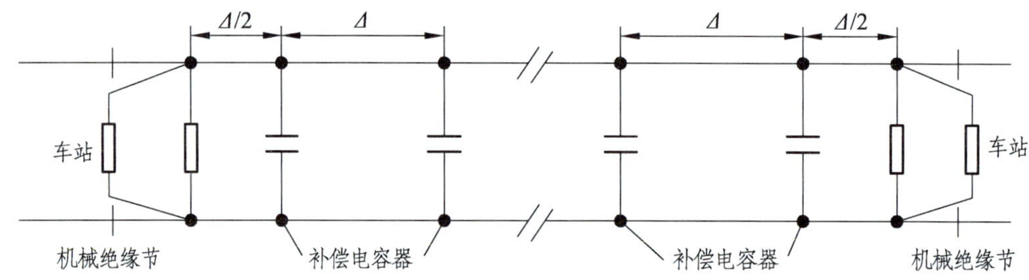

图 3-4-15　补偿电容的设置

对于站内轨道电路电码化区段，按每 100 m 设一个补偿电容器（不足 100 m 按 100 m 计算），安装间距按电码化区段实际长度除以补偿电容器数量。

电容器采用电缆线焊接在电容器内部，轴向分两头引出，把电缆用环氧塑酯灌封。电缆引线的连接方式有两种，一种是两端用锡焊接塞钉，塞钉镀锡；另一种是压接线鼻子，然后用专用销钉与钢轨连接。电容器的外壳材料为黑色 ABS 塑料。

综上，根据载频频率、最低道床电阻数值、轨道电路传输状态的要求，电容器容量、数量、设置方法得当，将大大改善轨道电路的传输性能，延长轨道电路传输长度。

6. 电　缆

传输电缆采用国产内屏蔽铁路信号数字电缆 SPT，ϕ1.0 mm，总长度按 10 km 考虑。

1）特　性

SPT 铁路信号数字电缆可实现 1 MHz（模拟信号）、2 Mb/s（数字信号）及额定电压交流 750 V 或直流 1 100 V 及以下铁路信号系统中有关设备和控制装置之间的连接，传输系统控制信息及电能。可在铁路电气化和非电气化区段使用。

该电缆不适用于：自动闭塞系统轨道电路相同频率的发送线对和接收线对使用同一电缆，自动闭塞系统轨道电路相同频率的发送线对或接收线对使用同一屏蔽四线组。

2）使用原则

（1）两个频率相同的发送与接收不能采用同一根电缆。

（2）两个频率相同发送不能设置在同一屏蔽四线组内。

（3）两个频率相同接收不能设置在同一屏蔽四线组内。

（4）电缆中有两个及其以上的相同频率的发送或有两个及其以上的相同频率的接收时，该电缆需采用内屏蔽型。

（5）电缆中各发送、接收频率均不相同时，可采用非内屏蔽 SPT 电缆，但线对必须按四线组对角线成对使用。

以上五原则可简述为：

（1）同频的发送、接收线对不能同缆。

（2）同频线对不能同一四线组。

（3）无同频线对时，采用非屏蔽 SPT 电缆。

3）发送、接收电缆使用示例

（1）1700-1 发送与 1700-1 接收为同频，不能同缆。

（2）1700-1 发送与 1700-2 接收为不同频，可以同缆。

（3）1700-1 发送与 1700-1 发送为同频，不能同四线组，但可在不同四线组内设置。

（4）1700-1 接收与 1700-1 接收为同频，不能同四线组，但可在不同四线组内设置。

（5）1700-1 发送与 1700-2 接收为不同频，可以在同一四线组内设置。

以上表明，1700-1 型与 1700-2 型为不同频，其他频率亦然。

4）电缆使用型号

信号电缆在选用时需要考虑各区段信息传输的安全性及施工耗材的经济适用性选取合适的电缆，具体见表 3-4-4。

表 3-4-4　电缆选型

使用条件		选用类型	备注
电化	区间干线轨道电路（有同频发送或同频接收）	SPTYWPPL23	内屏蔽、铝护套
	区间分支电缆≤1 km	可用 SPTYWPA23	内屏蔽
	区间分支电缆≤50 m	可用 SPTYWA23	
非电化	区间干线轨道电路（有同频发送或同频接收）	SPTYWPA23	内屏蔽
	区间分支电缆≤50 m	可用 SPTYWA23	

站内电码化电缆均采用非铝护套类型。

7. 钢包铜引接线

为加大调谐区设备与钢轨间的距离，便于工务维修等原因，加长了引接线长度。其材质为多股钢包铜注油线，满足耐酸、碱，耐冻，耐磨，耐高温性能。其长度为 2 000 mm、3 700 mm。

1）有关一线双头钢包铜引接线安装尺寸及要求。

（1）一线双头钢包铜引接线结构如图 3-4-16 所示。

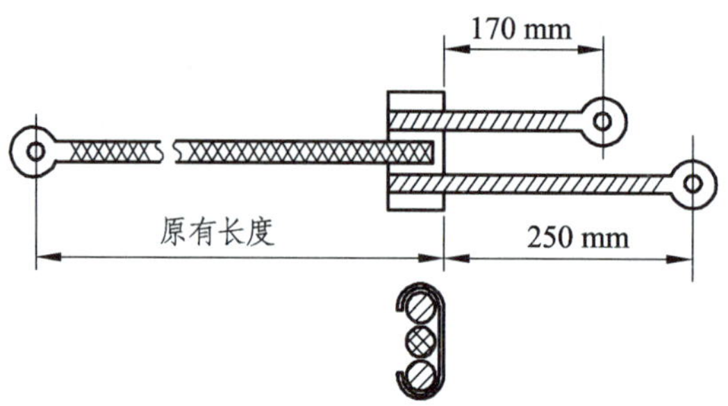

图 3-4-16　一线双头钢包铜引接线结构

（2）安装。

以原施工标准中心线为准±40 mm 处钻孔，40 mm 钻孔偏差为±5 mm，即两塞钉孔之间的中心线满足图 3-4-17 所示调谐区 14.5^{+15}_{-0} m 及信号机 $1^{+0.2}_{-0}$ m 尺寸要求。

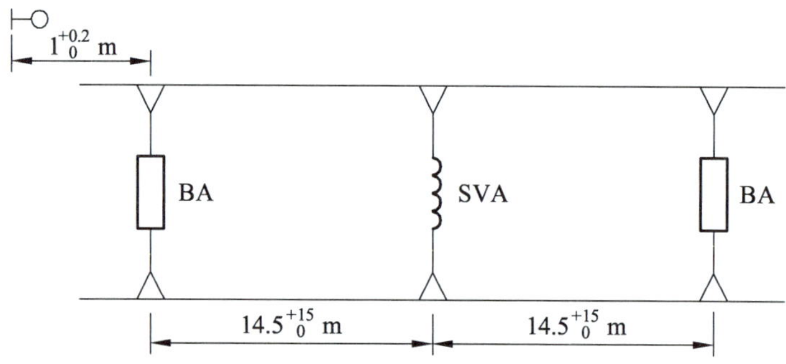

图 3-4-17　一线双头钢包铜引接线结构

2）一钢包铜引接线+400 mm 跨接线安装要求

（1）钢轨打孔、安装尺寸与“一线双头”同。

（2）跨线走线方式如图 3-4-18 所示。

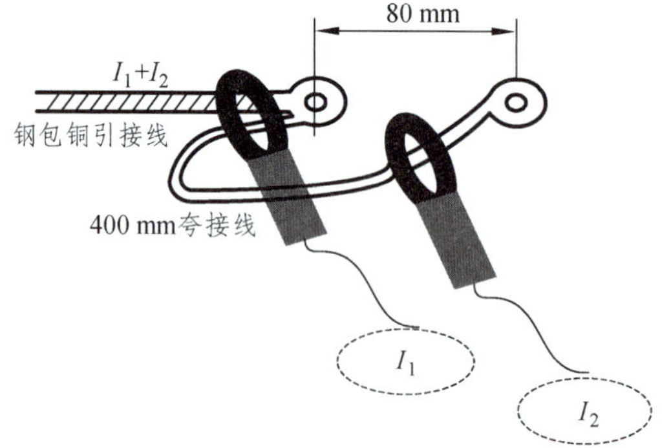

图 3-4-18　一线双头钢包铜引接线结构

该方式利于对两塞钉流经钢轨电流 I_1、I_2 测试，以测得塞孔接触电阻值。

知识点 4　室内设备

室内设备包括发送器、接收器、衰耗器和电缆模拟网络等。发送器、接收器、衰耗器安装在移频柜上，电缆模拟网络等安装在综合柜上。

1. 移频柜

区间移频柜放置在信号机械室内，供安装移频自动闭塞的室内设备使用。一个移频柜包括零层和 10 套轨道电路设备。零层由 5 块电源端子板、10 块“3×18”端子板、20 个断路器组成。型号为 ZPW·G-2000A，外形尺寸 900 mm×400 mm×2 350 mm，质量为 200 kg。

（1）该移频架含 10 套 ZPW-2000A 型轨道电路设备。

每套设备含有发送、接收、衰耗各 1 台及相应零层端子板、熔断器板（发送断路器为 10 A，接收断路器为 5 A。）、按组合方式配备，每架 5 个组合。

四柱电源端子板用于外电源电缆与架内设备连接。电源端子板 D_1 供 QY_1-1、QY_1-2 用，D_2 供 QY_1-3、QY_1-4 用，D_3 供 QY_1-5、QY_1-6 用，依此类推。

（2）移频架纵向设置有 5 条合金铝导轨，用于安装发送、接收设备。

（3）接收设备按 1、2，3、4，5、6，7、8，9、10 五对形成双机并联运用的结构。双机并用不由工程设计完成，在机柜内自行构成。

（4）为减少柜内配线，将 YBJ 引出接线，固定设置在位置 1 衰耗盘，1SH 线条引至 01 端子板。

（5）站内正线电码化发送及+1FS 均设置在移频组合内。

机柜在出厂时已按照施工图将发送器、接收器的频率选择用跨线封好，安装时将发送器、接收器挂在 U 形槽上，用钥匙锁紧。

移频柜布置（从配线侧看）如图 3-4-19 所示。

2. 综合柜

区间综合柜也叫网络接口柜，放置在信号机械室内，用于安装电缆模拟网络盘和各种防雷组合单元（如灯丝防雷组合单元等）、点灯隔离变压器等，并实现室内、外设备的连接。型号规格为 ZPW·GL-2000A，外形尺寸为 2 350 mm×900 mm×500 mm。柜内最上一层为零层，可安装两排 18 柱端子板，D_1～D_{24} 用于室内、外设备的连接，D_{25}、D_{26} 为铜板条，前者为防雷地线，后者为电缆屏蔽地线。

零层以下最多可放 9 层 ZPW·ML 网络组匣，每层可放 8 台 ZPW·PML 电缆模拟网络盘。在实际运用中，可根据设备情况进行放置，放置模拟网络盘或点灯隔离变压器。若放置点灯隔离变压器，每层可放置 6 台 BGY_2-80 型远程隔离变压器。使用时，将防雷电缆模拟网络盘插入所对应的组匣内，背面用手拧螺丝固定，电缆模拟网络的调整是通过背面 35 芯连接器按照调整表进行跨线连接实现的，如图 3-4-20 所示。

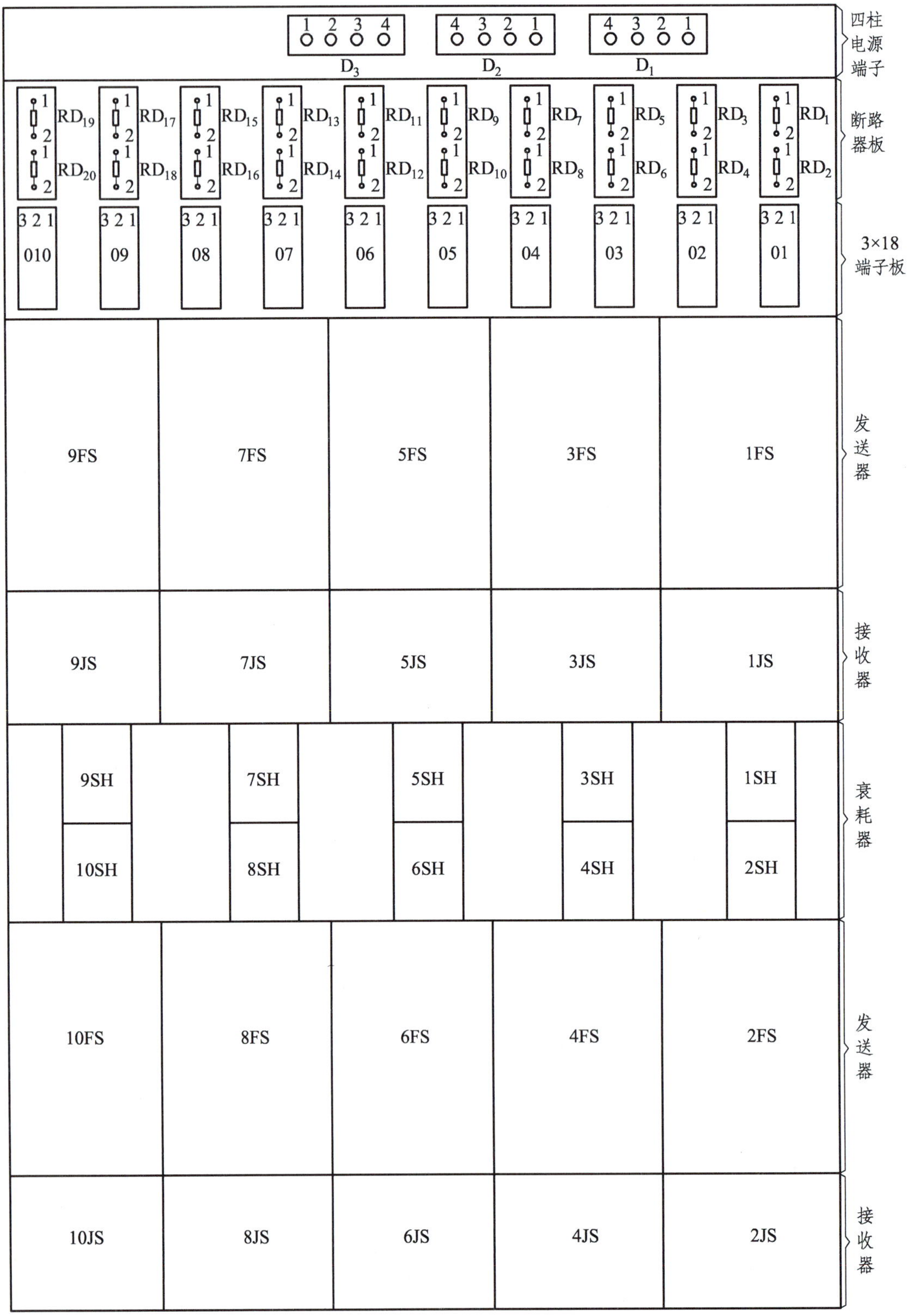

D_3: 1 2 3 4　　D_2: 4 3 2 1　　D_1: 4 3 2 1

四柱电源端子

RD_{19} RD_{20}　RD_{17} RD_{18}　RD_{15} RD_{16}　RD_{13} RD_{14}　RD_{11} RD_{12}　RD_9 RD_{10}　RD_7 RD_8　RD_5 RD_6　RD_3 RD_4　RD_1 RD_2

断路器板

3 2 1	3 2 1	3 2 1	3 2 1	3 2 1	3 2 1	3 2 1	3 2 1	3 2 1	3 2 1
010	09	08	07	06	05	04	03	02	01

3×18端子板

9FS	7FS	5FS	3FS	1FS	发送器
9JS	7JS	5JS	3JS	1JS	接收器
9SH	7SH	5SH	3SH	1SH	衰耗器
10SH	8SH	6SH	4SH	2SH	
10FS	8FS	6FS	4FS	2FS	发送器
10JS	8JS	6JS	4JS	2JS	接收器

图 3-4-19　移频柜布置图

组匣位置	组匣类型	本层							
		D_1 D_2	D_3 D_4	D_5 D_6	D_7 D_8	D_9 D_{10}	D_{11} D_{12}	D_{13} D_{14}	D_{15} D_{16}
		D_{17} D_{18}	D_{19} D_{20}	D_{21} D_{22}	D_{23} D_{24}	D_{25} (FLE)		D_{26} (DLE)	
9	FLMW	1	2	3	4	5	6	7	8
		ZPW·PML	ZPW·PML	ZPW·PML	ZPW·PML	ZPW·PML	ZPW·PML	ZPW·PML	ZPW·PML
8	FLMW	1	2	3	4	5	6	7	8
		ZPW·PML	ZPW·PML	ZPW·PML	ZPW·PML	ZPW·PML	ZPW·PML	ZPW·PML	ZPW·PML
7	FLMW	1	2	3	4	5	6	7	8
		ZPW·PML	ZPW·PML	ZPW·PML	ZPW·PML	ZPW·PML	ZPW·PML	ZPW·PML	ZPW·PML
6	FLMW	1	2	3	4	5	6	7	8
		ZPW·PML	ZPW·PML	ZPW·PML	ZPW·PML	ZPW·PML	ZPW·PML	ZPW·PML	ZPW·PML
5	FLMW	1	2	3	4	5	6	7	8
		ZPW·PML	ZPW·PML	ZPW·PML	ZPW·PML	ZPW·PML	ZPW·PML	ZPW·PML	ZPW·PML
4	GLB	DZ		1	2	3	4	5	6
		18柱	RD_1~RD_6	BGY2-80	BGY2-80	BGY2-80	BGY2-80	BGY2-80	BGY2-80
3	GLB	DZ		1	2	3	4	5	6
		18柱	RD_1~RD_6	BGY_2-80	BGY_2-80	BGY_2-80	BGY_2-80	BGY_2-80	BGY_2-80
2	GLB	DZ		1	2	3	4	5	6
		18柱	RD_1~RD_6	BGY_2-80	BGY_2-80	BGY_2-80	BGY_2-80	BGY_2-80	BGY_2-80
1	GLB	DZ		1	2	3	4	5	6
		18柱	RD_1~RD_6	BGY_2-80	BGY_2-80	BGY_2-80	BGY_2-80	BGY_2-80	BGY_2-80

图 3-4-20　综合柜

3. 区间组合架

一个闭塞分区所用的所有继电器组成一个组合，每一个闭塞分区必须要有一个组合，一般一个闭塞分区的继电器用两层，每层共 11 个继电器，最多安放 22 台继电器。

区间各信号点的名称是依据防护各信号点的通过信号机的定位显示状态定义的。例如，进站信号机定位为红灯，因而防护三接近区段的通过信号机定位即为黄灯，称之为 U 信号点，防护二接近区段、一接近区段的通过信号机定位分别为绿黄灯、绿灯，因而二接近区段为 LU 信号点，一接近区段为 L 信号点，对于区间一般闭塞分区，既非接近区段，又非一离去区段，则称为 LL 信号点，如图 3-4-21 所示。

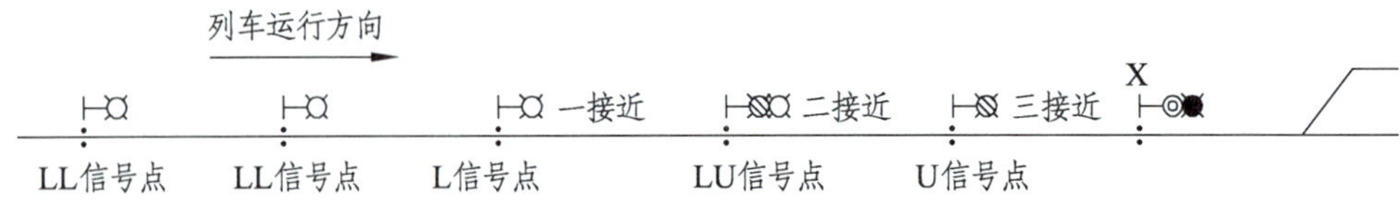

图 3-4-21　各信号点命名

区间组合有 L 组合、LU 组合、U 组合和 1LQ 组合，分别用于 L 信号点（LL 信号点）、LU 信号点、U 信号点和 1LQ 区段。即三接近区段（U 信号点）选用 U 组合；二接近区段（LU 信号点）选用 LU 组合；一接近区段（L 信号点）及区间一般区段（LL 信号点）选用 L 组合；一离去区段，一般选用 1LQA 组合；该一离去区段同时又是邻站的二接近区段时，选用 1LQB 组合。

在两车站管辖区的分界处，根据情况采用 L（F）型、L（JF）型、LU（F）型、LU（JF）型、U（F）型、1LQA（JF）型、1LQB（JF）型组合。（F）型组合用于位于分界处运行前方的闭塞分区，它只需要相邻闭塞分区的 GJ 条件。（JF）型组合用于位于分界处非运行前方的闭塞分区，它需要相邻闭塞分区的全部条件。1LQA（JF）型和 1LQB（JF）型组合的区别，在于后者还是邻站的 LU 信号点。另有 XG 和 DSBJ 组合，用来安放 XGJ 和 XGJ（邻），以及灯丝报警主机。

区间各种组合所用继电器类型见表 3-4-5。

4. 发送器

发送器采用载频通用型，“n+1”冗余方式，故障时，通过 FBJ 接点转至“+1”发送器，其结构基本同国产 18 信息移频自动闭塞（ZP・Y_1-18 型）发送盘。仅对激励放大器进行变动，将原分立元件组成的射极输出器改为运算放大器组成的射极输出器，从而解决了射极负载为变压器时直流工作点难以调整、在温度变化时易影响工作稳定性的问题。

发送器内部由数字板、功放板两块电路板构成，外部装有黑色网罩及锁闭杆。由于发送器的网罩上没有任何插孔和指示灯，因此对发送器的查看要在对应的衰耗器上进行。当发送器正常工作时亮绿灯；故障时，灭灯。

1）发送器的作用

（1）用来产生高精度、高稳定性的移频信号。发送器有 18 种低频，低频频率同 UM71 自动闭塞，载频频率有 8 种。

（2）产生足够功率的输出信号。发送器额定输出功率 70 W（400 Ω 负载）、最大输出功率 105 W。

（3）调整轨道电路。可根据轨道电路的具体情况，通过输出端子的不同连接，获得 10 种不同的发送电平。

（4）对移频信号进行自检测。发送器故障时给出报警及“n+1”冗余运用的转换条件。

表 3-4-5　区间各种组合所用继电器类型

顺序	类型	0		01	02	03	04	05	06	07	08	09	10	11
1	L	R_1: RX20-25-51 Ω C_1: CD-1 000 μF-50 V R_2: RX20-25-510 Ω C_2: CD-1 000 μF-50 V	2	QGJ	DJ	2DJ	FBJ	FBJF	5GJ	XGBJ				
				JWXC-1700	JZXC-16/16	JZXC-16/16	JWXC-1700	JWXC-1700	JWXC-1700	JWXC-1700				
			1	QZJ	QZJF	QFJ	QFJF	GJ	GJF	1GJ	2GJ	3GJ	DJF	4GJ
				JWXC-1700	JWXC-1700	JWXC-1700	JWXC-1700	JWXC-1700	JWXC-1700	JWXC-1700	JWXC-1700	JWXC-1700	JWXC-H340	JWXC-1700
2	L(F)	R_1: RX20-25-51 Ω C_1: CD-1 000 μF-50 V R_2: RX20-25-510 Ω C_2: CD-1 000 μF-50 V	2	QGJ	DJ	2DJ	FBJ	FBJF	5GJ	GJF（製站）	GJ（製站）		XGBJ	
				JWXC-1700	JZXC-16/16	JZXC-16/16	JWXC-1700	JWXC-1700	JWXC-1700	JWXC-H340	JWXC-1700		JWXC-1700	
			1	QZJ	QZJF	QFJ	QFJF	GJ	GJF	1GJ	2GJ	3GJ	DJF	4GJ
				JWXC-1700	JWXC-1700	JWXC-1700	JWXC-1700	JWXC-1700	JWXC-1700	JWXC-1700	JWXC-1700	JWXC-1700	JWXC-H340	JWXC-1700
3	L(JF)	R_1: RX20-25-51 Ω C_1: CD-1 000 μF-50 V R_2: RX20-25-510 Ω C_2: CD-1 000 μF-50 V	2	QGJ	DJ	2DJ	FBJ	FBJF	XGBJ	GJF（製站）	GJF（製站）		5GJ	4GJ（製站）
				JWXC-1700	JZXC-16/16	JZXC-16/16	JWXC-1700	JWXC-1700	JWXC-1700	JWXC-H340	JWXC-H340		JPXC-1000	JPXC-1000
			1	QZJ	QZJF	QFJ	QFJF	GJ	GJF	1GJ	2GJ	3GJ	DJF	4GJ
				JWXC-1700	JWXC-1700	JWXC-1700	JWXC-1700	JWXC-1700	JWXC-1700	JWXC-1700	JPXC-1000	JPXC-1000	JWXC-H340	JWXC-H340
4	LU	R_1: RX20-25-51 Ω C_1: CD-1 000 μF-50 V R_2: RX20-25-510 Ω C_2: CD-1 000 μF-50 V	2	QGJ	DJ	2DJ	FBJ	FBJF	DJF	5GJ	XGBJ			
				JWXC-1700	JZXC-16/16	JZXC-16/16	JWXC-1700	JWXC-1700	JWXC-1700	JWXC-1700	JWXC-1700			
			1	QZJ	QZJF	QFJ	QFJF	GJ	GJF	1GJ	LXJ3F	ZXJ2F	LUXJ2F	4GJ
				JWXC-1700	JWXC-1700	JWXC-1700	JWXC-1700	JWXC-1700	JWXC-1700	JWXC-1700	JWXC-1700	JWXC-1700	JWXC-1700	JWXC-1700
5	LU(F)	R_1: RX20-25-51 Ω C_1: CD-1 000 μF-50 V R_2: RX20-25-510 Ω C_2: CD-1 000 μF-50 V	2	QGJ	DJ	2DJ	FBJ	FBJF	DJF	5GJ	GJF（製站）	GJ（製站）	XGBJ	
				JWXC-1700	JZXC-16/16	JZXC-16/16	JWXC-1700	JWXC-1700	JWXC-H340	JWXC-1700	JWXC-H340	JPXC-1000	JWXC-1700	
			1	QZJ	QZJF	QFJ	QFJF	GJ	GJF	1GJ	LXJ3F	ZXJ2F	LUXJ2F	4GJ
				JWXC-1700	JWXC-1700	JWXC-1700	JWXC-1700	JWXC-1700	JWXC-1700	JWXC-1700	JWXC-1700	JWXC-1700	JWXC-1700	JWXC-1700

续表

顺序	类型	0		01	02	03	04	05	06	07	08	09	10	11
6	LU (JF)	R_1: RX20-25-51 Ω C_1: CD-1 000 μF-50 V R_2: RX20-25-510 Ω C_2: CD-1 000 μF-50 V	2	QGJ	DJ	2DJ	FBJ	FBJF	DJF	5GJ	GJ （製站）	GJF （製站）	XGBJ	
				JWXC-1700	JZXC-16/16	JZXC-16/16	JWXC-1700	JWXC-1700	JWXC-H340	JPXC-1000	JWXC-1700	JWXC-H340	JWXC-1700	
			1	QZJ	QZJF	QFJ	QFJF	GJ	GJF	1GJ	LXJ3F	ZXJ2F	LUXJ2F	4GJ
				JWXC-1700	JWXC-1700	JWXC-1700	JWXC-1700	JWXC-1700	JWXC-1700	JWXC-1700	JWXC-H340	JPXC-1000	JPXC-1000	JWXC-H340
7	LU (UF) U_B	R_1: RX20-25-51 Ω C_1: CD-1 000 μF-50 V R_2: RX20-25-510 Ω C_2: CD-1 000 μF-50 V	2	QGJ	DJ	2DJ	FBJ	FBJF	TXJF	YXJF	（ ） LXJ2F	+1FBJ	5GJ	XGBJ
				JWXC-1700	JZXC-16/16	JZXC-16/16	JWXC-1700	JWXC-1700	JWXC-1700	JWXC-1700	JWXC-1700	JWXC-1700	JWXC-1700	JWXC-1700
			1	QZJ	QZJF	QFJ	QFJF	GJ	GJF	LXJ2F	ZXJF	LUXJF	DJF	4GJ
				JWXC-1700	JWXC-1700	JWXC-1700	JWXC-1700	JWXC-1700	JWXC-1700	JWXC-1700	JWXC-1700	JWXC-1700	JWXC-H340	JWXC-1700
8	1LQA	R_1: RX20-25-51 Ω C_1: CD-1 000 μF-50 V R_2: RX20-25-510 Ω C_2: CD-1 000 μF-50 V	2	QGJ	LXJ2F	YXJF	FBJ	FBJF	ZXJF	TXJF	（ ） LXJ2F	GJ （製站）	GJ （製站）	XGBJ
				JWXC-1700	JWXC-1700	JWXC-1700	JWXC-1700	JWXC-1700	JWXC-1700	JWXC-1700	JWXC-1700	JPXC-1000	JPXC-1000	JWXC-1700
			1	QZJ	QZJF	QFJ	QFJF	GJ	GJF	1GJ	2GJ	3GJ	4GJ	5GJ
				JWXC-1700	JWXC-1700	JWXC-1700	JWXC-1700	JWXC-1700	JWXC-1700	JWXC-1700	JWXC-1700	JWXC-1700	JWXC-1700	JWXC-1700
9	1LQA （JF）	R_1: RX20-25-51 Ω C_1: CD-1 000 μF-50 V R_2: RX20-25-510 Ω C_2: CD-1 000 μF-50 V	2	QGJ	LXJ2F	YXJF	FBJ	FBJF	ZXJF	TXJF	（ ） LXJ2F	XGJ （製站）		XGBJ
				JWXC-1700	JWXC-1700	JWXC-1700	JWXC-1700	JWXC-1700	JWXC-1700	JWXC-1700	JWXC-1700	JWXC-1700		JWXC-1700
			1	QZJ	QZJF	QFJ	QFJF	GJ	GJF	1GJ	2GJ	3GJ	4GJ	5GJ
				JWXC-1700	JWXC-1700	JWXC-1700	JWXC-1700	JWXC-1700	JWXC-1700	JWXC-1700	JPXC-1000	JPXC-1000	JWXC-H340	JPXC-1000
10	1LQB （JF）	R_1: RX20-25-51 Ω C_1: CD-1 000 μF-50 V R_2: RX20-25-510 Ω C_2: CD-1 000 μF-50 V	2	QGJ	LXJ2F	YXJF	FBJ	FBJF	ZXJF	TXJF	（ ） LXJ2F	XGBJ		ZXJ2F
				JWXC-1700	JWXC-1700	JWXC-1700	JWXC-1700	JWXC-1700	JWXC-1700	JWXC-1700	JWXC-1700	JWXC-1700		JPXC-1000
			1	QZJ	QZJF	QFJ	QFJF	GJ	GJF	1GJ	LXJ3F	LUXJ2F	4GJ	5GJ
				JWXC-1700	JWXC-1700	JWXC-1700	JWXC-1700	JWXC-1700	JWXC-1700	JWXC-1700	JWXC-H340	JPXC-1000	JWXC-H340	JPXC-1000

2）发送器的基本原理

发送器的原理如图 3-4-22 所示。

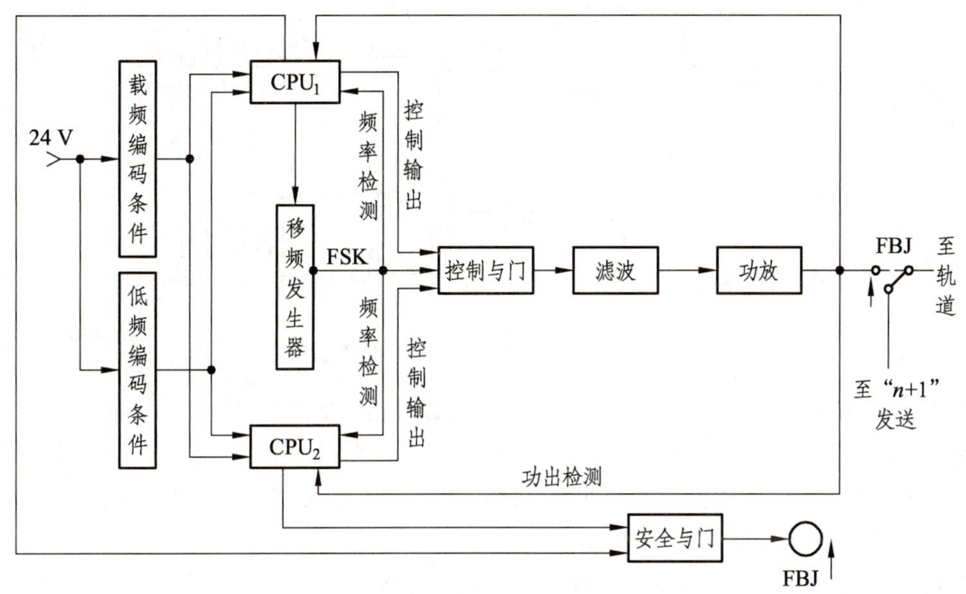

图 3-4-22　发送器的原理框

同一载频编码条件、低频编码条件源，以反码形式分别送入两套微处理器 CPU_1、CPU_2 中，其中 CPU_1 控制移频发生器产生低频控制信号为 F_C 的移频键控信号 FSK。移频信号分别送至 CPU_1、CPU_2 进行频率检测。检测结果符合规定后，CPU_1、CPU_2 会分别产生一个控制输出信号，与移频键控信号 FSK 一起作为“控制与门”的输入，使 FSK 信号经“控制与门”输出至“滤波”环节，实现方波-正弦波变换，将该信号送入功放环节予以放大，经放大后有足够输出功率的 FSK 信号，并不直接输出，而是再次送至两 CPU 进行功出电压检测，通过两 CPU 对移频信号的频率和幅度特征进行对比检测，若符合要求则打开安全与门使 FBJ（发送报警继电器）励磁，并通过 FBJ 的前接点将该移频信号输出至轨道。当发送输出端短路时，经检测使控制与门有约 10 s 的关闭（休眠保护）。

3）发送器的主要环节

（1）微处理器和可编程逻辑器件。

发送器采用双 CPU、双软件、双套检测电路、闭环检查。CPU 采用 80C196，其中 CPU_1 控制产生移频信号。CPU_1、CPU_2 还担负着移频输出信号的低频、载频及幅度特征的检测等功能。

FPGA 为可编程逻辑器件，由它构成移频发生器，并行 I/O 扩展接口、频率计数器等。

① 低频和载频编码条件的读取。

低频和载频编码条件读取电路如图 3-4-23 所示。对于 18 种低频，分别设置读取电路，共 18 个；对于载频，则按 4 种频率和 1、2 型设置，共 8 个。由编码继电器接点接入编码条件电源（+24 V）。

低频和载频编码条件读取时，为消除配线干扰，采用+24 V 电源及电阻 *R* 构成“功率型”电路。

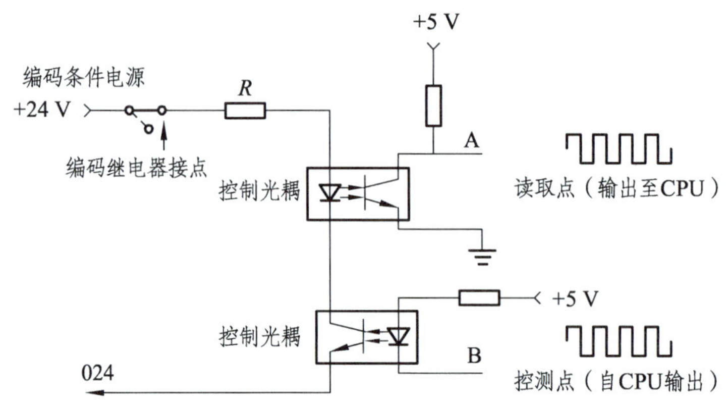

图 3-4-23　低频和载频编码条件读取电路

考虑故障-安全的原则，将 24 V 直流电源变换成交流，呈动态检测方式，并将外部编码控制电路与 CPU 等数字电路有效隔离，电路中设置了读取光耦、控制光耦。由 B 点送入方波信号，当+24 V 编码条件电源沟通时，即可从读取光耦受光器 A 点获得与 B 点相位相同的方波信号，送至 CPU，实现编码条件的读取。

控制光耦与读取光耦的设置，实现了对电路元件故障的动态检查。任一光耦的发光源，受光器发生短路或击穿等故障时，读取光耦 A 点都得不到动态的交流信号，以此实现故障-安全。另外，采用光电耦合器也实现了外部编码控制电路与 CPU 数字电路的隔离。

② 移频信号的产生。

低频、载频编码条件通过并行 I/O 接口分别送到两个 CPU 后，首先判断该条件是否有且仅有一路。满足条件后，CPU_1 通过查表得到该编码条件所对应的上下边频数值，控制移频发生器，产生相应 FSK 信号，并由 CPU_1 进行自检，由 CPU_2 进行互检，条件不满足，将由两个 CPU 构成故障报警。

为保证故障-安全，CPU_1、CPU_2 及用于移频发生器的可编程逻辑器件分别采用各自独立的时钟源。

经检测后，两 CPU 各产生一个控制信号，经过控制与门，将 FSK 信号送至方波—正弦波变换器。

（2）方波—正弦波变换器。

该变换器由可编程低通滤波器 260 集成芯片构成，适当选取其截止频率，对 1 700 Hz、2 600 Hz 三次及以上谐波的有效衰减，获得良好的正弦波波形，这样移频信号的失真度小、幅度差小，以充分利用信号能量，达到最佳的信号传输效果。

（3）激励放大器。

为满足故障-安全的要求，激励放大器采用射极输出器。为提高输入阻抗，提高射极输出器信号的直线性，减少波形失真，免除静态工作点的调整及电源电压对放大器工作状态的影响，激励放大器采用运算放大器。激励放大器电路如图 3-4-24 所示。

（4）功率放大器。

从故障-安全及提高功出电压稳定性考虑，功率放大器采用射极输出器，为共集电极乙类推挽放大器。功率放大器简化电路如图 3-4-25 所示。移频信号经过 B_5 输入至功率放大器，V_{30}、V_{18} 分别对输入信号的正、负半周进行放大。功率放大器电路如图 3-4-26 所示。

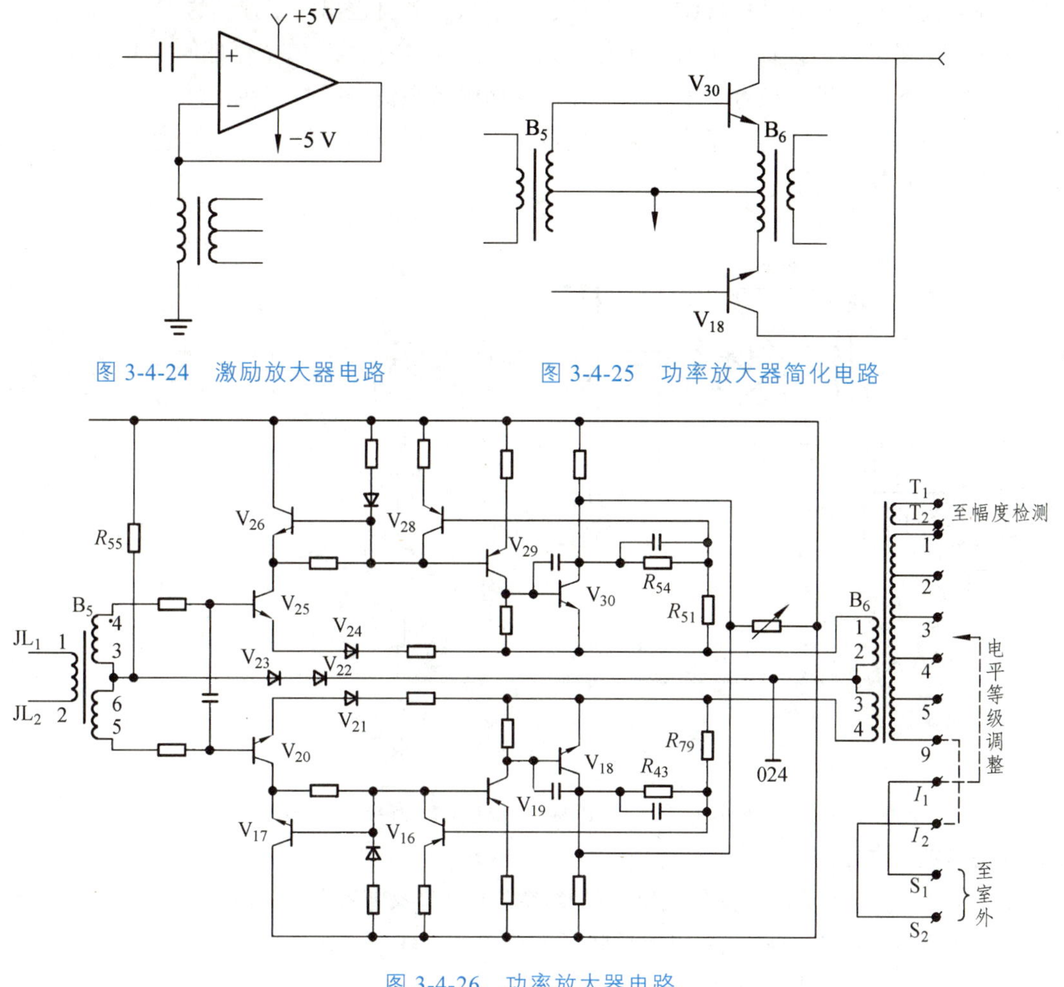

图 3-4-24　激励放大器电路

图 3-4-25　功率放大器简化电路

图 3-4-26　功率放大器电路

在电路设计中，考虑了以下情况：

① 鉴于输出功率较大，直接由 B_5 通过功率管推动 B_6，这需要 B_5 有较大的输出功率，增加了前级电路负荷。为此，在构成功率放大器过程中，V_{30}（V_{18}）选用达林顿大功率三极管，并由 V_{25}、V_{29} 与 V_{30}（V_{20}、V_{19} 与 V_{18}）构成多级复合放大。这样，大大减轻了前级的负荷。

② 二极管 V_{24}（V_{21}）用于 V_{25}（V_{20}）反向过压的保护。

③ V_{26}（V_{17}）也构成过电流保护。当 V_{25}（V_{20}）的 I_c 过高时，V_{26}（V_{17}）将导通，构成对后级的“箝位”控制。

④ V_{28}（V_{16}）用于 V_{30}（V_{18}）输入过流的保护。当过流时，通过 R_{54}、R_{51}（R_{43}、R_{79}）分压使 V_{28}（V_{16}）导通，使 V_{29}（V_{19}）截止。

为了解决 eb“死区”所造成的交越失真，由 R_{55} 和二极管 V_{23}、V_{22} 给定的偏压，使 V_{25}（V_{20}）的 eb 结处于放大状态。

（5）安全与门电路。

数字电路中，往往采用相互独立的两路非故障—安全数字电路，该电路由统一外控条件控制，每路数字电路对信息执行结果判断符合要求后，各自送出一组连续方波动态信号以保证故障-安全。另外专门设计一个有两个分立元件构成的具有故障-安全保证的安全与门，对两组连续方波动态信号进行检查。安全与门在确认两组动态信号同时存在条件下，方可驱动执行继电器。两数字电路间的联系为数字交换或自检、互检及闭环检查等。发送器安全与门电路如图 3-4-27 所示。

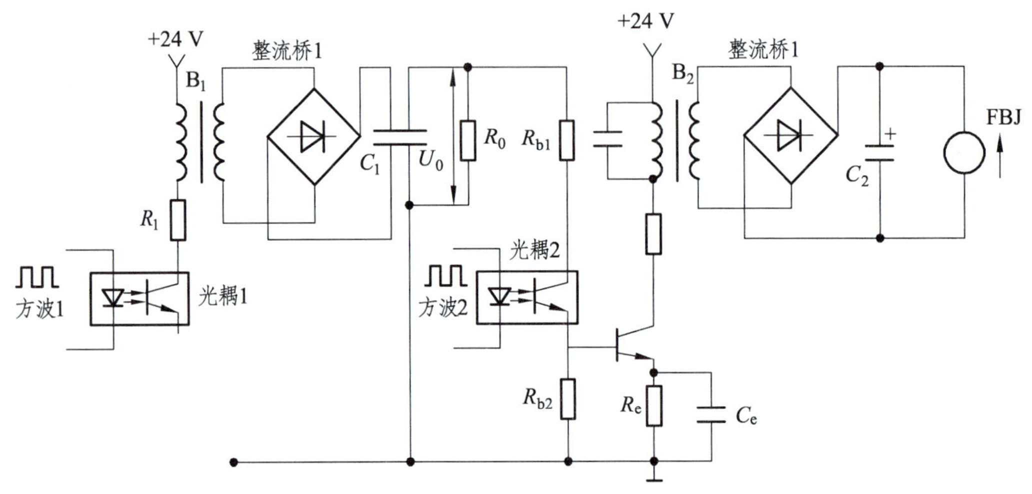

图 3-4-27　发送器安全与门电路

方波 1、方波 2 分别表示由 CPU_1、CPU_2 单独送出的方波动态信号。光耦 1、光耦 2 用于模拟电路与数字电路间的隔离。

变压器 B_1 将方波 1 信号变化读出，经整流桥 1 整流及电容器 C_1 滤波，在负载 R_0 上产生一个独立的直流电源 U_0。该独立电源反映了方波 1 的存在，并作为执行电路开关三极管的基极偏置电源。方波 2 信号通过光耦 2 控制开关三极管偏置电路。

在方波 1、方波 2 同时存在的条件下，通过变压器 B_2、整流桥 2 整流及电容器滤波使发送报警继电器 FBJ 励磁。

可以看出，FBJ 吸起反映方波 1 和方波 2 的同时存在。电路中，R_1 用于限流。C_1 采用四端头，是为检查电容器断线，防止独立电源 U_0 出现较大的交流纹波。R_{b1} 为上偏置电阻，R_{b2} 为漏泄电阻，保证无方波 2 信号时，三极管的可靠关闭。R_e 作为光耦 2 长期固定导通时的恒流保护，同时用作 FBJ 继电器电压的调整。C_e 为交流旁路电容。采用 B_1、B_2 变压器耦合提取交流信号都为了保证电路的故障-安全。

发生故障时，一般表现为固定的高电平或低电平。为此，可把动态方波信号作为正常工作信号。两 CPU 正常工作时分别产生方波信号，通过安全与门，产生一个直流信号，驱动发送报警继电器 FBJ。如果没有任何一路方波信号，就不会产生直流信号，FBJ 落下，断开移频信号的输出。安全与门原理如图 3-4-28 所示。

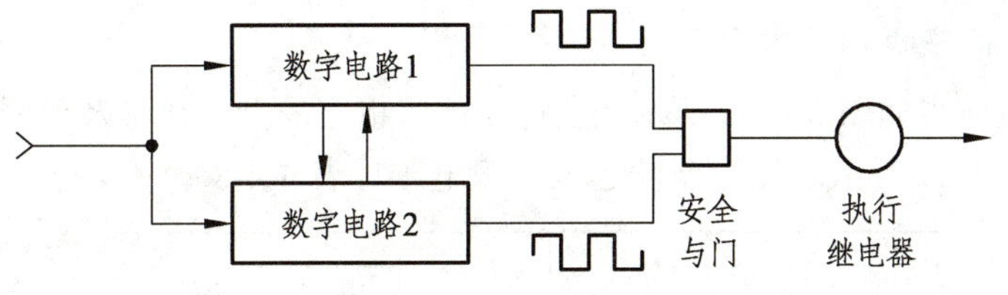

图 3-4-28　安全与门原理

（6）表示灯电路。

发送器设有工作表示灯和故障表示灯。工作表示灯设在衰耗盘内，图 3-4-29 为其电路图。工作表示灯与 FBJ 线圈条件相并联，*R* 用作限流，N 为工作指示灯，光耦提供发送报警接点。

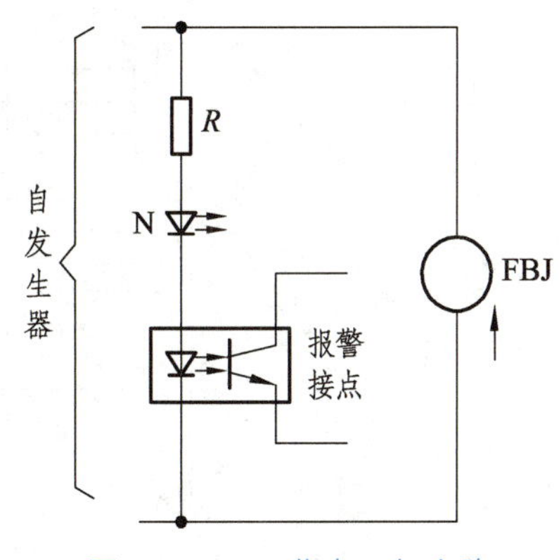

图 3-4-29　工作表示灯电路

发送工作正常时，工作表示灯亮，报警接点通。发送故障时，工作表示灯灭，报警接点切断车站移频报警继电器 YBJ 电路。

为便于检修所对复杂数字电路的维修，盒内针对每一套 CPU 设置了一个指导维修人员查找设备故障的故障表示灯，用其闪动状况，表示它可能出现的故障点。发送器故障表示灯见表 3-4-6。

表 3-4-6　发送器故障表示灯

闪动次数	含义	可能的故障点
1	低频编码条件故障	1. 低频编码条件线断线或混线。 2. 相应的光耦被击穿或断线。 3. 相应的稳压二极管被烧断或击穿
2	供出电压检测故障	1. 负载短路。 2. 功放电路故障。 3. 滤波电路故障。 4. 其他故障引起
3	低频频率检测故障	1. JT3、JT4 或 N_{16} 故障。 2. J_1 断线
4	上变频检测故障	1. JT3、JT4 或 N_{16} 故障。 2. J_1 断线
5	下变频检测故障	1. JT3、JT4 或 N_{16} 故障。 2. J_1 断线
6	型号选遏制条件故障	1. 型号选择条件线断线或混线。 2. 相应的光耦被击穿或断线。 3. 相应的稳压二极管被烧断或击穿
7	载频编码条件故障	1. 载频编码条件线断线或混线。 2. 相应的光耦被击穿或断线

4）发送器的插座板端子及外线连接

发送器插座板底视如图 3-4-30 所示。发送器插座板上的端子代号及说明见表 3-4-7。发送器外线连接如图 3-4-31 所示。发送器发送电平级电压见表 3-4-8。

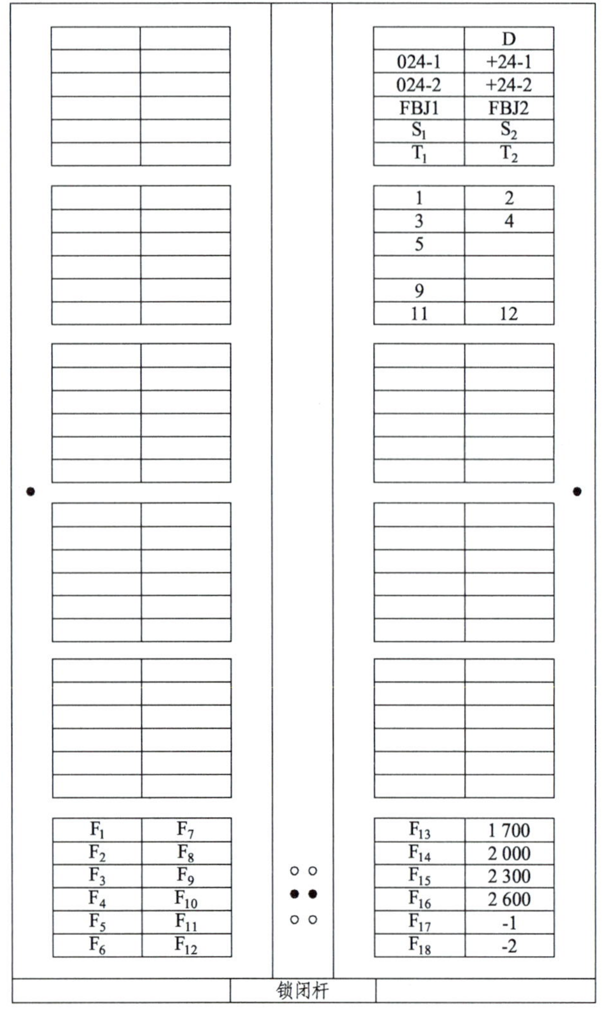

注：● 为鉴别销位置。

图 3-4-30　发送器插座板底视图

表 3-4-7　发送器插座板上的端子代号及说明

序号	代号	用途
1	D	地线
2	+24-1	+24 V 电源外引入线
3	+24-2	载频编码用+24 V 电源（+1FS 除外）
4	024-1	024 V 电源外引入线
5	024-2	备用
6	1700	1 700 Hz 载频

续表

序号	代号	用途
7	2000	2 000 Hz 载频
8	2300	2 300 Hz 载频
9	2600	2 600 Hz 载频
10	-1	1 型载频选择
11	-2	2 型载频选择
12	F1 ~ F18	29 ~ 10.3 Hz 低频编码选择线
13	1 ~ 5、9、11、12	功放输出电平调整端子
14	S1、S2	功放输出端子
15	T1、T2	测试端子
16	FBJ-1、FBJ-2	外接 FBJ（发送报警继电器端子）

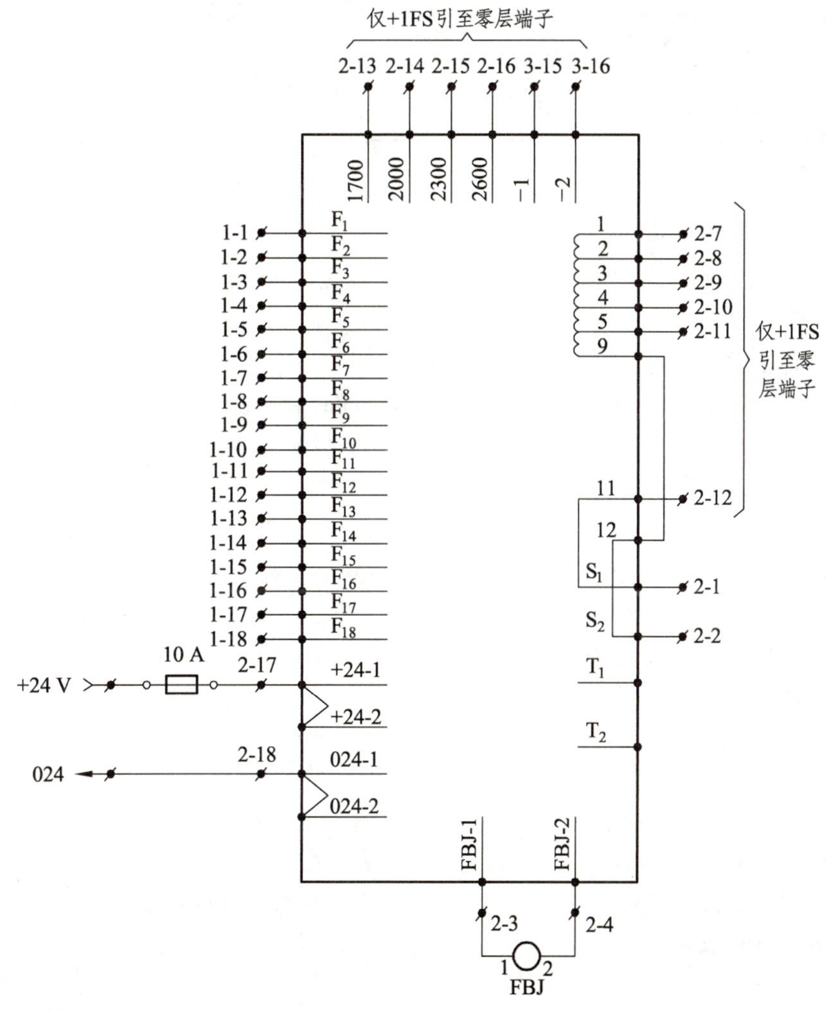

图 3-4-31　发送器外线连接示意

表 3-4-8　发送器发送电平级电压

电平级	连接端子	电压/V	备注
1	1-11　9-12	170	常用级，站内轨道电路电码化固定用 1 级
2	2-11　9-12	156	常用级
3	3-11　9-12	135	常用级
4	4-11　9-12	110	常用级
5	5-11　9-12	77	常用级
6	1-11　4-12	62	
7	3-11　5-12	58	
8	2-11　4-12	46	
9	1-11　3-12	35	
10	4-11　5-12	33	

注：区间常用 1～5 电平级；站内电码化固定用 1 级。

5）发送器的冗余结构

ZPW-2000A 发送器采用“n+1”冗余系统，即系统按 N 台主用工作设备一台备用设备来设计。当主用设备之一发生故障时，“+1”备用设备自动投入使用。

当主用设备正常工作时，发送报警继电器 FBJ 吸起，通过 FBJ 前接点向外输出移频信号；当主用设备故障时 FBJ 落下，发出故障报警信号，同时利用此发送器的发送报警继电器 FBJ 的落下，将该发送器的低频和载频条件转至“+1”备用发送器，使“+1”发送器自动投入运行，替代故障发送器，“+1”的发送报警继电器 FBJ 吸起，对外输出。

在“n+1”故障转换电路中，当有 2 个或 2 个以上发送器同时发生故障时，只有 1 个能转换至备用发送器。由于一离去区段设备故障会使 1LQJ 不吸起，引起出站信号机无法正常开放，而一般闭塞分区故障只是导致区间通过信号机红灯。因此，每个闭塞分区有不同的优先级。可按照先下行，后上行，先离去，后接近，最后一般闭塞分区的顺序排列各主用发送器的优先级。在备机转换电路和编码电路中，各闭塞分区的编码条件按优先级排列。

5. 接收器

接收器为无选频方式，接收到对应本闭塞分区载频的移频信号，不论何种低频信号调制，都使轨道继电器吸起，相当于一个电子继电器。

接收器双机并联运用设计，与另一台接收器构成相互热机并联运用系统（或称“0.5+0.5”）以保证接收器的高可靠运用。

1）接收器的作用

接收器用来接收主轨道电路和相邻区段发送器在调谐区构成的信号。

（1）用于对主轨道电路移频信号的解调，并配合与送电端相连接调谐区短小轨道电路的检查条件，动作轨道继电器。

（2）实现对与受电端相连接调谐区短小轨道电路移频信号的解调，给出短小轨道电路执行条件，送至相邻轨道电路接收器。

（3）检查轨道电路完好，减少分路“死区”长度，还用接收门限控制实现对 BA 断线的检查。

在轨道电路调整状态下：

（1）主轨道接收电压不小于 240 mV。

（2）主轨道继电器电压不小于 20 V（1 700 Ω 负载，无并机接入状态下）。

（3）小轨道接收电压不小于 33.3 mV。

（4）小轨道继电器或执行条件电压不小于 20 V（1 700 Ω 负载，无并机接入状态下）。

2）接送器的冗余方式

接收器由本接收“主机”及另一接收“并机”两部分组成，即由同一移频柜同一纵向组合中的两个接收器构成成对双机并联运用，双机并联运用原理如图 3-4-32 所示。

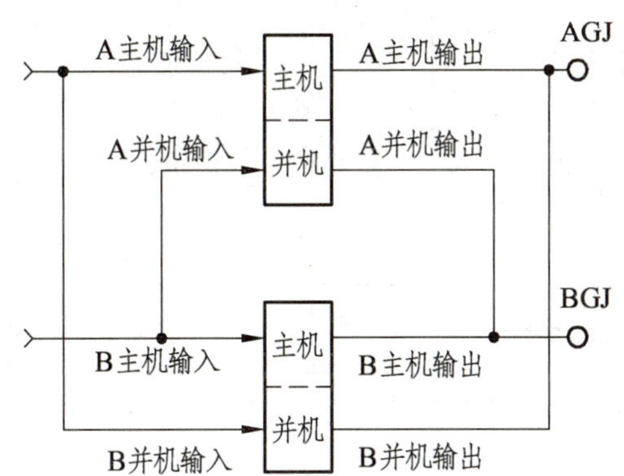

图 3-4-32　双机并联运用原理

A 主机输入接至 A 主机且并连接至 B 并机；B 主机输入接至 B 主机且并连接至 A 并机。A 主机输出与 B 并机输出并联，动作 A 主机相应执行对象（AGJ）；B 主机输出与 A 并机输出并联，动作 B 主机相应执行对象（BGJ）。

图 3-4-33 所示为某区间闭塞分区线路，由站内向站外编为 A_1、A_2、A_3 和 B_1、B_2、B_3。设 A_3G、B_3G，A_2G、B_2G，A_1G、B_1G 的接收器分别放置在图 3-4-28 中移频柜的位置 1、2、3、4、5、6，则 A_3G、B_3G，A_2G、B_2G，A_1G、B_1G 的接收器分别为 1JS、2JS、3JS、4JS、5JS 和 6JS。如此则 A_1G 和 B_1G 的接收器互为双机，A_2G 和 B_2G 的接收器互为双机，A_3G 和 B_3G 的接收器互为双机。以 A_2G 和 B_2G 为例，A_2G 的接收信息进入 3JS，为主机接收，同时该信息被送入 B_2G 的 4JS，4JS 则为 A_2G 的并机。同理，B_2G 的接收信息进入 4JS，为主机接收，同时该信息进入 A_2G 和 3JS，3JS 则为其并机。3JS 和 4JS 的处理结果并联动作 A_2G 的轨道继

电器；4JS 和 3JS 的处理结果并联动作 B_2G 的轨道继电器。每个闭塞分区的接收信息都是由双机来处理的。

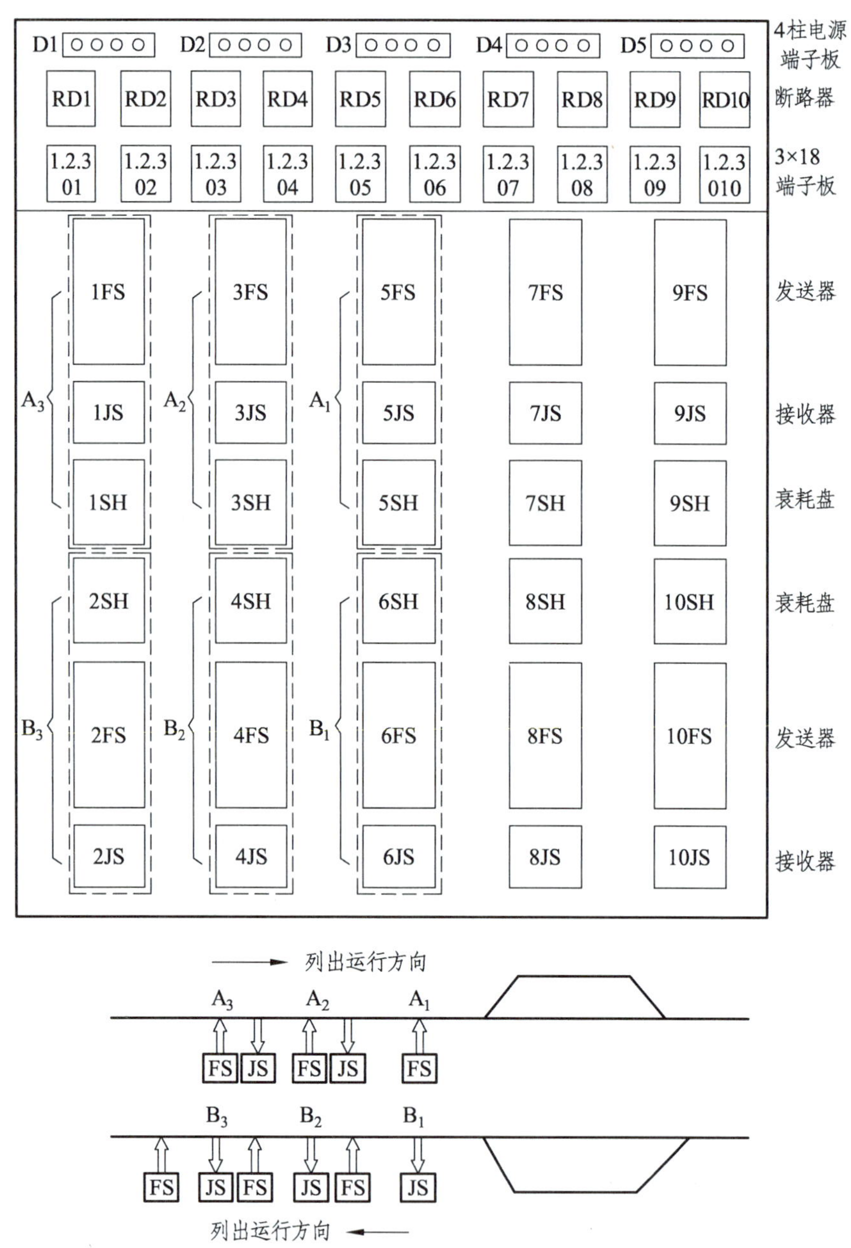

图 3-4-33　双机并联运用

3）接收器的基本原理

接收器采用 DSP 进行解调，增加了调谐区轨道电路的输入、调整、采集、执行环节，接收器原理如图 3-4-34 所示。

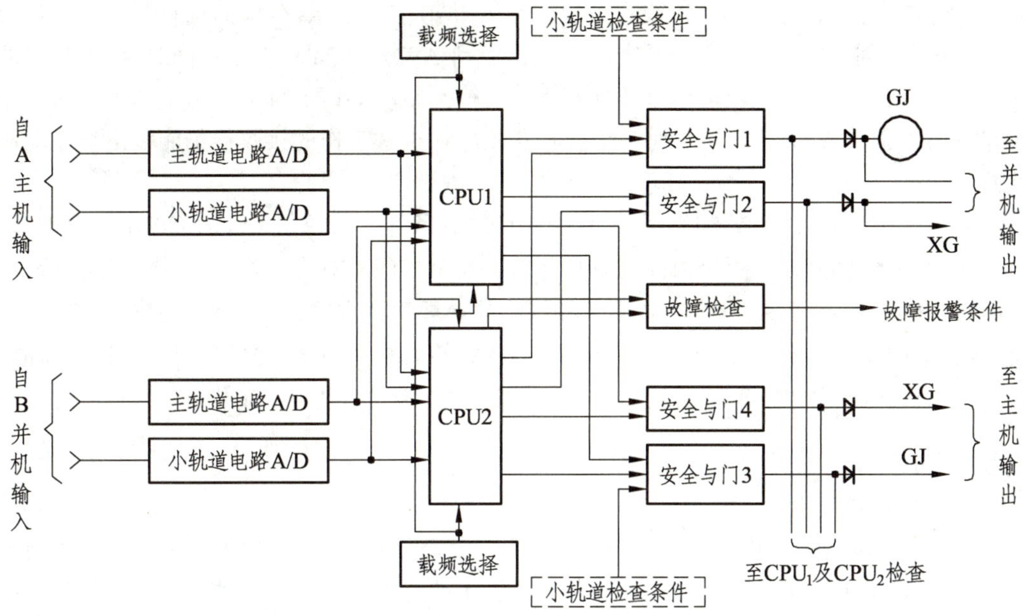

图 3-4-34　接收器原理

主轨道电路 A/D、小轨道电路 A/D 为模数转换器，将主机、并机输入的模拟信号转换成计算机能处理的数字信号。CPU_1、CPU_2完成主机、并机载频判定、信号采样、信息判决和输出驱动等功能。安全与门 1 ~ 安全与门 4 将两路 CPU 输出的动态信号变成驱动继电器（或执行条件）的直流输出。载频选择电路根据要求，利用外部的接点，设定主机、并机载频信号，由 CPU 进行判决，确定接收盒的接收频率。

接收器根据外部所确定载频条件，送至两 CPU，通过各自识别，并通信、比较确认一致，视为正常，不一致时，视为故障并报警。外部送进来的信号，分别经过主机、并机两路模数转换器转换成数字信号。两套 CPU 对外部 4 路信号进行单独的运算、判决处理。表明接收信号符合幅度、载频、低频要求时，就输出 3 kHz 的方波，驱动安全与门。安全与门收到两路方波后，就转换成直流电压带动继电器。如果双 CPU 的结果不一致，安全与门输出不能构成且同时报警。电路中增加了安全与门的反馈检查，如果 CPU 有动态输出，那么安全与门就应该有直流输出，否则就认为安全与门故障，接收器也报警。如果接收器收到的信号电压过低，就认为是列车分路。

以图 3-4-33 中 A_2G 和 B_2G 分区为例进行说明。从轨面上接收来的移频信号，先进入衰耗器进行轨道电路的调整，该信号被分成主轨道信号和小轨道信号，接着主轨道和小轨道信号分别进行模数转换，然后该信号被同时送入接收器的主机和并机。A_2G 的接收器作为主机，接收了 A_2G 的主轨道信号，同时接收了 A_3G 的小轨道信号。作为并机，A_2G 的接收器接收了 B_2G 主轨道信号的同时，也接收了 B_1G 的小轨道信号。因此 A_2G 接收器共处理 4 路信息，同理 B_2G 接收器也是如此，作为主机，处理 B_2 主轨道信号和 B_1 小轨道信号，作为并机处理 A_2 主轨道信号和 A_3 小轨道信号。

安全与门 1 负责输出驱动 A_2GJ 的直流电压，其控制条件有 3 个，CPU_1、CPU_2 输出的 A_2

分区主轨道信号和 A_2 分区小轨道检查条件，A_2 小轨道信号由 A_1 分区的接收器接收处理后送入。3 个条件同时具备后打开安全与门 1，输出驱动 A_2GJ 的 24 V 电压，同时 A_2 接收器的并机，B_2 接收器接收到 A_2 主轨道信号并处理后，也输出驱动 GJ 的 24 V 直流电压。这两个输出电压并联共同驱动 A_2GJ。如果任何一个接收器故障，正常工作的接收器仍能输出直流电压，保证 GJ 可靠工作。

安全与门 2 负责输出 A_2 相邻区段 A_3 小轨道执行条件。其控制条件为 CPU_1 和 CPU_2 输出的 A_3 分区的小轨道信号，两个条件同时具备后，安全与门 2 打开，输出 A_3 小轨道执行条件。与此同时，B_2 接收器将 A_3 分区小轨道信号接收并处理后，也输出 A_3 小轨道执行条件。这两个小轨道条件并联后，送入 A_3 接收器，用于打开 A_3 的安全与门 1。如果任何一个接收器故障，正常工作的接收器仍能输出小轨道执行条件，保证相邻区段 GJ 可靠工作。

4）接收器的主要环节

（1）载频读取电路。

接收载频读取电路如图 3-4-35 所示，它与发送器低频、载频读取电路类似，载频通过相应端子接通 24 V 电源确定，通过光电耦合器将静态的直流信号转换成动态的交流信号，由双 CPU 进行识别和处理，并实现外界电路与数字电路的隔离。

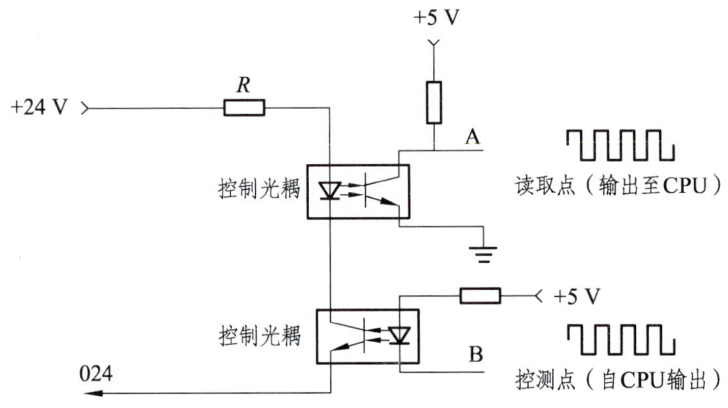

图 3-4-35　接收载频读取电路

（2）微处理器电路。

微处理器电路如图 3-4-36 所示，微处理器电路采用双 CPU、双软件。两套软件、硬件对信号单独处理，将结果相互校核，实现故障-安全。CPU 采用数字信号处理器 DSP（TMS320C32 型）。

数字信号处理器 DSP（Digital Signal Processer）是数字信号处理的硬件部分，它把算术逻辑单元、乘法器、控制器和数据存储器（ROM、RAM、寄存器）集成在一个芯片，既具有一般 CPU 的运算和控制能力，又具有实现数字信号处理所需要的运算能力和速度，其每秒钟能完成 1 千万次加法或乘法运算，除运算 FFT（快速傅里叶变换）外，还能做数字滤波等数字信号处理，另外它还具有普通微机的特性能提供一整套完整的输入输出逻辑运算及其他控制功能指令。数字信号处理常用数字滤波和 FFT 两种处理方法。

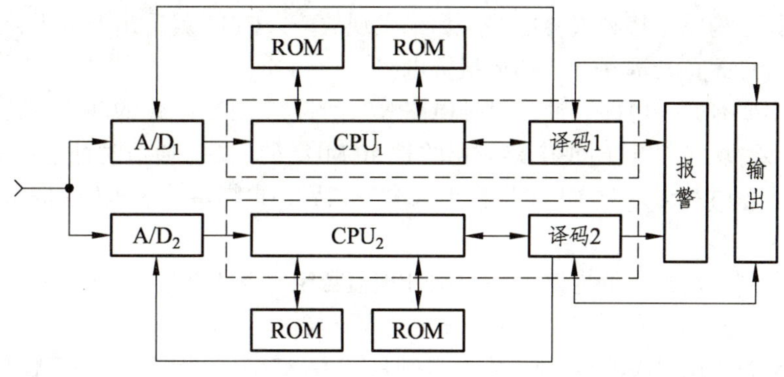

图 3-4-36　微处理器电路

数字滤波不同于传统的模拟滤波，它实际上是一种运算或一种数字处理系统。将所需滤波的实际信号由模数转换按一定采样频率变成数字信号，输入数字信号处理器，按一定的算法进行运算，滤除各种干扰，提取所需要的信号，从而完成滤波功能。

FFT 是在离散傅里叶变换（DFT）的基础上出现的快速算法。DFT 是数字信号处理中最基础、最重要的运算，可用作频谱分析、解调等。但计算量相当可观，所需时间过长，难以"实时"实现。其实，其中包含大量重复运算，如运用 FFT，则可大幅度降低乘法计算量或将乘法变成加法来运算或采取其他方法加快运算速度，满足"实时"的要求。

CPU 完成信号的采样、运算判决和控制功能，该 CPU 每秒钟能完成 1 千万次浮点加法、减法或乘法运算。数据存储器（RAM）用于存放采集的数据和运算的结果。数据存储器供电后可以对其进行读/写处理，断电后其内部数据就消失不保存。程序存储器（EPROM）是程序的载体，CPU 执行的指令和运算需要的常数存储在其中。ROM 中的信息通过编程写入，断电后数据仍能保持。如果需要擦除其中的信息，可通过紫外线照射擦除，可反复使用。译码器完成 CPU 与 EPROM、RAM、A/D 及输入/输出接口（I/O）等之间的逻辑关系。输出电路根据 CPU 对输入信号分析的结果，经过通信相互校核后，输出动作相应的继电器。

报警电路如图 3-4-37 所示，CPU 定时对 RAM、EPROM 和 CPU 中的存储器进行检查，也对载频电路和安全与门电路进行检查，根据检查的结果和双 CPU 进行通信相互校核的结果，决定给出相应告警条件。

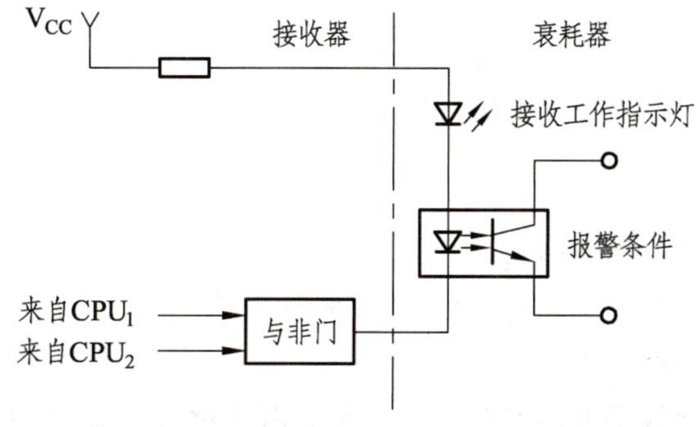

图 3-4-37　报警电路

来自两个 CPU 的信号，经过一个与非门后，控制报警电路。如果正常，CPU 就输出一个高电平，与非门输出一个低电平，这时衰耗器接收工作表示灯点亮，光耦导通，给外部提供一个导通的条件，构成总移频报警电路。如果发现故障，CPU 就输出低电平，与非门输出高电平，工作表示灯灭，光耦断开，构成报警电路。

辅助电路主要有时钟电路、通信时钟电路等。时钟是 CPU 工作的动力，其大小也反映了 CPU 的工作速度，现在 CPU 时钟电路采用的是 40 MHz 的晶振。通信时钟电路是双 CPU 通信时的外部时钟，该时钟通过对 CPU 的输出频率分频后，再提供给 CPU 通信用。通信时钟约 200 kHz。

上电复位及“看门狗”的电路主要由微处理监督定时器 MAX705 和与非门组成。刚开机时，CPU 需要一个几百毫秒的低电位使 CPU 能进行复位。正常工作后，为了保证程序按照设计的流程循环运行，在程序的运行过程中，定时给 MAX705 一个信号，使其保持高电平输出。如果程序的运行出了问题或接收器出现了“死机”，MAX705 没有收到 CPU 的定时信号，就输出一个低电平，使 CPU 重新复位，使其重新开始执行。

（3）安全与门电路。

安全与门电路有 4 个，分别带动主机轨道继电器、并机轨道继电器及提供主机小轨道继电器、并机小轨道继电器的执行条件，其电路原理与发送器安全与门电路类似，接收器安全与门电路如图 3-4-38 所示。

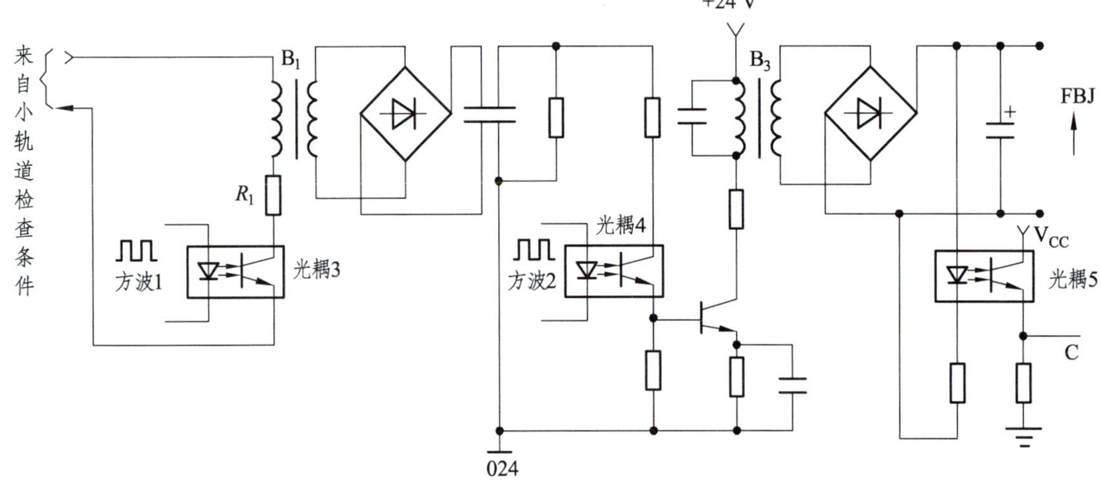

图 3-4-38　接收器安全与门电路

光耦 5 用于对安全与门电路故障的检测。当方波 1、方波 2 存在，安全与门没有输出时，从 C 点电位回送至 CPU 电路，构成报警。

（4）表示灯电路。

表示灯包括工作表示灯和故障表示灯。

工作表示灯接在接收器报警电路中，安装在衰耗器上。接收器工作正常时，工作表示灯点亮；故障时，工作表示灯熄灭。

为便于检修所对复杂数字电路的维修，接收器内针对每一套 CPU 设置了一个指导维修人员查找设备故障的故障表示灯，用其闪动状况表示它可能出现故障点。接收器故障表示见表 3-4-9。

表 3-4-9　接收器故障表示

闪动次数（N）	含义	可能的故障点
1	CPU 故障	RAM 故障 CPU 内部故障
2	主机载频故障	载频输入条件没有或有两个及以上相应的光耦被击穿
3	备机载频故障	载频输入条件没有或有两个及以上相应的光耦被击穿
4	通信故障	CPLD 故障或另一 CPU 故障
5	安全与门 1 故障	安全与门 1 输出电路故障
6	安全与门 2 故障	安全与门 2 输出电路故障
7	安全与门 3 故障	安全与门 3 输出电路故障
8	安全与门 4 故障	安全与门 4 输出电路故障
9	EPROM 故障	

5）接收器插接板端子及外线连接

接收器插接板底视如图 3-4-39 所示。接收器插接板上端子代号及说明见表 3-4-10。接收器外线连接如图 3-4-40 所示。

图 3-4-39　接收器插接板底视图

表 3-4-10　接收器插接板上端子代号及说明

序号	代号	用途	序号	代号	用途
1	D	地线	21	XGJH（Z）	主机小轨道检查回线
2	+24	+24 V 电源	22	1700（B）	并机 1 700 Hz 载频
3	（+24）	+24 V 电源（由设备内给出，用于载频及类型选择）	23	2000（B）	并机 2 000 Hz 载频
4	024	024 V 电源	24	2300（B）	并机 2 300 Hz 载频
5	1700（Z）	主机 1 700 Hz 载频	25	2600（B）	并机 2 600 Hz 载频
6	2000（Z）	主机 2 000 Hz 载频	26	1（B）	并机 1 型载频选择
7	2300（Z）	主机 2 300 Hz 载频	27	2（B）	并机 2 型载频选择
8	2600（Z）	主机 2 600 Hz 载频	28	X1（B）	并机小轨道 1 型载频选择
9	1（Z）	主机 1 型载频选择	29	X2（B）	并机小轨道 2 型载频选择
10	2（Z）	主机 2 型载频选择	30	ZIN（B）	并机轨道信号输入
11	X1（Z）	主机小轨道 1 型载频选择	31	XIN（B）	并机邻区段小轨道信号输入
12	X2（Z）	主机小轨道 2 型载频选择	32	GIN（B）	并机轨道信号输入共用回线
13	ZIN（Z）	主机轨道信号输入	33	G（B）	并机轨道继电器输出线
14	XIN（Z）	主机邻区段小轨道信号输入	34	GH（B）	并机轨道继电器回线
15	GIN（Z）	主机轨道信号输入共用回线	35	XG（B）	并机小轨道继电器（或执行条件）输出线
16	G（Z）	主机轨道继电器输出线	36	XGH（B）	并机小轨道继电器（或执行条件）回线
17	GH（Z）	主机轨道继电器回线	37	XGJ（B）	并机小轨道检查输入
18	XG（Z）	主机小轨道继电器（或执行条件）输出线	38	XGJH（B）	并机小轨道检查回线
19	XGH（Z）	主机小轨道继电器（或执行条件）回线	39	JB+	接收故障报警条件“+”
20	XGJ（Z）	主机小轨道检查输入	40	JB-	接收故障报警条件“-”

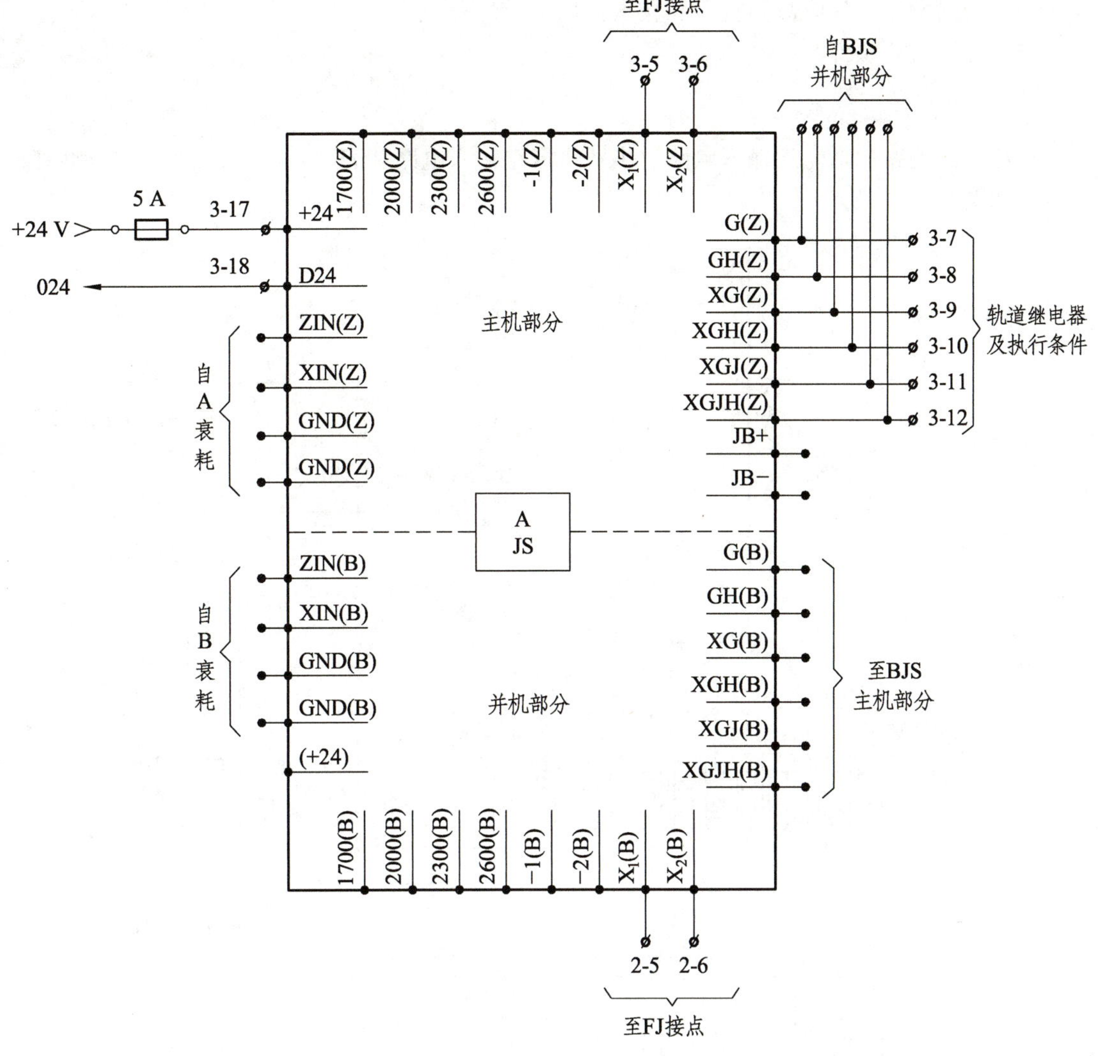

图 3-4-40　接收器外线连接示意

6. 衰耗器

衰耗器是带有 96 芯连接器的盒体结构。盒体正面有测试塞孔，可以测量发送电源电压、接收电源电压、发送功出电压、主轨道输入电压、主轨道输出电压、小轨道输出电压、轨道继电器和小轨道继电器电压，具有发送和接收正常工作、故障指示、轨道空闲和占用指示、列车运行方向指示灯功能。衰耗器在使用中有两种类型，ZPW · PS 型与 ZPW · PS_1 型。无论是 ZPW · PS 型还是 ZPW · PS_1 型，其作用、原理都基本一样，两者仅在测试塞孔引出方面有差异。

1）衰耗器的作用

（1）用作对主轨道电路的接收端输入电平调整。

（2）对小轨道电路的调整（含正、反方向）。

（3）给出有关发送、接收用电源电压、发送功出电压的测试插孔。

（4）给出发送、接收故障报警和轨道占用指示灯等。

（5）提供监测条件。

2）衰耗器的电路原理

衰耗器的电路包括轨道输入电路、小轨道电路输入电路和表示灯电路，ZPW·PS 型衰耗器电路如图 3-4-41 所示。

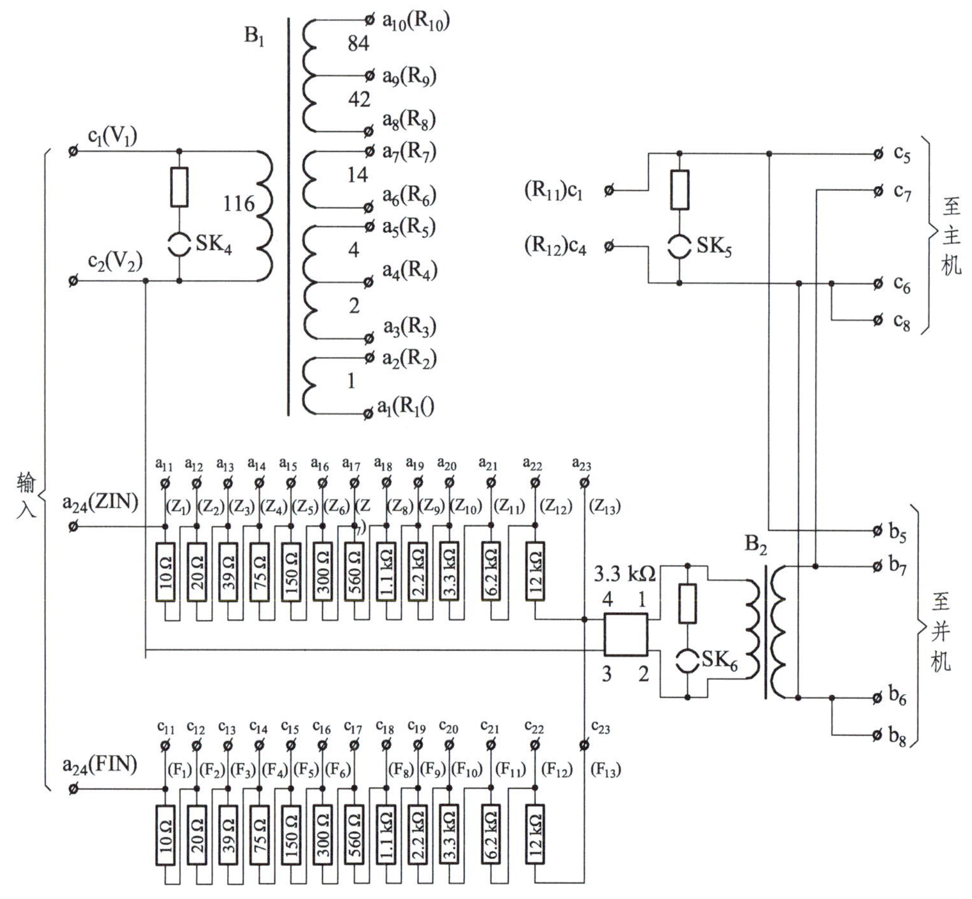

图 3-4-41　ZPW·PS 型衰耗器电路

（1）轨道输入电路。

主轨道信号自 c_1、c_2 输入变压器 B_1，B_1 变压器阻抗为 36 ~ 55 Ω（1 700 ~ 2 600 Hz），以稳定接收器输入阻抗，该阻抗选择较低，以利于抗干扰。

变压器 B_1 匝比为 116∶（1 ~ 146）。次级通过变压器抽头连接，可构成 1 ~ 146 共 146 级变化，按调整表调整接收电平。

（2）小轨道电路输入电路。

根据方向电路变化，接收端将接至不同的两端短小轨道电路，故短小轨道电路的调整按正、反两方向进行。正方向调整用 a_{11} ~ a_{23} 端子，反方向调整用 c_{11} ~ c_{23} 端子，负载阻抗为 3.3 kΩ。

为提高 A/D 模数转换器的采样精度，短小轨道电路信号经过 1∶3 升压变压器 B_2 输出至接收器。

（3）表示灯电路。

发送工作灯通过发送器 FBJ 条件构成，并通过光耦 1 接通发送报警条件（BJ-1、BJ-2）。正常时光耦 1 输入端的发光二极管导通，发送工作灯点亮，并通过光耦 1 输出端（BJ-1、BJ-2）控制移频总报警继电器 YBJ。故障时光耦 1 无输出，发送工作灯灭灯。

接收工作灯通过输入接收器 JB+、JB-条件构成，并通过光耦 2 接通接收报警条件（BJ-2、BJ-3）。正常时光耦 2 输入端的发光二极管导通，接收工作灯点亮。同时也通过光耦 2 输出端（BJ-3、BJ-2）控制移频总报警继电器 YBJ。故障时光耦 2 无输出，接收工作灯灭灯。

轨道占用灯通过输入接收器 G、GH 条件构成，轨道空闲时光耦 4 导通，其输出端发光二极管被短路轨道占用灯灭灯。轨道占用时，通过光耦 4 的受光器关闭，使轨道占用灯点灯。在 ZPW · PS_1 型衰耗盘中，轨道电路空闲显示绿灯，占用显示红灯。

“+1 发送”只有发送没有接收设备时仅接入 BJ-1、BJ-2 条件。在车站接收设置总数为奇数、单独设置并机备用时，仅接入 BJ-2、BJ-3 条件。

（4）移频总报警继电器。

ZPW-2000 系统的设备故障报警分为三级：

第一级：对车站值班员。通过移频总报警继电器失磁表示站内移频发送、接收设备有故障存在，在控制台上通过声光方式给以报警。控制台上设有移频总报警灯，当移频总报警继电器（YBJ）失磁时，点亮红灯，并通过故障电铃鸣响，以提醒车站值班员注意。

第二级：对车站工区维修人员。通过每段轨道电路所属衰耗器的发送工作、接收工作指示灯状态表示发送、接收器是否故障。

第三级：对检修所维修人员。通过发送器、接收器内部故障定位指示灯闪动次数向检修所维修人员提示设备故障的范围。

移频总报警继电器 YBJ 控制电路仅在移频柜第一位置设置。YBJ 电路如图 3-4-42 所示，移频总报警电路如图 3-4-43 所示。

在衰耗器设光耦 5。系统设备均正常时，从移频柜第一位置的衰耗器开始，将其内光耦 5 输入端与本区段轨道电路发送故障条件（BJ-1、BJ-2）、接收故障条件（BJ-2、BJ-3）串接然后再将其他区段轨道电路接收工作、发送工作报警条件依次串接，使光耦 5 受光器导通控制三极管 V_7 导通，并使 YBJ 励磁。其中，接收、发送设备任一故障则 YBJ 落下报警。

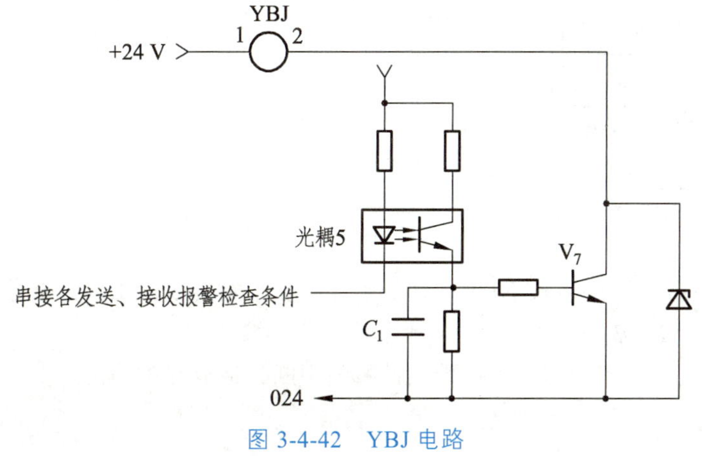

图 3-4-42　YBJ 电路

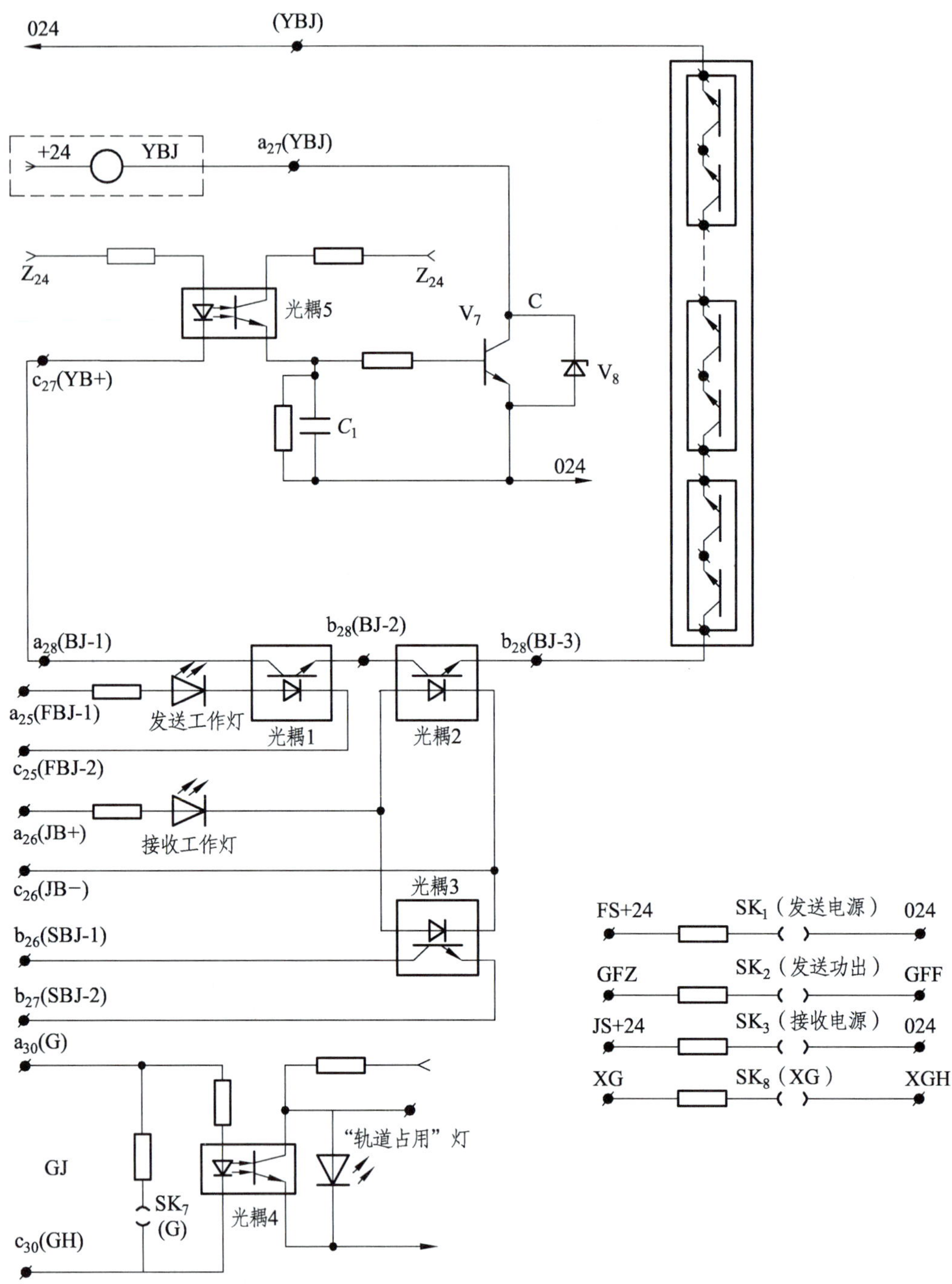

图 3-4-43　移频总报警电路

“+1 发送”只有发送仅接入 BJ-1、BJ-2 条件。在车站接收器总数为奇数、单独设置并机备用时，仅接入 BJ-2、BJ-3 条件。

电容 C_1 起到缓放作用，防止各报警条件瞬间中断，造成 YBJ 跳动。

3）衰耗器面板布置

衰耗器面板布置如图 3-4-44 所示。衰耗器面板上有表示灯和测试塞孔。表示灯有发送工作灯（绿色）、接收工作灯（绿色）、轨道占用灯（红色）。测试塞孔有：

SK1“发送电源”：接发送器+24 V、024 V。

SK2“发送功出”：接发送器功出。

SK3“接收电源”：接接收器+24 V、024 V。

SK4“接收输入”：接输入端子。

SK5“主轨道输出”：经 B_1 变压器电平调整后输出至主轨道主机、并机。

SK6“小轨道输出”：经调整电阻调整后，通过 B_2 变压器送至小轨道主机、并机。

SK7“GJ”：主轨道 GJ 电压。

SK8“XG”：小轨道执行条件电压。

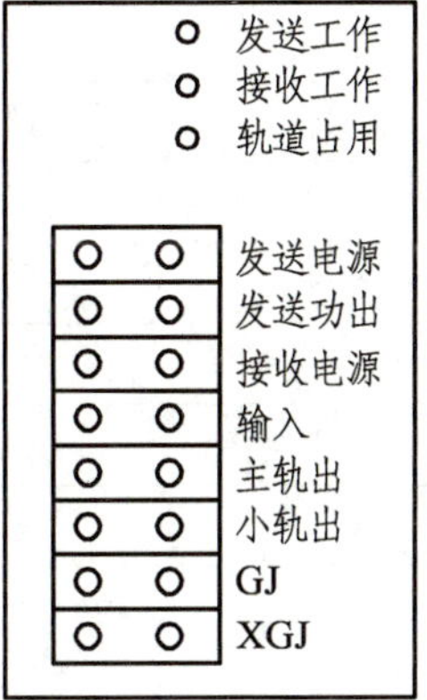

图 3-4-44　衰耗盘面板布置图

4）衰耗器端子连接

衰耗器端子及用途说明见表 3-4-11。衰耗器外线连接如图 3-4-45 所示。

表 3-4-11　衰耗器端子及用途说明

序号	端子代号	用途
1	c_1	轨道信号输入
2	c_2	轨道信号输入回线
3	a_{24}	正向小轨道信号输入
4	c_{24}	反向小轨道信号输入
5	$a_1 \sim a_{10}$、c_3、c_4	主轨道电平调整
6	$a_{11} \sim a_{23}$	正向小轨道电平调整
7	$c_{11} \sim c_{23}$	反向小轨道电平调整
8	c_5	主机主轨道信号输出
9	c_7	主机小轨道信号输出
10	c_6、c_8	主机主轨道小轨道信号输出共用回线

序号	端子代号	用途
11	b_5	并机主轨道信号输出
12	b_7	并机小轨道信号输出
13	b_6、b_8	并机主轨道小轨道信号输出共用回线
14	a_{30}、c_{30}	轨道继电器（G、GH）
15	a_{31}、c_{31}	小轨道继电器（XG、XGH）
16	a_{29}	发送+24 直流电源
17	c_{29}	接收+24 直流电源
18	c_9	024 电源
19	b_{29}、c_9	正方向继电器输入电压
20	b_{30}、c_9	反方向继电器输入电压
21	a_{25}、c_{25}	发送报警继电器 FBJ-1、FBJ-2
22	a_{26}、c_{26}	接受报警条件 JB+、JB-
23	b_{24}、b_{25}、b_{27}	供信号集中监测使用端口
24	a_{27}	移频报警继电器 YBJ
25	c_{27}	移频报警检查电源 YB+
26	a_{28}、b_{28}	发送报警条件 BJ-1、BJ-2
27	b_{28}、c_{28}	接收报警条件 BJ-2、BJ-3
28	a_{32}、c_{32}	功放输出 S_1、S_2
29	b_1、b_2	监测接收轨出 1
30	b_{12}、b_{13}	小轨道检查条件 XGJ、XGJH
31	c_{10}	主机接收和并机接收的+24 V
32	b_{14}	检查轨道是否占用（D24）

衰耗器与接收器的连接如图 3-4-46 所示，从轨面上传来的信号经防雷模拟网络后进入衰耗器的 c_1、c_2 端子，进行轨道电路的调整，分成主轨道信号和小轨道信号，主轨道的信号输出线 c_5 和 b_5 分别接至接收器的主机 ZIN（Z）端子和并机的 ZIN（B）端子，在主机和并机中分别进行主轨道信号的处理。小轨道信号经调整后输出至 c_7 和 b_7，分别接至接收器的 XIN(Z）和 XIN（B）端子，进行小轨道信号的处理。GND（Z）和 GND（B）是信号回线。每个接收器共处理 4 路信息，分别为两个接收区段的主轨道信号和相邻区段的小轨道信号。接收器处理后，由于接收器没有任何插孔可以测试，因此把接收器处理后的信号又返回给衰耗器进行信号的测试。G（Z）和 GH（Z）插孔是主机处理后输出的轨道继电器电压；G（B）和 GH（B）插孔是并机处理后输出的轨道继电器电压；XG（Z）和 XGH（Z）是主机处理后输出给相邻区段的小轨道执行条件；XG（B）和 XGH（B）是并机处理后输出给相邻区段的小轨道执行条件；XGJ（Z）和 XGJH（Z）是主机小轨道检查条件，是相邻接收器处理后送入接收器主机的条件；XGJ（B）和 XGJH（B）是并机小轨道检查条件，是相邻接收器处理后送入并机的条件。

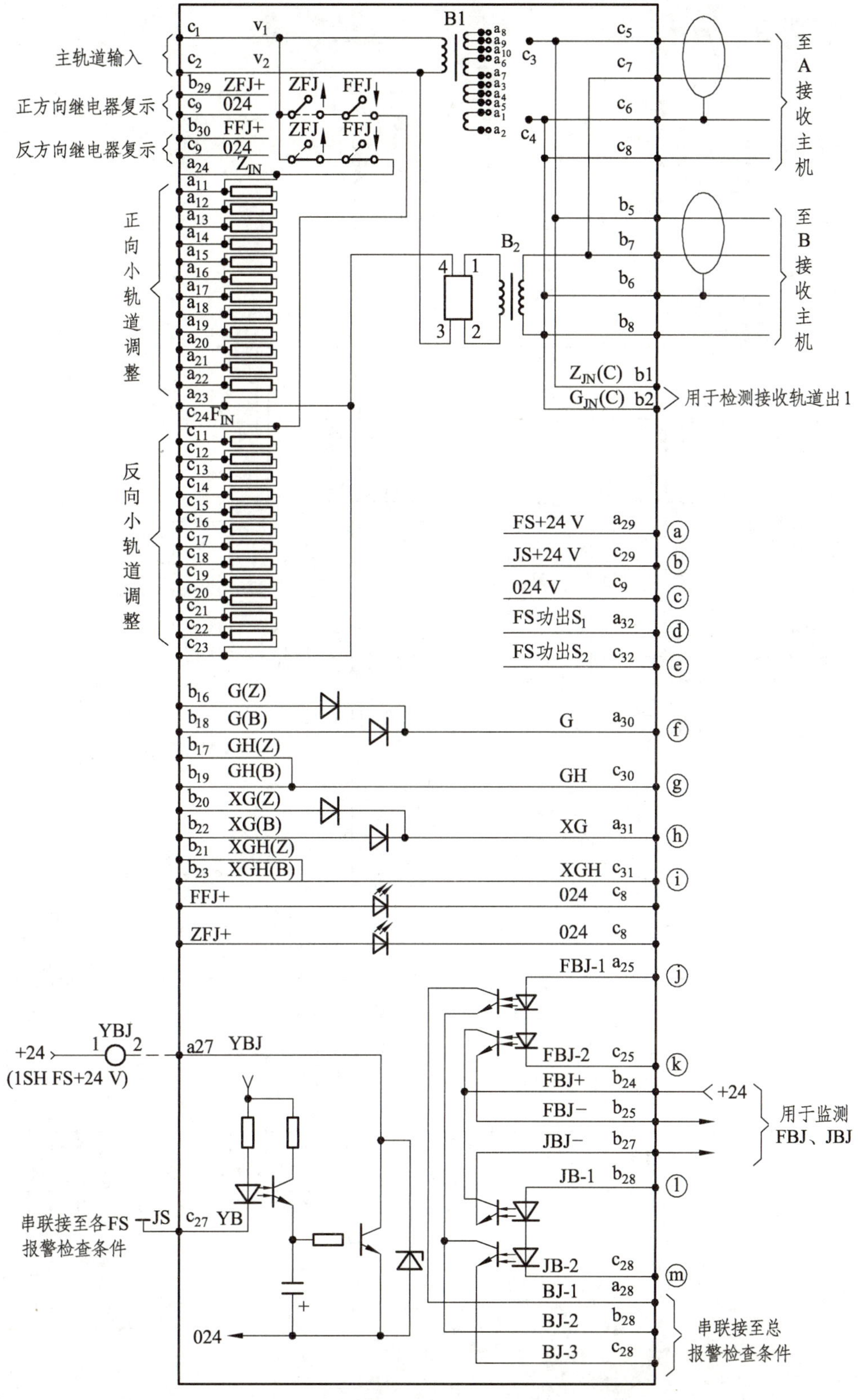

图 3-4-45　衰耗器外线连接

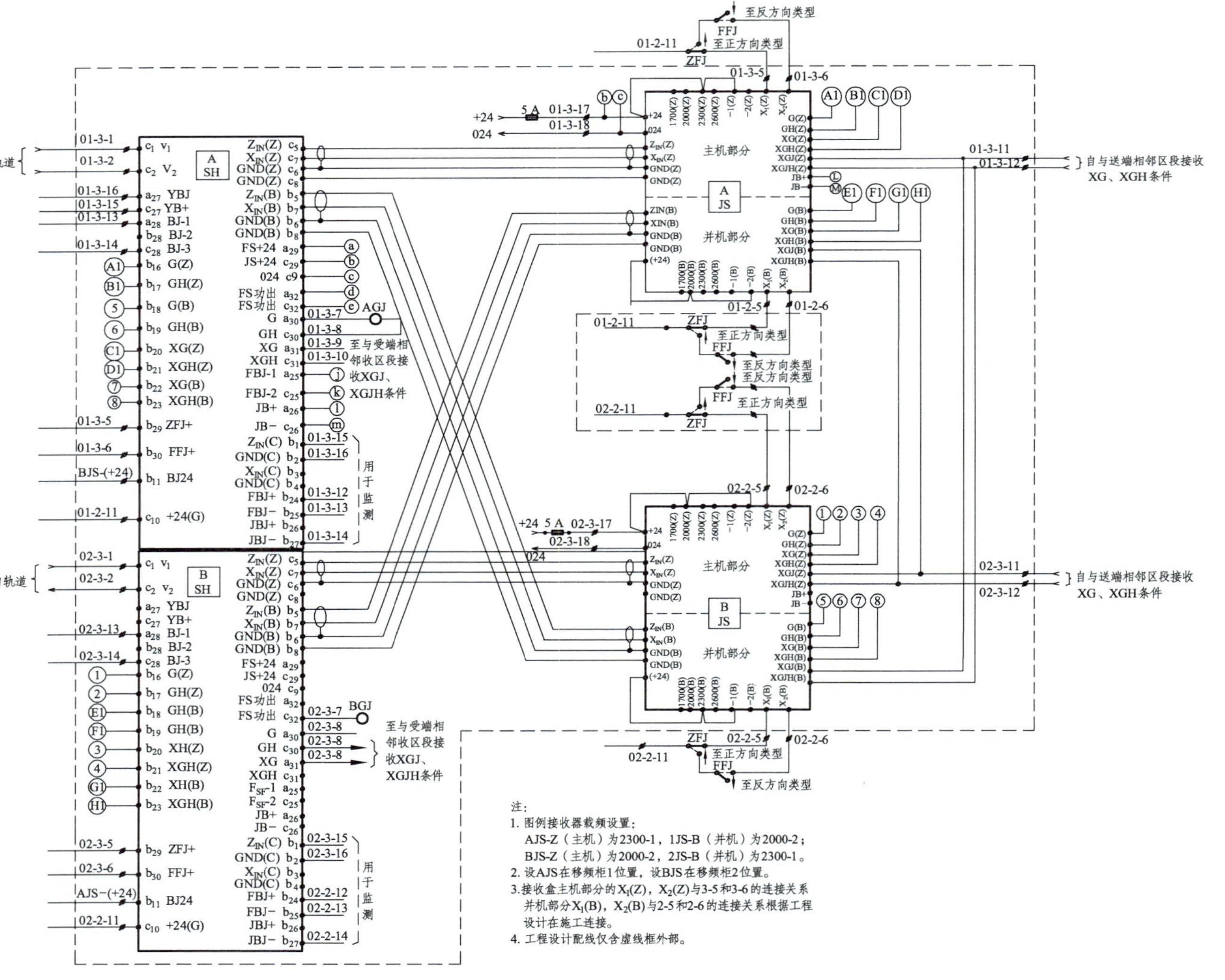

注:

1. 图例接收器载频设置:
   AJS-Z(主机)为2300-1,1JS-B(并机)为2000-2;
   BJS-Z(主机)为2000-2,2JS-B(并机)为2300-1。
2. 设AJS在移频柜1位置,设BJS在移频柜2位置。
3. 接收盒主机部分的X_1(Z),X_2(Z)与3-5和3-6的连接关系并机部分X_1(B),X_2(B)与2-5和2-6的连接关系根据工程设计在施工连接。
4. 工程设计配线仅含虚线框外部。

图 3-4-46 衰耗器与接收器连接示意

7. 站防雷和电缆模拟网络

站防雷和电缆模拟网络包括站内防雷组合及电缆模拟网络，其原理如图 3-4-47 所示。无绝缘防雷电缆模拟网络组匣直接安装在综合柜上，每个组匣可装 8 台 ZPW · PML_1 网络盘。

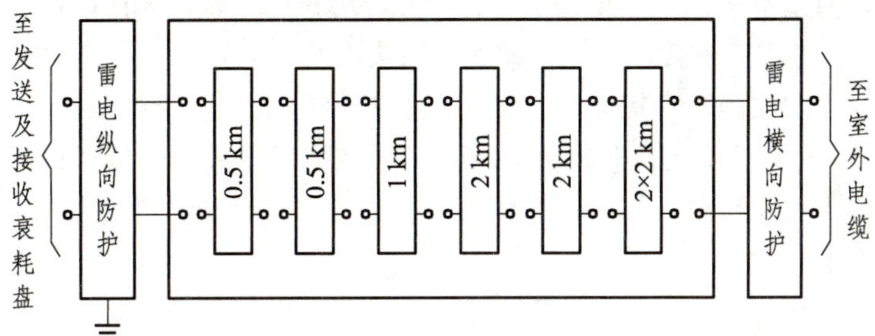

图 3-4-47　站防雷和电缆模拟网络原理

1）电缆模拟网络

电缆模拟网络的作用是调整区间轨道电路传输的特性，可视为室外电缆的一个延续，补偿实际 SPT 数字信号电缆，使补偿电缆和实际电缆总距离为 10 km，以便于轨道电路在不同列车运行方向时的调整，保证传输电路工作的稳定性。它直接接在室外电缆的入口处，送、受电端成对使用，设有横、纵向防雷组合，防止电缆上感应的强电损坏室内设备。电缆模拟网络电路原理如图 3-4-48 所示。

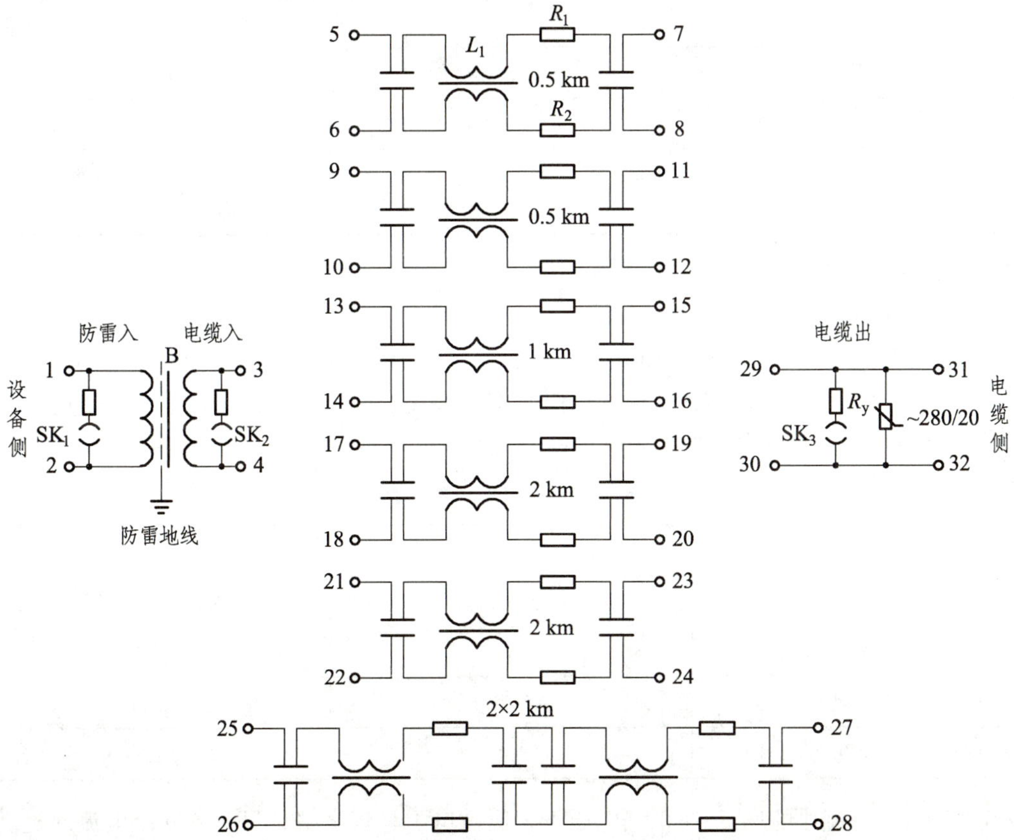

图 3-4-48　电缆模拟网络电路原理

电缆模拟网络由室外移至室内，按 0.5 km、0.5 km、1 km、2 km、2 km、2 × 2 km 六节电缆模拟网络进行补偿。它是由集中元件电阻、电感、电容构成的“模拟电缆”，其参数与实际电缆参数相同。

电缆模拟网络值基本按以下数值设置：R=23.5 Ω/km；L=0.75 mH/km；C=29 nF/km。R、L 按共模电路设计，考虑“故障-安全”，C 采用四头引线。

为判断和区分区间故障的范围，送、受电的模拟网络上设 3 个测试孔，分别是：

设备测试孔 SK_1——在室内设备的连接侧，用于送端时连接发送器，其值等于发送器功出电压；用于受端时连接衰耗器，其值根据区间点的远近不同比分线柜电压有不同程度的降低，等于衰耗器的轨入电压。

防雷测试孔 SK_2——在室内设备与模拟网络的连接的低转移系数防雷变压器二次侧，其值与设备测孔值相近。

电缆测试孔 SK_3——在室外电缆的连接端，用于送端时是经模拟网络的衰耗后送上分线盘的电压，用于受端时为室外电缆送回室内的电压值，因此，其值等同于分线盘的送、受电端电缆端子的电压值。

站防雷和电缆模拟网络测试插孔见表 3-4-12。

表 3-4-12　站防雷和电缆模拟网络测试插孔

测试插孔	电压值	
	发送	接收
SK1“设备”防雷变压器室内侧	与发送功出同	约数百毫伏
SK2“防雷”防雷变压器室外侧	高于发送功出	高于 SK1 电压值
SK3 电缆与电缆连接侧	经模拟网络衰减，低于功出电压	未经模拟网络衰减，高于 SK2 电压值

2）防雷电路

（1）横向压敏电阻。

采用 V20-C/1 280 V/20 kA（0B0）或 275 V/20 kA（DEHNguard），用于对室外通过传输电缆引入的雷电冲击信号进行防护。压敏电阻具有模块化、阻燃、带劣化指示、可带电插拔、可靠性高等特点。压敏电阻特性见表 3-4-13。

表 3-4-13　压敏电阻特性

项目	型号	
	V20-C/1280	DEHNguard275
标准放电电流 I_n/kA	20	20
最大连续工作电压 U_c/V	AC 280	AC 280
限制电压 U_1（20 kA）/kV	1.4	1.5

压敏电阻的工作原理是：在正常电压下，压敏电阻呈现高阻，只有微安级电流通过。当受到雷电侵袭时，压敏电阻呈现导通状态，变成低阻，限制了过电压，保护了设备。

当压敏电阻长期遭受过电压时，特性有所劣化，表现为漏流增大。当漏流继续增大时，功耗增大，发热量不断增加。当自身所发热量大于热熔断器熔化所需热量时，热熔断器受热脱开，使压敏电阻脱离所使用线路。为了防止发生火灾，机械装置同时动作，使劣化窗口指示由绿色变为红色，表示元件失效。

（2）低转移系数防雷变压器。

用于对雷电冲击信号的纵向防护，特别在目前钢轨线路旁没有设置贯通地线的条件下，该防雷变压器对雷电有显著作用。

电压转移系数是指变压器二次侧（设备侧）对地电压与一次侧（线路侧）对地电压之比，是表示防雷效果的指标。

防雷变压器的原理如图 3-4-49 所示。C_1、C_2 为变压器初级线圈和次级线圈与铁心间的电容，也就是对地电容，C_{12} 为初级和次级线圈间的电容。普通变压器的初级和次级间的电容 C_{12} 很大，一般为几十皮法；所以当雷电波侵入初级时，次级可感应出相当高的电压。电压转移系数 $k_T = U_2/U_1 = C_{12}/(C_2 + C_{12})$。图 3-4-49 表示高压侧雷电压 U_1 通过电容耦合到低压侧电压 $U_2 = U_1 \times C_{12}/(C_2 + C_{12})$。当 $C_{12} \ll C_2$ 时，$U_2 \ll U_1$，达到较好的防雷效果。

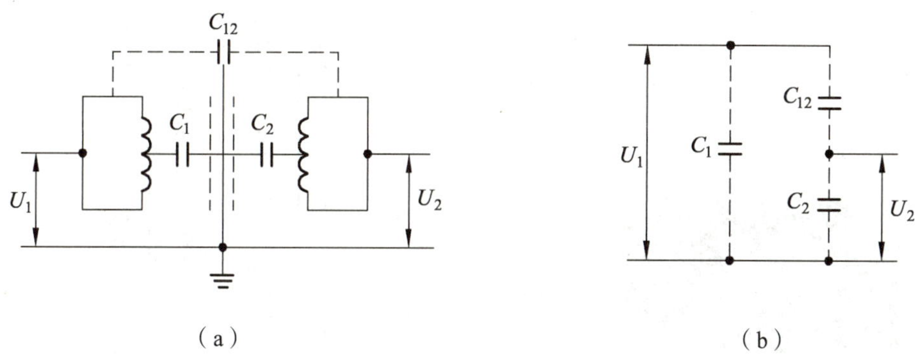

图 3-4-49　防雷变压器原理

防雷变压器与其他变压器的区别是采取了静电屏蔽措施。在设计上采取了特殊结构，在初级和次级间串入面积足够大的金属板作为屏蔽体，当由初级侵入的纵向雷电过电压经变压器时，大部分经金属屏蔽板入地，只有少部分耦合到次级，起到了防雷作用。

防雷变压器结构有两种方式，第一种结构如图 3-4-50（a）所示，这种结构在工艺上易于获得低转移系数，但是漏磁较大、效率低、产品性能离散性大。在实际当中，应用较少。第二种结构如图 3-4-50（b）所示，室外侧线圈（A）与室内侧线圈（C）为相互环抱缠绕，中间有加厚隔离层（B），以减少线圈间的耦合电容 C_B，室内侧线圈（C）被不封口的金属铂（D）包裹，工艺中加大之间的耦合电容 C_D，并将 D 接至地线 E。此种结构在工艺上难以获得较低的转移系数，但是，该结构漏磁较小、效率高、产品性能好、工作稳定。在转移系数满足实用的条件下（约 200），采用较多。

（3）结构及型号。

防雷电缆模拟网络盘是盒体结构，盒体正面有测试塞孔，可以测量电缆侧的电压，也可以测量设备侧的电压。盒体是通过 35 线插头与组匣连接，通过调整 35 线插座的端子进行电缆长度的调整。盒体正面装有横向防雷压敏电阻。ZPW · ML 型防雷电缆模拟网络盘外形如图

3-4-51（a）所示，插座底板视图如图 3-4-51（b）所示，其外形尺寸 408 mm × 76 mm × 178 mm，质量约 3.0 kg。

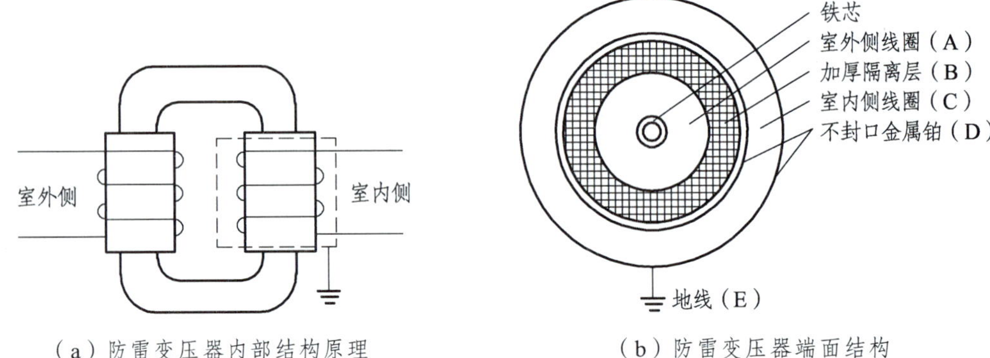

（a）防雷变压器内部结构原理　　（b）防雷变压器端面结构

图 3-4-50　防雷变压器内部结构原理及端面结构

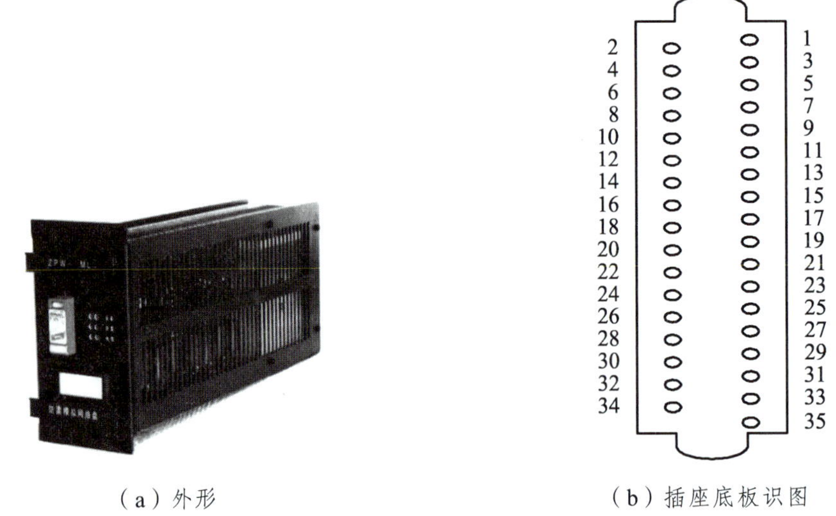

（a）外形　　（b）插座底板识图

图 3-4-51　ZPW · ML 型防雷模拟网络盘外形

防雷模拟网络端子用途见表 3-4-14。

表 3-4-14　防雷模拟网络端子用途表

序号	端子号	用途
1	1、2	设备侧接线端子，防雷变压器初级
2	3、4	防雷变压器次级
3	5 ~ 30	0.5 km、0.5 km、1 km、2 km、2 km、2 × 2 km 电缆
4	31、32	电缆侧接线端子
5	35	防雷变压器接地端

室外加站间贯通地线防护的方式防雷效果最佳，贯通地线作为钢轨对地不平衡的良好泄流线，在双线区段上下行线路为完全横向连接时，可将 SVA 中心线直接接地；简单横向连接

时，可通过防雷元件接地。此时室内电缆模拟网络不再考虑纵向防护。

3）电缆补偿长度

电缆补偿长度调整表见表 3-4-15。

表 3-4-15　电缆补偿长度调整

电缆长度/km	补偿长度/km	连接端子
9.5≤L<10	0	3-29, 4-30
9≤L<9.5	0.5	3-5, 4-6, 29-7, 30-8
8.5≤L<9	1.0	3-5, 4-6, 8-10, 7-9, 29-11, 30-12
8≤L<8.5	1.5	3-9, 4-10, 12-14, 11-13, 29-15, 30-16
7.5≤L<8	2.0	3-17, 4-18, 29-19, 30-20
7≤L<7.5	2.5	3-5, 4-6, 8-18, 7-17, 29-19, 30-20
6.5≤L<7	3.0	3-13, 4-14, 16-18, 15-17, 29-19, 30-20
6≤L<6.5	3.5	3-9, 4-10, 12-14, 11-13, 16-18, 15-17, 29-19, 30-20
5.5≤L<6	4.0	3-17, 4-18, 20-22, 19-21, 29-23, 30-24
5≤L<5.5	4.5	3-6, 4-5, 8-26, 7-25, 29-27, 30-28
4.5≤L<5	5.0	3-13, 4-14, 16-26, 15-25, 29-27, 30-28
4≤L<4.5	5.5	3-9, 4-10, 12-14, 11-13, 16-26, 15-25, 29-27, 30-28
3.5≤L<4	6.0	3-21, 4-22, 24-26, 23-25, 29-27, 30, 28
3≤L<3.5	6.5	3-5, 4-6, 8-22, 7-21, 24-26, 23-25, 29-27, 28-30
2.5≤L<3	7.0	3-13, 4-14, 16-22, 15-21, 24-26, 23-25, 29-27, 30-28
2≤L<2.5	7.5	3-9, 4-10, 12-14, 11-13, 16-22, 15-21, 24-26, 23-25, 29-27, 30-28
1.5≤L<2	8.0	3-17, 4-18, 20-22, 19-21, 24-26, 23-25, 29-27, 30-28
1≤L<1.5	8.5	3-9, 4-10, 12-18, 11-17, 20-22, 19-21, 24-26, 23-25, 29-27, 30-28
0.5≤L<1	9.0	3-13, 4-14, 16-18, 15-17, 20-22, 19-21, 24-26, 23-25, 29-27, 30-28
L≤0.5	9.5	3-9, 4-10, 12-14, 11-13, 16-18, 15-17, 20-22, 19-21, 24-26, 23-25, 29-27, 30-28

知识点 5　ZPW-2000A 型自动闭塞的传输安全性

1. 调谐区断轨检查

将调谐区做成一段 29 m 长的轨道电路，正常工作时接收端电流属于并联谐振电流的一部分。在规定道床电阻条件下，钢轨断轨时，该电流大幅度下降，使轨道继电器落下。在 1 Ω · km 道床电阻条件下，若不设短轨道电路，29 m 内无断轨检查。在最不利条件下，断轨时接收残压仅为轨道继电器落下值的 1/508，有断轨检查保证。

2. 轨道电路全程断轨检查

主轨道电路在最不利条件下，具有断轨检查保证且有足够余量（断轨时接收器残压约为可靠落下值的 50%以下）。

主轨道电路在较长长度下具有断轨检查功能，补偿电容起到关键作用。不设补偿电容时，UM71 载频频率满足断轨检查的长度仅约 700 m。

ZPW-2000A 型轨道电路在钢轨同侧两端接地条件下，仍具有断轨检查及 0.15 Ω 分路检查的功能。

在解决了调谐区断轨检查后，实现了轨道电路的全程断轨检查。

3. 减小调谐区 0.15 Ω 分路“死区”长度

由于接收端阻抗较低，造成一段 0.15 Ω 分路“死区”。该“死区”长度与接收端工作电压值的设定有关。当工作值储备系数=（工作值-灵敏度）/灵敏度 × 100%为 40%（即灵敏度为 71.4 mV，工作值 100 mV）时，分路“死区”长度小于 5 m；当为 30%时，约 3 m。

0.15 Ω 分路对相邻主轨道电路的提前分路是，0.15 Ω 分路逐渐接近接收端时，除逐渐加剧降低主轨道电路接收端的总阻抗外，也使相邻主轨道电路的接收电流被分流，造成主轨道电路接收端信号下降，直至主轨道电路继电器落下。在最不利条件下，0.15 Ω 分路使相邻主轨道电路的 GJ 落下的分路点距 BA 为 2 ~ 3 m。

系统中，调谐区为两主轨道电路构成的电气绝缘节，0.15 Ω 分路时只要使调谐区本身的轨道继电器、两相邻主轨道电路的轨道继电器三者中有一个失磁，即表示对 0.15 Ω 有分路，故 0.15 Ω 分路“死区”长度应为对本频率信号的分路“死区”长度与对相邻轨道电路提前分路长度之差。

在∞ Ω · km 条件下，若不设短轨道电路，29 m 内 0.15 Ω 分路“死区”长度为 21.5 m（距送端 4 m，受端 3.5 m）；设短轨道电路时，分路“死区”长度为 5 m。

4. 调谐单元断线检查

利用调谐单元 BA 断线对本区段频率的信号绝缘节阻抗降低，对相邻频率的信号绝缘节阻抗升高的原理，用调谐区轨道电路工作门限值即可实现对 BA 断线的检查。送端 BA 断线，接收端电压降低约 50%；受端 BA 断线，接收端电压升高 500% ~ 700%，接收器设置接收门限对此进行检测。

5. 钢轨对地不平衡对传输安全的影响及防护

钢轨对地不平衡指轨道电路钢轨同侧两端接地或与其他金属物（送、受电端引接线、金属箱盒外壳、待更换钢轨等）相通形成第三轨的情况。

由于无绝缘轨道电路两运用钢轨有电容补偿，已近于呈阻性传输状态，“第三轨”的出现与两运用钢轨无补偿作用，对移频信号均呈感性，对轨道电路的传输、调整、分路、断轨检查、机车信号入口电流等均无显著影响。

知识点 6　ZPW-2000A 型无绝缘轨道电路传输长度

在相同条件下，UM71 为 0.8 ~ 1.1 km，而 ZPW-2000A 为 1.3 ~ 1.5 km 且电气—电气绝缘节和电气—机械绝缘节具有同样的传输长度，ZPW-2000A 型轨道电路传输长度见表 3-4-16。

表 3-4-16　ZPW-2000A 型轨道电路传输长度　　　　单位：m

载频/Hz	道床电阻（Ω · km）				
	1.0	0.6	0.5	0.4	0.3
1 700	1 500	824	674	574	424
2 000	1 500	824	674	574	424
2 300	1 500	824	624	524	424
2 600	1 500	774	624	524	424

注：轨道电路长度有 3 种情况（电气绝缘节—电气绝缘节，为空芯线圈—空芯线圈之间；电气绝缘节—机械绝缘节，为空芯线圈—机械绝缘节空芯线圈之间；机械绝缘节—机械绝缘节，为机械绝缘节空芯线圈—机械绝缘节空芯线圈之间），其传输长度是一致的。

轨道电路传输长度延长的原因：

（1）通过“GA-1”型计算软件对各有关参数的分析和综合优选。

（2）分析并修正了 UM71 的 BA 与钢轨特性参数上的失配。

（3）补偿电容容量优化及改善分路的新型配置。

（4）用 BA∥SVA′代替 BA∥SVA，与 JES—JES 等效。

（5）采用 DSP 解调，大大提高抗电气化干扰能力和“分路残压+干扰”的防误动能力。

（6）优化了传输电缆与轨道电路的匹配设计。

【任务实施】

图 3-4-52 所示为 ZPW-2000A 型移频自动闭塞的主要设备，你知道它们的名称和作用吗？

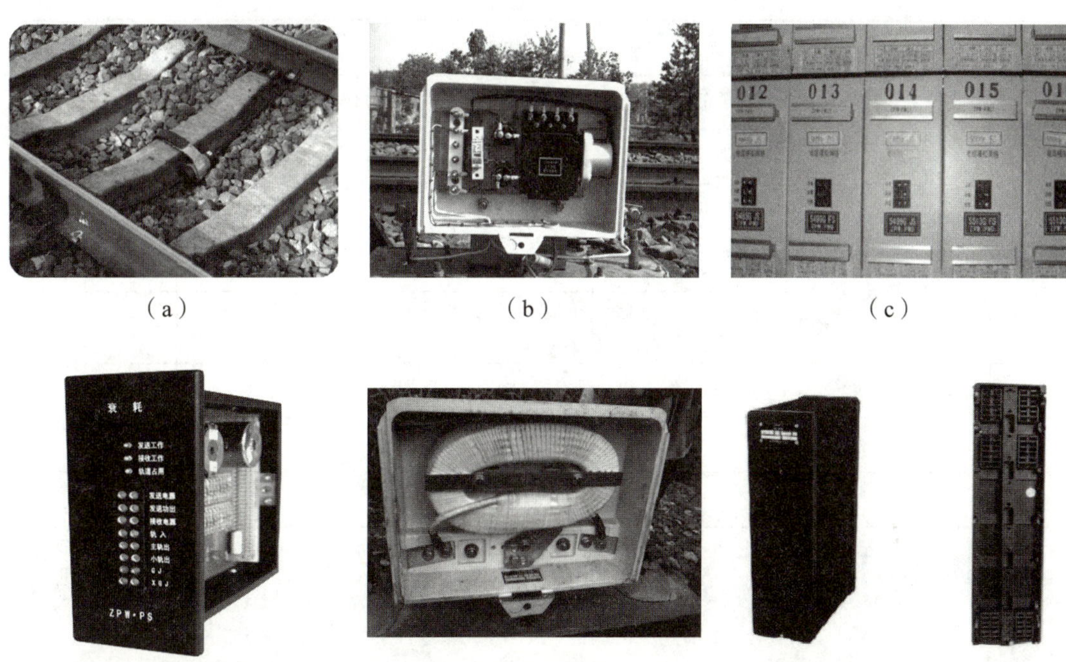

（a）　（b）　（c）

（d）　（e）　（f）

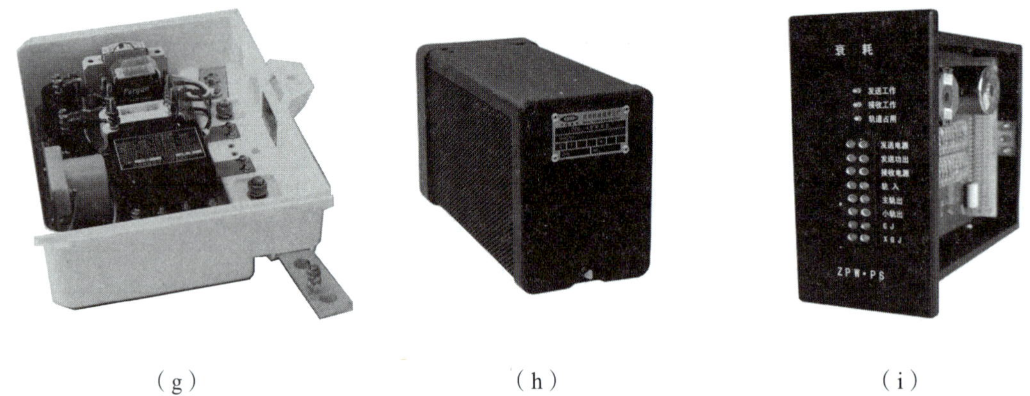

（g）　　（h）　　（i）

图 3-4-52　ZPW-2000A 型移频自动闭塞的主要设备

任务实施步骤：

（1）小组任务：每 4 人成立一个小组，图 3-4-52 中共有 8 种设备，每位同学负责向小组内成员识别并讲解两种设备的名称及作用，每位同学讲解的设备不应出现重复，讲解中应说明自己识别设备名称的依据。

（2）小组讨论：各小组组内成员讨论 8 种设备的名称、作用及结构特点等，纠正错误，组内成员互评打分。

（3）小组 PK：老师随机抽取图号，各小组抢答，老师点评。

【考核评价】

序号	考核点	评分点	分值	得分
1	ZPW-2000A 型移频自动闭塞系统构成	能否正确说出 ZPW-2000A 型移频自动闭塞的系统构成	15	
		能否正确分析电气绝缘节的工作原理	15	
2	ZPW-2000A 型移频轨道电路室内外设备认知	能认识室内、室外设备	10	
		能正确说出各种设备的作用及原理	20	
		能识读发送器、接收器、衰耗器的外线连接图，并理解端子代号及含义	20	
3	课堂表现	态度认真、积极参与、遵守纪律	20	
4	教师评语			
总分			100	

【巩固提高】

1. 填空题

（1）ZPW-2000A 型移频自动闭塞发送器采用______冗余，接收器采用______冗余。

（2）ZPW-2000A 型移频自动闭塞室外设备由______、______、______、______、______和______等构成。

（3）ZPW-2000A 型移频自动闭塞室内设备由______、______、______和______等构成。

（4）ZPW-2000A 型移频自动闭塞电缆模拟网络总补偿距离为______。

（5）ZPW-2000A 型自动闭塞无绝缘轨道电路的调谐区包括_______和_______，调谐区的长度为______。

2. 选择题

（1）ZPW-2000A 型无绝缘轨道电路发送器工作电源是（　　）V。

A. 12　　B. 24　　C. 15　　D. 5

（2）补偿电容安装在（　　）。

A. 26 m 调谐区钢轨中间　　B. 轨道区段非调谐区内

C. 钢轨上任意地方　　D. 点式环线上

（3）空芯线圈对于 50 Hz 牵引电流呈现（　　）。

A. 很高的阻抗　　B. 很低的阻抗　　C. 容性　　D. 感性

（4）ZPW-2000A 型轨道电路接收器输入变压器输入电平取决于（　　）。

A. 轨道电路的长度　　B. 接收器性能的好坏

C. 输入变压器一次侧的抽头接法　　D. 发送器发送电压大小

（5）轨道电路加装补偿电容后趋于（　　）。

A. 容性　　B. 一定的电感　　C. 阻性　　D. 频率性

3. 简答题

（1）画图说明 ZPW-2000A 型无绝缘移频轨道电路中主轨道和小轨道之间的关系。

（2）说明电气绝缘节的工作原理。

（3）空芯线圈有什么作用？如何应用？

（4）说明补偿电容的作用和工作原理，以及如何设置补偿电容。

（5）说明移频柜和综合柜的用途。

（6）画出发送器的原理框图，并说明其作用和工作原理。

（7）发送器有哪些端子？如何使用？

（8）发送器的输出电平如何调整？

（9）接收器的作用是什么？说明其工作原理。

（10）接收器的端子有哪些？如何使用？

（11）衰耗器的作用是什么？如何进行主轨道和小轨道的调整？

（12）衰耗器有哪些表示灯？其表示什么含义？有哪些测试孔？测试哪些内容？

（13）防雷模拟网络盘的作用是什么？举例说明如何进行模拟电缆的补偿。

（14）防雷模拟网络盘有几个测试孔？分别测试什么？

（15）简述 ZPW-2000A 型移频自动闭塞室外设备的构成及各个部分的功能。

（16）简述 ZPW-2000A 型移频自动闭塞室内设备的构成及各个部分的功能。

工作任务 3.5　ZPW-2000A 型无绝缘移频轨道电路识读

【学习目标】

知识目标	能力目标	素质目标
1. 掌握 ZPW-2000A 型无绝缘轨道电路区间闭塞分区电路。 2. 掌握 ZPW-2000A 型无绝缘轨道电路发送编码电路和信号机点灯电路。 3. 掌握 ZPW-2000A 型无绝缘轨道电路“N+1”冗余电路、站联电路、报警电路和结合电路	1. 能看懂区间闭塞分区电路图，能根据列车的运行情况分析各闭塞分区低频编码电路。 2. 能看懂发送冗余电路、站联电路、报警电路和结合电路	1. 培养学生严谨细致、追求真理的精神。 2. 培养学生的安全意识和团队合作能力

【任务引导】

引导问题 1：一般闭塞分区区间通过信号机定位点什么颜色的灯光？各接近区段呢？

引导问题 2：结合自动闭塞电路原理，试想通过信号机是如何实现自动变换显示的？

【工具器材】

闭塞分区电路图、发送编码电路图、信号点灯电路图、“N+1”冗余电路图等。

【相关知识】

ZPW-2000A 型无绝缘移频轨道电路包括闭塞分区电路、站间联系电路、发送“N+1”冗余电路、区间移频报警电路、结合电路。

知识点 1　闭塞分区电路

闭塞分区电路包括改变运行方向电路、红灯转移电路、接收电路、发送编码电路和通过信号机点灯电路（仅一离去区段无此电路）。各闭塞分区电路的发码，均与其内方各闭塞分区的状态相联系，而各接近区段的发码，都与进站信号机的状态相联系。

1. 改变运行方向电路

ZPW-2000A 型无绝缘轨道电路系统允许列车双方向运行，为此设计了改变运行方向电路。通过改变运行方向，可以保证列车反方向运行的行车安全。反方向运行时，正方向的通过信号机一律灭灯。

双线双向自动闭塞反方向有两种制式：一种是反向按自动闭塞运行；另一种是反向按自动站间闭塞运行。当反方向按自动闭塞运行时，反方向不设通过信号机，以机车信号作为主体信号，此时，机车信号能连续接收到各闭塞分区按运行前方列车运行情况编码的移频信号。当反方向按自动站间闭塞运行时，不设反方向通过信号机，以机车信号的显示行车，列车在一般闭塞分区运行只接收一个特定的 27.9 Hz 的低频码，机车信号显示白灯，只有当其进入进站信号机的接近区段时，才能接收到按该进站信号机编码的移频信号。

改变运行方向电路最终以方向继电器 FJ_2（有极继电器）表示运行方向。列车正方向运行时，FJ_2 处于定位；列车反方向运行时，FJ_2 处于反位。为反映运行方向，每一闭塞分区设区间正方向继电器 QZJ 和区间反方向继电器 QFJ 各一个，由 FJ_2 对它们进行控制，用来切换本区段轨道电路信息的传输方向。区间正方向继电器电路如图 3-5-1 所示。

当列车运行方向改变时，通过 QZJ、QFJ 的状态变化使轨道电路信息一直迎着列车运行的方向发送，如图 3-5-2 所示。由于 QZJ、QFJ 的接点不够用，同时增设了各自的复示继电器 QZJF 和 QFJF。

2. 红灯转移电路

本闭塞分区有车且防护本闭塞分区的信号机点红灯灭灯，其前一架信号机点红灯，此即为红灯转移。红灯转移在发送电路中用 GJ 和 DJF 前接点并联来实现。红灯转移电路如图 3-5-3 所示。正常情况下，13587 闭塞分区有车，13587GJ 落下，防护本闭塞分区的信号机点红灯，DJF 吸起，向其外方闭塞分区 13579 发 HU 码，前一架信号机 13579 点黄灯。当 13587 闭塞分区有车，GJ 落下，此时若防护本闭塞分区的信号机 13587 红灯灭灯，则 DJF 落下，即不向其外方闭塞分区 13579 发码，13579 闭塞分区收不到任何码，因而 13579GJ 落下，使得防护它的信号机 13579 点红灯。

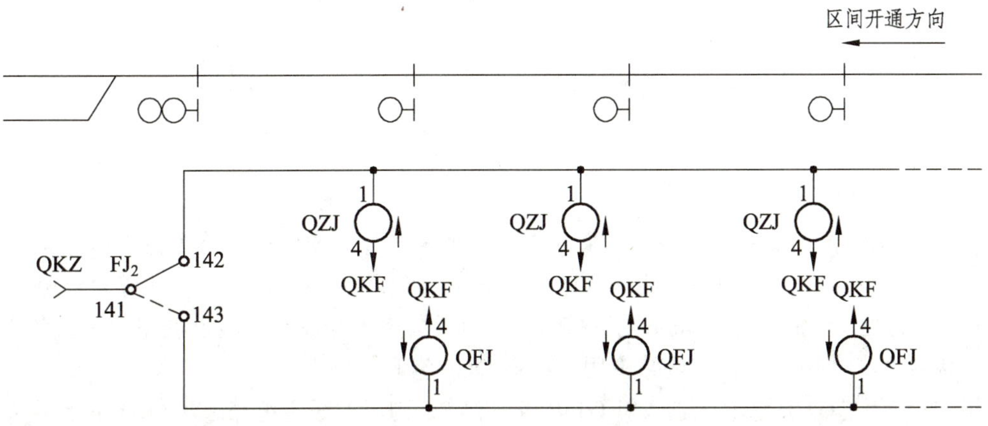

图 3-5-1　区间正方向继电器电路

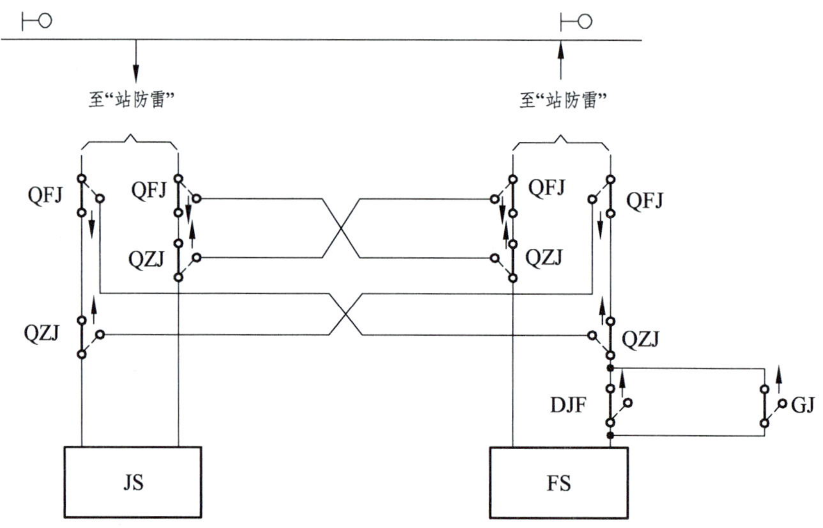

图 3-5-2 改变区间轨道电路信息传输方向示意图

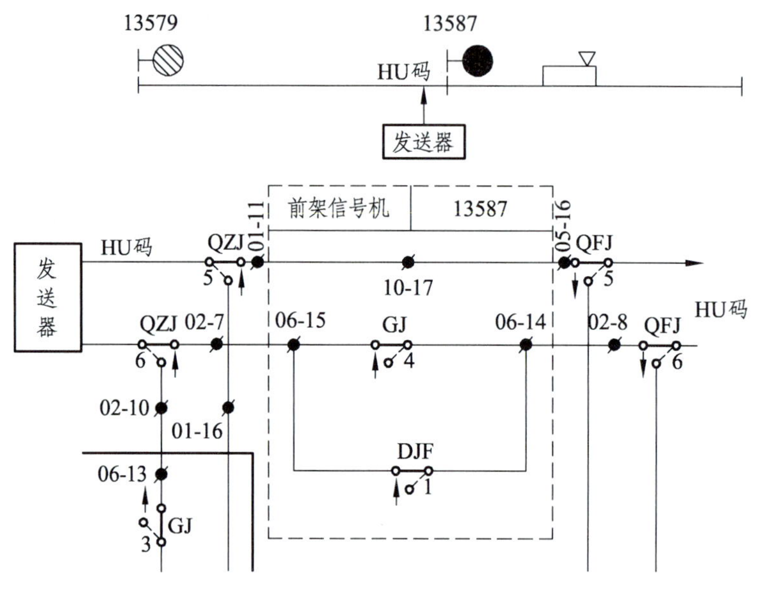

图 3-5-3 红灯转移电路

3. 接收器电路

两接收器采用"0.5+0.5"并联冗余方式。每个闭塞分区的轨道电路由主轨道电路和小轨道电路两部分组成，主轨道信号由本轨道电路接收器处理，小轨道信号由相邻轨道电路接收器处理，并将处理结果送给本轨道电路接收器。两者均空闲构成整个轨道电路空闲，使得 QGJ 吸起。两者之一占用构成轨道电路占用，使得 QGJ 落下。

用 GJ 作为 QGJ 复示继电器，但 GJ 电路中有 *RC* 构成的缓吸电路，在 QGJ 由落下状态吸起时，*C* 串联在 GJ 电路中，由于 *C* 的充电使 GJ 缓吸，是为了防止电气化牵引电流干扰造成 QGJ 误动而使该闭塞分区闪红光带。

接收电路要处理好小轨道电路与主轨道信号的关系。小轨道电路输出（XG、XGH）是送给相邻轨道电路接收器的条件。本闭塞分区小轨道电路输出送至相邻外方闭塞分区小轨道电路输入。小轨道电路输入（XGJ、XGJH）是从相邻轨道电路接收器送来的条件。本闭塞分区小轨道电路输入来自相邻内方闭塞分区小轨道电路输出。

用方向继电器接点区分列车运行方向，改变小轨道电路输入、输出条件。对于 1LQ 闭塞分区，列车正方向运行时，其相邻外方闭塞分区为站内轨道电路，小轨道电路不再送出条件；列车反方向运行时，其相邻内方闭塞分区为站内轨道电路，没有向 1LQ 的小轨道电路输出，故 1LQ 小轨道输入直接接入+24 V、024 V 电源。对于 3JG 闭塞分区，列车正方向运行时，其相邻内方闭塞分区为站内轨道电路，没有向 3JG 的小轨道电输出，3JG 小轨道电输入直接接入+24 V、024 V 电源；列车反方向运行时，其相邻外方闭塞分区为站内轨道，小轨道电路不再送输出条件。

每个闭塞分区的接收都会与相邻的闭塞分区接收器有小轨道信号之间的关系，在分界处信号点也不例外。当本站闭塞分区要利用邻站闭塞分区的小轨道条件或邻站利用本站闭塞分区的小轨道条件时，要设计站间联系电路。用小轨道电路的输出条件（XG、XGH）构成小轨道继电器（XGJ），然后通过电缆复示给对方站使用，作为对方站小轨道电路的输入条件。

注：有关此部分的电路详见书末附图 1。

4. 发送编码电路和通过信号机点灯电路

发送编码电路和通过信号机点灯电路是闭塞分区中非常重要的一项。此处以四显示自动闭塞为例进行介绍。

1）三接近区段的发送编码电路和通过信号机点灯电路

防护三接近区段的闭塞分区的通过信号机定位点黄灯，故三接近区段的闭塞分区电路又称 U 信号点。

正方向运行时（区间正方向继电器 QZJ 吸起），三接近区段由进站信号机的列车信号继电器 LXJ、正线继电器 ZXJ、绿黄信号继电器 LUXJ、通过信号继电器 TXJ、引导信号继电器 YXJ 及同方向的正线出站信号机的列车信号继电器 LXJ 的状态构成编码条件。为此，设它们的复示继电器有 LXJ2F、ZXJF、LUXJF、TXJF、YXJF，如图 3-5-4 所示，由这些复示继电器的接点构成自动闭塞编码电路。4GJ 是同方向 3LQ 的 GJ 的复示继电器，5GJ 是 3LQ 内方第一个区段 GJ 的复示继电器。

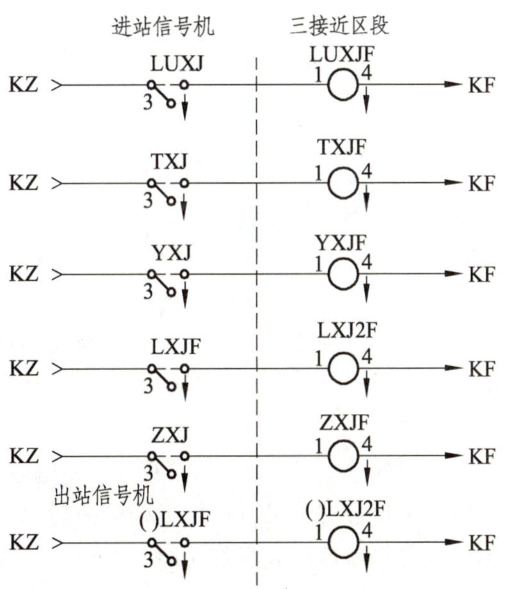

图 3-5-4　三接近区段复示继电器电路

如经 18 号及以上道岔侧向接车，则 UU 改为 UUS，U2 改为 U2S，预留提速至 160 ~ 200 km/h 条件，4GJ↑、5GJ↓，发 L2

码；4GJ↑、5GJ↑，发 L3 码。速度 200 km/h 以上时，需增加 L4、L5 码，由 6GJ↑、7GJ↑来发码。三接近区段自动闭塞编码电路如图 3-5-5 所示，其编码情况见表 3-5-1。

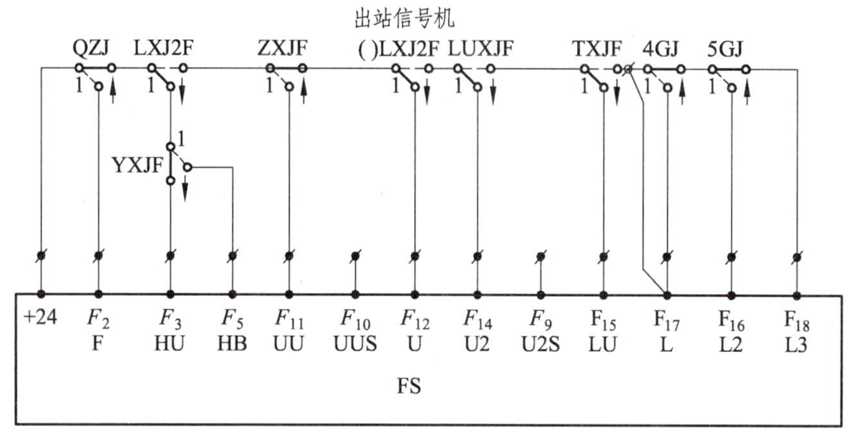

图 3-5-5　三接近区段自动闭塞编码电路

表 3-5-1　三接近区段自动闭塞编码

进站信号机	进站 LXJ2F	YXJF	ZXJF	LUXJF	TXJF	出站 LXJ2F	发送信息码
红	↓	↓					HU
红白	↓	↑					HB
黄黄	↑		↓				UU
黄	↑		↑			↓	U
黄（及侧向发车）	↑		↑	↓		↑	U2
绿黄	↑		↑	↑	↓	↑	LU
绿	↑		↑	↑	↑	↑	L

三接近区段的通过信号机点灯电路如图 3-5-6 所示。LXJ2F、ZXJF、LUXJF 接点用于点灯电路，来区分点黄灯、绿黄灯和绿灯。当本区段空闲 GJF↑的情况下，LXJ2F↓（即进站信号机点红灯或红白灯）时三接近区段的通过信号机点黄灯；LXJ2F↑、ZXJF↓（即进站信号机点黄黄或双黄任选一灯）时，三接近区段的通过信号机也点黄灯；LXJ2F↑、ZXJF↑、LUXJF↓（即进站信号机点黄灯）时，三接近区段的通过信号机点绿黄灯；LXJ2F↑、ZXJF↑、LUXJF↑（即进站信号机点绿黄灯或绿灯）时，三接近区段的通过信号机点绿灯。

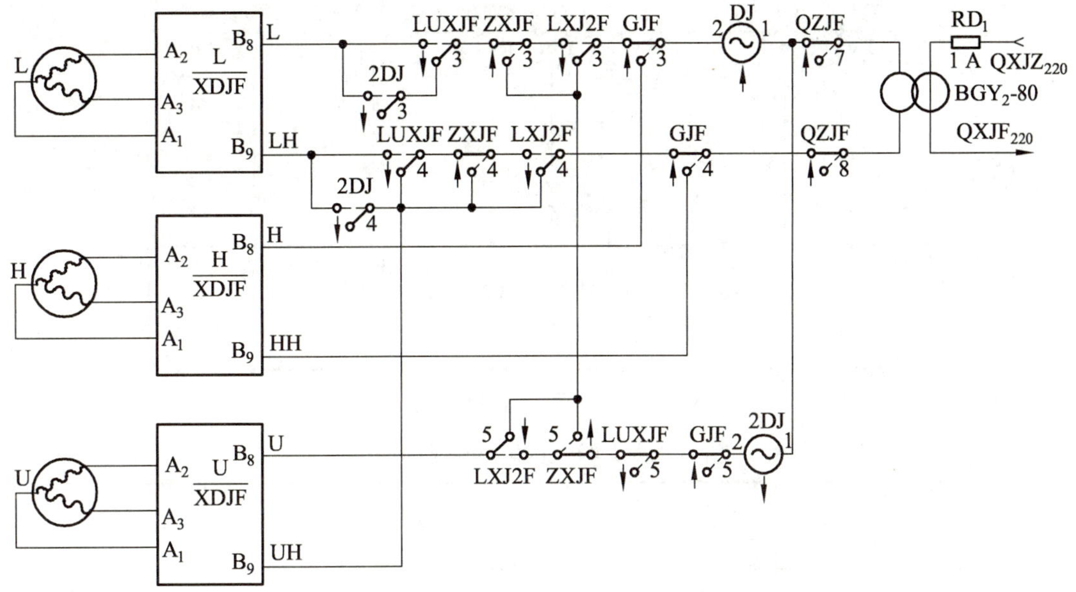

图 3-5-6　三接近区段的通过信号机点灯电路

2）二接近区段的发送编码电路和通过信号机点灯电路

防护二接近区段的闭塞分区的通过信号机定位点绿黄灯，故二接近区段的闭塞分区电路又称 LU 信号点。

二接近区段仍由进站信号机的列车信号继电器 LXJ、正线继电器 ZXJ、绿黄信号继电器 LUXJ、通过信号继电器 TXJ 的状态构成编码条件，为此，设它们的复示继电器有 LXJ3F、ZXJ2F、LUXJ2F，二接近区段复示继电器电路如图 3-5-7 所示。

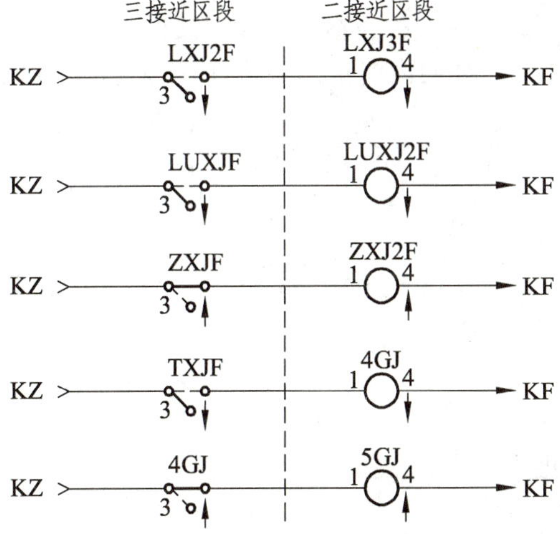

图 3-5-7　二接近区段复示继电器电路

由这些复示继电器的接点构成自动闭塞编码电路，其中 1GJ 为二接近区段的轨道继电器，用来复示三接近区段轨道继电器的状态。二接近区段自动闭塞编码电路如图 3-5-8 所示，其编码情况见表 3-5-2。

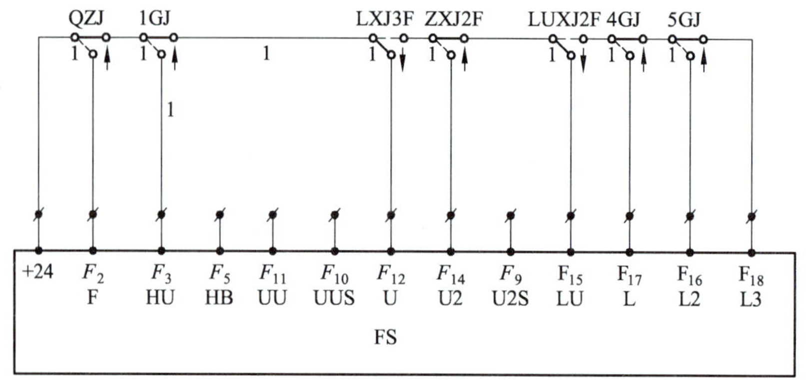

图 3-5-8　二接近区段自动闭塞编码电路

表 3-5-2　二接近区段自动闭塞编码

进站信号机显示	LXJ3F	ZXJ2F	LUXJ2F	1GJ	发送信息码
列车占用三接近区段				↓	HU
红	↓			↑	U
黄黄	↑	↓		↑	U2
黄	↑	↑	↓	↑	LU
绿黄	↑	↑	↑	↑	L
绿	↑	↑	↑	↑	L

如进站信号机内方为 18 号及以上道岔，则 U2 改为 U2S。

二接近区段的通过信号机点灯电路如图 3-5-9 所示。LXJ3F、ZXJ2F、LUXJ2F 接点用于点灯电路，来区分点黄灯、绿黄灯和绿灯。当列车占用本区段、GJF 落下，点红灯；列车占用三接近区段时，1GJ 落下，点黄灯；当本区段和三接近区段空闲，GJF↑和 1GJ↑的情况下，LXJ3F↓时点绿黄灯，LXJ3F↑、ZXJ2F↓时也点绿黄灯，LXJ3F↑、ZXJ2F↑时点绿灯。

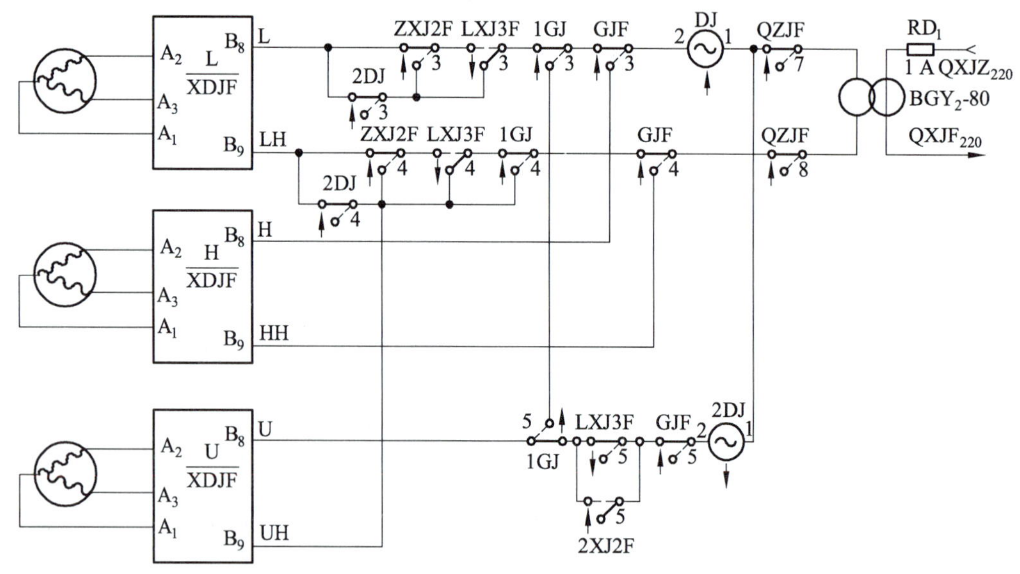

图 3-5-9　二接近区段的通过信号机点灯电路

3）一接近区段的发送编码电路和通过信号机点灯电路

防护一接近区段的闭塞分区的通过信号机定位点绿灯，故一接近区段的闭塞分区电路又称 L 信号点。

一接近区段由 1GJ ~ 5GJ 编码，其中 3GJ、4GJ 的状态仍与进站信号机的状态相联系。3GJ 是 LXJ3F 和 ZXJ2F 的复示继电器，4GJ 是 LUXJ2F 的复示继电器。一接近区段复示继电器电路如图 3-5-10 所示。

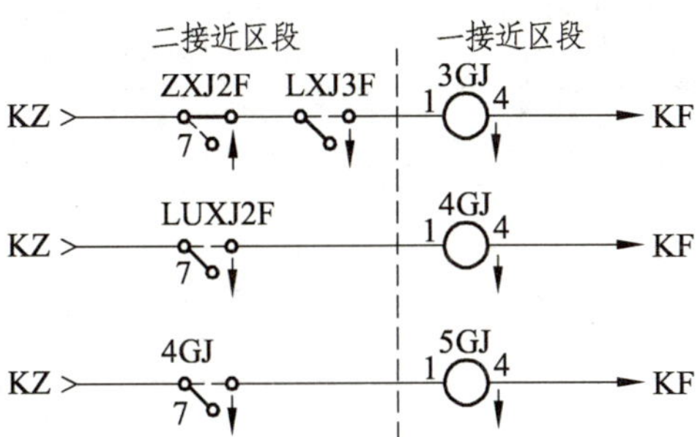

图 3-5-10　一接近区段复示继电器电路

一接近区段自动闭塞编码电路如图 3-5-11 所示，一接近区段自动闭塞编码见表 3-5-3。

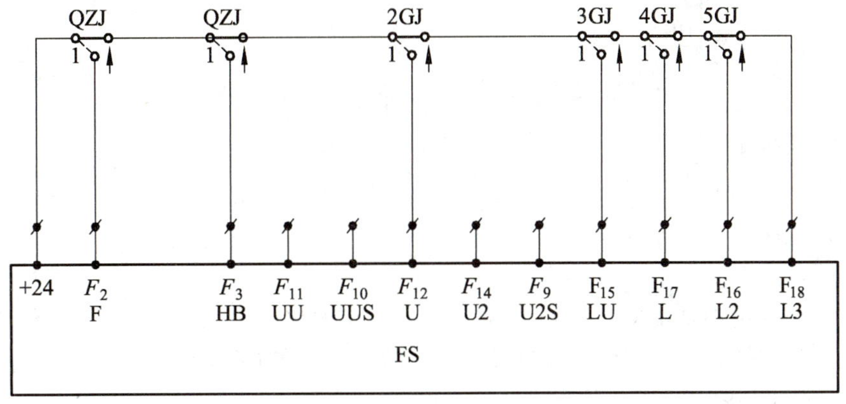

图 3-5-11　一接近区段编码电路

表 3-5-3　一接近区段自动闭塞编码

进站信号机显示	3GJ	2GJ	1GJ	发送信息码
列车占用二接近区段			↓	HU
列车占用三接近区段		↓	↑	U
红	↓	↑	↑	LU
黄黄	↓	↑	↑	LU
黄	↑	↑	↑	L
绿黄	↑	↑	↑	L2
绿	↑	↑	↑	L3

一接近区段的通过信号机点灯电路如图 3-5-12 所示。一接近区段的通过信号机点灯电路

由 1GJ、2GJ 来区分点黄灯、绿黄灯和绿灯。当本区段有车占用，GJF↓，点红灯；当本区段空闲，GJF↑，二接近区段占用 1GJ↓的情况下，点黄灯；当本区段和二接近区段空闲，GJF↑和 1GJ↑，三接近区段占用 2GJ↓的情况下，点绿黄灯；当本区段和二、三接近区段空闲，GJF↑和 1GJ↑、2GJ↑的情况下，点绿灯。

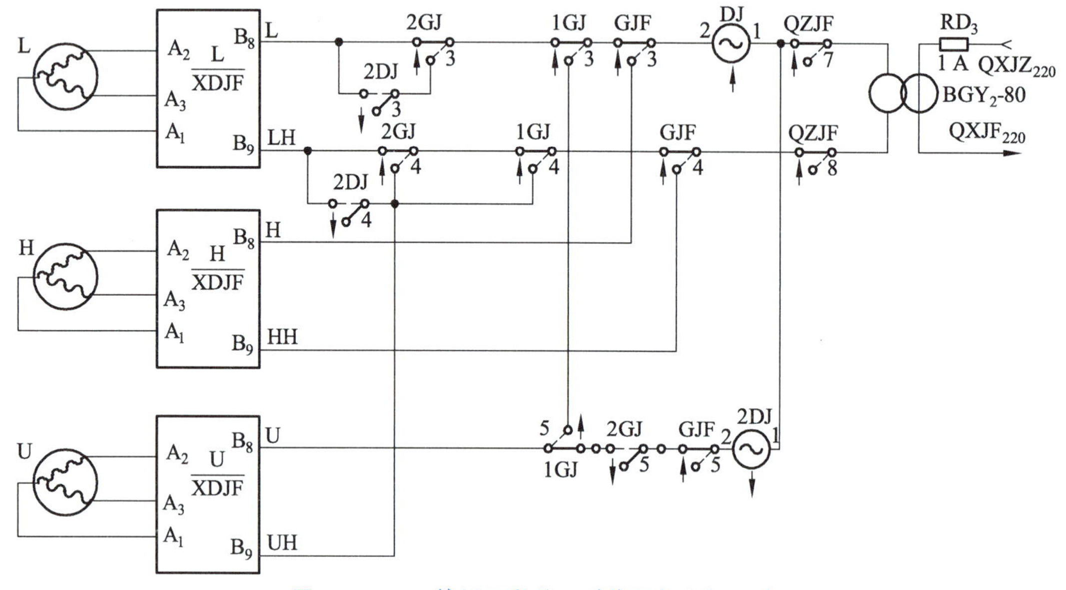

图 3-5-12　一接近区段的通过信号机点灯电路

4）一般闭塞分区发送编码电路和通过信号机点灯电路

一般闭塞分区的通过信号机定位点绿灯，故又称 LL 信号点。一般闭塞分区编码电路、通过信号机点灯电路与一接近区段相同。

（1）编码电路。

一般闭塞分区由 1GJ ~ 5GJ 编码，其状态与进站信号机的状态没有联系。一般闭塞分区复示继电器电路如图 3-5-13 所示。例如，13579G 的 1GJ ~ 5GJ 分别是其内方闭塞分区 13587G 的 GJF 及其 1GJ ~ 4GJ 的复示继电器。

（2）通过信号机点灯电路。

一般闭塞分区的点灯电路由 GJF、1GJ 和 2GJ 来实现。本分区占用，GJF↓，点红灯；前方区段有车占用 GJF↑、1GJ↓，点黄灯；1GJ↑、2GJ↓，点绿黄灯；1GJ↑、2GJ↑，点绿灯。一般闭塞分区复示继电器电路如图 3-5-13 所示。

5）反方向接近区段的发送编码电路

反方向进站信号机的接近区段即离去区段。

正方向运行时（区间正方向继电器 QZJ 吸起），和一般区段一样，由 1GJ、2GJ、3GJ 接点构成编码条件。反方向运行时（QZJ 落下），由反方向进站信号机的列车信号继电器 LXJ、正线继电器 ZXJ、通过信号继电器 TXJ、引导信号继电器 YXJ 及同方向的正线出站信号机的列车信号继电器 LXJ 的状态构成编码条件。为此，设它们的复示继电器有 LXJ2F、ZXJF、TXJF、YXJF 和同方向正线出站信号机的 LXJ2F，由这些复示继电器的接点构成自动闭塞编码电路。反方向接近区段编码电路如图 3-5-14 所示，反方向接近区段自动闭塞编码见表 3-5-4。

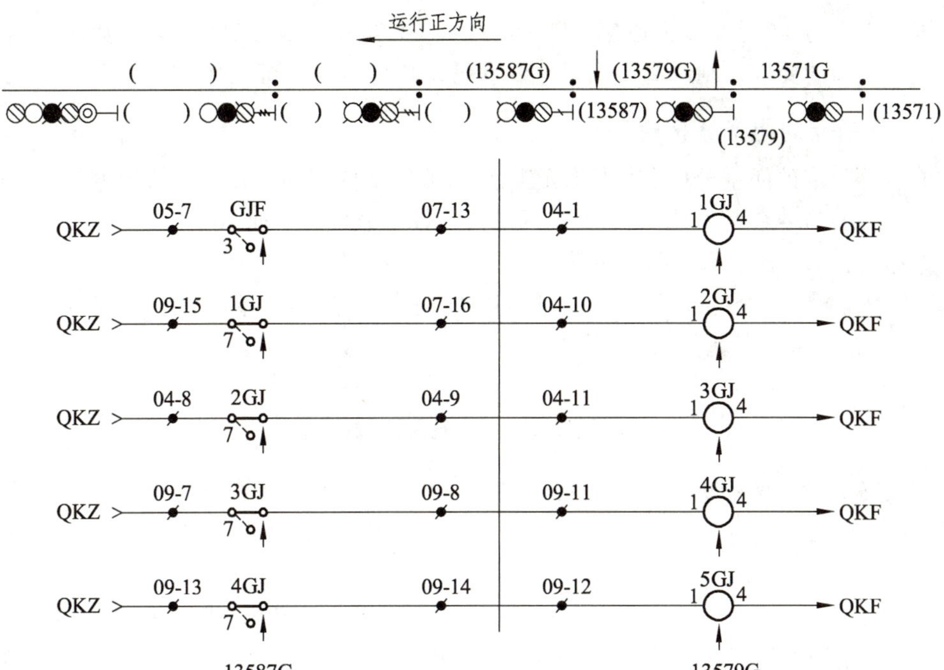

图 3-5-13　一般闭塞分区复示继电器电路

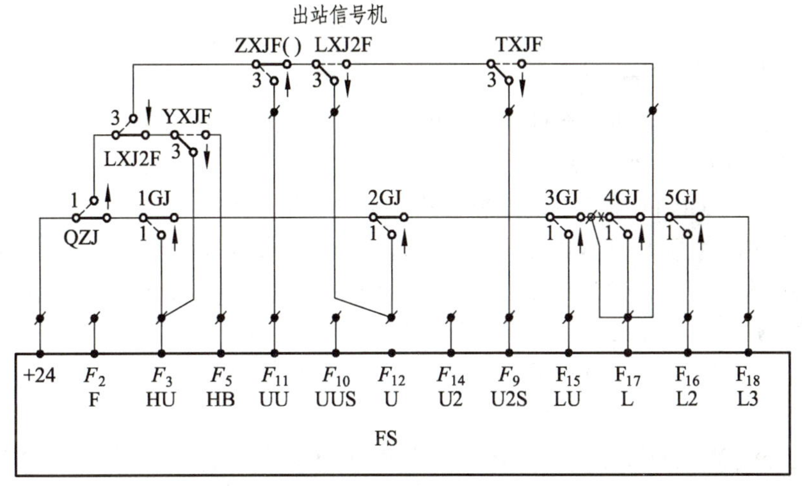

图 3-5-14　反方向接近区段编码电路

表 3-5-4　反方向接近区段自动闭塞编码

进站信号机	进站 LXJ2F	YXJF	ZXJF	TXJF	出站 LXJ2F	发送信息码
红	↓	↓				HU
红白	↓	↑				HB
黄黄	↑		↓			UU
黄	↑		↑		↓	U
黄（及侧向发车）	↑		↑	↓	↑	U2
绿	↑		↑	↑	↑	L

如进站内方为 18 号及以上道岔，则 UU 改为 UUS，U2 改为 U2S。若一离去区段不能满足列车制动距离的要求，则二离去区段也要发码，其编码条件同一离去区段。

6）有分隔点的闭塞分区电路

构成有分隔点的闭塞分区的两段轨道电路的编码条件相同。在两段轨道电路都空闲和仅 BG 占用时，BG 和 AG 都发码。当 AG 占用时，AG 继续发码，而 BG 不发码，以防后续列车冒进。这通过在 BG 的发码电路中串接 AG 的 GJ 前接点来实现。

AG 和 BG 各设一个 QGJ 及 GJ，由它们共同构成闭塞分区空闲和占用的条件。只要有一个 GJ 落下，该闭塞分区就显示红光带。

知识点 2　站间联系电路

区间设备分设于两端车站，与两站管辖区分界处两侧面的闭塞分区要互相利用对方的有关条件，故必须设站间联系电路。一个车站有 4 套这样的站间联系电路。一个方向的站间联系电路如图 3-5-15 所示。

图 3-5-15 中，正方向运行时，13491G 为 13505G 的外方闭塞分区，需要 13505G 的各种条件。反方向采用站间闭塞方式，13491G 为 13505G 的内方闭塞分区，只需要 GJ、XGJ 条件。

为节省外线，用每对外线构成两个继电器的电路，其中一个采用无极继电器，另一个采用偏极继电器。

1. 送给外方闭塞分区的条件

（1）本站 13491G 编码所需条件 1GJ、2GJ、3GJ、4GJ、5GJ 都来自邻站。通过外线 TJ1、TJ1H 构成本站 4GJ（邻）和 5GJ 的电路。13491G 的 4GJ（邻）是邻站 13505G 的 3GJ 的复示继电器，5GJ 是 13505G 的 4GJ 的复示继电器。平时，邻站 13505G 的 3GJ、4GJ 吸起，因此本站 13491G 的 4GJ（邻）和 5GJ 都吸起。邻站 13505G 的 3GJ 落下时，本站 13491G 的 4GJ（邻）和 5GJ 都落下。邻站 13505G 的 3GJ 吸起而 4GJ 落下时，电路中电流极性发生改变，本站 13491G 的 4GJ（邻）为无极继电器，仍然吸起，5GJ 为偏极继电器，落下。用缓放型继电器 4GJ 作为 4GJ（邻）的复示继电器，是防止在电流极性改变时 4GJ（邻）动作不稳定而对自动闭塞电路产生影响。

（2）通过外线 TJ2、TJ2H 构成本站 DJ（邻）和 2GJ 的电路。DJ（邻）是邻站 13505G 的 GJ、DJF 的复示继电器，用于实现红灯转移。为了防止电路中电流极性改变时造成 DJ（邻）动作不稳定，设 DJF（邻）。2GJ 是邻站 13505G 的 1GJ 的复示继电器。

（3）通过外线 TJ3、TJ3H 构成 GJ（邻）和 3GJ 的电路。GJ（邻）是邻站 13505G 的 GJF 的复示继电器，3GJ 是邻站 13505G 的 2GJ 的复示继电器。为了防止电路中电流极性改变时造成 GJ（邻）动作不稳定，设 GJF（邻）。

（4）通过外线 TJ4、TJ4H 构成本站 XGJ（邻）电路。本站 13491G 的小轨道条件来自邻站的 13505G，由于两站距离较远，因此邻站 13505G 的接收器无法直接送回 13491G 的小轨道条件，用 XG、XGH 动作一个小轨道继电器 XGJ，并经外线 TJ4、TJ4H 复示后，送回本站构成 XGJ（邻），再用 XGJ（邻）和 13491G 的主轨道一起动作 13491G 分区的轨道继电器。电路原理与上述相同。

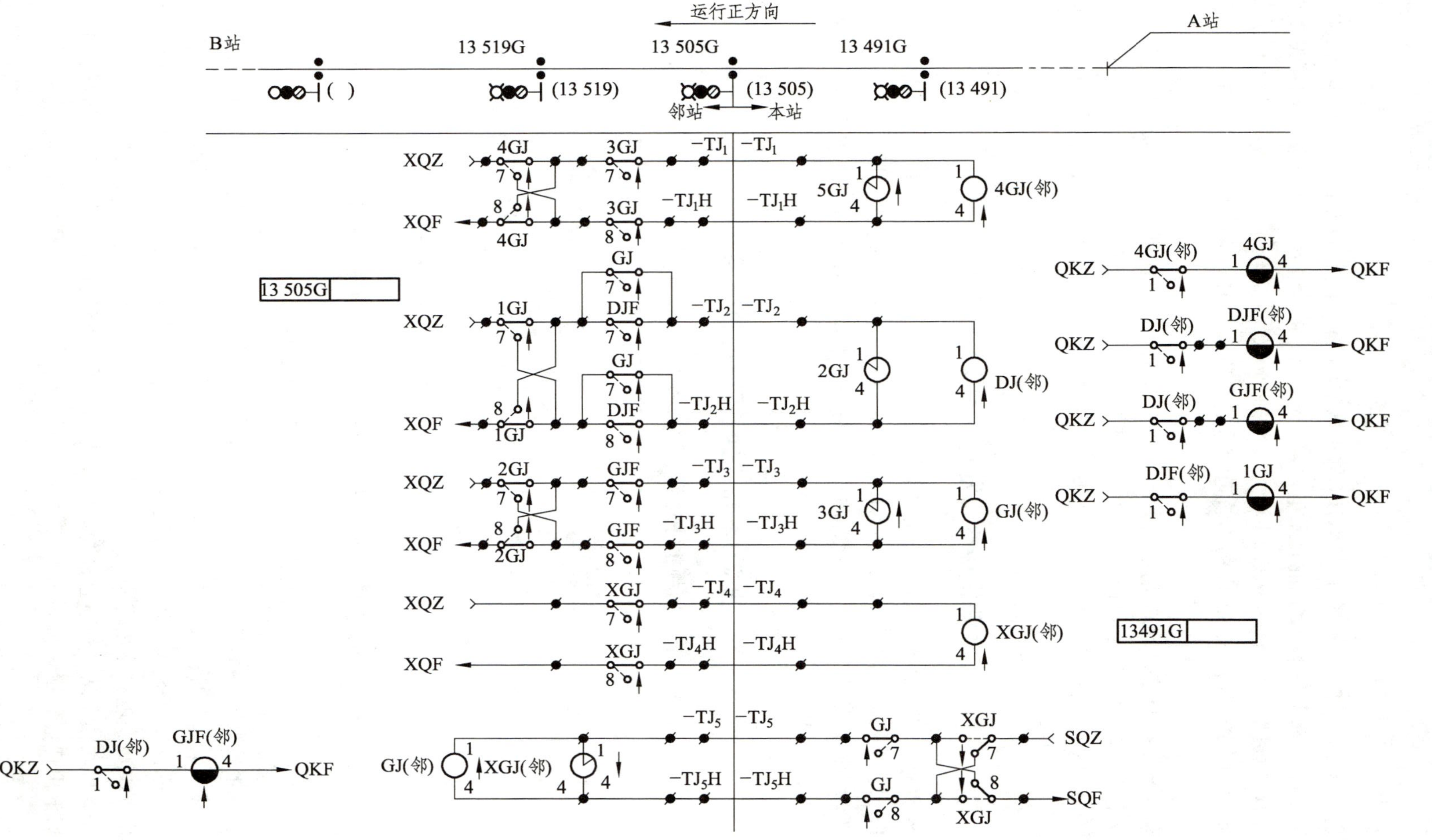

图 3-5-15　一个方向的站间联系电路

2. 送给内方闭塞分区的条件

通过外线 TJ5、TJ5H 构成邻站 XGJ（邻）和 GJ（邻）电路。XGJ（邻）是本站 XGJ 的复示继电器，GJ（邻）是本站 GJ 的复示继电器。列车反方向运行时，小轨道的归属发生变化，13505G 的小轨道条件来自 13491G。因此，邻站 13505G 需要本站 13491G 提供的 XGJ 条件。本站 13491G 接收器处理 13505G 的小轨道信号后，动作 XGJ，经外线 TJ5、TJ5H 复示后送给邻站。

列车反向运行时按自动站间闭塞进行，发 F2 反码。为了保证“故障-安全”，发码电路中要检查运行前方区段的 GJ 的前接点条件。因此邻站 13505G 需要本站 13491G 的 GJ 条件。由于 GJ（邻）为无极继电器，为防止电流极性变化造成其动作不稳定，又设置了缓放型继电器 GJF（邻）。

知识点 3　发送“N+1”冗余电路

ZPW-2000A 型无绝缘轨道电路发送器采用“N+1”冗余方式。每个车站按上下行分别设一个+1FS，上下行的+1FBJ 分别设在 S1LQ 和 X1LQ 组合中，见书末附图 2。

发送器内设自动检测。设备正常时，发送报警继电器 FBJ 吸起；当发送器故障时，FBJ 落下，自动转至+1FS。

知识点 4　区间移频报警电路

在 6502 电气集中车站，移频报警电路如图 3-5-16 所示。

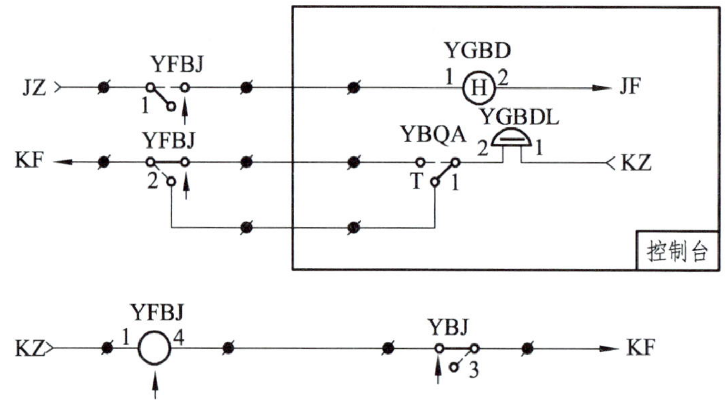

图 3-5-16　移频报警电路

由移频报警继电器 YBJ 前接点接通 YFBJ 电路。移频设备发生故障，YBJ↓使 YFBJ↓，控制台上的移频故障报警灯 YGBD（红色）点亮，移频故障报警电铃 YGBDL 鸣响。按下移频故障报警切断按钮 YBQA，电铃暂停鸣响。故障修复，YFBJ 吸起，YGBD 熄灭，电铃再次鸣响。拉出 YBQA，电铃停止鸣响。

在计算机联锁车站，移频总报警继电器 YBJ 的前接点通过接口架为计算机联锁采集，并在显示器上出现报警显示。

知识点 5　结合电路

在自动闭塞区段，为使电气集中与自动闭塞相结合，需设计结合电路。结合电路包括与控制台结合电路和与电气集中结合电路。

1. 接近轨道继电器电路

对每一接车方向设第一接近轨道继电器 1JGJ、第二接近轨道继电器 2JGJ 和第三接近轨道继电器 3JGJ，均由相应闭塞分区的 GJ 控制。该闭塞分区空闲时，接收器收到本闭塞分区的移频信号，GJ 吸起，使接近轨道继电器 JGJ 吸起；该闭塞分区被占用时，接收器收不到本闭塞分区的移频信号，GJ 落下，使接近轨道继电器 JGJ 落下。下行正方向接近轨道继电器电路如图 3-5-17 所示，由 597GJ、611GJ、627GJ 的前接点分别接通 X1JGJ、X2JGJ、X3JGJ 励磁电路。若某闭塞分区的设备设在相邻车站，则要将该闭塞分区的 GJ 条件通过外线引至本站，为保证传输的可靠性，采用接点双断。

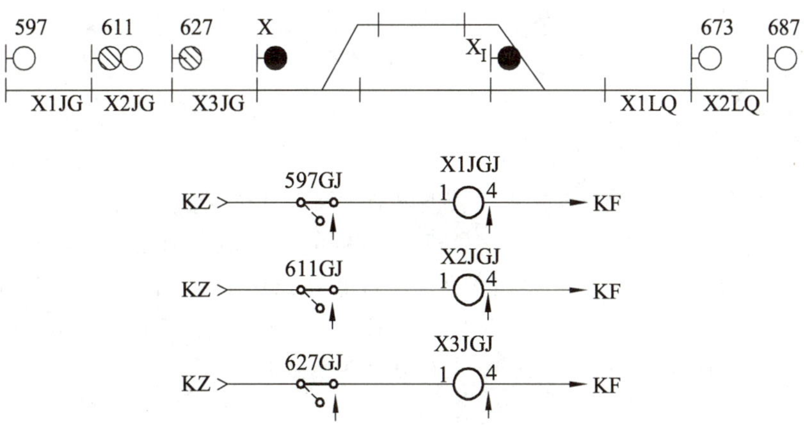

图 3-5-17　下行正方向接近轨道继电器电路

控制台上设 3 个接近表示灯，分别通过 1JGJ、2JGJ 及 3JGJ 后接点点亮，表示列车接近车站的情况。

1JGJ、2JGJ 和 3JGJ 接点还用于接近电铃继电器电路，2JGJ 和 3JGJ 前接点用于进站信号机的 JYJ 电路。

2. 离去继电器电路

离去继电器电路由反映列车运行前方各闭塞分区的继电器条件构成，设四个离去继电器 1LQJ、2LQJ、3LQJ、4LQJ（提速至 200 km/h 区段设 5LQJ、6LQJ；200 km/h 以上区段设 7LQJ），它们平时吸起。当第一离去区段 1LQ 被占用，使 1LQJ 落下，表示列车离去，运行在第一离去区段；第二离去区段 2LQ 被占用，使 2LQJ 落下，表示列车运行在第二离去区段；第三离去区段 3LQ 被占用，使 3LQJ 落下，表示列车运行在第三离去区段；第四离去区段 4LQ 被占用，使 4LQJ 落下，表示列车运行在第四离去区段。因离去继电器接点使用较多，设 2LQJ1 和 2LQJ2、3LQJ1 和 3LQJ2。1LQJ、2LQJ、3LQJ 的后接点分别点亮 1LQD、2LQD、3LQD

表示灯。下行正方向离去轨道继电器电路如图 3-5-18 所示，由下行正方向一离去区段的 GJ、1GJ、2GJ、3GJ 前接点分别接通 X1LQJ、X2LQJ、X3LQJ、X4LQJ 励磁电路。

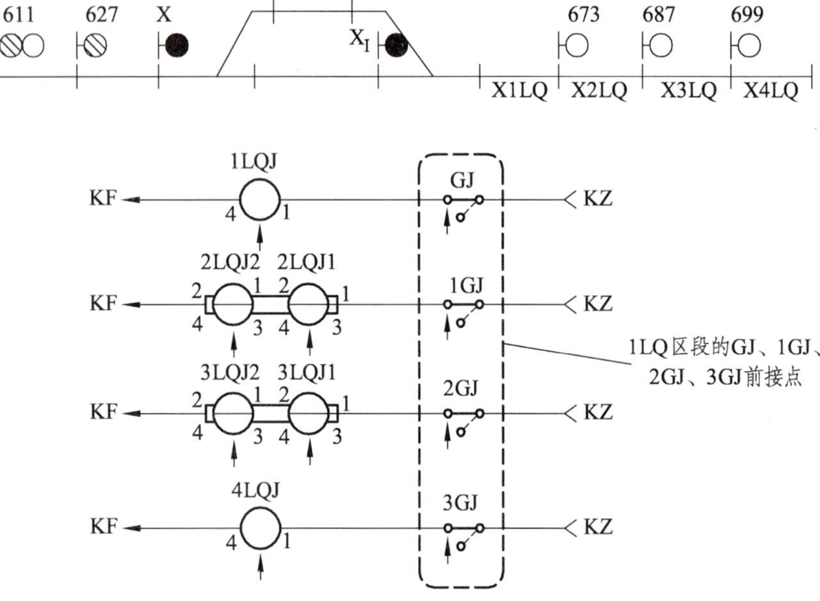

图 3-5-18　下行正方向离去轨道继电器电路

1LQJ、2LQJ 接点用于反方向接近电铃继电器电路；1LQJ 前接点用于 LXJ11 线网络端部电路中；1LQJ 前接点用于反方向进站信号机的 JYJ 电路；2LQJ 前接点用于通过信号机 TXJ 电路；2LQJ、3LQJ 及其复示继电器 2LQJF、3LQJF 接点用于出站信号机点灯电路；1LQJ、2LQJF、3LQJF、4LQJ（以及 5LQJ、6LQJ、7LQJ）接点用于站内轨道电路电码化电路。

反方向运行时，X1LQJ 作为 S_FJGJ，S1LQJ 作为 X_FJGJ。

3. 接近电铃继电器电路

对于 6502 电气集中车站，设接近电铃通知车站列车接近。下行接近电铃继电器电路如图 3-5-19 所示。

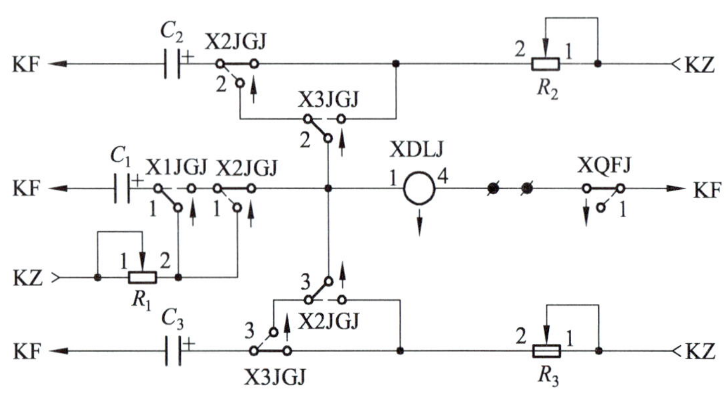

图 3-5-19　接近电铃继电器电路

正方向运行时，区间反方向继电器 QFJ 落下。平时，1JGJ、2JGJ、3JGJ 都吸起，通过它们的前接点分别接通 C_1、C_2、C_3 的充电电路。列车进入第一接近区段 1JG，1JGJ 落下，C_1 向电铃继电器 DLJ 放电，使之吸起，接近电铃 JDL 鸣响；列车进入第二接近区段 2JG，2JGJ 落下，C_2 向 DLJ 放电，使之吸起，JDL 鸣响；列车进入第三接近区段 3JG，未出清第二接近区段 2JG，3JGJ 和 2JGJ 均落下，C_3 向 DLJ 放电，使之吸起，JDL 鸣响。但列车出清第二接近区段 2JG 后，DLJ 落下，JDL 停止鸣响。当前行列车运行在第二接近区段，后续列车进入第一接近区段，也仍能充电，待前行列车出清第二接近区段后，向 DLJ 放电，JDL 仍能鸣响，通知续行列车的接近。同样，在前行列车运行在第三接近区段，后续列车进入第二接近区段时，C_2 仍能充电，待前行列车驶离第三接近区段后，C_2 向 DLJ 放电，使 JDL 鸣响，通知续行列车的接近。电位器 R_1、R_2、R_3 分别用来调节 C_1、C_2、C_3 的充放电时间。

反方向发车时，区间反方向继电器 QFJ 吸起，断开电铃继电器 DLJ 电路，即反方向发车时不使接近电铃鸣响。

为了满足反方向接车的需要，设反方向电铃继电器 FDLJ 电路，下行反方向电铃继电器电路如图 3-5-20 所示。反方向运行时，QFJ 吸起，接通 X_FDLJ 励磁电路。列车未接近时，电容器 C_8 充电。当列车占用 1LQ（即反方向的 JG）区段时，S1LQJ 落下，C_8 向 X_FDLJ 放电，X_FDLJ 吸起，FDL 鸣响，反映反方向运行列车接近车站。

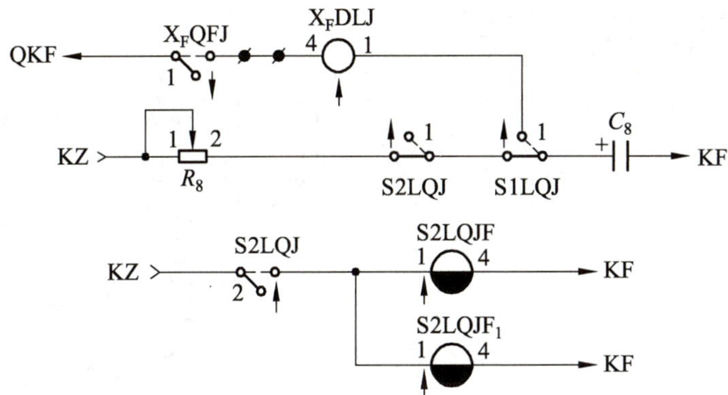

图 3-5-20　下行反方向电铃继电器电路

4. 接近预告继电器电路

图 3-5-21 是进站内方带调车用的接近预告继电器 JYJ 电路。提速区段进站信号机 X 的接近区段为 2JG 和 3JG（在非提速区段为进站信号机前方的第一个接近区段），调车信号机 D_3 的接近区段为 I AG。当进站信号机开放，建立接车进路，LKJF 前接点接通，用 JYJ 反映 2JG 和 3JG 区段的情况；当调车信号机开放，建立调车进路，LKJF 后接点接通，用 JYJ 反映 I AG 区段的情况。

自动闭塞区段正线出站信号机在办理列车通过进路时，在提速区段其接近区段由同方向的进站信号机的 3JG 区段开始，至该出站信号机为止，但对始发列车或停站后再出发的列车来说，其接近区段是股道。正线出站信号机 JYJ 电路如图 3-5-22 所示。

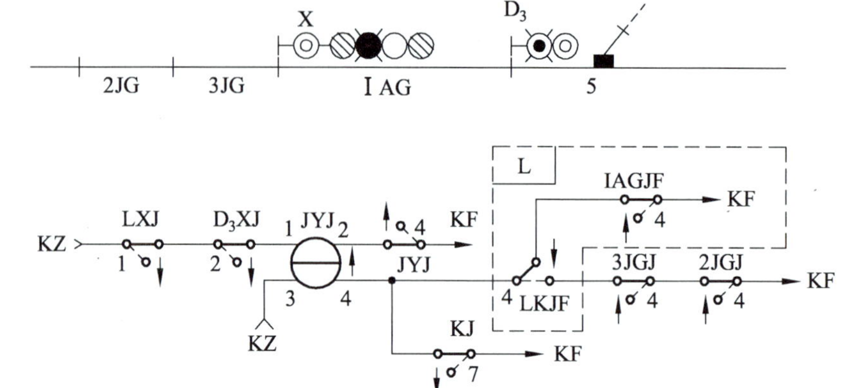

图 3-5-21　进站内方带调车用的 JYJ 电路

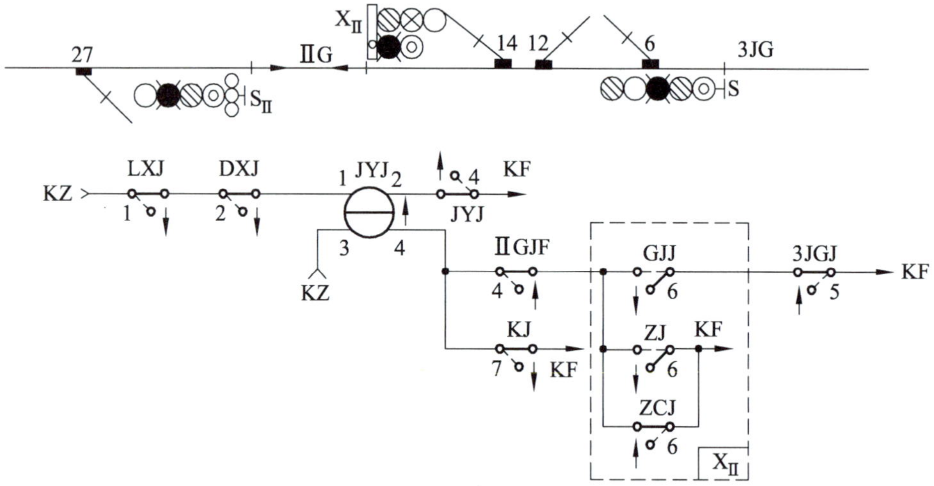

图 3-5-22　正线出站信号机 JYJ 电路

正线出站兼调车信号机用的 JYJ 的 3-4 线圈励磁电路中串接有ⅡGJF 和 3JGJ 的前接点，用它反映股道上和 3JG 区段是否有车。在非提速区段，JYJ 电路不需接入 3JGJ 的前接点。无论办理通过、发车或调车进路，它们的接近区段都包括股道。

在 JYJ 的 3-4 线圈电路中，还串接有 GJJ、ZJ 和 ZCJ 三组接点。其中 $X_{Ⅱ}$的 GJJ 前接点反映进站信号机 S 至出站信号机 $X_{Ⅱ}$之间无车。在办理通过进路时，由于 $X_{Ⅱ}$的 GJJ 吸起，使 $X_{Ⅱ}$ZCJ 落下，而 $X_{Ⅱ}$ZJ 落下，使得此时 $S_{Ⅱ}$JYJ 能吸起，反映出进站信号机 S 至出站信号机 $S_{Ⅱ}$之间空闲，即办理通过进路时，正线出站信号机的接近区段是空闲的。

当办理由ⅡG 向上行方面的发车进路或调车进路时，假如此时另一咽喉未办理向ⅡG 调车进路，则这时 $X_{Ⅱ}$ZCJ 是吸起的，而 $X_{Ⅱ}$GJJ 和 $X_{Ⅱ}$ZJ 均落下，所以此时 $S_{Ⅱ}$JYJ 吸起仅反映股道空闲。假如此时另一咽喉办理向ⅡG 的调车进路，那么 $X_{Ⅱ}$GJJ 将吸起，而 $X_{Ⅱ}$ZCJ 落下，但此时 $X_{Ⅱ}$ZJ 吸起，所以 $S_{Ⅱ}$JYJ 吸起仍只反映出股道空闲。

5. 进站信号机区分允许信号继电器电路

对于进站信号机，在 TXJ 和 LUXJ 电路中，用同方向的 2LQJ 接点区分 2LQ 空闲与否，2LQ 空闲，TXJ 吸起，点绿灯，否则点绿黄灯。TXJ 和 LUXJ 电路如图 3-5-23 所示。

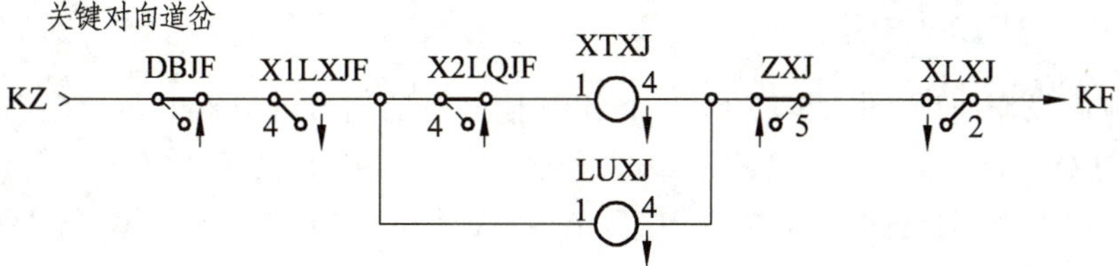

图 3-5-23　TXJ 和 LUXJ 电路

6. 进站信号机点灯电路

进站信号机的点灯电路由 LXJ、ZXJ、LUXJ、TXJ 构成。用 ZXJ 区分 1U 和双黄灯。LXJ 和 ZXJ 都吸起，点 1U 灯；ZXJ 落下，点双黄灯。用 LUXJ 区分绿黄和绿灯。建立通过进路时，如果只有一个闭塞分区空闲，TXJ↓，LUXJ↑，进站信号机点绿黄灯，运行前方两个闭塞分区空闲，LUXJ 和 TXJ 都吸起，进站信号机才点绿灯。进站信号机点灯电路如图 3-5-24 所示。

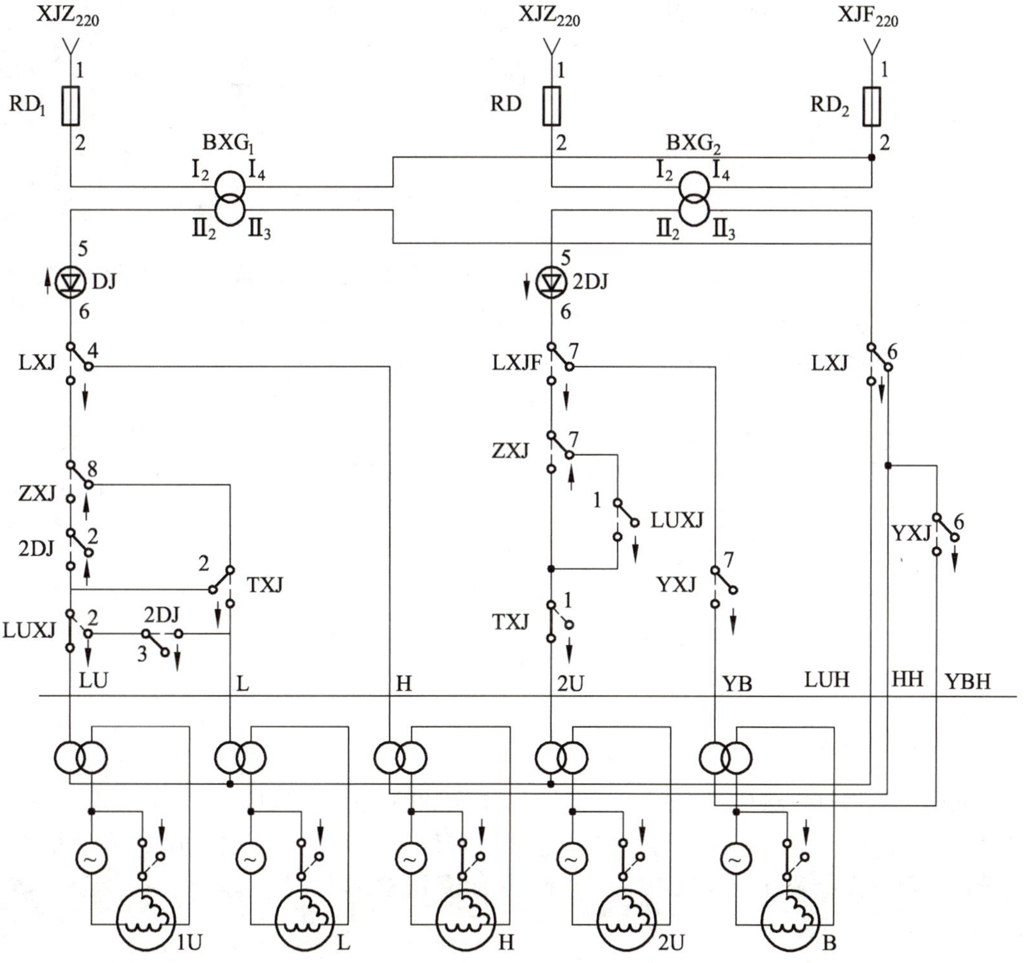

图 3-5-24　进站信号机点灯电路

7. 出站信号机 LXJ 电路

（1）正方向发车时[见图 3-5-25（a）]：出站信号机的信号继电器电路，在 11 线端部发车口部位接入 1LQJF 前接点。只有当第一离去分区空闲，1LQJF 吸起，才能开放出站信号机。

（2）反方向发车时[见图 3-5-25（b）]：11 线端部用 QGJ 前接点证明整个区间空闲，作为开放出站信号机的必要条件。

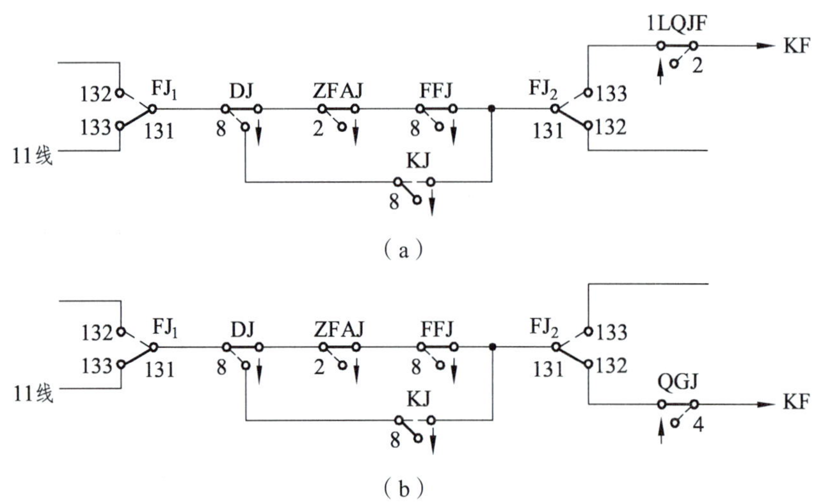

图 3-5-25　出站信号机的 LXJ 电路

一个车站分别设 XQGJ 和 SQGJ，用作反方向运行时区间空闲的条件。接在反方向出站信号机 LXJ 电路中。XQGJ 用于检查上行反方向发车时整个区间的空闲；SQGJ 用于检查下行反方向发车时区间的空闲。区间轨道继电器电路如图 3-5-26 所示。

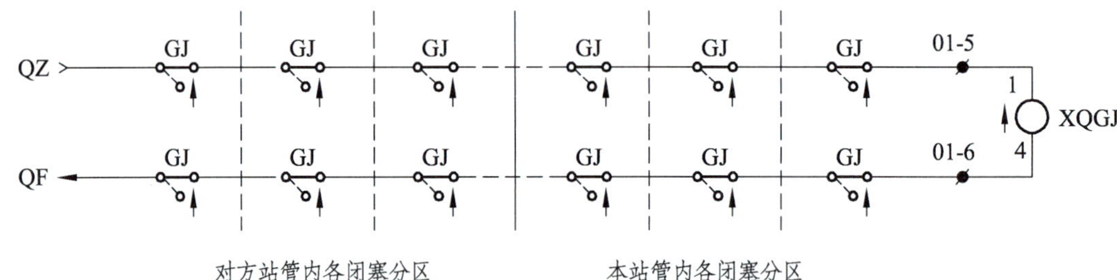

图 3-5-26　区间轨道继电器电路

8. 出站信号机点灯电路

出站信号机点灯电路如图 3-5-27 所示，由 2LQJ 和 3LQJ 区分绿灯、绿黄灯和黄灯显示。若 2LQJ↑、3LQJ↑，说明前方三个闭塞分区空闲，点绿灯；若 2LQJ↑、3LQJ↓，则前方有两个闭塞分区空闲，点绿黄灯；若 2LQJ↓，只有一个闭塞分区空闲，点黄灯。

9. 解锁电路

如发车口内方第一个区段为道岔区段，则发车进路上该道岔区段的第三点检查条件是 1LQJ 接点。解锁电路如图 3-5-28 所示。

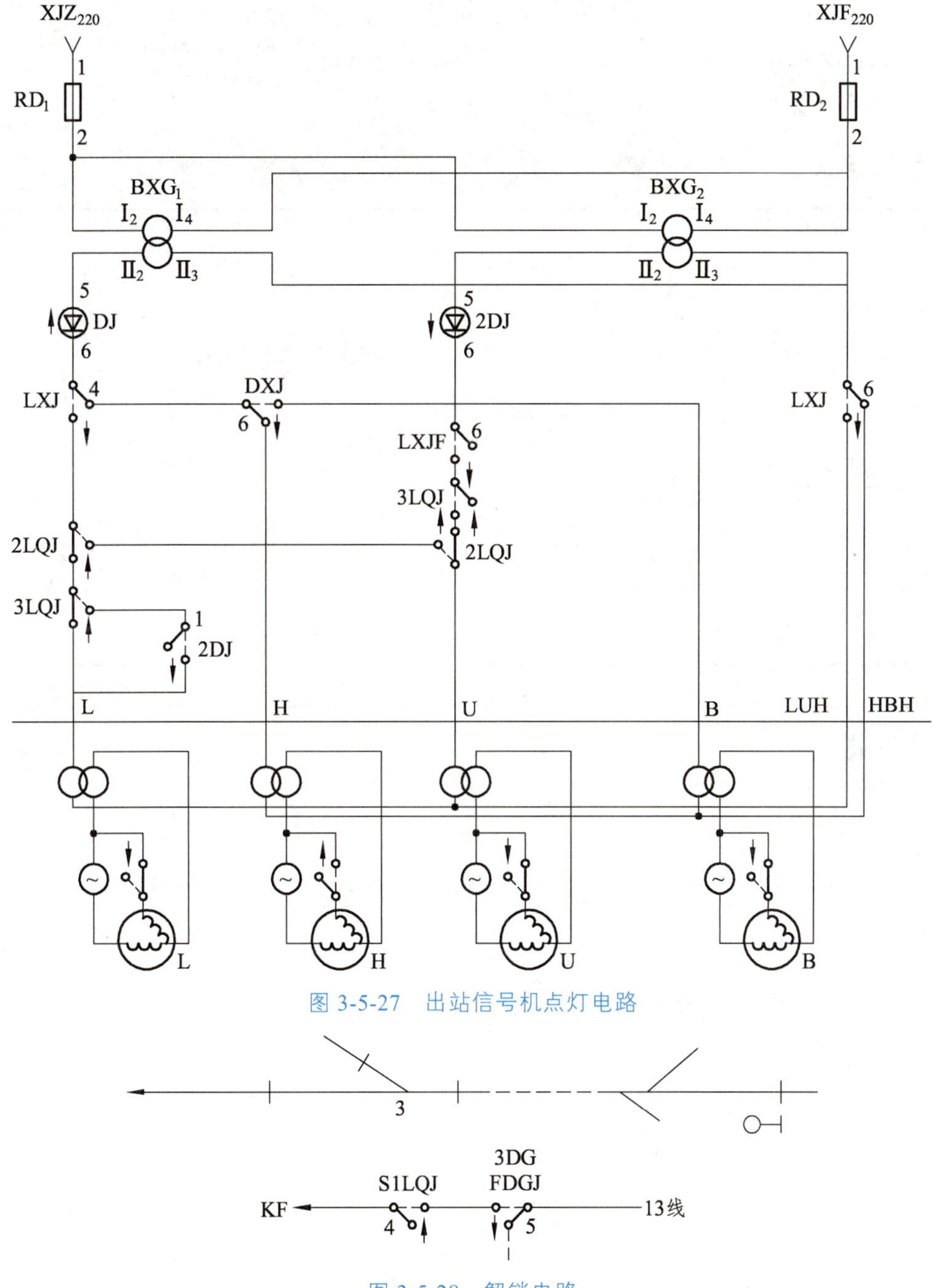

图 3-5-27　出站信号机点灯电路

图 3-5-28　解锁电路

【任务实施】

小组讨论：根据所学，试分析列车在自动闭塞区段运行时，是如何实现各闭塞分区自动发码及区间通过信号机自动点灯的？接近区段与一般闭塞分区有什么区别？

提示：各闭塞分区电路的发码，均与其内方各闭塞分区的状态相联系，而各接近区段的发码，都与进站信号机的状态相联系。

任务实施要领：

（1）一般闭塞分区发送编码电路及通过信号机点灯电路。

（2）接近区段发送编码电路及通过信号机点灯电路。

【考核评价】

序号	考核点	评分点	分值	得分
1	闭塞分区电路识读	对各闭塞分区能根据列车的运行情况正确说出相应的低频编码，以及防护该分区信号机的点灯情况	20	
		能分析区间闭塞分区电路图，并能掌握电路分析一般规律	40	
2	其他电路识读	能看懂发送冗余电路、站联电路、报警电路和结合电路	20	
		能积极参与小组讨论任务	10	
3	课堂表现	态度认真、积极参与、遵守纪律	10	
4	教师评语			
总分			100	

【巩固提高】

1. 填写题

（1）四显示自动闭塞区间一般闭塞分区通过信号机定位为______，该信号点又称______信号点。

（2）四显示自动闭塞区间某通过信号机显示绿黄信号时，若其绿灯灯丝双断则显示为_______；若黄灯灯丝双断则显示为_________。

（3）四显示自动闭塞区间防护一接近区段的闭塞分区通过信号机定位显示为______，因此该信号点又称_____信号点。

（4）四显示自动闭塞区间防护二接近区段的闭塞分区通过信号机定位显示为_____，因此该信号点又称_________信号点。

2. 选择题

（1）正方向运行时三接近区段由（　　）的状态构成编码条件。

A. 进站信号机的 LXJ、ZXJ、LUXJ、TXJ、YXJ 以及同方向的正线出站信号机的 LXJ

B. 进站信号机的 LXJ、LUXJ、TXJ、YXJ 以及同方向的正线出站信号机的 LXJ

C. 进站信号机的 LXJ、ZXJ、TXJ、YXJ 以及同方向的正线出站信号机的 LXJ

D. 进站信号机的 LXJ、ZXJ、LUXJ、YXJ 以及同方向的正线出站信号机的 LXJ

（2）三接近区段编码电路中，当正方向运行时，当进站信号机的 LXJ↓、YXJ↑时，三接近区段发送器发送（　　）信息码。

A. HB　　B. HU　　C. UU　　D. U

（3）关于有分割点的闭塞分区的两段轨道电路编码条件说法错误的是（　　）。

A. 分割点的闭塞分区的两段轨道电路占用 AG 时，BG 和 AG 都发码

B. 分割点的闭塞分区的两段轨道电路都空闲时，BG 和 AG 都发码

C. 分割点的闭塞分区的两段轨道电路占用 BG 时，BG 和 AG 都发码

D. 分割点的闭塞分区的两段轨道电路任何情况下编码条件都相同

3. 简答题

（1）说明红灯转移电路的工作原理。

（2）说明接收器电路中对小轨道条件如何处理的，一般闭塞分区、三接近、一离去、分界点处是如何处理的。

（3）说明三接近信号点的发送编码电路和点灯电路的工作原理。

（4）说明二接近信号点的发送编码电路和点灯电路的工作原理。

（5）说明一接近信号点的发送编码电路和点灯电路的工作原理。

（6）说明一般闭塞分区信号点的发送编码电路和点灯电路的工作原理。

（7）说明列车反方向运行时，发送器编码电路的工作原理。

（8）说明发送“N+1”电路的工作原理。

工作任务 3.6　ZPW-2000A 无绝缘移频轨道电路测试与调整

【学习目标】

知识目标	能力目标	素质目标
1. 熟悉 ZPW-2000A 型无绝缘移频轨道电路测试流程及安全防控措施。 2. 掌握 ZPW-2000A 型无绝缘移频轨道电路室内、室外设备测试方法。 3. 掌握 ZPW-2000A 型无绝缘移频轨道电路调整内容	1. 能测试 ZPW-2000A 型无绝缘移频轨道电路室内、室外设备。 2. 会看轨道电路调整表，能调整 ZPW-2000A 型无绝缘移频轨道电路	1. 培养学生的安全意识，团队合作能力和动手能力。 2. 培养学生爱路护路、爱岗敬业的精神

【任务引导】

引导问题 1：你知道 ZPW-2000A 型无绝缘移频轨道电路测试作业流程吗？

引导问题 2：你知道 CD96-3Z 测试仪表的使用方法吗？

【工具器材】

专用选频表（CD96-3Z）、斜口钳、尖嘴钳、活口扳手、套筒、万可端子专用工具、ZPW-2000A 型移频轨道电路室内、外测试记录表、轨道电路调整表、0.15 Ω 分路线、电烙铁、调整封线。

【相关知识】

ZPW-2000A 型无绝缘移频轨道电路测试作业流程：作业前准备→登记联系→测试与调整→销记→点评。

知识点 1　作业前准备

（1）由工长组织召开作业前准备会，明确分工、作业内容，开展安全预想，明确注意事项。

（2）清点工具、材料、仪表等，如专用选频表（CD96-3Z）、斜口钳、尖嘴钳、活口扳手、套筒、万可端子专用工具、ZPW-2000A 型移频轨道电路室内、外测试记录表、轨道电路调整表、0.15 Ω 分路线、电烙铁、调整封线等。

（3）安全防控措施。

① 严格执行“双调度命令”制度，调整工作必须在“天窗”点内完成。

② 严格执行“三不动”“三不离”“三预想”“八严禁”等基本安全制度。

③ 严格执行群体作业、专人防护制度，作业人员必须服从防护员指挥，来车前及时撤离线路，防止发生车辆伤害。

④ 夜间作业必须严格执行夜间劳动安全规定。

⑤ 作业中应防止工具、材料侵限，作业完毕必须工完料清。

知识点 2　登记联系

驻站联络员携带铁路安全防护驻站联络派遣单到车站信号楼，按照相关规定进行登记、联系、防护工作。作业前，专职防护人员应与驻站联络员互试联络工具良好，确定作业地点、内容，按规定穿戴齐整劳动防护用品方可进行作业。进入机械室前需登记申请钥匙，经车站签认领取钥匙后方可进入。

知识点 3　ZPW-2000A 型无绝缘移频轨道电路室内设备测试

1. 衰耗器测试

设备正常工作时，从室内衰耗盘的指示灯可观察各设备的工作情况。主要表示灯有：

（1）发送工作：即发送故障报警指示，设在衰耗盘内，绿色。亮灯表示工作正常；灭灯表示故障。

（2）接收工作：即接收故障报警指示，设在衰耗盘内，绿色。亮灯表示工作正常；灭灯表示故障。

（3）轨道占用：设在衰耗盘内。轨道电路空闲，亮绿灯；轨道占用或故障，亮红灯。一般接收故障时，由于双机并联运用，轨道电路空闲，仍为绿灯状态。

（4）正向：方向指示灯，设在衰耗盘内。列车正方向运行时，亮绿灯，反方向运行灭灯。

（5）反向：方向指示灯，设在衰耗盘内。列车反方向运行时，亮绿灯，正方向运行灭灯。

（6）总移频报警灯：设在控制台，当移频总报警继电器（YBJ）失磁时，点亮红灯，并通过故障电铃报警。

使用移频在线测试表，从衰耗盘测试端子即可测试室内设备的主要电气特性。下面以 ZPW · S 型衰耗盒（见图 3-6-1）为例说明其测试方法，测试方法见表 3-6-1。ZPW · S 型衰耗盒测试端子说明如下：

SK1：“发送电源”接 FS+24 V、024 V。

SK2：“接收电源”接 JS+24 V、024 V。

SK3：“发送功出”接发送器功出。

SK4：“轨道输入”接轨道信号输入。

SK5：“主轨输出”经 B1 变压器电平调整后输出至主轨道主机、并机。

SK6：“小轨输出”经调整电阻调整后，通过 B2 变压器送至小轨道主机、并机。

SK7：“GJ（Z）”主轨道继电器 GJ 主机电压。

SK8：“GJ（B）”主轨道继电器 GJ 并机电压。

SK9：“GJ”主轨道继电器 GJ 电压。

SK10：“XG（Z）”小轨道执行条件 XGJ 主机电压。

SK11：“XG（B）”小轨道执行条件 GJ 并机电压。

SK12：“XG”小轨道执行条件 XGJ 电压。

SK13：“XGJ”小轨道检查条件 XGJ 电压。

图 3-6-1　ZPW·S 衰耗盒面板

表 3-6-1　ZPW·S 型衰耗盒测试项目及方法介绍

测试塞孔	测试功能	CD96-3Z 仪表挡位选择
发送电源	发送器电源电压	直流电压幅度
接收电源	接收器电源电压	直流电压幅度
发送功出	发送器输出至轨道的功出电压	单载频选频测量
轨入	输入衰耗控制器的主轨道和小轨道信号电压	多载频选频测量
轨出 1	输出至接收器主机和并机的主轨道输入	多载频选频测量
轨出 2	输出至接收器主机和并机的小轨道输入	多载频选频测量
GJ（Z）	主机接收主轨道继电器电压	直流电压幅度
GJ（B）	并机接收主轨道继电器电压	直流电压幅度
GJ	轨道继电器电压	直流电压幅度
XG（Z）	主机接收小轨道继电器电压	直流电压幅度
XG（B）	并机接收小轨道继电器电压	直流电压幅度
XG	小轨道执行条件电压	直流电压幅度
XGJ	相邻区段接收器送来的小轨道检查条件电压	直流电压幅度

以 CD96-3Z 测试仪表为例，将仪表公用测试线与主表上方测试孔连接。将公用测试线与测试塞头连接。然后，开启仪表电源开关，在主菜单选择“ZPW-2000”移频，然后按“确认”键进入测试选项屏。当测试电源电压等直流电压时，移动选项光标键至“直流”测试选项，按“确认”键既可。在衰耗器面板的“发送电源”“接收电源”和 GJ、XGJ 等塞孔上进行系统设备的直流电压参数测试；当测试发送功出、轨入和轨出载频信号时，按“菜单”键，移动选项光标键至“单载频”测试选项，按“确认”键，在衰耗器面板的相应塞孔进行测试。可测得信号的上下边频频率和电压值，测得移频信号的中心频率和电压值，测得低频信息的频率值。也可以在“菜单”中选择“多载频”测试选项进行测试，可以测得载频信号的中心频率和电压值。该方法适用于不能确定载频的情况下进行测试。

2. 防雷模拟网络测试

防雷模拟网络（见图 3-6-2）测试内容较为简单，只有三组测试孔。测试方法为使用 CD96-3Z 表选择“移频自动搜索”测项，读取其电压值。

图 3-6-2　防雷模拟网络

知识点 4　ZPW-2000A 型无绝缘移频轨道电路室外设备测试

ZPW-2000A 移频轨道电路室外设备测试，按照室外年测表格项目进行，具体测试方法如下。

1. 调谐单元测试

1）调谐单元电压测试

调谐单元电压测试时，使用 CD96-3Z 移频表选择“移频自动搜索”测试选项，将表棒接至调谐单元铜引接线处进行测试读出电压值即可。

2）调谐单元零阻抗、极阻抗测试

将仪表公用测试线与 DLH-09 型电流钳和测试鳄鱼夹连接。使用 CD96-3Z 移频表选择“调

谐单元阻抗”测试选项，将电流卡在调谐单元铜引线板与匹配变压器连接线内方测试，测试电压表棒连接至调谐单元铜引线板上。按“确认”键。此时屏幕显示双工作载频下的两组在线电压、电流值及其换算的零阻抗、极阻抗值（本区段频率下的阻抗值为极阻抗）。具体接线方式如图 3-6-3 所示。

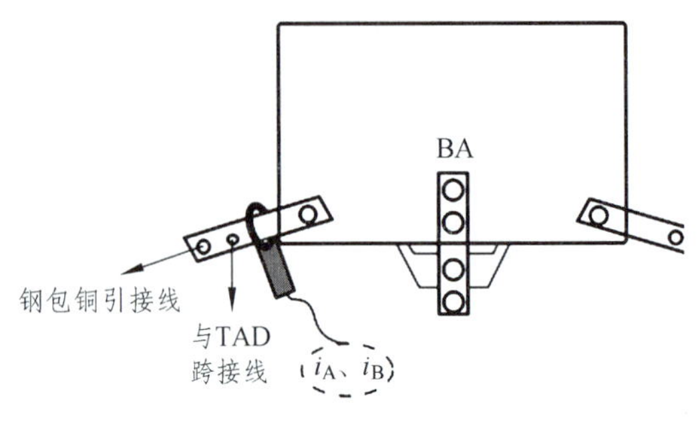

（a）电流测试示意

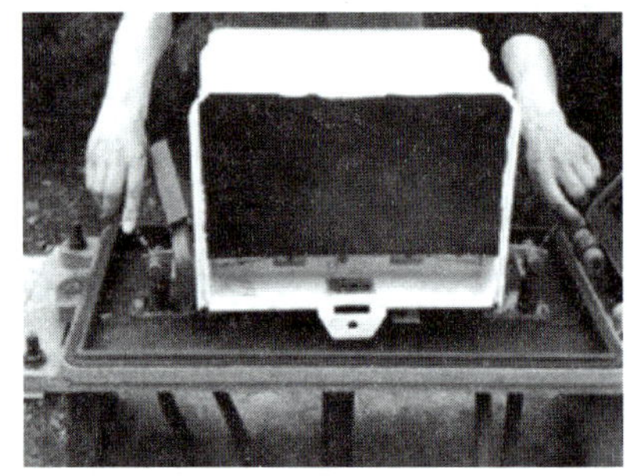

（b）调谐单元阻抗测试

图 3-6-3　调谐单元阻抗测试

2. 匹配变压器测试

1）电缆端、轨面端电压测试

使用 CD96-3Z 移频表选择“移频自动搜索”测试选项，分别测试 E_1、E_2 和 V_1、V_2 电压值。E_1、E_2 端测试值为电缆端电压，V_1、V_2 端测试值为轨面端。

匹配变压器有 4 个引出端子，其中 E_1、E_2 与室内方向 SPT 电缆连接，V_1、V_2 通过 BA 铜引线板与室外轨道电路连接。

匹配变压器在线测试如图 3-6-4 所示，当室内为发送时，信号为 f_A；室外为接收时，信号为 f_B、f_C（主轨及小轨）。

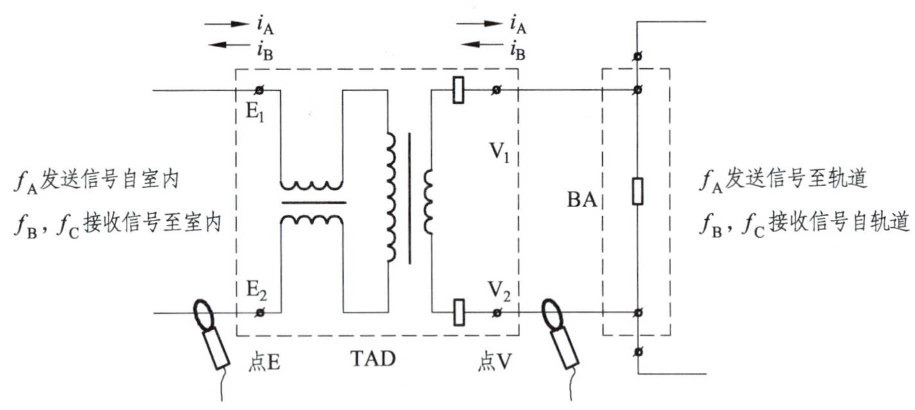

图 3-6-4　调谐单元阻抗测试

2）匹配变压器阻抗测试

使用 CD96-3Z 表选择“匹配输入输出阻抗”测试选项，当匹配变压器使用在发送端时，输入阻抗测试须将电流钳卡在 E_1 或者 E_2 端子引线上，将电压测试表棒接至 E_1、E_2 端子上，按“确认”键，测得电压、电流及换算出的输入阻抗值。测试输出阻抗须将电流钳卡在 V_1 或

者 V_2 端子引线上，将电压测试表棒接至 V_1、V_2 端子上，按“确认”键，测得电压、电流及换算出的输出阻抗值。当匹配变压器使用在接收端时，测试方法与上述一致，不同在于 V_1、V_2 端为输入阻抗值，E_1、E_2 端为输出阻抗值。

3. 空芯线圈测试

1）电压、电流测试

使用 CD96-3Z 表选择“移频自动搜索”测试选项，在空心线铜引接线处可以测试出电压及电流值。

2）零阻抗、极阻抗测试

如图 3-6-5 所示，使用 CD96-3Z 表选择“空芯线圈阻抗”测试选项，将电流钳卡在空芯线圈铜引线板上，将电压测试表棒接至铜引线板两侧，按“确认”键。此时屏幕显示双工作载频下的两组在线电压、电流值及其换算的零阻抗、极阻抗值。

图 3-6-5　空芯线圈在线测试

4. 机械绝缘节空芯线圈（SVA′）在线测试方法

SVA′有 1 700 Hz、2 000 Hz、2 300 Hz 和 2 600 Hz 四种载频，其阻抗的在线测试方法与 SVA 相同，只是 SVA′只有一种载频阻抗。

5. 补偿电容测试

补偿电容的测试手段是：测出电容所在位置的阻抗值，然后换算出该位置等效的、并非该电容自身的电容容值。

从补偿电容在钢轨安装点坐标轨面测电压，将两支“测试磁吸”分别插于“公用测试线”的标准测试插柄上，然后分别吸附在电容引接线端正上方的钢轨轨面上，进行电压测试，此时电流钳必须空置；用仪表自动选择频率记录电压。

由补偿电容引线测试电流，测试表换插电流钳后，将补偿电容任一端引接线卡入电流钳，进行电流测试，此时磁吸必须空置；确认并给出电容值。

由于引线电感对测得电容值的影响，实测电容值指标由 5%扩大至 10%。测试可采用带有选频、记录、运算功能的单通道智能仪表，亦可采用双通道仪表。在不具备必需的智能仪表时，也可采用带选频电压电流表，按计算公式系数 A 求得电容容值。电容引线断股及塞钉接触不良，引起损耗角变化不能用本方法检查。电流钳频率响应范围差将造成较大测试误差，甚至错误判别。

6. 塞钉与钢轨交流接触电阻的在线测试

（1）为取得统一测量值，测试点原则上应选取引接线根部点 A 与同线路坐标轨顶中部点 B。塞钉与钢轨交流接触电阻测试如图 3-6-6 所示。

为测试方便：在假设引线与塞钉焊接良好时，可选取塞钉“点 A'”和“点 B”（塞钉式）；在假设引线与铜端头接触良好时，可选取铜端头“点 A”与“点 B”（膨胀螺栓式）。

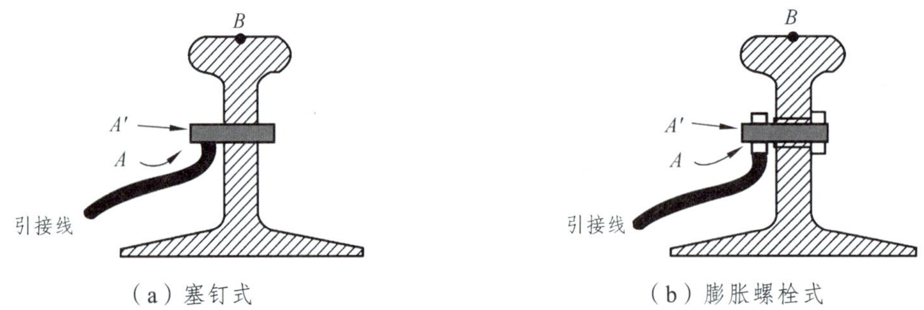

图 3-6-6　塞钉与钢轨交流接触电阻测试

（2）对于双头塞钉应分别测量每个塞钉，测试标准及方法与单一塞钉相同。

（3）测量电压值时，应采用专用测试线，并使仪表距离钢轨 0.6 m 以上，以消除干扰。

（4）在仪表指示稳定时，测量计数。

（5）塞钉接触电阻值为交流阻抗值，与被测点间电流流向电阻及电感有关，一般 2 600 Hz 阻抗值最高，1 700 Hz 阻抗值最低。

（6）进站口、出站口 BA、SVA′固定在一个膨胀螺钉上，电流钳应套在两线上测量进入钢轨的电流。

7. 轨道绝缘的在线测试

用 GDJY 型轨道绝缘在线测试仪进行在线测试。

8. 分路灵敏度线电阻在线测试

（1）分路线上测分路电流 i。

（2）在轨顶尽量接近分路线 A、B 的 A'、B'点接电压表。该方式测试结果包含了分路线与钢轨的接触电阻。

（3）采用有足够压力的专用“杠杆压力分路灵敏度线”，轨面经过砂纸打磨，认为与钢轨接触电阻可忽略时，可直接在杠杆两端铜头上测电压，如图 3-6-7 所示。

（4）在仪表指示稳定时测量。一般电压表在最小值（最佳接触状态）时，确认取 $R_f=u/i$ 值。

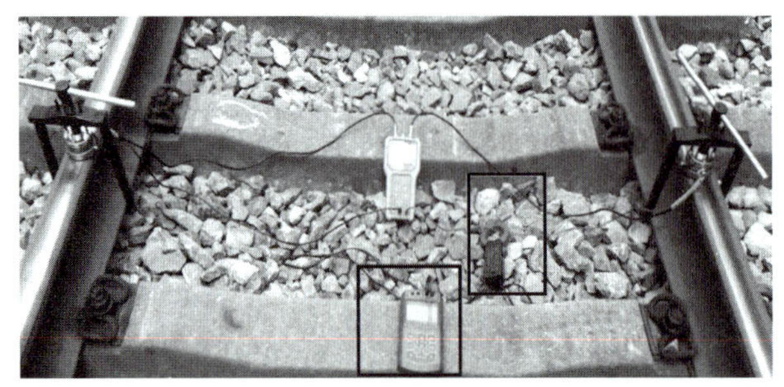

图 3-6-7　分路灵敏度线电阻在线测试

室外设备在线测试指标见表 3-6-2。

表 3-6-2　室外设备在线测试指标

<table>
<tr><th colspan="3" rowspan="2">设备及条件</th><th colspan="5">项目</th><th rowspan="2">备注</th></tr>
<tr><th>1700</th><th>2000</th><th>2300</th><th colspan="2">2600</th></tr>
<tr><td rowspan="6">调谐单元（ZPW·T）/Ω</td><td rowspan="3">极阻抗</td><td>最小</td><td>0.342 3</td><td>0.396 5</td><td>0.447 6</td><td colspan="2">0.493 8</td><td rowspan="13">调谐单元分为 1700、2000、2300、2600 四种类型。“调谐单元”和“配单元”测试周期：开通时测试一次，日常根据需要加测。
注意：
1. 本指标只适用于普速铁路。
2. 客专匹配变压器已在调谐匹配单元（PT）内部连接，使在线测试中的调谐单元与匹配变压器指标不能分离。
3. 采用 PT 时，Z_{TE} 和 Z_L 数据有效</td></tr>
<tr><td>中值</td><td>0.364 4</td><td>0.424 6</td><td>0.484 2</td><td colspan="2">0.542 8</td></tr>
<tr><td>最大</td><td>0.386 4</td><td>0.450 7</td><td>0.520 9</td><td colspan="2">0.591 8</td></tr>
<tr><td rowspan="3">零阻抗</td><td>最小</td><td>0.030 4</td><td>0.034 2</td><td>0.017 6</td><td colspan="2">0.022 2</td></tr>
<tr><td>中值</td><td>0.045 9</td><td>0.054 1</td><td>0.041 5</td><td colspan="2">0.050 7</td></tr>
<tr><td>最大</td><td>0.061 7</td><td>0.075 3</td><td>0.065 3</td><td colspan="2">0.079 1</td></tr>
<tr><td rowspan="7">匹配单元（ZPW·BPL）（简称 TAD）/Ω</td><td rowspan="2">Z_{TE}（E_1、E_2 端 TAD 输入阻抗）</td><td>最小</td><td>98.5</td><td>115.3</td><td>133.3</td><td colspan="2">134.4</td></tr>
<tr><td>最大</td><td>139.8</td><td>159.9</td><td>175.8</td><td colspan="2">194.4</td></tr>
<tr><td rowspan="3">Z_L（E_1、E_2 端电缆输入阻抗）</td><td>最小</td><td>466</td><td>468</td><td>472</td><td colspan="2">455</td></tr>
<tr><td>中值</td><td>486</td><td>489</td><td>484</td><td colspan="2">473</td></tr>
<tr><td>最大</td><td>514</td><td>520</td><td>521</td><td colspan="2">507</td></tr>
<tr><td rowspan="2">Z_G（V_1、V_2 端轨道输出阻抗）</td><td>最小</td><td>0.74</td><td>0.77</td><td>0.84</td><td colspan="2">0.70</td></tr>
<tr><td>最大</td><td>1.02</td><td>1.03</td><td>1.10</td><td colspan="2">1.13</td></tr>
<tr><td colspan="2" rowspan="3">空芯线圈（XKD）（XK）/Ω</td><td>最小</td><td>0.347 4</td><td>0.408 6</td><td>0.469 8</td><td colspan="2">0.531 1</td><td rowspan="3">测试周期：开通时测一次，日常根据需要加测</td></tr>
<tr><td>中值</td><td>0.352 8</td><td>0.413 7</td><td>0.474 4</td><td colspan="2">0.534 7</td></tr>
<tr><td>最大</td><td>0.369 3</td><td>0.434 2</td><td>0.499 1</td><td colspan="2">0.564 1</td></tr>
<tr><td colspan="2" rowspan="3">机械绝缘节空芯线圈（XKJD）（XKJ）/Ω</td><td>最小</td><td>0.297 5</td><td>0.348 0</td><td>0.398 1</td><td colspan="2">0.448 8</td><td rowspan="3">测试周期：开通时测一次，日常根据需要加测，XKJD 分为 1700、2000、2300、2600 四种类型</td></tr>
<tr><td>中值</td><td>0.306 9</td><td>0.359 0</td><td>0.410 7</td><td colspan="2">0.462 9</td></tr>
<tr><td>最大</td><td>0.316 4</td><td>0.369 9</td><td>0.423 2</td><td colspan="2">0.477 0</td></tr>
<tr><td rowspan="4">补偿电容</td><td colspan="2">最小/μF</td><td>49.5</td><td>45</td><td>41.4</td><td>36</td><td>22.5</td><td rowspan="3">分为 40 μF、46 μF、50 μF、55 μF、25 μF 五种类型，其他 60 μF、70 μF、80 μF、90 μF 均按±5%偏差要求。测试周期：1 年</td></tr>
<tr><td colspan="2">中值/μF</td><td>55</td><td>50</td><td>46</td><td>40</td><td>25</td></tr>
<tr><td colspan="2">最大/μF</td><td>60.5</td><td>55</td><td>50.6</td><td>44</td><td>27.5</td></tr>
<tr><td colspan="2">换算系数 A
$C=\frac{i}{u}\times A$</td><td>93.62</td><td>79.58</td><td>69.2</td><td>61.21</td><td></td><td>仅在无电容测试表条件下换算用</td></tr>
<tr><td colspan="3">塞钉接触电阻不大于/mΩ</td><td colspan="5">1</td><td>测试周期：1 年</td></tr>
</table>

续表

设备及条件		项目				备注
		1700	2000	2300	2600	
绝缘轨距杆在线漏泄阻抗不小于/kΩ		10				干燥天气条件下测试周期为 1 年
分路灵敏度电阻/Ω		普速：0.15		客专：0.25		
SPT 及 SPT-P 电缆	全程绝缘电阻线对间不小于/MΩ	1				1 000 V 在线测试周期为 1 个月
	单芯电阻不大于/（Ω/km）	23.5				

知识点 5　ZPW-2000A 型无绝缘移频轨道电路调整

ZPW-2000A 移频轨道电路调整分为三部分，即主轨道电路调整、小轨道电路调整与电缆模拟网络的调整。

1. 主轨道电路调整

主轨道电路的调整依据轨道电路特征（闭塞分区长度 L、载频频率 f_0、道床电阻大小），查“轨道电路调整表”，找出对应的发送电平和接收电平等级，然后对照“发送电平调整表”在发送器插座板上封连对应的端子，根据接收电平的等级，从“接收电平调整表”查出衰耗变压器 B_1 Ⅱ次侧不同抽头端子与主/并机相连的对应端子，然后在衰耗器后面的插座上进行跨线调整。

例如，某轨道电路区段长度为 1 300 m，载频为 1 700 Hz，道床电阻为 1.0 Ω · km，查“轨道电路调整表”可知，该轨道电路的发送电平等级为 3 级，接收电平等级为 91 级。再查轨道发送电平调整表（表 3-4-8），连接端子 3-11，9-12，即可得到 3 级电平。查“接收电平调整表”，c_3 连 a_2、c_4 连 a_9，短接 a_1 和 a_5、a_3 和 a_{10}，即可得到 91 级电平。

在“轨道电路调整表”中不仅可查找接、发电平级数，还可查找对应区段应设的补偿电容的数量，以便根据该数量计算出设置补偿电容的步长，补偿电容的步长即为安装补偿电容时的间距。

2. 小轨道电路调整

小轨道电路调整，目的在于当小轨道接收输入端有一定的输入信号时，为使接收器小轨道输出的“小轨道执行条件电压”满足一定要求，需在衰耗器内选择适当的衰耗电阻接入，不同幅度的接收输入电压，应接入不同的衰耗电阻，才能使接收器小轨道输出满足要求的小轨道电路执行条件电压。即在 1 700 Ω 负载，无并机接入状态下不小于 20 V。

小轨道电路的调整分为正向调整和反向调整。小轨道电路调整时，首先用专用选频表在衰耗器面板“轨入”塞孔上测出小轨道电路的输入信号电压，然后按照“小轨道电路调整表”在衰耗器的 96 芯插座上跨线即可。例如，正向运行时，测得某小轨道信号电压为 80 mV，查“小轨道电路调整表”，连接端子 a_{16}-a_{17}、a_{18}-a_{23} 即可。

小轨道电路调整有正、反向运行两种情况。为此在衰耗器内分别设有两套衰耗调整电阻，供正向运行或反向运行时的小轨道电路调整之用。

3. 电缆模拟网络的调整

ZPW-2000A 型无绝缘轨道电路要求所有轨道电路的送、受电端电缆长度之和为 10 km，即“实际电缆长度+模拟电缆长度=10 km”。如果实际使用电缆长度达不到 10 km，就要使用模拟电缆予以补偿。有关电缆模拟网络的调整表见 155 页的表 3-4-15。

例如，某轨道电路，发送端电缆实际长度为 1 920 m，需要模拟的电路长度为 8 000 m。查“电缆模拟网络调整表”，在模拟盘上封连 3-17, 4-18, 20-22, 19-21, 24-26, 23-25, 29-27, 30-28 即可。

知识点 6　销　记

现场作业人员报告驻站联络员测试与调整作业完毕，驻站联络员会同车站值班员实验确认完好后，办理销记手续，交付使用，作业人员返回工区。

知识点 7　点　评

工长组织召开总结会，各作业人员汇报任务完成情况和设备质量情况，工长对作业、安全等情况进行点评，填写工作日志，对未克服的设备缺陷，工长提出下一步的整治要求，并纳入问题库。

【任务实施】

根据所学，选用合适的工具与仪器，完成 ZPW-2000A 移频轨道电路测试，并填写室内衰耗盘测试（见表 3-6-3）及室外设备测试记录表（见表 3-6-4）。

表 3-6-3　ZPW-2000A 轨道电路（衰耗盘）测试记录表

序号	日期	测试人	测试类别	区段名称	主发送电源/V	备发送电源/V	主发送报警/V	备发送报警/V	功出电压/V	功出电流/mA	接收电源/V	轨道输入电压		轨出1或主轨出/mV	轨出2或小轨出/mV	主轨道/V			小轨道/V			邻小轨/V
												主轨/mV	小轨/mV			GJ(Z)	GJ(B)	GJ	XG(Z)	XG(B)	XG(V)	XGJ(V)
1																						
2																						
3																						
4																						
5																						
6																						

表 3-6-4　ZPW-2000A 轨道电路室外测试记录表

<table>
<tr><th rowspan="4">序号</th><th rowspan="4">日期</th><th rowspan="4">测试人</th><th rowspan="4">测试类别</th><th colspan="4">送端设备</th><th colspan="7">受端设备</th></tr>
<tr><th colspan="2">匹配变压器</th><th rowspan="2">双套引接线电流平衡</th><th rowspan="2">轨面电压</th><th colspan="2">轨面电压</th><th rowspan="2">双套引接线电流平衡</th><th colspan="4">匹配变压器</th></tr>
<tr><th>电缆侧 E_1E_2</th><th>轨面侧 $V_1\ V_2$</th><th>主轨</th><th>小轨</th><th>主轨 E_1E_2</th><th>主轨 $V_1\ V_2$</th><th>小轨 E_1E_2</th><th>小轨 $V_1\ V_2$</th></tr>
<tr><th>V</th><th>V</th><th>Y/N</th><th>V</th><th>V</th><th>mV</th><th>Y/N</th><th>V</th><th>V</th><th>mV</th><th>mV</th></tr>
<tr><td>1</td><td></td><td></td><td></td><td></td><td></td><td></td><td></td><td></td><td></td><td></td><td></td><td></td><td></td><td></td></tr>
<tr><td>2</td><td></td><td></td><td></td><td></td><td></td><td></td><td></td><td></td><td></td><td></td><td></td><td></td><td></td><td></td></tr>
<tr><td>3</td><td></td><td></td><td></td><td></td><td></td><td></td><td></td><td></td><td></td><td></td><td></td><td></td><td></td><td></td></tr>
<tr><td>4</td><td></td><td></td><td></td><td></td><td></td><td></td><td></td><td></td><td></td><td></td><td></td><td></td><td></td><td></td></tr>
<tr><td>5</td><td></td><td></td><td></td><td></td><td></td><td></td><td></td><td></td><td></td><td></td><td></td><td></td><td></td><td></td></tr>
<tr><td>6</td><td></td><td></td><td></td><td></td><td></td><td></td><td></td><td></td><td></td><td></td><td></td><td></td><td></td><td></td></tr>
</table>

【考核评价】

<table>
<tr><th>序号</th><th>考核点</th><th>评分点</th><th>分值</th><th>得分</th></tr>
<tr><td rowspan="3">1</td><td rowspan="3">ZPW-2000A 型移频轨道电路室内、室外设备测试</td><td>能正确使用工具及仪表</td><td>10</td><td></td></tr>
<tr><td>能严格执行安全防控措施</td><td>10</td><td></td></tr>
<tr><td>能正确测试室内外设备电气特性</td><td>40</td><td></td></tr>
<tr><td rowspan="2">2</td><td rowspan="2">ZPW-2000A 型移频轨道电路调整</td><td>会读发送电平调整表、接收电平调整表及电缆模拟网络补偿表</td><td>10</td><td></td></tr>
<tr><td>能正确完成轨道电路调整工作</td><td>20</td><td></td></tr>
<tr><td>3</td><td>课堂表现</td><td>态度认真、积极参与、遵守纪律</td><td>10</td><td></td></tr>
<tr><td>4</td><td>教师评语</td><td colspan="3"></td></tr>
<tr><td colspan="3">总分</td><td>100</td><td></td></tr>
</table>

【巩固提高】

1. 填空题

（1）ZPW-2000A 型无绝缘移频轨道电路测试作业流程为________、________、________、________和________5 个环节。

（2）测试作业中务必严格执行“______”“______”“______”“______”等基本安全制度。

2. 选择题

（1）ZPW-2000A 轨道电路的接收器，轨道电路在调整状态下主轨道继电器电压不小于（　　）V。

A. 12　　B. 20　　C. 24　　D. 30

（2）衰耗器面板上有（　　）5 个表示灯。

A. 发送工作、接收工作、轨道占用 和正、反方向表示灯

B. 发送工作、接收工作、衰耗工作 和正、反方向表示灯

C. 接收工作、衰耗工作、轨道占用和正、反方向表示灯

D. 发送工作、轨道占用、衰耗工作和正、反方向表示灯

（3）防雷模拟网络盘上有（　　）3 个测试插孔。

A. 轨入、设备、小轨出　　B. 发送功出、主轨出、防雷

C. 设备、防雷、电缆　　D. 防雷、轨入、GJ

3. 简答题

（1）发送器的输出电平如何调整？

（2）衰耗器的作用是什么？如何进行主轨道和小轨道的调整？

（3）衰耗器有哪些表示灯？其表示什么含义？有哪些测试孔？测试哪些内容？

（4）防雷模拟网络盘的作用是什么？举例说明如何进行模拟电缆的补偿。

（5）防雷模拟网络盘有几个测试孔？分别测试什么？

（6）如何进行轨道电路的调整？

（7）ZPW-2000A 型无绝缘移频轨道电路室内测试项目有哪些？技术标准是什么？

（8）室外轨道电路的维护项目有哪些？技术标准是什么？

工作任务 3.7　ZPW-2000A 无绝缘移频轨道电路故障处理

【学习目标】

知识目标	能力目标	素质目标
1. 熟悉 ZPW-2000A 型无绝缘移频轨道电路系统故障处理程序。 2. 掌握 ZPW-2000A 型无绝缘移频轨道电路系统室内、室外故障判断方法。 3. 掌握 ZPW-2000A 型无绝缘移频轨道电路系统的故障处理流程	1. 能结合闭塞设备表示灯状态、测试数据，正确分析判断室内外故障。 2. 能按照故障处理程序，在 20 min 内找到故障点	1. 具有较强的团队精神、组织协调能力和服从能力。 2. 具有良好的职业道德，爱岗敬业精神和责任意识

【任务引导】

引导问题 1：如何判定 ZPW-2000A 无绝缘移频轨道电路故障是室内故障还是室外故障？

引导问题 2：你知道 ZPW-2000 系列自动闭塞的维修工作内容吗？

【工具器材】

专用选频表（CD96-3Z）、斜口钳、尖嘴钳、活口扳手、套筒、万可端子专用工具、ZPW-2000A 型移频轨道电路室内、外测试记录表、轨道电路调整表、0.15Ω 分路线、电烙铁、调整封线。

【相关知识】

知识点 1　故障处理程序

1. 有报警故障处理程序

（1）通过控制台声光报警（YBJ 落下）得知故障，由于发送、接收有冗余设计，系统正常工作有可能不中断、有可能中断。

（2）到信号机械室查看衰耗器上各发送、接收的工作灯（绿）是否灭灯，灭灯设备为故障。

（3）迅速判断故障是否影响行车。若只有一台发送故障并已转为“+1FS”工作，接收仍正常工作，不影响行车；若只有一台接收故障，由于接收器双机并联另一方仍保持工作，不影响行车。

（4）发现故障一般处理程序。

对发送：检查电源、断路器、低频编码电源、功出电压等，区分发送内、外故障，当“+1FS”工作正常，估计为主发送器内部故障，可更换新发送。

对接收：检查电源、断路器、输入电压（主轨道、小轨道）等，区分接收器内、外故障。并机仍可保证 GJ 工作，多为单一接收故障，可更换新接收。

2. 无故障报警处理程序

无故障报警一般多属于无检测非冗余环节故障。这类故障多由控制台红光带指示及司机行车受阻报告得知。

1）轨道电路故障一般处理程序

发送功出→组合架→综合柜→分线盘→室外轨道电路；接收输入→衰耗→组合架→防雷柜→分线盘→室外轨道电路。

2）区间信号机的点灯电路故障处理程序

室内、室外线路均存在故障可能。处理故障中应迅速判断故障范围属于室内或室外，进而处理。室内外故障划分多在分线盘处测量确定。

知识点 2　ZPW-2000A 型无绝缘移频轨道电路故障处理流程

首先，判断故障发生在室内还是室外，观察衰耗器指示灯，测试发送功出和轨入。故障处理流程可参考图 3-7-1 所示的故障处理流程。

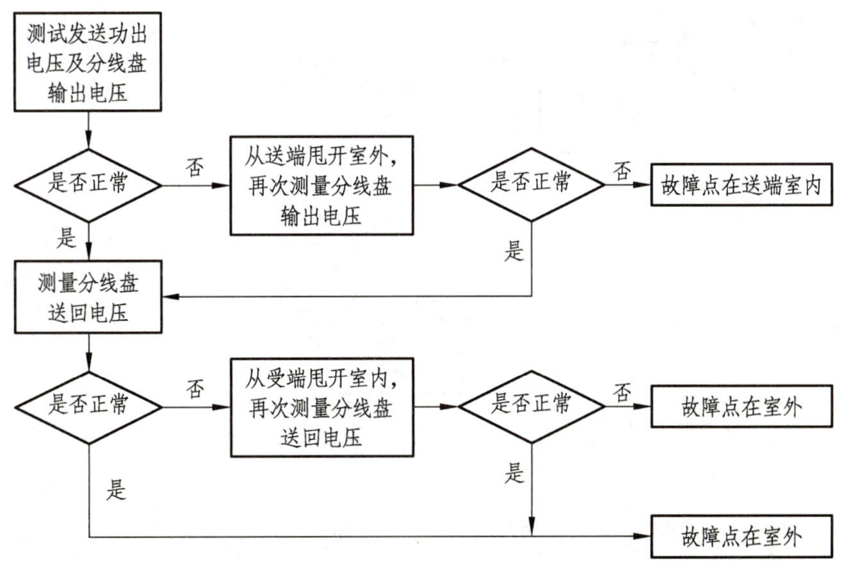

图 3-7-1　室内外故障判断处理流程

若故障点在送端室内，则可根据图 3-7-2 所示的故障处理流程继续查找。

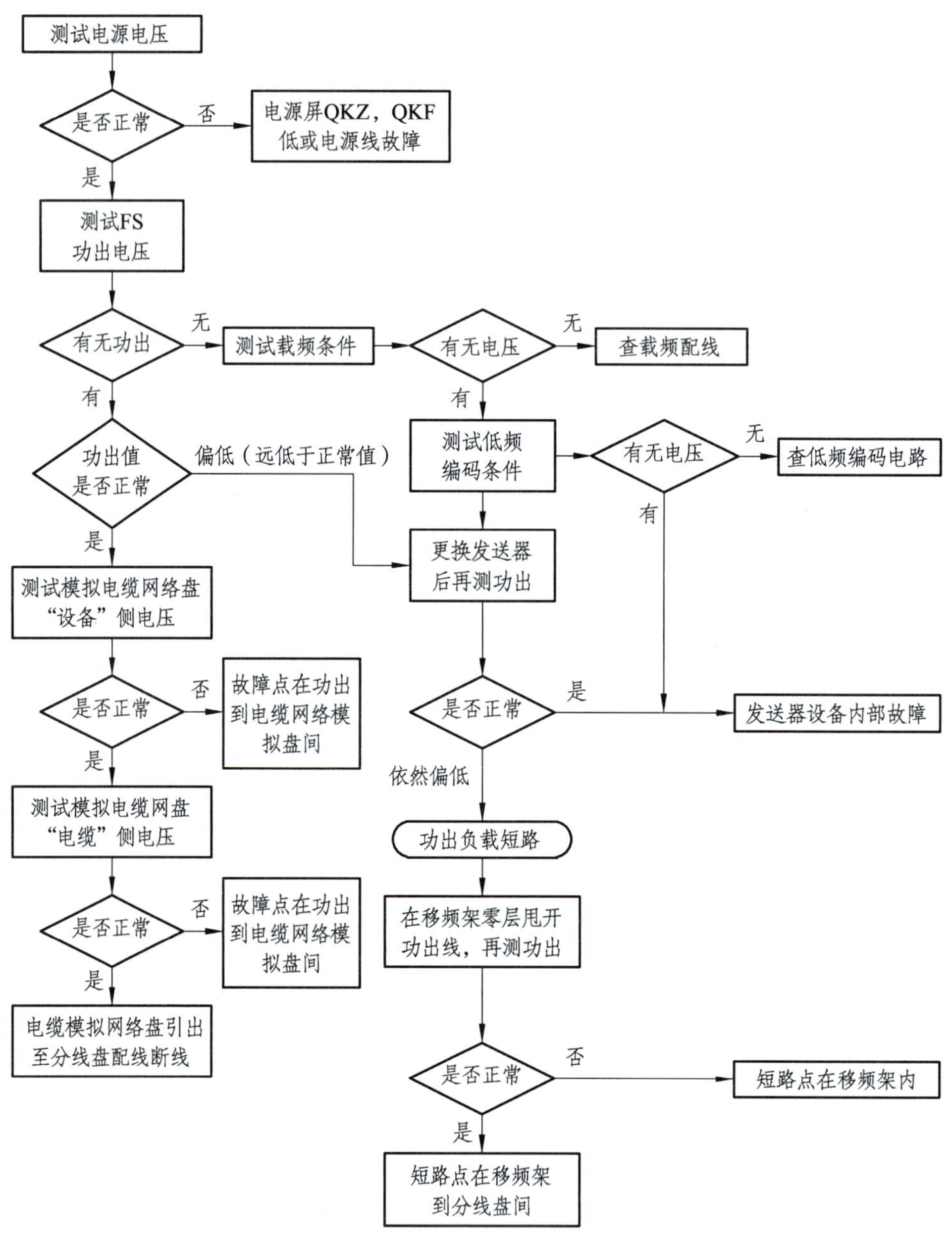

图 3-7-2　送端室内故障处理流程

若是在受端室内，则可根据图 3-7-3 所示的故障处理流程继续查找。

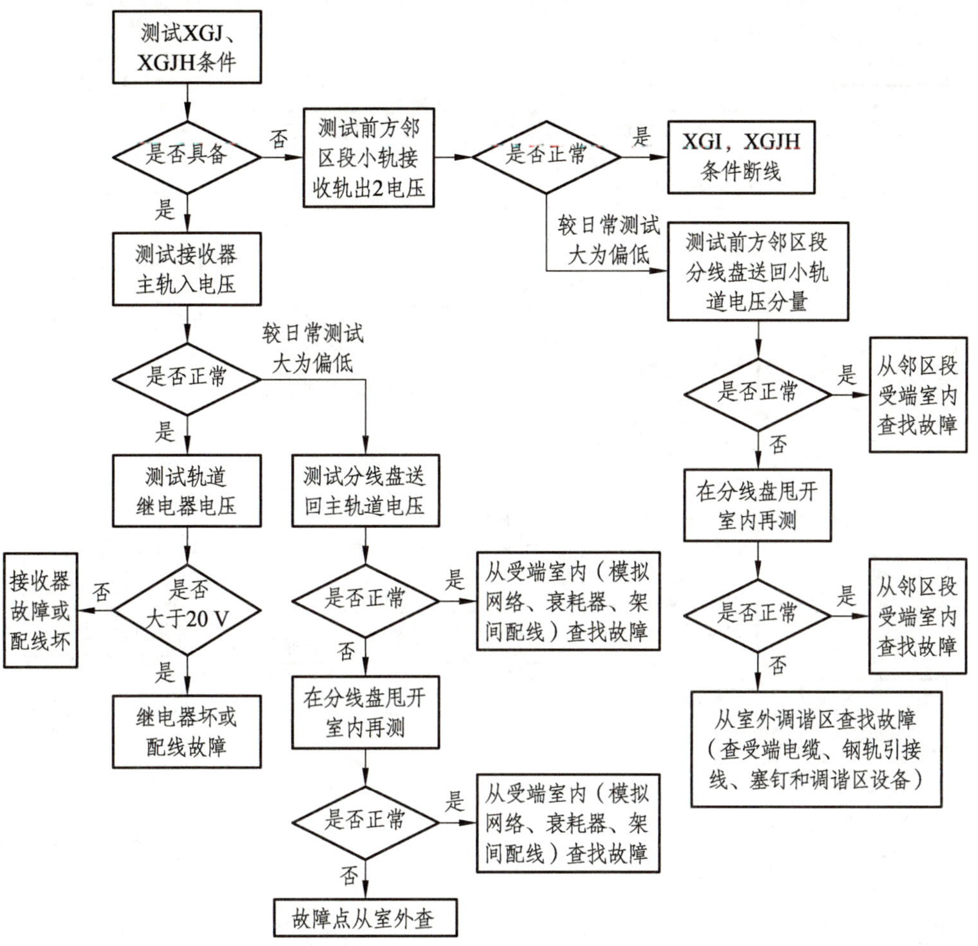

图 3-7-3　受端室内故障处理流程

若故障点在室外主轨道，则可根据图 3-7-4 所示的故障处理流程继续查找。

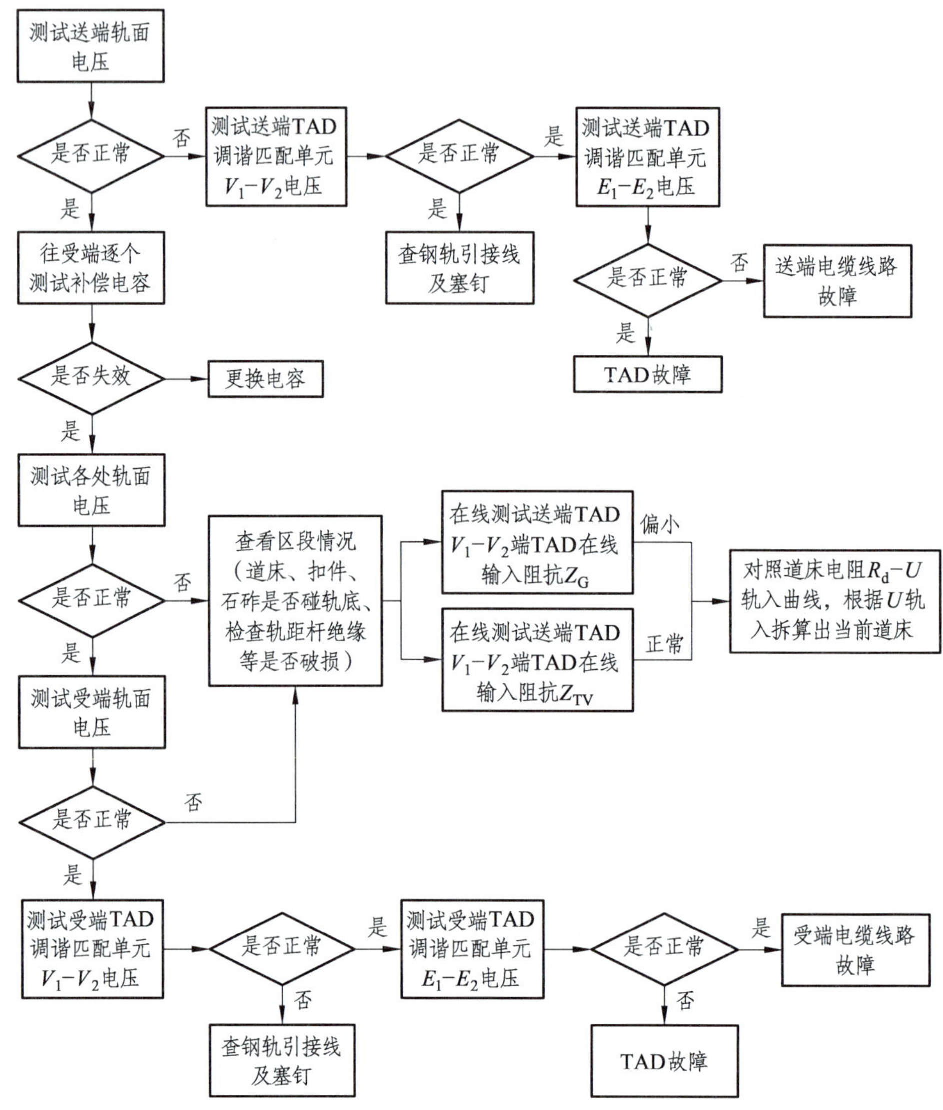

图 3-7-4　室外主轨道故障处理流程

若是在调谐区小轨道，则可根据图 3-7-5 所示的故障处理流程继续查找。

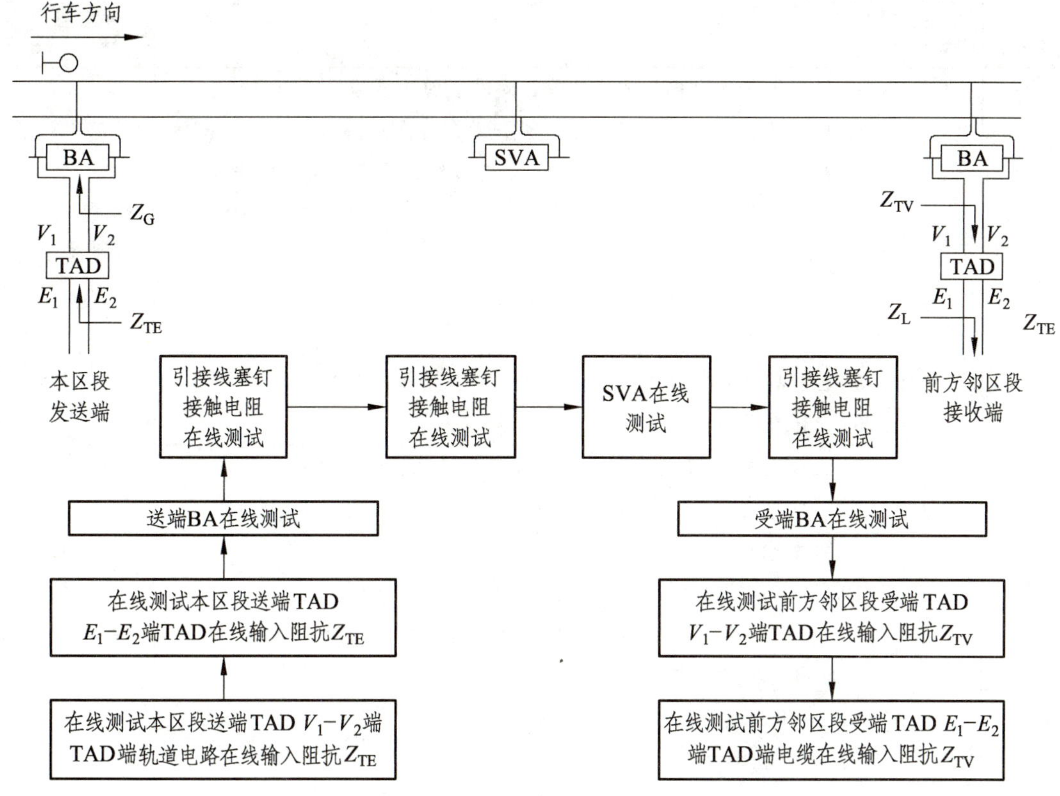

图 3-7-5　调谐区小轨道故障处理流程图

知识点 3　ZPW-2000A 型无绝缘移频轨道电路设备维护

ZPW-2000 系列自动闭塞设备分室内、室外两部分，其维护周期分为日常维修和集中检修两种方式，轨道电路的测试包含在日常维修和集中检修过程中。ZPW-2000 系列自动闭塞的维修工作内容、周期见表 3-7-1。信号机、电缆线路的维护内容、周期同集中联锁信号机、电缆线路。

表 3-7-1　ZPW-2000 系列自动闭塞的维修工作内容与周期

设备名称	修程	工作内容	周期
轨道电路	日常维护	1. 检查测谐区 BA，BP 及平衡线圈的钢包铜引接线完好。 2. 检查补偿电容及卡具完好。 3. 检查防护盒外观及加锁完好。 4. 检查钢轨接续线完好，补齐缺损的接续线。 5. 检查轨道电路有无受外界干扰	每月不少于2次

续表

<table>
<tr><th>设备名称</th><th>修程</th><th>工作内容</th><th>周期</th></tr>
<tr><td rowspan="3">轨道电路</td><td rowspan="3">集中检修</td><td>1. 检查钢包铜引接线的安装及固定是否符合要求，不良整治。
2. 检查塞钉头上的固定螺帽是否松动，冷压铜端头与轨面间接触电阻是否超标，冷压制端头根部是否有裂纹，不良的整治或更换。
3. 防护盒开盖检查、内部清扫，端子螺丝紧固，不良设备整修，电缆固定牢固。
4. 检查补偿电容器的安装和固定是否符合要求，不良整治。补偿电容器线断股是否超标。
5. 检查钢轨接续线是否符合要求，不良更换或整修
6. 分路残压测试</td><td>每半年1次</td></tr>
<tr><td>7. 轨道电路送/受电端调谐区设备电气特性在线测试并记录。
8. 补偿电容阻抗在线测试并记录。
9. 绝缘轨距杆漏电流阻抗测试。
10. 防护盒防水整修。
11. 对防护盒上字迹不清的名称及电容防护罩上字迹不清的编号用白色调和漆重新刷写。
12. 各箱盒地线测试，不良的整治。
13. 防护盒界限测量。
14. 线路道床检查</td><td>每年1次</td></tr>
<tr><td>15. 设备基础桩油漆、扶正；硬面化修补</td><td>2年1次</td></tr>
<tr><td rowspan="3">室内设备</td><td>日常维护</td><td>1. 器材无过热现象，日常测试。
2. 检查温控单元是否设定在规定范围内，散热单元温控单元是否正常工作。
3. 观察维护机告警、预警信息。
4. 检查站内防雷元件，区间防雷元件劣化窗显示绿色</td><td>每班1次，无人值班站每月2次</td></tr>
<tr><td rowspan="2">集中检修</td><td>1. 轨出1（主接入）电压，轨出2（调接入）电压分析。
2. 发送器电气参数在线测试并记录。
3. 接收器轨道继电器电压测试</td><td>每月1次</td></tr>
<tr><td>4. 电缆模拟单元电气参数在线测试并记录。
5. 衰耗器电气参数在线测试并记录。
6. 电缆绝缘测试。
7. 检查贯通地线，不良的整修
8. 其他内容同信号机械室组合架的要求</td><td>每年1次</td></tr>
</table>

注意：轨道电路原则上不得因气候条件进行二次调整，不得已时，需经电务段同意、授权。二次调整时，应明确注明原因（如轨枕绝缘特性不良、线路石砟碰轨底、轨枕板面泥土淤积受潮连电、制动铁屑受潮连电等）。

知识点 4　典型故障案例处理与分析

1. 钢包铜引接线故障

1）塞钉及引接线接触不良

例 1　A 站 C_4G 红光带，原因为 C_4G 塞钉松动。

塞钉松动的故障在工程开通的初期最为普遍。主要原因是，施工中对塞孔的重要性认识不足，钻具陈旧、钻头不利、钻孔不圆，造成塞孔安装后接触不紧密、塞孔进水锈蚀、塞钉面接触不良。而 ZPW-2000A 采用的是电流型电路，对塞孔的接触要求很严，反应十分灵敏，当接触电压超过 5 mV 时，就有可能造成区段红光带故障。

现场施工和维护工作中宜采用 DUBUIS 电气化铁路轨道连接系统，该系统由汽油引擎的 DP3TH 专用轨道钻孔机，配备 ϕ13.5 mm 一次成型空心钻头、钻绞刀及倒角器，在钻孔的同时对钻面进行清理，去除钻孔边的毛刺，可确保钻孔的圆整光洁，塞孔孔径误差由原来的 3 ~ 5 mm 降低到 0 ~ 0.2 mm。钻孔完成后立即将塞钉装上，并用专用扭力工具调定到 18 kN 进行安装和紧固，防止钻孔裸露过夜，造成钻面进水锈蚀接触不良。经过处理后塞钉接触电阻由最大的 6 Ω 降到 0.5 Ω 左右，塞钉头接触压降由 0 ~ 18 mV 降低到 0 ~ 2 mV，避免因塞钉接触不良造成轨道电路红光带故障。

例 2　B 站 $A_{11}G$ 红光带，原因为钢包铜引接线丢失。

发送端钢包铜引接线缺损，移频信号未发送至钢轨，影响本区段的主轨接收和邻区段的 XG 接收，仅本区段出现红光带。而接收端塞钉接触不良，不仅影响本区段的主轨接收，同时影响小轨接收，使本区段和邻区段同时出现红光带。

钢包铜引接线在上道初期丢失现象严重。在日常维修过程中，钢包铜引接线加装一根普通的钢丝绳与钢包铜引接线并联使用，可有效提高接触可靠性，对防止钢包铜引接线被盗也起到一定的保护作用。另外，加强与铁路公安联防的打击力度，加大对铁路周边居民和废品收购部门的宣传，对事件多发地段进行立案侦查，使钢包铜被盗事件得到有效遏制。

例 3　C 站 9514G 红光带，原因为钢包铜引接线穿孔螺栓折断。

信号工区在测试过程中发现 9514G 轨入下降至 117 mV，邻区段 9528G“轨出 2”下降至 26 mV，经检查 9514G 接收端钢包铜引接线螺栓折断，但螺栓尚未完全脱落。钢包铜引接线螺栓折断主要原因是引接线采用双套化冗余接续线后未重新钻孔，将双引接线用一个穿孔塞钉固定，致使塞钉穿孔螺栓受力加重，出现金属疲劳而造成折断，解决的方法是对冗余接续线重新钻孔分开固定。

例 4　D 站 A_1G 红光带，原因为钢包铜接线头鸭嘴铜套折断。

钢包铜引接线与塞孔接触的铜头与线缆的连接是采用冷压接技术压接而成的，钢头在轨腰部连接时要应保持一定的平顺角度，不可硬性折伤成直角，使钢头产生金属疲劳而折断。另外，A_1G 在进站口机械绝缘节处，此处的空芯线圈与调谐单元在同一地点引接上钢轨，若全部加装钢丝绳双线引接，则造成有 8 根引线连接至钢轨，不仅对安装不便，而且钻孔过多，对钢轨也有损伤。一个简便的处理方法就是将两处的钢包铜引接线在防护盒上并联（见图 3-7-6）后引至钢轨，实现互为备用冗余。

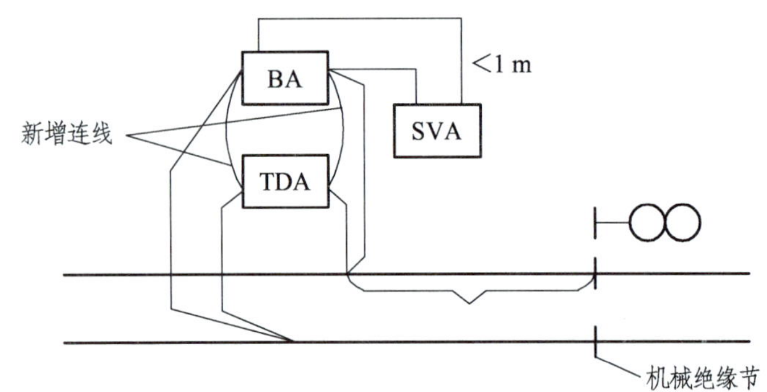

图 3-7-6 钢包铜引接线连接

例 5 E 站 0540G 红光带，原因为邻近闭塞分区 0526G 钢包铜接线头铜套接触不良。

0526G 受端钢包铜接触不良，此时该闭塞分区的主轨由于发送电平较高，影响不大，而邻近闭塞分区的小轨接收变化较大，电压下降到 60 mV，XG 电压为 0 V，使得 0540 闭塞分区 XGJ 不能吸起，出现红光带。因此，查找故障时不仅要测量主轨电平，而且必须清楚 XGJ 与邻近闭塞分区 XG 的关系，才能较快判断故障点。日常维修中应注意钢包铜的铜套部位，压接应可靠，防止松脱。

例 6 F 站 100091 信号机红绿灯跳动，原因为邻近闭塞分区接收端塞钉接触不良。

由于该站设计中采集板信息位已满，控制台上仅设计了一、二、三接近和离去光带，其余区段光带未在控制台复示，故障现象表现为控制台的信号复示器红、绿灯来回跳闪。经查找发现 A_4G 的 GJ 在跳动，测试主轨电源正常，再测试 XGJ 电压时有时无，邻近闭塞分区的 XG 电压时有时无，经检查发现室外接近区段接收端塞钉接触不良。ZPW-2000A 区间信号机点灯电路中只检查轨道条件，受轨道条件控制直接开放，而站内塞钉接触不良造成区段红光带故障时，信号跳红灯将不闪绿灯。这是区间点和站内信号机的不同之处。

例 7 G 站 A_2G 红光带，原因为钢轨接续线接触不良。

钢轨接续线接触不良造成红光带的故障在轨面电压测试中是逐渐变化的，一般不会产生电压突降的情况，故障点不明显，查找比较困难。日常维护工作中应加强对轨道电路钢轨接续线的检查，异型接头、废弃胶接绝缘的连接线是检查重点，推行钢轨接续线双套化是一种有效的方法。

2）维修不良

例 8 H 站 166G 红光带，原因为维修经验不足，塞钉紧固过头滑丝。

信号工区对塞孔头的维修必须立足于多测多检少动，钢包铜引接线的塞孔用穿钉连接，用扭力钳紧固，外部加装防松螺帽，在施工过程中应用专用扭力钳按 18 kN 力一次成型。日常维修中只需检查防松螺帽的外形是否异常，不得用普通活动扳手等非专用工具进行紧固。这起故障的原因为维修经验不足，用活动扳手对防松螺帽进行紧固造成螺帽滑丝，后信号工区又用红油漆进行刻画防松标记，由于油漆过多，顺着丝扣渗入钢包铜电缆压接头的接触面造成接触不良。由于故障点较隐蔽，一次故障发生时，经列车振动后自动恢复，信号工区检查防松标记未发现问题，造成了故障的重复发生。

例 9 I 站 0715G 红光带，原因为钢包铜引接线被列车带断。

钢包铜引接线线径较粗、硬度较强，如固定不良，靠近钢轨处易形成 Ω 形突起，在列车通过时容易被车辆车行部钩住挂断，室外固定时应将钢轨引线接至小枕木处的多余量尽量向箱盒侧整理，在地面处的引线摆放平整、卡固牢靠。

2. 补偿电容器故障

1）补偿电容器缺损、短路

例 10 J 站 C_3G 红光带，原因为两个补偿电容器被盗。

区间补偿电容器损坏或遗失的故障较多。故障位置不一造成的故障表现各不相同，一般一个电容器损坏或丢失个别中间电容器时，不会出现红光带，但受端电压发生变化，会对机车信号发码产生影响；丢失两个以上电容器时，主轨电压明显降低，此时就会出现红光带。电容器损坏部位越靠近送端，对邻近区段的小轨电压影响越大，进而影响本区段的 GJ 工作，如 9399G 送端第一个电容器容量下降为 0 μF 时，其接收器的“轨出 2”电压较正常值上升了 27 mV。

目前，广泛采用电容枕嵌入式安装电容器，对防止电容器被盗有较好的效果。对电容枕式安装的补偿电容器维修的重点是注意检查电容器引线塞钉的接触情况。

电容在线测试分析一般用 CD-96 A 表测量引线的电流和轨面电压进行换算。当电容换算测量值与标称值比较，发现变化较大（>5%）时，应进行更换。

轨检车装有的区间电容测试仪，利用过电容器时对轨面波形峰值变化曲线判断电容器的好坏是一种快速便捷的方法。

例 11 K 站 S3JG 红光带，原因为补偿电容器短路。

区间补偿电容器短路造成区间故障的现象较少发生，发生短路时受端的接收电压变化不大，但根据短路点的处所不同，送端回路中电流也不同，短路点离送端越近，电流较大，据此可加快对区间短路点的故障判断。

2）天气影响

例 12 L 站 A_1G 等红光带，原因为大雨造成道床漏泄。

ZPW-2000A 轨道电路增设了很多的补偿电容器，下雨过程中，若补偿电容器的有机塑料盒内进水，将大大增加轨道电路短路的概率。另外，补偿电容器引接处相当于给轨道电路增加了分路点，补偿电容器越多、分路点越多，对雨天轨道电路的工作越不利，因此在工程设计中应充分考虑这一因素，将长大（或排水不畅的整体道床、隧道）轨道区段进行分割，缩小单一轨道电路的长度，减少补偿电容器数量，有利于使轨道电路晴雨天的工作状态比较接近。另外对易于积水的区间应督促工务部门进行清筛，适当调低发送端电平，增大工作电流，受电主轨的接收变压器的变比适当调高，有利于提高轨道电路的传输稳定性。

例 13 M 站 $SK_{Ⅳ}$信号不能开放，原因为 $K_{Ⅳ}G$ 轨道继电器不能可靠吸起。

ZPW-2000A 叠加 JZXC-480 轨道电路时，ZPW-2000A 的补偿电容器雨天对 JZXC-480 轨道电路的分路作用尤其明显。一般晴天调整状态下 JZXC-480 轨道电路调整为 15 V 左右，一下雨就能迅速降低到 8 ~ 9 V 的临界值。$K_{Ⅳ}G$ 的长度为 1 160 m，日常调整为 14.8 V，下雨时降为 8.1 V，造成轨道继电器处于前后接点不接触的状态，轨道电路既不出现红光带，信号也不能开放。因此，对 ZPW-2000A 叠加 JZXC-480 轨道电路而言，后者的调整不能只简单地套用《维规》10.5 ~ 18 V 的标准，而应参照轨道电路的调整曲线表，以 0.06 Ω 标准分路线分路时残压小于 2.7 V 为前提，适当调高轨道电路的工作参数。$K_{Ⅳ}G$ 日常工作时调整为 19.4 V，测试分路残压为 0.3 V。在雨天调整状态可确保轨道电压在 12 V 以上，使轨道电路工作有了保证。此调整方法对长大轨道电路区段十分有用，同样适用于 ZPW-2000A 叠加 25 Hz 相敏轨道电路的长大区段。

3. 灯丝继电器故障

例 14 N 站 10091 信号机红灯、绿灯乱闪，1192 无车点红灯，3LQ 红光带。原因为信号机点灯回路电流调整不当。

区间通过信号机采用 JZXC-15 A 型灯丝继电器来监督区间点灯电路的工作，其工作电流必须大于或等于 140 mA，才能保证可靠吸起。而通过信号机距离信号楼一般比较远，工作电流较大则在电缆回路上会产生较大的压降。此时，必须处理好两个问题：一是工作电流调整过大，在灯泡断丝时因空载电流过大易造成灯丝监督继电器不落下；二是灯端电压过低，则造成信号显示距离不足。

经试验，只要信号隔离变压器的输出电压大于 290 V 时，就能满足电缆长度为 10 km 时，信号机点一个灯，灯丝电压为 12 V 的要求。

为了克服信号点灯电缆对灯丝电压的影响，通常采用提高信号隔离变压器二次电压的方法。当信号机发生灭灯故障时，隔离变压器的二次电压几乎全部加到信号变压器 BX_1-34 的一次线圈，使信号变压器发生非线性饱和，空载电流急剧增加，其后果是室外灯泡双断丝而灭灯时室内的 DJ 也不能落下，区间不出现红光带，造成故障区段得不到防护。因此，在区间信号变压器要考虑其一次线圈输入电压为 300 V 时不能产生非线性饱和，以确保空载电流在电压变化时符合相关标准。

四显示自动闭塞还有绿黄的双灯位显示，其电压调整要兼顾点两个灯与点一个灯的情况。因为两者为同一电缆芯线回路，在绿黄显示时，负载加重引起信号隔离变压器输出电压下降，同时通过电缆线路的电流增加，电缆线路压降也显著增加，造成灯丝电压降低。在信号隔离变压器输出电压满足点一个灯丝电压 12 V 的前提下，信号变压器二次电压应从 13 V 低挡开始选取。因为选低挡信号变压器一、二次电压变比大，一次电流小，电缆压降小，灯丝电压较高。

另外，信号灯丝继电器的选型也很重要，JZXC-15 A 型灯丝继电器故障率较高，甚至出现过继电器前后接点不接触的现象，宜选用性能更为可靠的 JZXC-16F 灯丝继电器。

例 15 P 站 9913 信号机灭灯，原因为 DJ 前接点接触不良。

P 站为 TYJL-Ⅱ型计算机联锁车站，采集信息位使用 DJ 第一组前接点，该接点不通时采集信号没有输入，信息位灭灯，此时区间灯丝监督与轨道发码光带条件是通过计算机联锁软件来实现的，控制台相应的显示为信号机灭灯，轨道区段红光带，而 DJ 用于区间发送通道检查的接点组接触良好，此时现场信号机显示正常，造成室内外显示不一致。

4. 电源故障

1）整流电源容量不够

例 16 Q 站区间红光带，原因为 ZG-42/0.1 硅整流熔丝熔断。

既有站场改造过程中为方便导通试验，对区间电路一般单独设立硅整流电源作为区间控制电路电源 QKZ、QKF 使用，以便实现与既有电路的有效隔离。开通后必须将该电源环入区间电源屏相应的控制电源，确保电源容量和使用稳定。本站开通时未对环路电源进行处理，硅整流器一直作为在用电源使用，由于整流器容量不够，温升增高，造成熔丝断路和电源故障。

2）智能电源屏故障

例 17　R 站区间红光带，原因为智能屏遭雷击故障。

智能化电源屏在使用中暴露防雷性能差等弱点，R 站三改四工程中采 PDZ-Q10 区间电源屏，雷击破坏了区间站联的电源模块（QZ、QF 电源），由于输出端未采取有效隔离，使得输出端造成短路，+1 的模块不能实现故障切换，导致上下行方面区间站联电源全部断电，出现红光带。

5. 电缆故障

1）JS 芯线未成对使用

例 18　S 站 C_{11}G 闪红光带，原因为电源线电缆芯线未成对使用。

S 站区间遭雷击，区间接线盒被打坏，电源线间绝缘不良，故障抢修时临时倒用 C_{11}JS、C_{21}GFS 电缆。抢修之后，车站值班员反映 C_{11}G 经常在无车状况下闪红光带。对 C_{11}JS 进行测试发现接收端的电压波动比较大，复查 C_{11}JS 电源为非对绞电缆，线间电容很大，更换为屏蔽四芯组的对绞芯线后，JS 电平和频率趋于稳定，故障现象消失。

由于 ZPW-2000A 轨道电路选用的频段较高，因此在远距离传输中对线间电容耦合反应敏感。在日常维修和抢修施工中必须严格按芯线成对使用的要求进行，对禁止同缆使用的接收端、发送端也必须严格按要求分设。

2）电缆混线

例 19　T 站 0288G 闭塞分区闪红光带，原因为电缆混线。

检查 0288G 送端的 FBJ 与+1FBJ 都在脉动互切，将+1FS 电源关闭，主发送 FBJ 仍然在脉动。恢复+1FS，关闭 ZFS 电源，+1FS 仍然在脉动。将 0288G 前一闭塞分区发送器电源关闭，此时+1FS 顺利倒接，该闭塞分区+1FBJ 吸起稳定，测试 0288 闭塞分区 FS 的功出电压正常，而分线柜的 FS 端电平明显偏低，断开发送端电缆，电压恢复正常，因此判定该故障为 0288G 闭塞分区的通道影响。倒接至备用电缆，闭塞分区红光带消失。对倒接下的电缆进行测试，发现 FS 的回线与区间另一电缆的备用芯线混线，造成 FS 电流被第三支路旁路，使 FBJ 落下切换到+1FS 工作。由于+1FS 工作时，发送电平也受到干扰，+1FBJ 落下，此时 0288GFS 又切入工作，造成 FBJ 与+1FBJ 脉动切换。

3）电缆断线

例 20　U 站 9996 信号机只能开放 L 灯、U 灯，不能开放 LU 灯，原因为本站至邻站站联电缆断线。

9996 信号机为本站管内上行线最远端信号机，其点灯回路能点 L 灯或 U 灯，说明信号点灯回路正常。检查 9982 信号机点黄灯时，LUXJ 未吸起，测分线柜 ZL3、ZL4 电缆无电，而邻站 ZL3、ZL4 电压为 44 V，判断为电缆断线。

处理电缆个别芯线断线的有效方法是倒用备用芯线，在日常维护工作中要将对绞芯线和普通芯线各全程贯通一对芯线在分线盘上端子，并加挂铭牌备用，该备用芯线需与使用电缆一样加强日常的测试和维护。

对区间电缆径路必须加强防护，补齐径路标桩，防止施工造成电缆大面积断线是关键。

6. 器材故障

1）接收器故障

例 21 V 站移频报警，原因为接收器故障。

ZPW-2000A 发送器采用“n+1”冗余，接收器采用“0.5+0.5”的备用方式，器材不良造成的信号故障大为减少，日常检修中应加强发送器、发送器工作指示灯报警的检查。信号工区发现移频报警，检查室内设备发现接收器工作指示灯灭灯，更换后移频报警停止。

2）衰耗器故障

例 22 W 站 9314 区段 GJ（Z）无输出，原因为衰耗器 B_{17} 端子断线。

这是一例日常测试中发现的故障，由于接收器采用“0.5+0.5”的备用方式，衰耗器的测试塞孔对应的有 GJ（Z）、GJH（Z）和 GJ（B）、GJH（B）两路测试孔，其引出线对应端子为 B_{16} ~ B_{19}，当主机测试孔输出线（B_{16}、B_{17}）故障时，GJ（Z）测试无电压，而并机测试孔输出线（B_{18}、B_{19}）故障时，GJ（B）测试无电压。但这一故障仅影响数据测试，对轨道电路的正常工作没有影响。

3）匹配变压器故障

例 23 X 站 B_1G 红光带，原因为匹配变压器被雷击坏。

故障发生时，接收端室内接收电平由正常值 684 mV 下降为 315 mV，下降幅度达 55%，轨道电路不能可靠工作。因雷害故障部位比较难以判断，因此将分线柜接收端断开，测电缆线电压明显下降，判断故障点在室外，沿着受端向送端查，发现匹配变压器变比不对（正常为 1∶9），更换后恢复正常。

室外贯通地线是非常重要的防雷设施，贯通地线被盗缺损平时不易发现，而雷害发生时易使设备遭受雷击而损坏，日常维护中一般采用贯通电缆连接贯通地线测试环路电阻来判断地线的好坏。

4）电缆模拟网络故障

例 24 Y 站 0752G 红光带，原因为送端电缆模拟网络故障。为判断和区分区间故障的范围，送、受电的电缆模拟网络上设“设备”“防雷”“电缆”3 个测试孔。电缆模拟网络的性能可以通过上述 3 个测孔值直接分析即可判断。

7. 配线错误

1）+1 发送器载频选型错误

例 25 a 站 A_2G 红光带，原因为主机发送器故障，而+1 发送器不能倒接。

ZPW-2000A 区间上下行线各设一个+1 发送器，实现发送器的故障倒机。故障倒机时，要倒接低频、载频（含 1、2 型选型）、发送功出（含电平）等三部分。本例中，ZFS 故障时，倒接到+1 发送器工作，由于+1FS 的载频 2 300 Hz 选用的是-2 型频率（ZFS 的载频为 2300-1

型载频），相邻闭塞分区的接收器接收到 2300-2 型频率，其 XG 不能吸起，使得本闭塞分区缺少 XGJ 条件而出现红光带。因此，在进行区间设备联锁试验时，必须严格校对各对应闭塞分区的 ZFS 与+1FS 的载频、低频选型及发送电平等级一致。

2）XG 电源配线错误

例 26　b 站区间红光带，原因为 XG 不工作。

此故障是由于主发送器电源因故跳闸引起的，当 ZFS 故障倒到+1FS 工作时，由于该闭塞分区的 XG 电源由 ZFS 的零层断路器下端引出，断路器脱扣后小轨失去工作电源，此时+1FS 即便切换工作，轨道电路也不能正常工作，可见小轨道电路的工作电源必须从断路器的上端引出。ZPW-2000A 的机柜配线图内对小轨的工作电源没有明确的配线设计，施工单位引入电源时未考虑故障的因素，造成故障的发生，因此在电路设计中必须对小轨的工作电源进一步规范。

3）结合电路配线错误

例 27　c 站等反向发车进路不解锁，原因为站内与区间结合电路 13 线解锁电路配线错误。

该故障多发生在区间自动闭塞与站内联锁设备分步开通的车站中，由于自动闭塞未开通时，站间按半自动闭塞运行，因此单线的进站口外方的解锁 13 线条件为 JGJ 后接点落下；改为自动闭塞后，正向发车口的条件应改为 1LQJ 后接点。若发车口网络 13 线未进行修改，在解锁过程中得不到相应条件，造成发车进路不能解锁。

8. 钢轨影响

1）护轮轨影响

例 28　d 站 0540G 红光带，原因为大桥扣件短路。

有护轮轨的大桥在施工中应按照 ZPW-2000A 的要求将相应的护轮轨（不超过 200 m）进行切割和加装绝缘节，绝缘节的护轮轨切割如图 3-7-7 所示。这样，一方面有利于防止基本轨上传输的信息通过护轮轨感应构成回路使基本轨占用得不到检查，另一方面避免护轮轨扣件短路时造成轨道红光带。

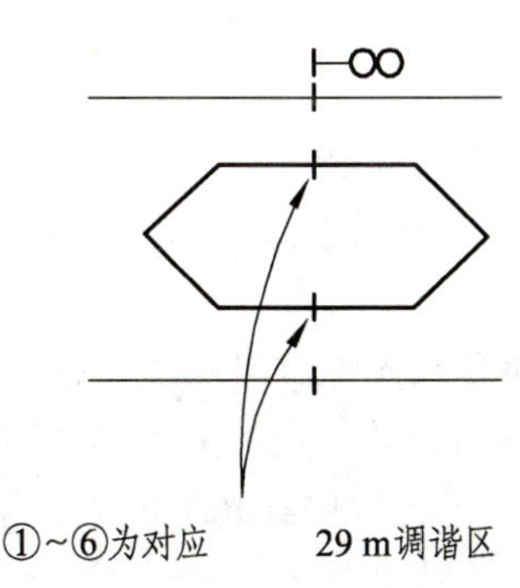

（a）进站口机械绝缘节的护轮轨切割

TDA　SVA　TDA

① ③ ⑤

② ④ ⑥

位置机械切割　对应切割

（b）区间电气绝缘节的护轮轨切割

图 3-7-7　绝缘节的护轮轨切割

例 29　e 站进站内方无岔区段 I AG 红光带，原因是护轮轨扣件短路。

用万用表室内分线盘测试 I AG 的电压为 14 V，而 JZXC-480 轨道继电器电压仅为 7 V 左右，利用 CD-96 移频表测量分线盘 IAG 受电端端子上发现其中含有 ZPW-2000A 的谐波成分。进一步查找发现，I AG 与下行接近区段 A_1G 相邻近，处于大桥上，由于护轮轨扣件的短路，使 A_1G 高频信息进入了 I AG 电路中，加上相邻区段的极性正好是相反的，造成轨道继电器的电压下降。因此，对护轮轨的扣件绝缘要加强检查，在做护轮轨切割施工时。

2）钢轨断裂

例 30　f 站，$A_{32}G$ 红光带时有时无，原因为大桥伸缩轨断裂。

f 站至 g 站区间红光带时有时无，故障难以捕捉。一次，$A_{32}G$ 红光带持续超过了 1 min，此时楼内测试发现主轨未接收到电压，通知室外人员注意检查轨面，当测试到 10111 至 10105 区间内大桥伸缩轨时，发现钢轨自轨底向轨面产生了严重裂纹，从而有效地防止了一起可能发生的重大事故隐患。

9. 其　他

例 31　h 站至 i 站区间信号机灭灯，原因为错误办理改变运行方向。

车站值班员对计算机联锁单元控制台操作不熟悉，在办理正方向接车进路时，在按压始端按钮未起作用的情况下，按压了终端按钮，而后发现始端按钮未闪光，又重按始端按钮，造成接车进路变为反方向发车进路，改变运行方向电路错误，区间通过信号机因运行方向的改变而熄灭。主要原因是电路设计中改变运行方向电路中未加入允许改变方向按钮（YGFA）。

为防止错办造成改变运行方向，在电路设计中应考虑在四线制方向电路中的接车口加入非自复式的允许改方按钮（YGFA）进行改变运行方向电路控制，在办理改变运行方向时必须先按压改方按钮方可进行改变方向作业，允许改变方向按钮改变方向完毕应立即拉出，并加封完整，日常检修中应检查该按钮处于定位断开位置。

例 32　j 站至 k 站反向区间红光带，原因为衰耗器反向 XG 调整不当。

反向 XG 平时得不到检查，只有在进行反向运行时才使用，因此反向 XG 调整不当将为区间反向运行埋下隐患，在日常维护过程中，必须按检修周期改变运行方向对 XG 进行测试调整。

例 33　l 站反向区间内有区段红光带时出站信号机能开放，原因为反向区间空闲检查不完整。

区间反向运行时，应检查区间所有闭塞分区的 GJ 前接点，将它们串联起来构成检查整个区间空闲的 QGJ 电路。当反向区间出现红光带时，不允许开放出站信号机。

本例中，反向区间空闲检查不完整，此时反向发车的第一个离去区段 3JGJ 前接点只表示本闭塞分区空闲，不具备检查整个区间的功能，造成区间有红光带时出站信号机能开放。

例 34　m 站 X1LQ 经常在列车占用无红光带，原因为 1LQJ 线圈混入了 A_3G 的电源。

1LQ 区段阶段性出现红光带，待列车占用 1～2 min 后，经常使红光带消失，待列车进入 2LQ 时才恢复红光带，此故障发生概率为每 2 或 3 天出现 1 或 2 次。

信号工区对室外设备多次进行主轨、小轨分路测量试验，轨面残压均未超标，室外轨面状况也很好，未有分路不良反应。车间组织力量进行蹲点守候，故障发生时，检查 D_1G 的接收器轨道占用红灯正常，判断故障应在 1LQJ 电路，进一步检查发现 1LQJ 的 4 线圈混入了经

A_3G 的 HUMJ 前接点的 KZ 电源，1LQJ 电路混电电路如图 3-7-8 所示。当后续列车追踪运行压入下行一接近 A_3G 时，$A_3HUMJ\uparrow$为 1LQJ 提供了励磁电源，使 1LQ 区段的红光带消失，一离去区段得不到检查，而无追踪列车时，列车出站占用一离去红光带正常显示。

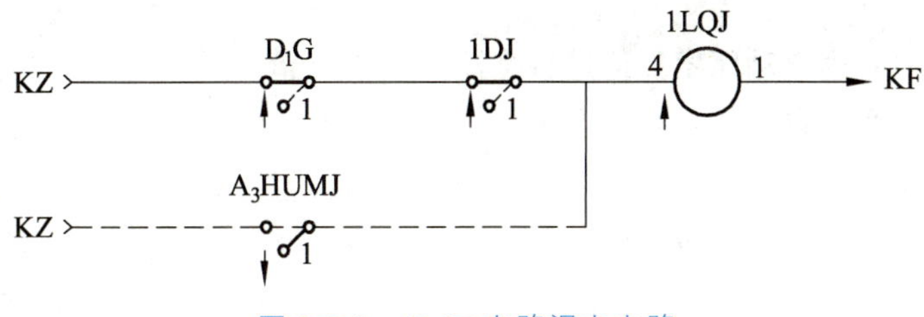

图 3-7-8　1LQJ 电路混电电路

【任务实施】

设置一处开路故障，根据所学，能够按照故障处理程序，选用合适的工具与仪器，在 20 min 内完成故障处理。

【考核评价】

序号	考核点	评分点	分值	得分
1	工器具使用及安全	能正确使用工具及仪表	10	
		能严格执行安全防控措施	10	
		损坏工具、仪表或器材，每次扣 2 分		
2	故障处理技能	能按照故障处理程序处理故障，程序不对每纠正一次扣 3 分	30	
		能正确判断故障并处理故障，判断错误每次扣 2 分，未排除故障扣 10 分，处理故障思路不清晰扣 10 分，故障处理在 20 min 内完成，每超时 1 min 扣 1 分，超时 5 min 停止考核	40	
3	课堂表现	态度认真、团结协作	10	
4	教师评语			
总分			100	

【巩固提高】

1. 填空题

（1）发现发送故障的一般处理程序为检查电源、断路器、__________、__________等，区分发送内、外故障。

（2）发现接收故障的一般处理程序为检查电源、断路器、________________等，区分接收器内外故障。

（3）室内外故障的划分多在____________处测量确定。

（4）轨道电路原则上不得因_____进行二次调整，不得已时，须经________同意、授权。

2. 简答题

（1）ZPW-2000 系列自动闭塞如何进行维护？

（2）ZPW-2000 系列自动闭塞有哪些常见故障？如何处理？

项目 4

改变运行方向电路设备维护

工作任务 4.1 改变运行方向电路认知及操作办理

【学习目标】

知识目标	能力目标	素质目标
1. 掌握改变运行方向电路的作用。 2. 了解改变运行方向电路的发展。 3. 掌握为改变运行方向设置的各种按钮的名称和意义。 4. 掌握为改变运行方向设置的各种表示灯的名称和意义	1. 能进行改方向的正常办理操作。 2. 能进行改方向的辅助办理操作	1. 培养安全意识，团队合作能力和动手能力。 2. 培养“安全优质，兴路强国”的职业精神。 3. 培养学生的操作水平和专业技能

【任务引导】

引导问题 1：改变运行方向电路的作用有哪些?

引导问题 2：改变运行方向电路设置了哪些按钮和表示灯，分别有什么作用?

【工具器材】

双线双向自动闭塞系统或单线双向自动闭塞系统。

【相关知识】

知识点 1　自动闭塞改变运行方向及改变运行方向电路

对于双线单向自动闭塞，由于每条线路上只准许一个方向列车运行，故只需防护列车的尾部，控制信息可以始终按一个方向传输，而对于单线自动闭塞和双线双向自动闭塞，因区间线路上既要运行上行列车，又要运行下行列车，所以除了需要防护列车尾部，还必须防护列车的头部。

对列车头部进行防护，就要求单线自动闭塞两个方向的通过信号机之间和区间两端的车站联锁设备之间发生一定的联锁关系，只允许列车按所建立的运行方向以通过信号机的显示运行。如准许上行方向的列车运行时，下行方向的通过信号机和出站信号机均不能开放，反之亦然。

如图 4-1-1 所示，在单线自动闭塞区段，我国目前采用平时规定运行方向的方式，即平时规定方向的通过信号机开放，而反方向的通过信号机灭灯，反方向的出站信号机也不能开放。只有在区间空闲时，经办理一定手续，改变了运行方向后，反方向的出站信号机和通过信号机才能开放，此时规定运行方向的通过信号机和出站信号机不能开放。

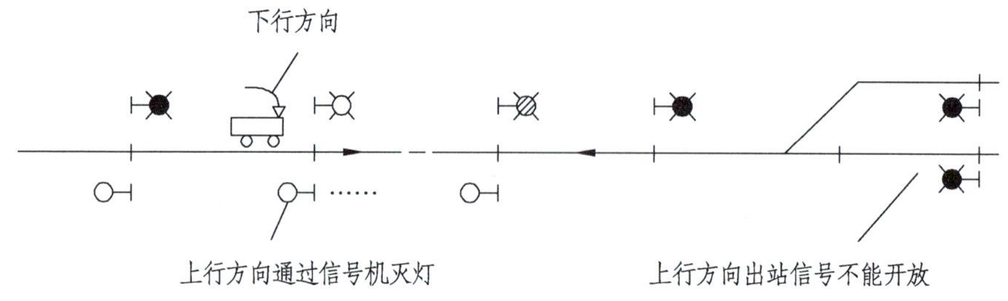

图 4-1-1　单线自动闭塞列车运行示意

在双线双向自动闭塞区段，反方向不设通过信号机，按自动站间闭塞运行。反方向运行时，通过改变运行方向，转换区间的发送和接收设备，并使规定方向的通过信号机灭灯。改变运行方向这一任务是由改变运行方向电路完成的。

知识点 2　改变运行方向电路的作用

改变运行方向电路的作用是，确定列车的运行方向，即确定接车站和发车站；转换区间的发送设备和接收设备的位置，使得信息一致迎着列车运行方向发送；控制区间通过信号机的点灯电路，列车正方向运行时点灯，反方向运行时灭灯；控制区间发送器的编码电路。

知识点 3　改变运行方向电路的发展

改变运行方向电路最初为二线制，后改进为四线制[电号 0041]，随后又出现新的二线制[肆号 0003]。无论哪种改变运行方向电路都是由继电电路构成的。

我国以前使用的二线制改变运行方向电路，由于传输信道内同时要完成控制和监督两个作用，故障率高，影响正常使用和运输效率。四线制改变运行方向电路将改变区间运行方向的控制电路和监督区间是否空闲的监督电路分别使用一条互相独立的二线电路，克服了上述缺点，提高了安全程度、可靠性和效率。然而，新的二线制仍然存在较多问题，所以目前采用较多的是四线制改变运行方向电路。

在高速铁路，实现了闭塞、列控一体化，改变运行方向由列控中心完成，就不需要改变运行方向电路了，但是改方逻辑仍然与四线制改方电路相同。

知识点 4　按钮和表示灯

为改变运行方向，控制台上对应每一接车方向，设一组改变运行方向用的按钮和表示灯。对于双线双向自动闭塞，每一咽喉设一个允许改变运行方向按钮和表示灯，如图 4-1-2 所示。

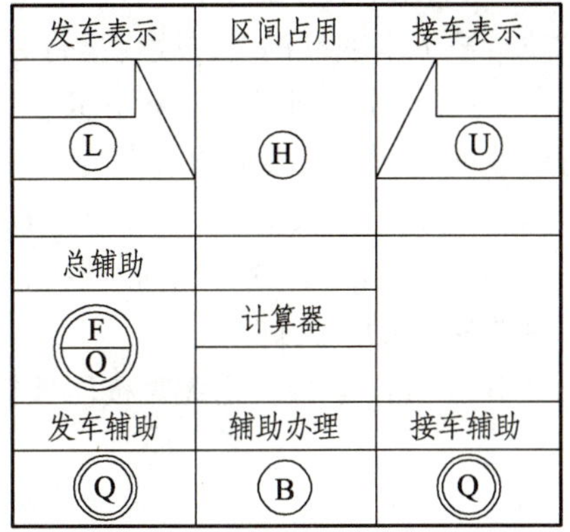

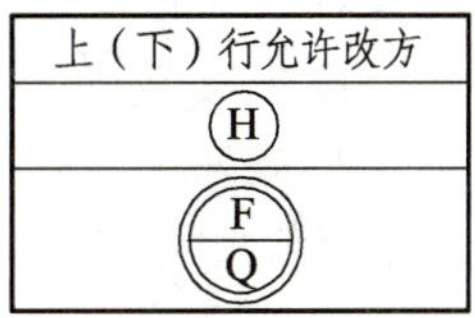

图 4-1-2　改变区间方向设置的按钮和表示灯

1. 按　钮

（1）允许改变运行方向按钮 YGFA：二位非自复式按钮，带铅封，改变运行方向时按下。为了避免值班员错误按压该按钮，在改变运行方向前，双方值班员确认区间空闲，由需要改变接车方向的车站值班员登记、破封才允许按下，才能改变该咽喉列车运行方向。对于复线区段，此按钮一般设置在反向发车口处。正向发车口一般不设置。

（2）总辅助按钮 ZFA：非自复式带铅封按钮，辅助办理改变运行方向时按下。

（3）接车辅助办理按钮 JFA：二位自复式带铅封按钮，辅助办理改变运行方向时按下

（4）发车辅助办理按钮 FFA：二位自复式带铅封按钮，辅助办理改变运行方向时按下。

2. 计数器

计数器用来记录辅助办理改变运行方向的次数。

3. 表示灯

为了指示列车的运行方向，每个咽喉都设置了相应的表示灯。

（1）允许改变运行方向表示灯 YGFD：平时灭灯，改变正常运行方向时，按下 YGFA，点亮红灯。

（2）接车方向表示灯 JD：黄色，点亮表示本站该方向为接车站。

（3）发车方向表示灯 FD：绿色，点亮表示本站该方向为发车站。

（4）监督区间表示灯 JQD：红色，点亮表示对方站已建立发车进路或列车正在区间运行。

（5）辅助办理表示灯 FZD：白色，点亮表示正在辅助办理改变运行方向。

知识点 5　改变运行方向的办理

改变运行方向有正常办理和辅助办理两种方式。

1. 正常办理

正常办理是改变运行方向电路处于正常状态时的办理方法。

设甲站处于接车站状态，其接车方向表示灯 JD（黄灯）亮，乙站处于发车站状态，其发车方向表示灯 FD（绿灯）亮，且区间空闲，区间占用表示灯 JQD 灭灯。现甲站欲利用原接车区间口发车，在 JQD 灭灯的情况下，先登记破封按下本咽喉的允许改变运行方向按钮 YFGA，允许改变运行方向表示灯 YGFD 红灯点亮。此时可正常办理改变运行方向，甲站值班员办理一条由发车股道向反向发车口发车进路就可使改变运行方向电路自动改变运行方向。

改方完毕，甲站改为发车站，其 JD 灭、FD 亮；乙站改为接车站，其 FD 灭、JD 亮。当甲站出站信号机开放后或列车在区间运行时，两站的 JQD（红灯）同时点亮。列车完全驶入乙站，区间恢复空闲后，甲站又未办理发车进路时，JQD 灭灯。

若乙站欲从接车站改为发车站，即恢复列车正方向运行，则无需按压任何改方按钮，直接办理发车进路即可。

2. 辅助办理

辅助办理是当办理改变运行方向的过程中出现故障时，使方向电路恢复正常的一种办理方式。当监督区间电路发生故障或因故出现“双接”时，两站 JQD（红灯）同时点亮，这时就必须用辅助方式才能改变运行方向。

1）监督区间电路发生故障，方向电路正常时

若监督区间继电器因故落下，使控制台上的监督区间表示灯 JQD 亮红灯，此时区间虽空闲，但通过正常办理手续无法改变运行方向，只能借助辅助办理。

办理方法：两站值班员确认监督区间电路故障且区间空闲后，两站值班员均登记破封按下 ZFA，由原接车站（欲改成发车站）的车站值班员登记破封按下发车辅助按钮 FFA，其辅助办理表示灯 FZD 亮灯，表示本站正在进行辅助办理，在辅助改方操作完成前，值班员需持续按压 FFA。

与此同时或稍晚，原发车站值班员也登记破封按下接车辅助按钮 JFA，其辅助办理表示灯 FZD 亮白灯，表示本站开始辅助办理。此时，本站值班员可松开 JFA，其 JD 黄灯点亮、FD 绿灯灭灯、FZD 白灯灭灯，表示本站辅助办理已结束，改成发车站。

此后，原接车站 FD 绿灯点亮、JD 黄灯灭灯，表示本站已改为发车站，辅助办理改变运行方向已完成，车站值班员可松开 FFA。发车站办理发车进路，列车出发进入区间时，两站值班员才能拉出 ZFA，FZD 灭灯。如此可防止当区间有车时，因一方单按接车辅助按钮出现的误动。若办理辅助改方向未能成功，需要再次办理时，两次办理的时间间隔不得少于 13 s。

2）因故出现“双接”，两站均为接车状态时

当改变运行方向电路的电源瞬时停电，或方向电路瞬时故障，不能正常改变运行方向，使两站均处于接车状态（即“双接”）时，其中任一站要求改变运行方向，均需用辅助办理来实现。

办理方法：两站值班员应确认区间空闲、设备故障，经双方商定，如乙站改为发车站，则乙站先登记破封按下 FFA，然后甲站再登记破封按下 JFA。甲站值班员看到 FZD 亮白灯时，

方可松开 JFA，表明改变运行方向已完毕，发车权已属乙站，乙站即可开放出站信号机。

注：在高速铁路线路上，改变列车运行方向的实体继电电路已被取消，其功能由列控中心设备通过安全网络来实现相邻站间区间运行方向的检查，由列控中心驱动相应的继电器控制轨道电路改变发码方向，但是改方逻辑仍然与四线制改方电路相同。

【任务实施】

（1）分组让学生练习改变运行方向的正常办理操作。

（2）模拟监督区间电路故障场景，分组让学生练习该场景下改变运行方向的辅助办理操作。

（3）模拟“双接”场景，分组让学生练习该场景下改变运行方向的辅助办理操作。

【考核评价】

序号	考核点	评分点	分值	得分
1	改变运行方向电路的概述	改变运行方向电路的设置	10	
		改变运行方向电路的作用	10	
		改变运行方向电路的发展	10	
2	改变运行方向电路的操作办理	改变运行方向的正常办理操作	20	
		改变运行方向的辅助办理操作	30	
3	课堂表现	态度认真、积极参与、遵守纪律	20	
4	教师评语			
总分			100	

【巩固提高】

1. 填空题

（1）改变运行方向的办理有____________和__________两种方式。

（2）为了改变运行方向，在控制台上设置了相应的表示灯和按钮，FD 点亮________色，表示本站为发车站，JD 点亮________色，表示本站为接车站。

（3）在高速铁路，实现了闭塞、列控一体化，改变运行方向由____________完成。

2. 选择题

（1）当列车占用区间，JQD 亮（　　）。

A. 红灯　　B. 黄灯　　C. 绿灯　　D. 灭灯

（2）允许改变运行方向按钮是（　　）。

A. 二位非自复式、带铅封按钮　　B. 二位自复式、带铅封按钮灯

C. 二位非自复式、不带铅封按钮　　D. 二位自复式、不带铅封按钮

（3）正常情况下，接车站未办理改方手续前接、发车表示灯的状态为（　　）。

A. JD 亮黄灯 FD 灭灯　　B. JD 亮黄灯 FD 亮绿灯

C. JD 亮绿灯 FD 灭灯　　D. JD 灭灯 FD 灭灯

（4）关于四线制改方电路说法正确的是（　　）。

A. 当监督区间电路发生故障时，可以通过辅助办理方式改变列车运行方向

B. 若辅助改方未能成功改方需要在此办理时，两次办理的时间间隔不得大于 13S

C. 辅助办理过程中，原接车站的值班人员看到 FZD 亮白灯，便可以松开 FFA

D. 辅助办理，改方运行方向结束后，两站可以拉出 ZFA

3. 简答题

（1）改变运行方向电路的作用是什么？

（2）为改变运行方向，控制台上要设哪些按钮和表示灯？

（3）什么叫作“双接”？

工作任务 4.2　改变运行方向电路工作原理认知

【学习目标】

知识目标	能力目标	素质目标
1. 掌握改方电路各部分继电器电路的工作原理及各继电器之间的逻辑关系。 2. 掌握改方电路与电气集中结合电路的工作原理。 3. 掌握正常情况下和辅助改方时电路的动作程序	1. 能跑通局部电路、方向继电器电路、监督区间继电器电路、辅助办理电路和表示灯电路。 2. 能正确判断各继电器的励磁时机和失磁时机	1. 培养学生的团队精神和组织协调能力。 2. 具有良好的职业道德，爱岗敬业精神和责任意识

【任务引导】

引导问题 1：四线制改变运行方向电路由哪些继电器组成，分设哪些组合？

引导问题 2：四线制改变运行方向电路由几部分电路组成？

【工具器材】

改变运行方向电路图。

【相关知识】

知识点 1　电路组成

对应于车站的每一接、发车方向设一套改变运行方向电路，相邻两站间该方向的改变运行方向电路由 4 根外线联系组成完整的改变运行方向电路；对于单线区段，一般车站每端需一套改变运行方向电路。对于双线双向运行区段，一般车站每端需两套改变运行方向电路。

每一端的改变运行方向电路由 15 个继电器组成，分为两个组合，称为改变运行方向主组合 FZ 和辅助组合 FF。改变运行方向组合内继电器排列及类型见表 4-2-1。

表 4-2-1　改变运行方向组合内继电器排列及类型

	1	2	3	4	5	6	7	8	9	10
FZ	FJ_1	JQJ	GFJ	GFFJ	JQJF	JQJ_2F	DJ	JFJ	FFJ	FGFJ
	JYXC-270	JWXC-H600	JWXC-1700	JWXC-1700	JSBXC-850	JWXC-1700	JWXC-H340	JWXC-1700	JWXC-1700	JPXC-1000
FF	FJ_2	FAJ	FSJ	KJ	ZFAJ					FZG
	JYXC-270	JWXC-1700	JWXC-1700	HWXC-H340	JWXC-1700					ZG1— 220/0.1 100/0.1

知识点 2　改变运行方向电路原理

四线制改变运行方向电路由方向继电器电路、监督区间继电器电路、局部电路、辅助办理电路和表示灯电路等组成。

1. 局部电路

局部电路的作用是，当方向电路改变运行方向时控制方向继电器的电流极性，以及控制辅助办理电路实现运行方向的改变。它由改变运行方向继电器 GFJ、改变运行方向辅助继电器 GFFJ、监督区间复示继电器 JQJF 及监督区间第二复示继电器 JQJ_2F 组成。

1）改变运行方向继电器电路

改变运行方向继电器 GFJ 的作用是记录发车按钮继电器 FAJ 的动作，从而改变运行方向。GFJ 电路如图 4-2-1 所示。平时，发车站 GFJ 吸起，接车站 GFJ 落下。

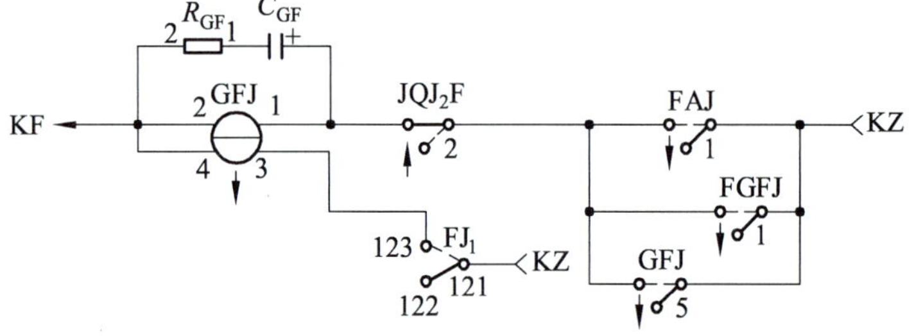

图 4-2-1　GFJ 电路

改变运行方向时，在原接车站办理了发车进路使 FAJ 吸起后，接通 GFJ 的 1-2 线圈励磁电路，GFJ 吸起，并经其本身第五组前接点自闭。方向继电器 FJ_1 转极后，接通 GFJ 的 3-4 线圈励磁电路。在辅助办理改变运行方向时，辅助改变方向继电器 FGFJ 吸起后，也接通 GFJ 的 1-2 线圈励磁电路，完成改变运行方向的任务。对于原发车站，GFJ 平时吸起，改变运行方向时 FJ_1 转极后，GFJ 落下。GFJ 的 1-2 线圈上并有 C_{GF} 和 R_{GF}，构成缓放电路，其作用是在原发车站改为接车站时，利用 GFJ 的缓放，使原发车站的方向继电器可靠转极。

2）改变运行方向辅助继电器电路

改变运行方向辅助继电器 GFFJ 的作用是，当改变运行方向时，使两站的方向电源短时间正向串联，使方向继电器 FJ 可靠转极。GFFJ 电路如图 4-2-2 所示。

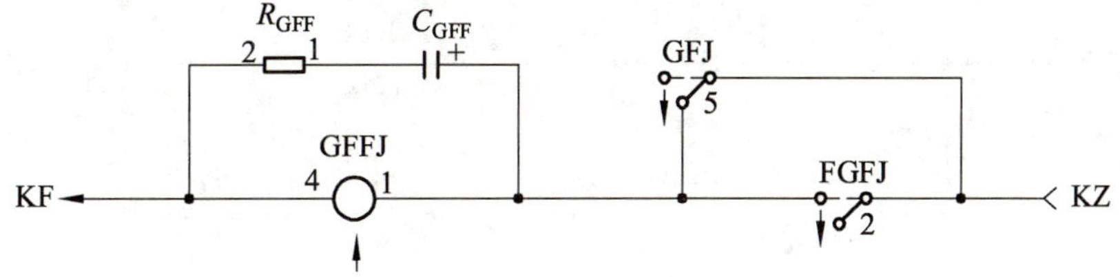

图 4-2-2 GFFJ 电路

GFFJ 励磁电路由 GFJ 后接点接通。原发车站 GFJ 吸起，GFFJ 落下。原接车站 GFJ 落下，GFFJ 吸起。

改变运行方向后，原接车站改为发车站，GFJ 吸起，GFFJ 落下；原发车站改为接车站，GFJ 落下，GFFJ 吸起。

辅助改变运行方向时，辅助改变运行方向继电器 FGFJ 吸起后，也使 GFFJ 吸起，参与运行方向的改变。

由 C_{GFF} 和 R_{GFF} 组成 GFFJ 的缓放电路，获得必需的缓放时间，使得方向继电器 FJ 可靠转极。

3）监督区间复示继电器电路

监督区间复示继电器 JQJF 的作用是复示接车站 JQJ 的动作，其电路如图 4-2-3 所示。

作为接车站，GFFJ 吸起，JQJ 吸起时 JQJF 就吸起；作为发车站，GFFJ 落下，即使 JQJ 吸起，JQJF 也不吸起。

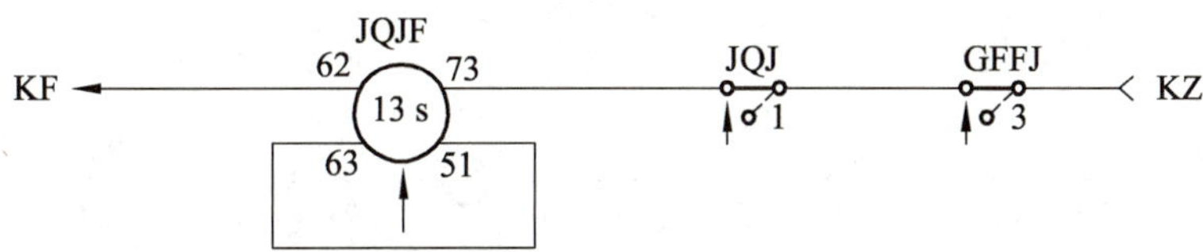

图 4-2-3 JQJF 电路

JQJF 采用 JSBXC-850 型时间继电器，缓吸 13 s。这是因为，当列车在区间行驶时，若任一闭塞分区的轨道电路发生分路不良，如小车通过区间分割点瞬间失去分路，因反映各闭塞分区占用情况的 GJ 的缓放，将使监督区间继电器 JQJ 瞬间吸起。若此时接车站排列发车进路，将导致错误改变运行方向，造成敌对发车的事故，故应采用缓吸 13 s 的时间继电器作为 JQJF。当发生上述情况时，由于 JQJF 的缓吸，使 JQJ_2F 不吸起，进而使 GFJ 仍处于落下状态，可防止错误改变运行方向。

4）监督区间第二复示继电器电路

监督区间第二复示继电器 JQJ_2F 是复示 JQJF 动作的。另外，在辅助改变运行方向时，作为 JQJ 的反复示继电器。在辅助改变运行方向时，FGFJ 吸起，JQJ 落下使 JQJ_2F 吸起。

JQJ_2F 电路如图 4-2-4 所示。在 JQJ_2F 的 1-2 线圈上并有 C_{JQ1} 和 R_{JQ1}，在它的 3-4 线圈上并有 C_{JQ2} 和 R_{JQ2}，构成缓放电路。这样在 JQJ_2F 落下之前，FJ 的线圈有瞬间被 JQJ_2F 的第一组前接点和 GFFJ 的第二组后接点所短路，这是为了防止当区间外线混线时，由于反电势（对于分散设置方式的自动闭塞由区间信号点的 FJ 产生）使 FJ 错误转极造成双向发车的危险。

加短路线后反电势被短路线所短路，待反电势消失后再接通电路，FJ 就不会错误动作。

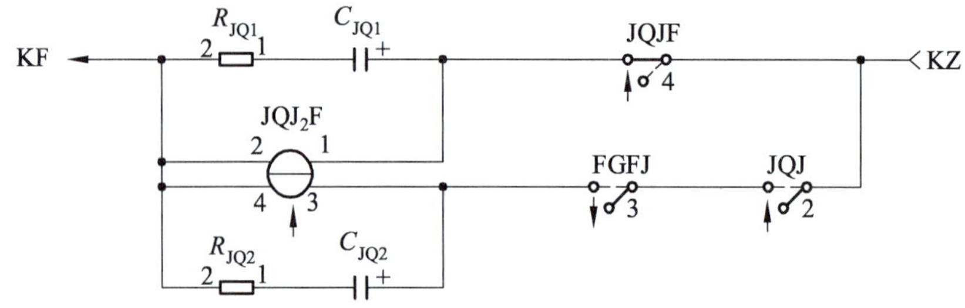

图 4-2-4　JQJ2F 电路

2. 方向继电器电路

方向继电器电路的作用是改变列车的运行方向。它由方向继电器 FJ 和辅助改变运行方向继电器 FGFJ 组成，方向继电器电路如图 4-2-5 所示。

对于集中设置的自动闭塞，在连接区间两端的车站分别设置了两个方向继电器（对于分散设置的自动闭塞，在区间每一信号点还需设方向继电器），它们通过外线串联在一起。方向继电器采用 JYXC-270 型有极继电器，用它来确定列车的运行方向，转换发送和接收设备及决定通过信号机是否点灯。

辅助改变运行方向继电器 FGFJ 的作用是，当监督电路故障而方向电路正常或发生其他意外故障时，采用辅助办理的方法，用 FGFJ 的吸起来改变运行方向，提高了整个改变运行方向电路的效率。

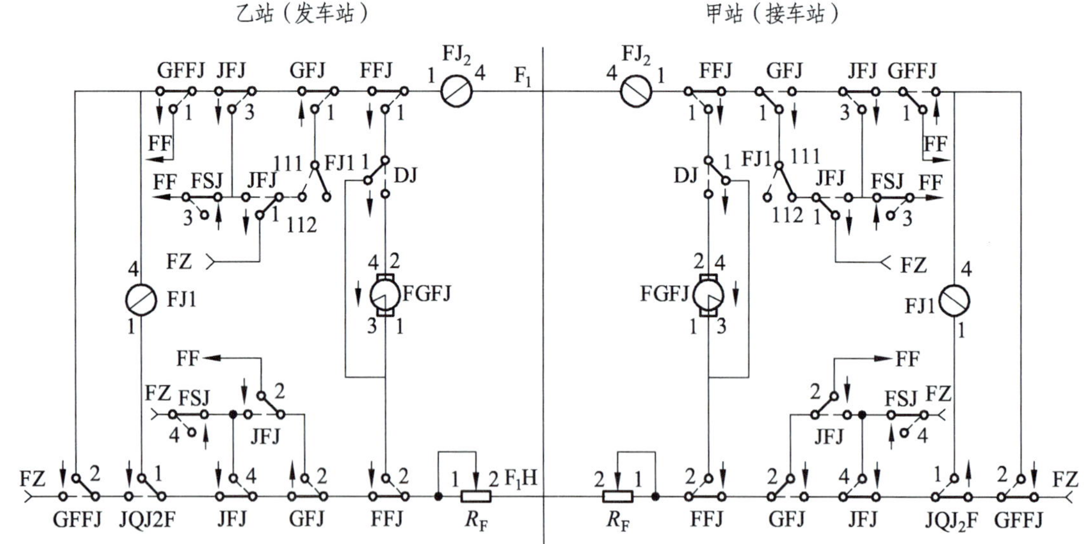

图 4-2-5　方向继电器电路

1）FJ 电路

正常办理改变运行方向时，GFJ 吸起，GFFJ 缓放尚未落下时，接通原接车站（甲站）的方向电源 FZ、FF，向方向电路发送反极性电流，使方向继电器 FJ 转极，其供电电路如下：

甲站 FZ—$GFFJ_{22\text{-}21}$—$JQJ_2F_{12\text{-}11}$—$JFJ_{43\text{-}41}$—$GFJ_{22\text{-}21}$—$FFJ_{23\text{-}21}$—$R_{F1\text{-}2}$—外线 F_1H—乙站 $R_{F2\text{-}1}$—

$FFJ_{21\text{-}23}$—$GFJ_{21\text{-}22}$—$JFJ_{41\text{-}43}$—$JQJ_2F_{11\text{-}13}$—$FJ_{11\text{-}4}$—$GFFJ_{13\text{-}11}$—$JFJ_{33\text{-}31}$—$GFJ_{12\text{-}11}$—$FFJ_{13\text{-}11}$—$FJ_{21\text{-}4}$—外线 F_1—甲站 $FJ_{24\text{-}1}$—$FFJ_{11\text{-}13}$—$GFJ_{11\text{-}12}$—$JFJ_{31\text{-}33}$—$GFFJ_{11\text{-}12}$—FF。

甲站 GFJ 吸起，用其第五组后接点断开了 GFFJ 电路。利用 GFFJ 的缓放，使乙站的方向电源与甲站的方向电源短时间地正向串联，形成两倍的线路供电电压，从而使方向电路中的所有方向继电器 FJ 可靠转极，其供电电路如下：

乙站 FZ—$JFJ_{13\text{-}11}$—$FJ_{1112\text{-}111}$—$GFJ_{13\text{-}11}$—$FFJ_{13\text{-}11}$—$FJ_{21\text{-}4}$—外线 F_1—甲站 $FJ_{24\text{-}1}$—$FFJ_{11\text{-}13}$—$GFJ_{11\text{-}12}$—$JFJ_{31\text{-}33}$—$GFFJ_{11\text{-}12}$—FF，以及 FZ—$GFFJ_{22\text{-}21}$—$JQJ_2F_{12\text{-}11}$—$JFJ_{43\text{-}41}$—$GFJ_{22\text{-}21}$—$FFJ_{23\text{-}21}$—$R_{F1\text{-}2}$—外线 F_1H—乙站 $R_{F2\text{-}1}$—$FFJ_{21\text{-}23}$—$GFJ_{21\text{-}23}$—$JFJ_{21\text{-}23}$—FF。

当 GFFJ 缓放落下，断开甲站的方向电源，由乙站一方供电。GFFJ 落下后使 JQJF 落下，JQJ_2F 经短时间缓放后落下。在 JQJ_2F 的缓放时间内，由乙站送往甲站的转极电源被接在 FJ 的线圈 4 与 $GFFJ_{23}$ 接点的连线所短路，以防止由外线混线或因其他原因而产生的感应电势使 FJ 错误转极。当 JQJ_2F 落下后才接通甲站 FJ_1 线圈与外线的联系，FJ_1 开始转极，其动作电路是：

乙站 FZ—$JFJ_{13\text{-}11}$—$FJ_{1112\text{-}111}$—$GFJ_{13\text{-}11}$—$FFJ_{13\text{-}11}$—$FJ_{21\text{-}4}$—外线 F_1—甲站 $FJ_{24\text{-}1}$—$FFJ_{11\text{-}13}$—$GFJ_{11\text{-}12}$—$JFJ_{31\text{-}33}$—$GFFJ_{11\text{-}13}$—$FJ_{14\text{-}1}$—$JQJ_2F_{13\text{-}11}$—$JFJ_{43\text{-}41}$—$GFJ_{22\text{-}21}$—$FFJ_{23\text{-}21}$—$R_{F1\text{-}2}$—外线 F_1H—乙站 $R_{F2\text{-}1}$—$FFJ_{21\text{-}23}$—$GFJ_{21\text{-}23}$—$JFJ_{21\text{-}23}$—FF。

当 FJ 转极后，甲站改为发车站，乙站被改为接车站，两站电路已经完成了改变运行方向的任务，分别达到稳定状态。

2）FGFJ 电路

辅助办理改变运行方向时，原接车站（甲站）FFJ 吸起，切断了甲站向乙站的供电电路，并使短路继电器 DJ 经 0.3 ~ 0.35 s 的缓吸时间后吸起。在 FFJ 吸起、DJ 缓吸的时间内，利用 DJ 的第一组后接点短路方向电路外线，使外线所储电能通过短路线而消失。当原发车站（乙站）JFJ 吸起，乙站通过 JFJ 的第三、四组前接点接通方向电源，向甲站送电，使甲站的 FGFJ 吸起，其电路为：

乙站 FZ—$FSJ_{41\text{-}42}$—$JFJ_{42\text{-}41}$—$GFJ_{22\text{-}21}$—$FFJ_{23\text{-}21}$—$R_{F1\text{-}2}$—外线 F_1H—甲站 $R_{F2\text{-}1}$—$FFJ_{21\text{-}22}$—$FGFJ_{1、3\text{-}2、4}$—$DJ_{12\text{-}11}$—$FFJ_{12\text{-}11}$—$FJ_{21\text{-}4}$—外线 F_1—乙站 $FJ_{24\text{-}1}$—$FFJ_{11\text{-}13}$—$GFJ_{11\text{-}12}$—$JFJ_{31\text{-}32}$—$FSJ_{32\text{-}31}$—FF。

甲站 FGFJ 吸起后，使 JQJ_2F、GFJ 相继吸起。在乙站，电容器 C_{JF} 放电结束使 JFJ 落下，切断了乙站对甲站 FGFJ 的供电电路。由于甲站的 FGFJ 落下，切断了 FFJ 的励磁电路，使其落下。此时由甲站向乙站发送转极电流，使乙站的 FJ 转极，其电路为：

乙站 FZ—$GFFJ_{22\text{-}21}$—$JQJ_2F_{12\text{-}11}$—$JFJ_{43\text{-}41}$—$GFJ_{22\text{-}21}$—$FFJ_{23\text{-}21}$—$R_{F1\text{-}2}$—外线 F_1H—甲站 $R_{F2\text{-}1}$—$FFJ_{21\text{-}23}$—$GFJ_{21\text{-}22}$—$JFJ_{41\text{-}43}$—$JQJ_2F_{11\text{-}13}$—$FJ_{11\text{-}4}$—$GFFJ_{13\text{-}11}$—$JFJ_{33\text{-}31}$—$GFJ_{12\text{-}11}$—$FFJ_{13\text{-}11}$—$FJ_{21\text{-}4}$—外线 F_1—乙站 $FJ_{24\text{-}1}$—$FFJ_{11\text{-}13}$—$GFJ_{11\text{-}12}$—$JFJ_{31\text{-}33}$—$GFFJ_{11\text{-}12}$—FF。

在乙站，由于 FJ_1 的转极，使 GFJ 落下，构成了甲、乙两站方向电源的串接，确保 FJ 可靠转极，其电路如下：

乙站 FZ—$JFJ_{13\text{-}11}$—$JFJ_{112\text{-}111}GFJ_{13\text{-}11}$—$FFJ_{13\text{-}11}$—$FJ_{21\text{-}4}$—外线 F_1—甲站 $FJ_{24\text{-}1}$—$FFJ_{11\text{-}13}$—$GFJ_{11\text{-}12}$—$JFJ_{31\text{-}33}$—$GFFFJ_{11\text{-}12}FF$，以及 FZ—$GFFJ_{22\text{-}21}$—$JQJ_2F_{12\text{-}11}$—$JFJ_{43\text{-}41}$—$GFJ_{22\text{-}21}$—$FFJ_{23\text{-}21}$—$R_{F1\text{-}2}$—外线 F_1H—乙站 $R_{F2\text{-}1}$—$FFJ_{21\text{-}23}$—$GFJ_{21\text{-}23}$—$JFJ_{21\text{-}23}$—FF。

在甲站，当 GFJ 吸起后，FGFJ 已落下时，GFFJ、JQJF、JQJ_2F 先后断电缓放。GFFJ 缓

放落下后，JQJ_2F 仍在吸起时，转极电源被接在 FJ 线圈 4 与 $GFFJ_{23}$ 接点的连线所短路，从而防止外线混线或其他原因而产生的感应电势使 FJ 错误转极。当 JQJ_2F 经缓放落下后，FJ 接入供电电路，使其转极，其电路如下：

乙站 FZ—$JFJ_{13\text{-}11}$—$FJ_{112\text{-}111}$—$GFJ_{13\text{-}11}$—$FFJ_{13\text{-}11}$—$FJ_{21\text{-}4}$—外线 F_1—甲站 $FJ_{24\text{-}1}$—$FFJ_{11\text{-}13}$—$GFJ_{11\text{-}12}$—$JFJ_{31\text{-}33}$—$GFFJ_{11\text{-}13}$—$FJ_{14\text{-}1}$—$JQJ_2F_{13\text{-}11}$—$JFJ_{43\text{-}41}$—$GFJ_{22\text{-}21}$—$FFJ_{23\text{-}21}$—$R_{F1\text{-}2}$—外线 F_1H—乙站 $R_{F2\text{-}1}$—$FFJ_{21\text{-}23}$—$GFJ_{21\text{-}23}$—$JFJ_{21\text{-}23}$—FF。

方向继电器电路平时由接车站方向电源（或称线路电源）向发车站送电，这样，当方向电路的外线短路时可以导向安全。接车站的方向继电器平时在线路上断开，是为了防止因雷击或其他外界干扰等产生误动。为了保证行车安全，在电路动作上先取消原发车站的发车权，再建立原接车站的发车权。

在方向电路开始工作以后，不受其他因素影响，直到运行方向改变完毕为止。方向电路与区间各闭塞分区的状态无关，并且经常通有一定极性的电流，所以电路工作稳定。

3. 监督区间继电器电路

监督区间继电器电路的作用是监督区间是否空闲，保证只有在区间空闲时才能改变运行方向。它由站内的监督区间继电器 JQJ 和区间各信号点处的轨道继电器 GJ 的接点串联而成，如图 4-2-6 所示。

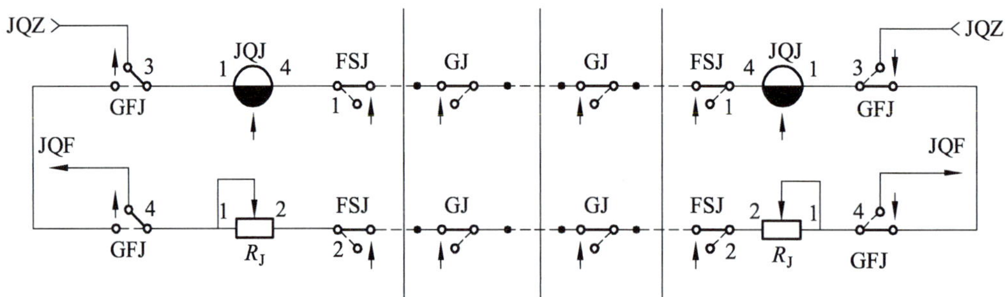

图 4-2-6 JQJ 电路

由发车站的 GFJ 第三、四组前接点向 JQJ 电路送电。当发车进路未锁闭时，FSJ 吸起，各闭塞分区空闲，QGJ 吸起，接通 JQJ 电路，两站的 JQJ 均吸起。办理发车进路时 FSJ 落下或区间被占用，其 GJ 落下，断开 JQJ 电路，使两站 JQJ 落下。

由于 JQJ 采用无极继电器，故无论通过何种极性的电流均可吸起。转换电源极性时，由于其缓放而不致落下，只有在断开线路电源时才落下。

区间空闲是否的检查只在改变运行方向以前进行，方向电路本身无故障，就动作到运行方向改变完毕为止，然后不断地监督区间空闲，为发车站开放出站信号机准备条件。

4. 辅助办理电路

辅助办理电路的作用是，当监督电路发生故障或改变方向电路瞬间突然停电或方向电路瞬间故障，不能正常改变运行方向时，借助于辅助办理电路，实现运行方向的改变。它由发车辅助继电器 FFJ、接车辅助继电器 JFJ 和短路继电器 DJ 组成。

1）发车辅助继电器电路

发车辅助继电器 FFJ 用以辅助办理改变运行方向，其电路如图 4-2-7 所示。

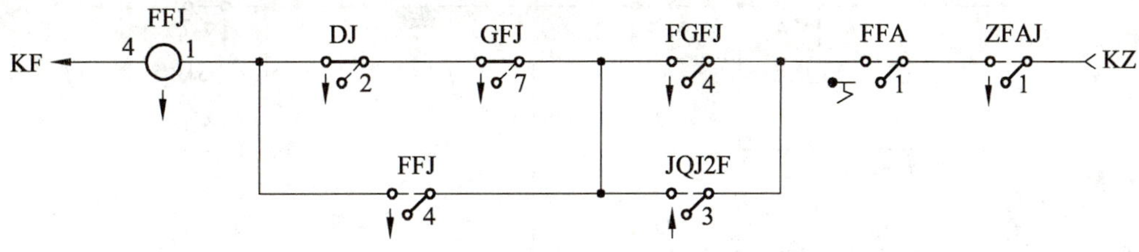

图 4-2-7　FFJ 电路

当 JQJ 因故落下时，JQJF、JQJ_2F 均落下，此时区间虽空闲，但只能用辅助办理方式改变运行方向，原接车站按下总辅助按钮 ZFA 和发车辅助按钮 FFA，FFJ 经 JQJ_2F 第三组后接点、GFJ 第七组后接点、DJ 第二组后接点吸起，吸起后自闭。FFJ 吸起后，切断原接车站向原发车站的供电电路。

FFJ 吸起后自闭，辅助办理改变运行方向正在进行，本站车站值班员仍需按压 FFA，要待 FJ_1 转极后，控制台上发车方向表示灯 FD 点亮绿灯时，才表示辅助办理改变运行方向已完成，可松开 FFA。

FGFJ 吸起后，继续接通 FFJ 自闭电路。

2）接车辅助继电器电路

接车辅助继电器 JFJ 用以辅助办理改变运行方向，JFJ 电路如图 4-2-8 所示。

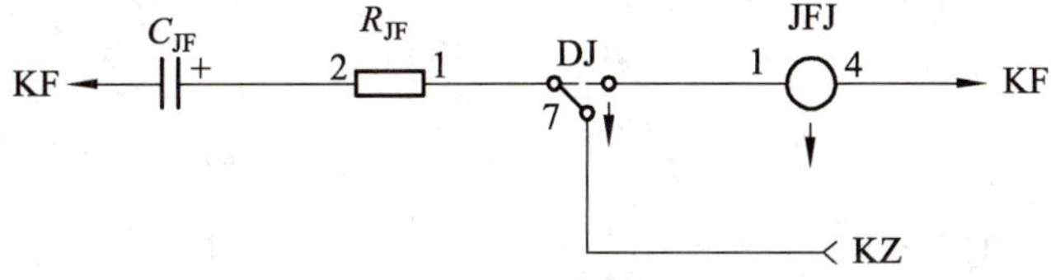

图 4-2-8　JFJ 电路

平时，DJ 落下，接通向电容器 C_{JF} 的充电电路。辅助办理改变运行方向时，原发车站车站值班员按下总辅助按钮 ZFA 和接车辅助按钮 JFA，使 DJ 吸起，接通 JFJ 电路，C_{JF} 向 JFJ 放电，JFJ 吸起。JFJ 吸起后接通方向电源，向对方站送电，使它的 FGFJ 吸起。C_{JF} 放电结束使 JFJ 落下，断开对对方站 FGFJ 的供电电路。

3）短路继电器电路

短路继电器 DJ 的作用是正常办理改变运行方向时，用以短路辅助改变运行方向继电器 FGFJ。DJ 电路如图 4-2-9 所示。

平时两站 DJ 落下，将它们的 FGFJ 短路，即在正常办理改变运行方向时，FGFJ 不动作。辅助办理改变运行方向时，原接车站车站值班员按下 ZFA 和 FFA 后，FFJ 吸起，DJ 经 FSJ 第七组前接点、FFJ 第七组前接点和 JQJ 第七组后接点励磁。DJ 吸起后，用其第一组前接点将方向电路接至 FDGJ 电路。FJ_1 转极后使 GFJ 吸起，无论 JQJ_2F 在什么状态，均接通 DJ 的自闭电路。只有在本站办理发车进路时，进路最末一个道岔区段的 SJ 落下，才断开 DJ 自闭电路，使 DJ 落下。

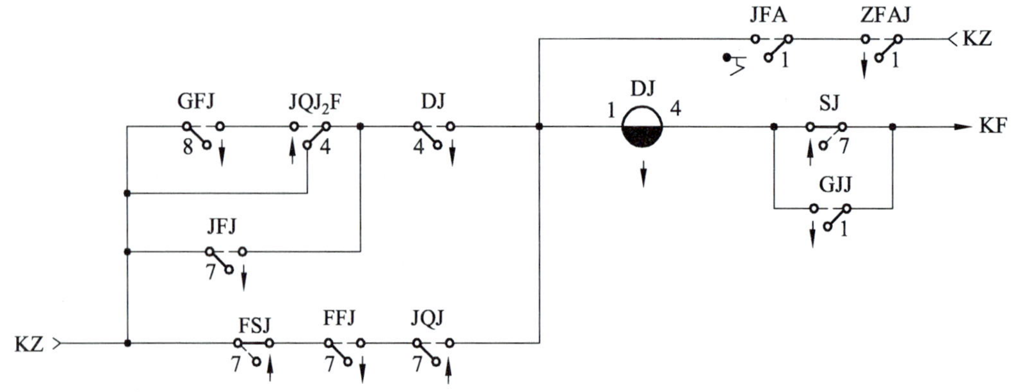

图 4-2-9　DJ 电路

对于原发车站，车站值班员按下 ZFA 和 JFA 后，使 DJ 吸起。DJ 吸起后使 JFJ 靠 C_{JF} 通过 DJ 第七组前接点放电而吸起。JFJ 吸起后接通 DJ 的自闭电路。C_{JF} 放电结束后，JFJ 落下，该电路断开。DJ 主要靠 JQJ_2F 后接点、GFJ 前接点自闭。辅助改变运行方向后，FJ_1 转极，GFJ 落下，断开 DJ 自闭电路，使之落下。

5. 表示灯电路

表示灯电路用来表示两站间区间闭塞的状态，以及改变运行方向电路的动作情况。它包括发车方向表示灯 FD（绿色）、接车方向表示灯 JD（黄色）、监督区间占用表示灯 JQD（红色）和辅助办理表示灯 FZD（白色），表示灯电路如图 4-2-10 所示。

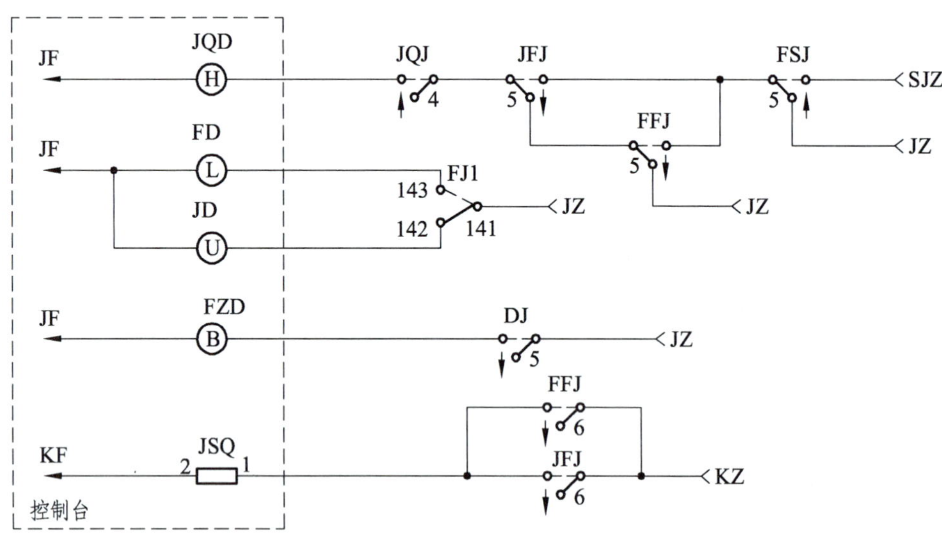

图 4-2-10　表示灯电路

FD 和 JD 由 FJ_1 接点接通。FJ_1 在定位，其 141-142 接通，点亮 JD，表示本站为接车站；FJ_1 在反位，其 141-143 接通，点亮 FD，表示本站为发车站。

FZD 由 DJ 前接点接通。辅助办理改变运行方向时，DJ 吸起，FZD 点亮，表示正在辅助改变运行方向。DJ 由吸起转为落下，FZD 灭灯，表示辅助改变运行方向完毕。

每当进行一次辅助办理运行方向，FFJ 或 JFJ 吸起一次，计数器 JSQ 即动作一次，记录辅助办理改变运行方向的次数。

JQD 平时灭灯，表示区间空闲；列车占用区间，JQJ 落下，JQD 亮红灯。在辅助改变运行方向时，按规定手续按压 JFA 或 FFA，JFJ 或 FFJ 吸起后，经 FSJ 前接点点亮 JQD。如果该站的 FSJ 落下，JQD 闪红灯。相邻两站中有一站 FSJ 落下，即发车进路已锁闭，就不能辅助办理改变运行方向。

知识点 3　改变运行方向电路的动作程序

1. 正常办理改变运行方向的动作程序

设甲站为接车站，乙站为发车站，区间空闲，双方均未办理发车。此时，甲站吸起的继电器有 FSJ、JQJ、JQJF、JQJ_2F、GFFJ，FJ_1 在定位，JD 亮黄灯；乙站吸起的继电器有 FSJ、JQJ、GFJ，FJ_1 在反位，FD 亮绿灯。若此时甲站要求向乙站发车，首先必须改变运行方向，出站信号机才能开放。甲站车站值班员根据控制台上的 JQD 红灯灭灯，可以确认区间处于空闲状态，先按下本咽喉的 YGFA，然后排列发车进路，当列车发车继电器 LFJ 和进路选择继电器 JXJ 吸起后，使 FAJ 吸起，继而使 GFJ 吸起，接通甲站的方向电源 FZ、FF，由甲站改变送电极性，向乙站发送反极性电流，使本站的 FJ_2 和对方站的 FJ_1 和 FJ_2 转极，乙站的 JD 亮黄灯，FD 绿灯灭。

乙站的 FJ_1 转极后，使 GFJ 落下，GFFJ、JQJF、JQJ_2F 相继吸起。甲站的 GFJ 吸起后使 GFFJ 落下。在甲站 GFFJ 缓放期间，使两站方向电源正向串联，形成两倍供电电压，使各方向继电器可靠转极。

甲站 GFFJ 落下后断开本站方向电源，由乙站一方供电。甲站 GFFJ 落下后，使 JQJF、JQJ_2F 相继落下。在 JQJ_2F 缓放期间，由乙站送往甲站的转极电源被短路，以消除由外线混线等原因产生的感应电势。JQJ_2F 落下后，接通甲站 FJ_1 线圈与外线的电路，使 FJ_1 转极，甲站的 JD 黄灯灭，FD 绿灯亮。至此，已按要求将甲站改为发车站，乙站改为接车站。

出站信号机开放或列车占用区间，JQJ 落下，两站 JQD 亮红灯。甲站正常办理运行方向的电路动作程序如图 4-2-11 所示。

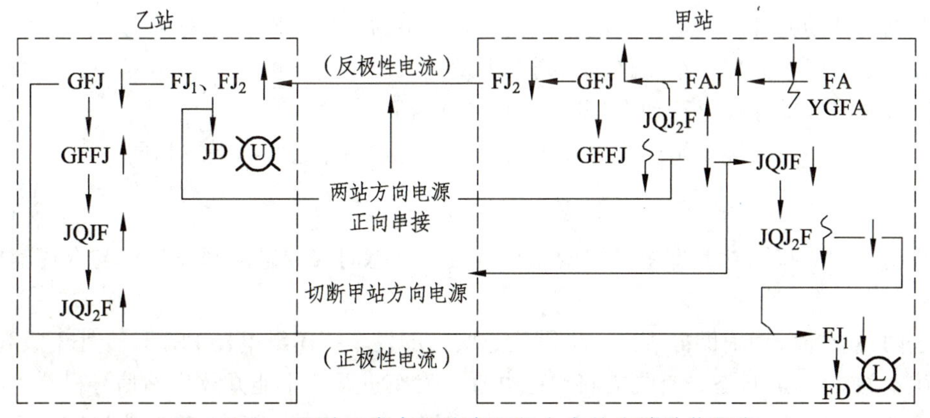

图 4-2-11　甲站正常办理改变运行方向的电路动作程序

反之，乙站为接车站时，欲办理发车，其办理改变运行方向的手续及电路动作过程和上述情况相仿。

2. 辅助办理改变运行方向的电路动作程序

1）监督电路发生故障但方向电路正常时的动作程序

若甲站为发车站，乙站为接车站时，其监督电路的 JQJ 因故障而落下，将使 JQJF、JQJ_2F 相继落下，控制台上的 JQD 亮红灯。此时区间虽处于空闲状态，但通过正常办理手续改变运行方向已无法使甲站的 GFJ 吸起，如要改变运行方向，则必须借助于辅助办理。

两站车站值班员确认区间空闲及故障后，如甲站要改为发车站，经乙站同意，两站共同进行辅助办理改变运行方向。甲站车站值班员登记破铅封按下 ZFA 和 FFA，使 FFJ 吸起并自闭。FFJ 吸起后断开甲站向乙站的供电电路，此时，因 FFJ 吸起，JQJ 落下，FSJ 吸起，使 DJ 经 0.3 ~ 0.35 s 后吸起。

在 FFJ 吸起、DJ 缓吸时间内，用 DJ 后接点短路方向电路外线，消耗外线所储电能。DJ 吸起后自闭，用其前接点点亮 FZD，表示本站正在进行辅助办理。

乙站车站值班员也登记破铅封按下 ZFA 和 JFA，使 DJ 吸起后自闭，FZD 亮白灯，表示本站开始辅助办理。乙站车站值班员松开 JFA，JFJ 靠 C_{JF} 通过 DJ 前接点放电而吸起。乙站通过 JFJ 前接点接通方向电源，向甲站送电，使甲站的 FGFJ 吸起。

FGFJ 吸起后，通过其前接点及 JQJ 后接点给 JQJ_2F 的 3-4 线圈供电，使之吸起。GFJ 经 FGFJ 前接点及 JQJ_2F 前接点吸起后自闭。C_{JF} 放电结束后，使 JFJ 落下，断开乙站对甲站的供电电路。

由于甲站 FGFJ 落下，断开 FFJ 励磁电路，使其落下，此时接通甲站向乙站供电电路，因是反极性电流，使乙站的 FJ_1 和两站的 FJ_2 转极。

在乙站，由于 FJ_1 转极，使 JD 黄灯亮，FD 绿灯灭，同时使 GFJ 落下，断开 DJ 自闭电路，使之落下，FZD 灭灯，表示本站辅助办理已完毕，改为接车站。因 GFJ 落下，FJ_1 转极，使两站方向电源串接，各方向继电器可靠转极。

在甲站，GFJ 吸起后，FGFJ 已落下，GFFJ、JQJF、JQJ_2F 先后断电缓放。GFFJ 落下后，JQJ_2F 仍吸起时，转极电源被短路，消耗外线中的感应电势，防止 FJ_1 错误转极。JQJ_2F 落下后，将 FJ_1 接入供电电路，使其转极。FJ_1 转极后，甲站 FD 亮绿灯，JD 黄灯灭，表示本站已成为发车站，辅助办理改变运行方向已完成，此时甲站车站值班员可松开 FFA，但 FZD 仍亮白灯，表示本站尚未办理发车进路。当列车出发进入出站信号机内方，DJ 落下，FZD 灭灯。监督电路故障时辅助办理电路动作程序如图 4-2-12 所示。

同理，若乙站原为接车站要改为发车站时，其电路动作过程与上述相同。

2）因故出现“双接”时的电路动作过程

因故出现“双接”时，即甲、乙两站均为接车状态时，其电路动作过程与上述辅助办理大体相同。

上述两种故障采用辅助办理时，均需检查两站的发车锁闭继电器 FSJ 是否处于吸起状态。为了确认本站 FSJ 的状态，首先需将原已办理的发车进路（不能开放出站信号机是由于运行方向未能改变，即发车表示灯绿灯未能点亮）取消，然后进行辅助办理。按规定办理手续按压 JFA 或 FFA 后 JQD 亮稳定红灯，证明 FSJ 处于吸起状态，可以进行辅助办理改变运行方向。如果 JQD 闪红光，说明该站的 FSJ 落下，只要其中有一站的 FSJ 落下，就不能辅助办理改变运行方向，需要待本站的 FSJ 落下故障处理完毕，FSJ 恢复吸起后才能继续办理。由上述的正常办理和辅助办理可知，改变运行方向时，一般有 3 个步骤：

（1）原发车站方向继电器先转极，转为接车站，取消发车权。

（2）两站电源串接使区间的方向继电器可靠转极。

（3）最后，接车站方向继电器转极，改为发车站，取得发车权。

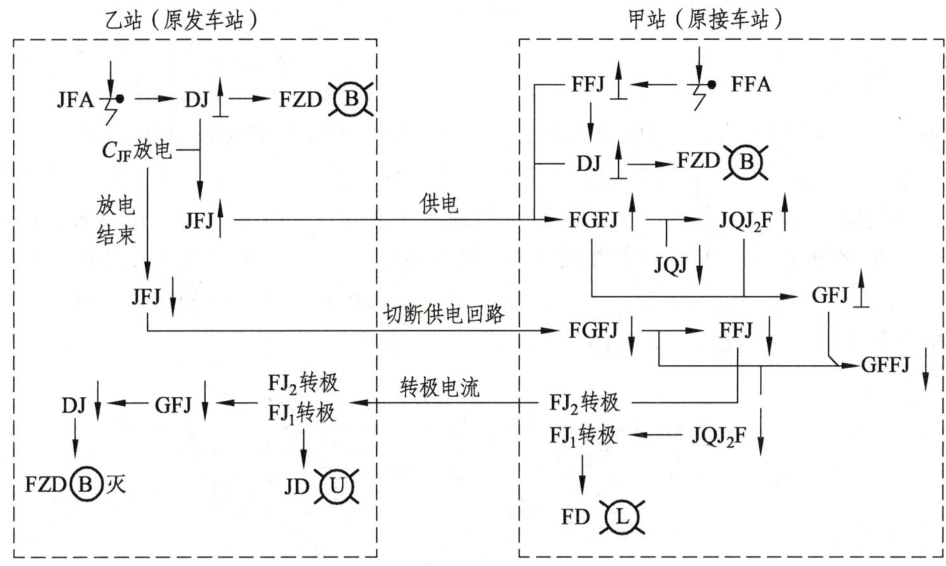

图 4-2-12　监督电路故障时辅助办理电路动作程序

知识点 4　自动闭塞区间运行方向转换电路

区间每一信号点设区间正方向继电器 QZJ（或 ZXJ）和区间反方向继电器 QFJ（或 FXJ）。设在区间组合柜上，它们由 FJ_2 接点控制。FJ_2 在定位，各信号点的 QZJ 吸起；FJ_2 在反位，各信号点的 QFJ 吸起，区间方向继电器电路如第 161 页的图 3-5-1 所示。

通过 QZJ 和 QFJ 接点改变移频轨道电路的发送端和接收端，改变低频编码条件，以及决定通过信号机是否点灯。

知识点 5　改变运行方向电路与继电集中电路的结合

为反映继电集中办理发车进路的情况，改变运行方向电路设发车按钮继电器 FAJ 和发车锁闭继电器 FSJ。为控制出站信号机，改变运行方向电路设控制继电器 KJ。

1. 发车按钮继电器电路

发车按钮继电器 FAJ 用来记录发车进路的建立，FAJ 电路如图 4-2-13 所示。在按下本咽喉的允许改变运行方向按钮 YGFA 的情况下，当办理了发车进路，继电集中的列车发车继电器 LFJ 和发车口处的进路选择继电器 JXJ 吸起后，FAJ 吸起，沟通 GFJ 电路。选路完成后，LFJ 和 JXJ 落下，FAJ 失磁。

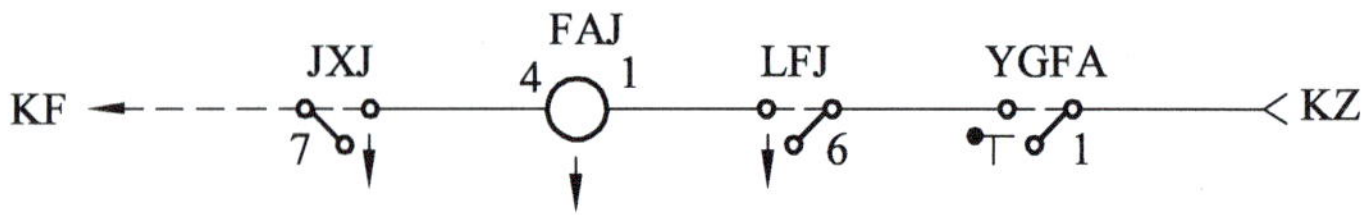

图 4-2-13　FAJ 电路

FAJ 前接点用在 GFJ 电路中，正常办理改变运行方向建立发车进路 FAJ 吸起后，接通 GFJ 励磁电路。

2. 发车锁闭继电器电路

发车锁闭继电器 FSJ 用来反映发车进路的锁闭情况，FSJ 电路如图 4-2-14 所示。当进路空闲（用发车进路最末一个轨道区段的 GJ 吸起来证明），建立了发车进路，发车口处的照查继电器 ZCJ 落下，使 FSJ 落下，表示发车进路锁闭。当向发车口建立调车进路时，FSJ 不应落下，于是在 ZCJ 第五组前接点上并联了 ZJ 的第五组前接点。建立调车进路时，虽然 ZCJ 落下，但 ZJ 吸起，使 FSJ 不落下。列车出发，出清发车进路最末一个轨道电路区段时，DGJ 吸起，进路解锁，ZCJ 吸起，使 FSJ 吸起并自闭。

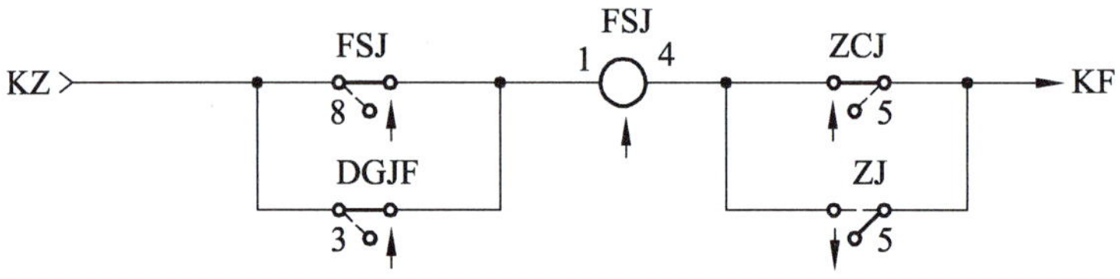

图 4-2-14　FSJ 电路

FSJ 前接点用在 JQJ 电路和 DJ 电路中，FSJ 吸起时，连通 JQJ 和 DJ 电路。

3. 控制继电器电路

控制继电器 KJ 在辅助办理改变运行方向时接通出站信号机的列车信号继电器 LXJ 电路，KJ 电路如图 4-2-15 所示。

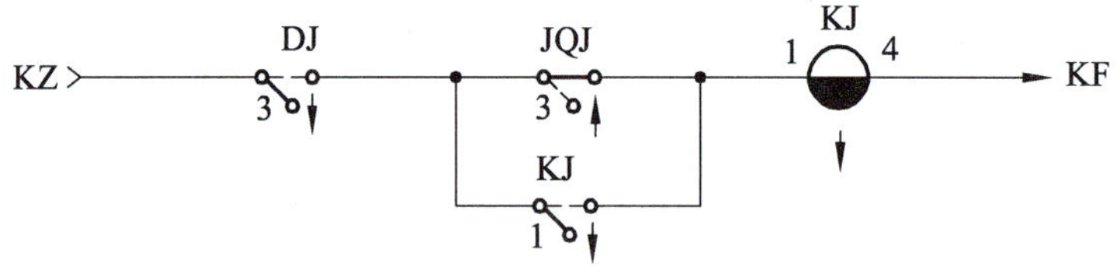

图 4-2-15　KJ 电路

当区间空闲时，办理辅助办理改变运行方向手续后 DJ 吸起，使 KJ 吸起并自闭，DJ 落下后，KJ 落下。

4. 出站信号机控制电路

出站信号机的列车信号继电器 LXJ 电路中接入开通运行方向的条件予以控制，即在 11 线网络端部接入 FJ_1 和 FJ_2 的反位接点，证明运行方向已改变。本站已改为发车站时，方可接通出站信号机的 LXJ 电路，出站信号机的 LXJ 电路如第 178 页的图 3-5-25 所示。

在 LXJ 电路中，用 1LQJ（反方向按自动站间闭塞运行，用区间总轨道继电器 QGJ）前接点检查运行前方闭塞分区空闲。正常办理改变运行方向时，用 FFJ、ZFAJ 和 DJ 后接点接通 LXJ 电路。接入总辅助按钮继电器 ZFAJ 后接点，是为了防止因 DJ 断线或单方面错误办理时可能产生的不检查区间空闲而错误开放信号的问题。辅助办理改变运行方向时，用 KJ 和 DJ 前接点接通 LXJ 电路。

知识点 6　改变运行方向电路与计算机联锁的结合

与计算机联锁设备结合时，由于人-机界面不同于 6502 电气集中，电路中的 JFA、FFA、ZFA 改由按钮继电器 JFZAJ、FFZAJ、ZFZAJ 接点代替，按钮继电器 JFZAJ、FFZAJ、ZFZAJ 由计算机联锁驱动。增加出发继电器 CFJ，以取代 DJ 中的 SJ、GJJ 前接点。当办理发车进路，进路最末一个区段锁闭时，CFJ 落下，断开 DJ 自闭电路，使 DJ 落下。CFJ 由计算机联锁驱动。发车按钮继电器 FAJ 和发车锁闭继电器 FSJ，由计算机联锁驱动。

FAJ 前接点、FSJ 后接点、CFJ 后接点被计算机联锁采集，采集和驱动电路如图 4-2-16 所示。增设空闲继电器 KXJ，其电路如图 4-2-17 所示。

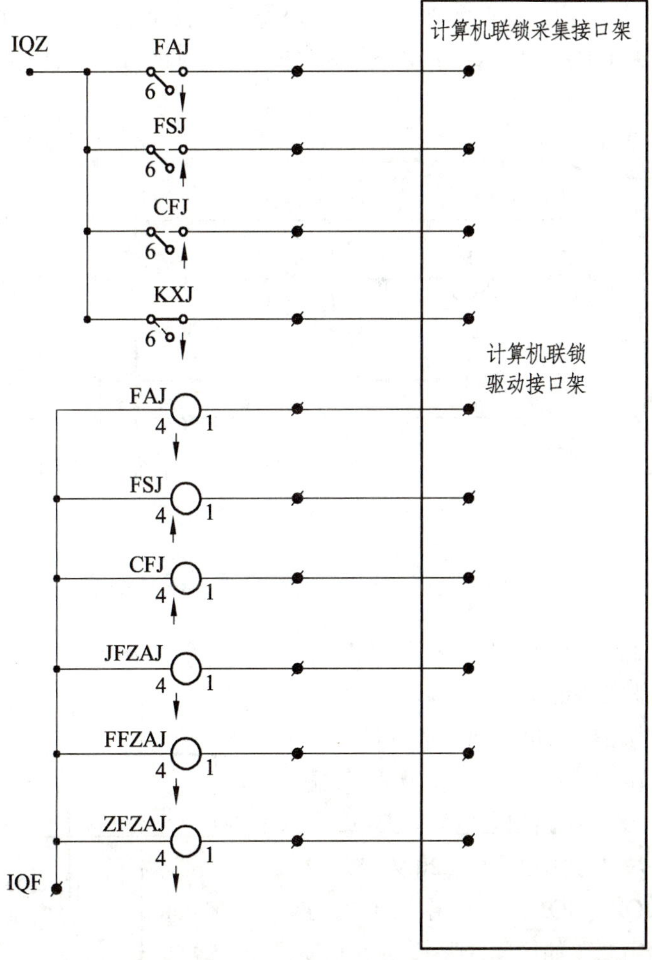

图 4-2-16　驱动和采集电路

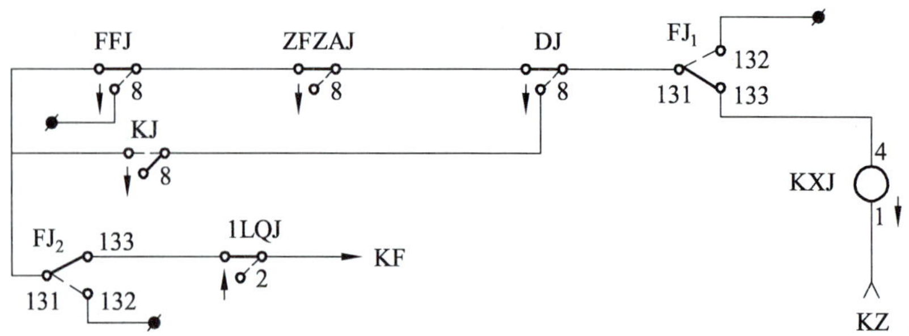

图 4-2-17　KXJ 电路

无论是正常办理还是辅助办理改变运行方向时，只要 FJ_1 和 FJ_2 的反位接点接通，证明运行方向已改变，本站已改为发车站，而且 1LQJ 吸起（自动站间闭塞时为 QGJ），KXJ 即吸起。将它的前接点采集到计算机联锁中去，作为控制出站信号机开放的条件。

计算机联锁的控制台显示不同于 6502 电气集中，采集有关继电器接点，构成表示条件，表示灯采集电路如图 4-2-18 所示。采集 FJ_1 接点，构成发车方向表示灯 FD 和接车方向表示灯 JD 条件；采集 DJ 接点，构成辅助办理表示灯 FZD 条件；采集 JQJ、JFJ、FFJ、FSJ 接点，构成监督区间占用表示灯 JQD 亮红灯的 JZ 条件和 JQD 闪红灯的 SJZ 条件，以在显示器上显示。

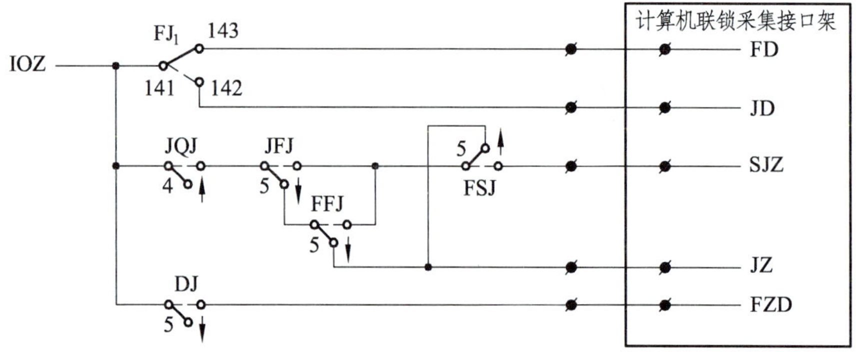

图 4-2-18　表示灯采集电路

知识点 7　改变运行方向电路的供电

改变运行方向的方向继电器电路和监督区间继电器电路要求独立供电，因为它们的工作电流大小不同，所以供电电压也不同，故设计了硅整流器 FZG（为 ZG_1-220/0.1，100/0.1 型），其输入为交流 220 V，输出为两路独立电源。73-52 为方向电源 FZ、FF，最高输出电压为 220 V；83-62 为监督区间电源 JQZ、JQF，最高输出电压为 100 V。可根据实际需要（如区间线路长度等）选用，FZG 电源接线如图 4-2-19 所示。

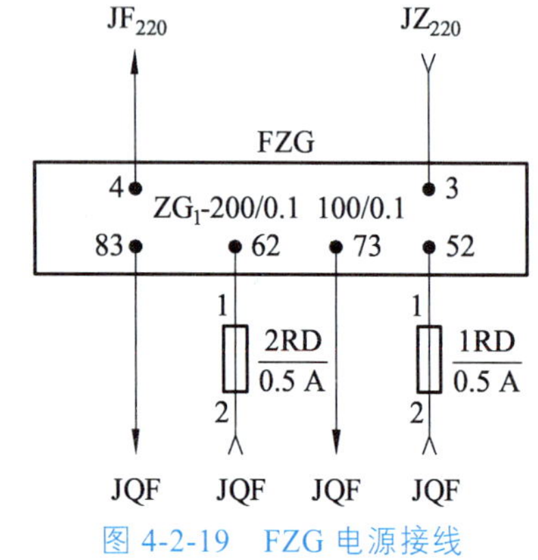

图 4-2-19　FZG 电源接线

【任务实施】

（1）对照电路图，分别写出正常办理及辅助办理改方的电路动作程序。

（2）对照电路动作程序，跑通各继电器的电路。

提示：改变运行方向电路有正常办理和辅助办理两种情况，应注意两种情况下继电器状态的差异。

在正常办理下，与辅助办理有关的各继电器不动作，首先应跑通局部电路中各继电器的电路，要注意发车站和接车站有关继电器的状态是不同的，然后再跑通方向继电器电路和监督区间继电器电路。

在辅助办理情况下，首先应跑通与辅助办理有关的各继电器的电路，接着跑通局部电路中各继电器的电路，然后再跑通方向继电器电路。

【考核评价】

序号	考核点	评分点	分值	得分
1	图符识别	能认识继电器型号，识别错误每处扣 2 分	5	
		能认识继电器名称并知道其含义，识别错误每处扣 2 分	5	
2	电路动作程序分析	能正确分析继电器间的逻辑关系，逻辑关系每错误一项扣 2 分	15	
		能正确说出继电器励磁时机及复原时机，励磁时机及复原时机每错误一处扣 2 分	15	
3	电路原理分析	继电器励磁电路跑不通，扣 2 分	20	
		继电器自闭电路跑不通，扣 2 分	20	
		控制表示灯、电铃状态识别错误，每处扣 2 分	10	
4	课堂表现	态度认真、团结协作	10	
5	教师评语			
总分			100	

【巩固提高】

1. 填空题

（1）四线制改变运行方向电路包括________电路、__________电路、___________电路、电路、_________电路。

（2）改变运行方向电路由____个继电器组成，分别放在_______组合和_______组合中。

（3）局部电路的作用是________________________________。

（4）监督区间占用第二复示继电器是复示_________的动作的。

（5）方向继电器电路由_____________ 、_____________ 两个继电器组成。

2. 选择题

（1）JQJF 采用 JSBXC-850 型时间继电器，缓吸时间是（　　）s。

A. 13　　B. 14　　C. 15　　D. 16

（2）改变运行方向继电器定位时的状态为（　　）。

A. 发车站 GFJ↑、接车站 GFJ↓　　B. 发车站 GFJ↓、接车站 GFJ↑

C. 发车站 GFJ↑、接车站 GFJ↑　　D. 发车站 GFJ↓、接车站 GFJ↓

（3）GFFJ 的作用是（　　）。

A. 使两站的方向电源短时间正向并联　　B. 使 FJ 可靠转极

C. 使两站的方向电源短时间正向串联　　D. B 和 C

（4）四线制改变运行方向电路中 FJ 的类型是（　　）。

A. JPXC-1000　　B. JWXC-1700　　C. JYXC-270　　D. JSBXC-850

（5）辅助改方时，原发车站的 DJ 落下的时机为（　　）。

A. GFJ 落下　　B. FJ1 到定位　　C. FJ2 到定位　　D. FZD 灭灯

3. 简答题

（1）简述改变运行方向电路局部电路各继电器的作用和电路原理。

（2）简述方向继电器电路的作用和电路原理。

（3）简述监督区间继电器电路的作用和电路原理。

（4）简述辅助办理电路的作用和电路原理。

（5）简述表示灯电路的作用和电路原理。

工作任务 4.3　改变运行方向电路故障处理

【学习目标】

知识目标	能力目标	素质目标
1. 掌握正常改方、辅助改方作业流程。 2. 掌握改变运行方向电路异常情况处理办法。 3. 掌握改变运行方向电路故障判断方法及应急处理办法	1. 能处理正常改方及辅助改方操作的常见异常情况。 2. 能处理改方电路一般故障	1. 培养安全意识，团队合作能力和动手能力。 2. 具有良好的职业道德和责任意识

【任务引导】

引导问题 1：改变运行方向电路试验有哪些注意事项？

____

____

引导问题 2：如何快速判定改方电路故障范围。

____

____

【工具器材】

数字万用表、双线双向自动闭塞系统设备。

【相关知识】

知识点 1　改变运行方向电路的维护

改变运行方向电路是继电电路，它的维护同其他继电电路，可参阅“项目 2 半自动闭塞系统维护”。

知识点 2　改变运行方向电路的试验

将改变运行方向电路本站的上下行咽喉的方向电路进行对接后（将四线制方向电路下行线、上行线两端的四条外线分别进行对接，反向区间空闲监督条件接通），方可进行试验。一般有两咽喉的上下行线路分别对接和同一咽喉上下行线对接两种方式。前者在试验区间点的小轨时只需考虑小轨的—1、—2 选型，而后一种对接方式由于上下行载频不一致，最远区段的正反向小轨必须单独送电源。

对于联锁设备不改造的站场，由于联锁电路为在用设备，新设改变运行方向电路须待大封锁方可接入联锁条件，一般只能采用局部送电的方法对方向电路进行试验。此时，将改变运行方向电路外线连接完成后，对 GFJ 的 3 线圈送 KZ 电源，使 GFJ 励磁来倒接方向，观察 FJ_1、FJ_1 的继电器状态及对应的控制台表示正确。本站改变运行方向完成后，再将改变运行方向电路另一端的 GFJ 的 3 线圈送 KZ 电源，试验对方对本站改方的动作情况并核对控制台表示。对于联锁设备与自动闭塞同步改造的车站可按下列要求进行试验：

1. 正常改变运行方向试验

1）未按允许改方按钮反向发车不能改变运行方向

在未按压允许改方按钮的情况下，向接车口办理发车进路时，对于一般继电集中的车站，其发车进路可以锁闭，而接车口的方向仍为接车方向（接车表示灯点黄灯或显示向站内接车方向箭头），出站信号机不能开放。对于某些计算机联锁车站，未按允许改方按钮办理反向发车时发车进路也不能锁闭。

2）办理反向发车进路自动改变运行方向

在区间空闲、监督区间红灯熄灭（或接车箭头显示黄色、发车箭头显示绿色）的情况下，按压允许改方按钮（按钮带表示灯时允许改方按钮表示灯点亮）后，接车口排列反向发车进路，发车进路先选路，改方电路后动作，接车表示黄灯灭（或接车箭头不显示），发车表示灯亮绿灯（或显示绿色发车箭头）。此时，发车进路锁闭，监督区间灯亮红灯（或区间接发车箭头显示红色），最后出站信号机点绿灯及相应的发车表示器、室内控制台信号复示器显示绿灯。

3）改变运行方向后办理正向发车恢复正方向

若将反方向改回正方向，须先将反方向的发车进路解锁，待监督区间灯熄灭后，方可在另一方排列向该线路的发车进路。此时，排列进路站改回到发车状态，接车站改回到接车状态。

4）对方有发车进路不能改变运行方向

对方发车进路未取消（无论出站信号机是否开放）时区间监督灯点红灯，此时正常办理改变运行方向，改变运行方向电路不动作。

5）办理非列车进路不能改变运行方向

在允许改方的前提下，向接车口排列调车进路，而不是发车进路时运行方向不能改变。因为改方按钮继电器的联锁条件是由发车口信号点的 JXJ↑及 KF—LFJ—Q 条件电源构成，该项试验的目的是防止将 KF—LFJ—Q 错接成 KF—DFJ—Q 电源。

2. 辅助改变运行方向试验

1）闭塞分区占用不能正常改变运行方向

将区间主轨或小轨开关关闭一个区段（或将区间 FS 及+1FS 关闭）模拟列车占用，此时区间监督灯亮红灯，按正常办理改变运行方向，改变运行方向电路不动作，再用辅助改方方法进行改方。

2）FSJ 落下不能进行辅助改变运行方向

在四线制方向电路中 FSJ 落下表示双方已有一站已经建立了发车进路，以防止两站出现双发的可能。因此在 GFJ 电路中无论是正常改方还是辅助改方均需检查 FSJ 处于吸起状态。试验时可将 FSJ 电源断开，试验改方电路应不能进行正常改变运行方向和辅助改变运行方向。

3）“双接”时依靠辅助方式改变运行方向

当出现“双接”时，由于双方的 FJ 均处于吸起状态，使得 JQJ 没有电源，区间监督灯点红灯。试验时，人为将发车站的 FJ 改为吸起位置，然后试办正常改方应不能改方，再办理辅助改方，方向电路能改变运行方向。

4）监督电路故障时办理辅助改变运行方向

区间监督继电器主要用于监督区间占用情况，区间轨道电路故障或监督区间回路断线时 JQJ 落下。此时，办理改方必须由人工进行确认区间空闲，监督区间灯亮红灯是由于区间轨道电路故障（区间有红光带），或由于监督区间继电器故障（区间无红光带）引起的。此时，可将区间监督电源断开或模拟区间占用试办正常改方应不能改方，再办理辅助改变运行方向，改变运行方向电路能改变运行方向。

3. 辅助改变运行方向后开放出站信号机

1）监督电路故障不能开放

在监督区间灯亮红灯的情况下，反向出站信号机应不能开放。

2）监督电路良好能开放

ZPW-2000 系列自动闭塞的小轨正反向回路是不同的，在出现小轨调整不良而出现红光带时，若对区间采用辅助改变运行方向后区间的红光带可能消失。此时，可开放出站信号机，试验时将区间监督电源恢复或取消区间模拟占用，区间监督灯红灯灭，排列出站信号应能开放。

3）列车出站后发车辅助灯灭灯

模拟列车依次占用站内轨道区段后发车，列车出清发车进路最末区段时发车辅助灯灭。

4. 其他试验

1）列车运行方向表示

控制台的列车运行方向表示灯应与实际位置一致，即改变运行方向电路处于接车方向时，接车表示灯黄灯亮（计算机联锁的显示器显示黄色接车箭头）；改变运行方向电路处于发车方向时，发车表示灯绿灯亮（计算机联锁的显示器显示绿色发车绿色箭头）。

试验时应注意核对表示灯与相应方向的继电器位置，发车时 FJ_1↓、FJ_2↓、GFJ↑；接车时 FJ_1↑、FJ_2↑、GFJ↓。

2）改变运行方向电路回路总电阻及监督区间回路总电阻测试

对该回路电阻在断电情况下进行测试，阻值应符合电路要求。

3）本站方向继电器端电压

该电压应为 12～18 V。

4）改变运行方向电路供电电压

改变运行方向电路的供电电压根据站间距离的不同来选择，其电压以满足对方站继电器可靠转极为前提。

5）本站监督区间继电器端电压

在区间所有闭塞分区均无车占用且双方均未办理发车进路的情况下，区间监督继电器 JQJ 应可靠吸起。此时，测试 JQJ 线圈端电压为 21～24 V。若上述任一条件不满足，JQJ 均处于落下状态，继电器两端应无电。

6）监督电路供电电压

区间监督继电器 JQJ 是由对方站供电的，调试对方站的区间监督供电电压，使本站 JQJ 线圈端电压不低于 13 V，改变运行方向后，互换供电方向，调试另一方的供电电压。

知识点 3　方向电路故障范围的判断处理

1. 无法改变运行方向时的故障范围判定

当无法改变运行方向，确认为改变运行方向电路发生故障时，首先应判断是监督电路故障还是方向电路故障，然后判断故障是在发车站还是在接车站，再逐渐缩小范围进行处理。设甲站为原接车站，乙站为原发车站，无法改变运行方向时故障范围判断流程如图 4-3-1 所示。

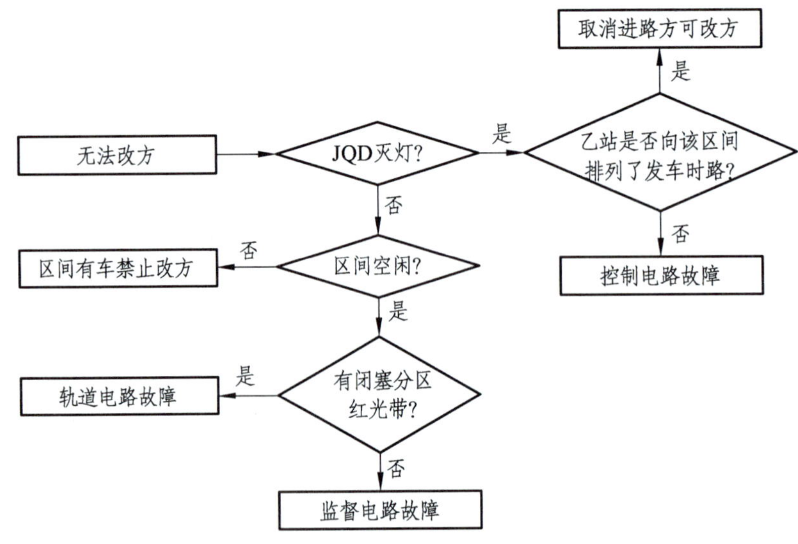

图 4-3-1　无法改变运行方向时故障范围判断流程

2. 监督电路故障范围的判断处理

如果区间没有被占用，两站都没有建立发车进路，但是区间占用表示灯 JQD 点亮，可以断定为监督电路故障，此时应观察 FSJ 的状态，若落下系 FSJ 故障。如 FSJ 吸起则检查 JQJ 的 1-4 线圈有无电压，有正常电压为 JQJ 故障，无电压则是 JQJ 励磁电路故障。进一步判断故障在发车站还是在接车站，用电压表和钳形电流表在分线柜上测试外线。若电压和电流都没有，则故障在发车站室内；若只有发车站有电压无电流，则外线开路；若有正常的电压无电流，则故障在接车站室内。监督电路故障的判断处理流程如图 4-3-2 所示。

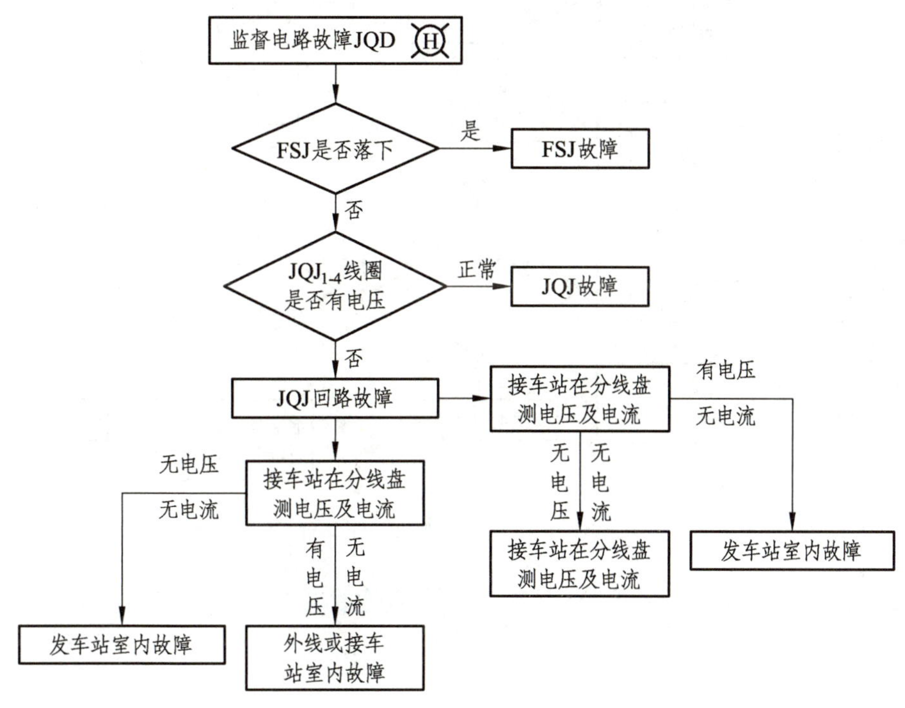

图 4-3-2　监督电路故障的判断处理流程

3. 方向控制电路故障的判断处理

在方向控制电路中，FJ_1 和 FJ_2 的状态决定了区间开通方向。当区间占用灯灭灯，两端站都未向区间排列发车进路且操作方式正确时，如果方向改变不了，可判定为方向控制电路故障。

方向控制电路有可能是局部电路故障，也有可能是外线故障或方向电源故障，在处理时要观察各继电器的动作情况，根据各继电器的状态判断并缩小故障范围。两站相互配合，用电压表和钳形电流表在外线上测试电压和电流，可以迅速判断出故障在接车站还是在发车站或外线。控制电路故障的判断处理流程如图 4-3-3 所示。

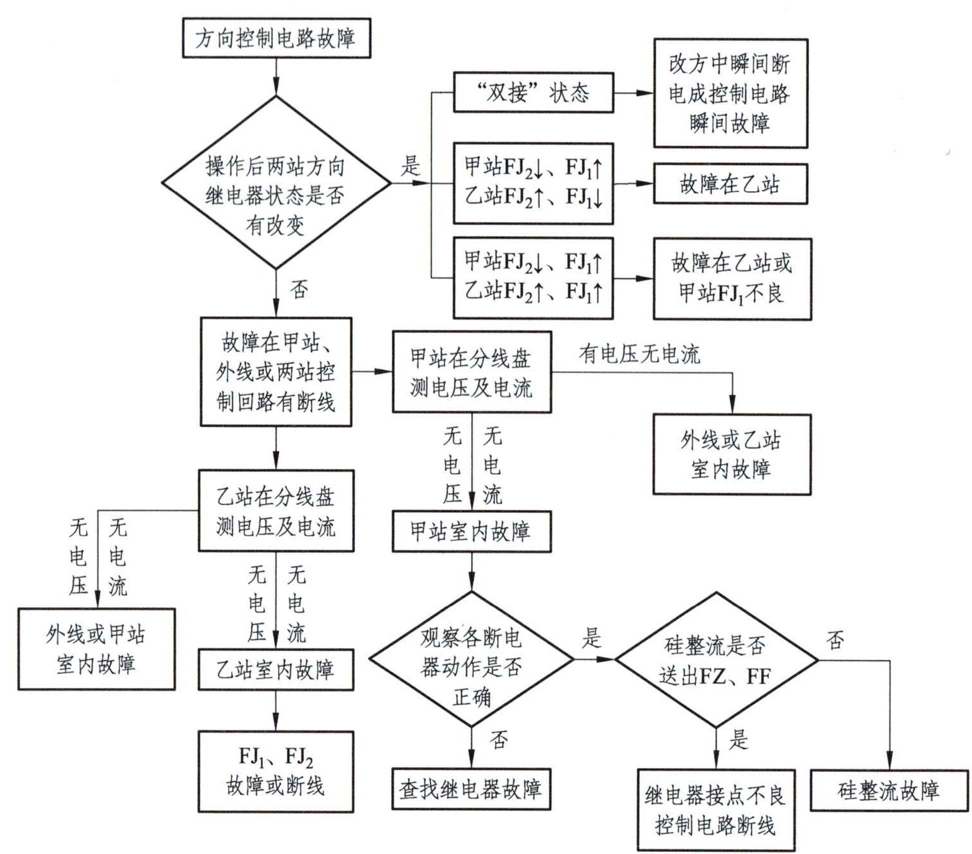

图 4-3-3　控制电路故障的判断处理流程

知识点 4　常见故障案例

1. 继电器被雷击坏

某站由于办理改变运行方向手续后方向改变不了，某次列车用路票发车。信号工区采取应急方式恢复使用。车间工作人员赶到，经检查发现区间监督复示继电器 JQJF 被雷击坏，更换后恢复使用。

在本故障处理过程中，当观察继电器时，能发现 GFJ 落下、GFFJ 吸起、JQJ 吸起、JQJF 落下、JQJ2F 落下，就应该能很快判定是本站 JQJF 故障。如果此时两站在分线柜测量，则两站均测不到电压和电流，也能判断出故障在原接车站室内电路。

2. 整流器输出端子配线接反

两站办理改变运行方向后，区间通过信号机瞬间灭灯后又亮灯，两站接车表示灯亮黄灯。

乙站改为接车站，区间通过信号机瞬间灭灯，说明乙站的 FJ 正常动作，甲站电路没问题，而区间通过信号机灭灯后又亮灯，说明 FJ 落下后又吸起，由此可判断乙站送出的电源极性不对。

用万用表在分线盘方向回路的两个端子测量，在办理改变运行方向时，发现出现反极性电压，证明乙站送出的电压极性确实不对。测量乙站组合架侧面端子，FZ、FF 电源线均反极，将方向整流器输出端子上的配线倒换后，故障排除。原因是更换整流器时，将整流器输出端子 FZ、FF 接反。

3. 方向外线接反

两站办理改变运行方向后，乙站的 FJ 正常动作，而甲站的 FJ 未动作。经检查甲站的 FJ 两端的电源极性不对，可判断甲站的方向外线接反。将外线倒换后，故障排除。

【任务实施】

小组任务 1：模拟改变运行方向电路故障，各小组在规定时间内判断并查找故障。

小组任务 2：模拟改变运行方向电路故障，各小组讨论并记录应急处置流程。

提示：当无法改变运行方向，确认为改变运行方向电路发生故障时，首先应判断是监督电路故障还是方向电路故障，然后判断故障是在发车站还是在接车站，再逐渐缩小范围进行处理。

【考核评价】

序号	考核点	评分点	分值	得分
1	故障判断	能按照故障判断流程判断监督电路故障，流程每错误一处扣 2 分	20	
		能按照故障判断流程判断控制电路故障，流程每错误一处扣 2 分	20	
2	应急处置	能按照正常改方应急处置流程处理正常改方电路故障，应急处置不当每处扣 2 分	25	
		能按照辅助改方应急处置流程处理正常改方电路故障，应急处置不当每处扣 2 分	25	
3	课堂表现	态度认真、团结协作	10	
4	教师评语			
总分			100	

【巩固提高】

1. 当无法改变运行方向，确认为改变运行方向电路发生故障时，首先应判断是_____电路故障还是_____电路故障。

2. 如果区间没有被占用，两站都没有建立发车进路，但是区间占用表示灯 JQD 点亮，可以断定为_____电路故障，此时应观察 FSJ 的状态，若____系 FSJ 故障。

3. 当区间占用灯灭灯，两端站都未向区间排列发车进路且操作方式正确时，如果方向改变不了，可判定为_____电路故障。

4. 高铁区间中继站在进行_____作业或_____折返时，均需要通过改方操作来完成。
5. 简述改变运行方向故障范围的判断处理方法。
6. 简述改变运行方向电路故障的应急处置办法。

项目 5

高速铁路自动闭塞认知与维护

工作任务 5.1　高速铁路自动闭塞系统认知

【学习目标】

知识目标	能力目标	素质目标
1. 掌握高速铁路自动闭塞的特点。 2. 掌握高速铁路自动闭塞的实现。 3. 掌握高速铁路自动闭塞低频信息的应用	1. 能正确识别高速铁路自动闭塞系统。 2. 能掌握客运专线 ZPW-2000A 无绝缘轨道电路的 18 种低频，并应用到实际场景中	1. 学生的创新意识和安全意识。 2. 具有良好的职业道德和责任意识

【任务引导】

引导问题 1：客专 ZPW-2000A 轨道电路有哪些特点？

引导问题 2：客专 ZPW-2000A 轨道电路低频信息的应用场景？

【工具器材】

高速铁路列控系统软件。

【相关知识】

为了适应我国高速铁路建设的需要，我国的铁路科技工作者们在既有的 ZPW-2000A 无绝缘轨道电路基础上对其进行了适应性的改进，形成了适合我国高速铁路的客专 ZPW-2000A 无绝缘轨道电路。此轨道电路既适用于区间，也适用于车站，实现了区间和站内轨道电路制式的统一。

知识点 1　客运专线 ZPW-2000A 型轨道电路的特点

（1）客专 ZPW-2000A 轨道电路接收器载频选择可通过列控中心进行集中配置，发送器采用无接点的计算机编码方式，取代了既有 ZPW-2000A 轨道电路系统的继电编码方式，取消了大量的继电器。低频编码在既有 ZPW-2000A 的基础上增加了 5 种，分别为 27.9 Hz 的检测码、12.5 Hz 的 L2 码、10.3 Hz 的 L3 码、23.5 Hz 的 L4 码和 21.3 Hz 的 L5 码。

（2）如图 5-1-1 所示，客专 ZPW-2000A 型轨道电路发送器由既有的“*N*+1”提高为“1+1”的备用模式，相比于既有 ZPW-2000A 轨道电路，系统的可靠性更高，最大程度地降低了因设备故障而影响行车安全的因素。

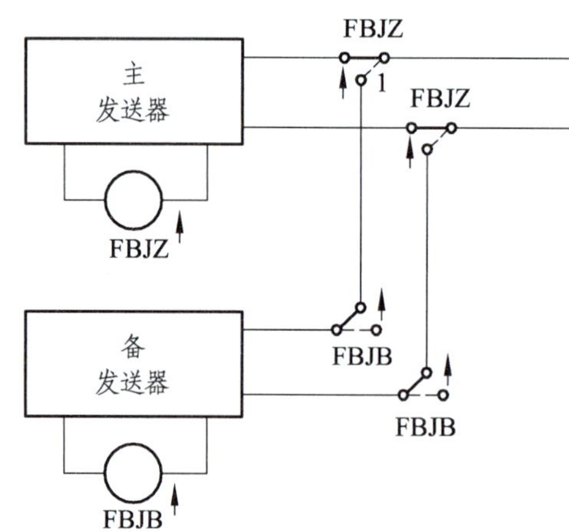

图 5-1-1　发送器冗余方式

（3）将既有 ZPW-2000A 轨道电路的调谐单元和匹配单元整合为一个调谐匹配单元，减少了系统的设备数量，提高了系统的可靠性。

（4）优化了补偿电容的配置。道床电阻在 2.0 Ω·km 以上，只采用 25 μF 一种类型，方便施工和维护。站内道岔轨道区段不大于 300 m 时，不配置补偿电容。大于 300 m 时，需要根据道岔位置情况进行综合考虑，不同的信号载频采用不同的补偿间距；补偿电容采用了全密封工艺，提高了其电容值的稳定性并延长了使用寿命。

（5）加大了空芯线圈的导线线径，从而提高了关键设备的安全容量要求。

（6）发送报警继电器置于衰耗冗余控制器内，用于对主、备用发送器进行切换。此外，发送工作表示灯、电源电压、FBJ 电压、功出电压的测试按主、备机分别提供。

（7）客专轨道电路的补偿电缆采用 0.25 km、0.5 km、1 km、2 km、2 km、2 × 2 km 六段设计，相比于既有 ZPW-2000A 轨道电路减少了补偿误差。

（8）客专 ZPW-2000A 轨道电路系统带有监测和故障诊断功能，为系统的状态修提供了技术支持。

（9）站内采用与区间同制式的 ZPW-2000A 轨道电路，提高了系统的可靠性（制式相同，站内轨道电路采用机械绝缘节，区间采用电气绝缘节）。

（10）客专 ZPW-2000A 站内道岔区段的弯股采用与直股并联的一送一受轨道电路结构，使道岔分支长度由小于或等于 30 m 延长到 160 m，提高了机车信号车载设备在站内使用的安全性、灵活性，方便了设计。

（11）区间、车站轨道电路载频统一排列。闭塞分区分界点两侧必须采用不同基准载频。特殊情况下车站轨道电路机械绝缘节（道岔区内或股道的分割点）两侧可采用相同基准载频的-1 型、-2 型载频。上行线采用偶数载频：2 000 Hz、2 600 Hz；下行线采用奇数载频：1 700 Hz、2 300 Hz。

（12）增强了抗干扰能力。在电气化牵引区段钢轨的牵引回流不大于 2 000 A、钢轨电流不平衡系数不大于 10%时，能够可靠工作。

（13）高速铁路的自动闭塞由列控系统实现，自动闭塞与列控系统地面设备实现了一体化。

（14）只运行动车组列车的高速铁路（包括运行速度 300 ~ 350 km/h 的高速铁路和部分运行速度 200 ~ 250 km/h 的高速铁路）区间不设通过信号机，列车运行由车载列车运行超速防护系统（ATP）控制。运行非动车组列车的高速铁路（部分运行速度 200 ~ 250 km/h 的高速铁路）区间设通过信号机，其点灯由列控系统控制，但动车组列车运行由车载 ATP 控制。

（15）高速铁路将轨道电路纳入列控中心（TCC）控制，实现了区间自动闭塞的继电编码向数字编码的转变。

（16）高速铁路的区间方向控制也纳入列控中心控制，不再采用继电式改变运行方向电路。

知识点 2　技术要求

1. 环境条件

（1）使用环境温度。

室内温度：−5 ~ +40 °C。

室外温度：−40 ~ +70 °C。

（2）周围空气相对湿度。

室内：不大于 85%（温度为 30 °C 时）。

室外：不大于 95%（温度为 30 °C 时）。

（3）大气压力：61.5 ~ 106 kPa（相当于海拔高度 4 000 m 以下）。

（4）周围无腐蚀性和引起爆炸危险的有害气体。

（5）振动条件：

室内设备：在 10 ~ 150 Hz 时应能承受加速度为 5 m/s^2的正弦稳态振动。

室外设备：在 10 ~ 500 Hz 时应能承受加速度为 10 m/s^2的正弦稳态振动。

2. 信号频率

基准载频、载频类型、频偏及载频频率见表 5-1-1，低频调制信号频率见表 5-1-2。

表 5-1-1　基准载频、载频类型、频偏

基准载频/Hz	载频类型	载频频率/Hz	频偏/Hz
1 700	1700-1	1 701.4	±11
	1700-2	1 698.7	
2 000	2000-1	2 001.4	
	2000-2	1 998.7	
2 300	2300-1	2 301.4	
	2300-2	2 298.7	
2 600	2600-1	2 601.4	
	2600-2	2 598.7	

表 5-1-2　低频调制信号频率及定义

编号	频率/Hz	信息码	信息定义
F18	10.3	L3	准许列车按规定速度运行，表示运行前方 5 个闭塞分区空闲
F17	11.4	L	准许列车按规定速度运行，表示运行前方有 3 个闭塞分区空闲
F16	12.5	L2	准许列车按规定速度运行，表示运行前方 4 个闭塞分区空闲
F15	13.6	LU	准许列车按规定速度运行，表示运行前方有 2 个闭塞分区空闲
F14	14.7	U2	要求列车减速到规定的速度等级越过接近的地面信号机，并预告次一架地面信号机显示 2 个黄色灯光
F13	15.8	LU2	要求列车减速到规定的速度等级越过接近的地面信号机，并预告次一架地面信号机显示 1 个黄色灯光
F12	16.9	U	要求列车减速到规定的速度等级越过接近的地面信号机，并预告次一架地面信号机显示 1 个红色灯光
F11	18	UU	要求列车限速运行，表示列车接近的地面信号机开放经道岔侧向位置进路
F10	19.1	UUS	要求列车限速运行，表示列车接近的地面信号机开放经 18 号及以上道岔侧向位置进路，且次一架信号机开放经道岔直向或 18 号及以上道岔侧向位置进路；或表示列车接近设有分歧道岔线路所在的地面信号机开放经 18 号及以上道岔侧向位置进路
F9	20.2	U2S	要求列车减速到规定的速度等级越过接近的地面信号机，并预告次一架地面信号机显示 1 个黄色闪光和 1 个黄色灯光
F8	21.3	L5	准许列车按规定速度运行，表示运行前方 7 个及以上闭塞分区空闲
F7	22.4	U3	要求列车减速到规定的速度等级越过接近的地面信号机，表示接近的地面信号机显示 1 个黄色灯光，并预告次一架地面信号机为进站或接车进路信号机且显示 1 个红色灯光
F6	23.5	L4	准许列车按规定速度运行，表示运行前方 6 个闭塞分区空闲
F5	24.6	HB	表示列车接近的进站或接车进路信号机开放引导信号，或通过信号机显示容许信号
F4	25.7	ZP	要求机车信号或 ATP 按照相应要求实现载频切换
F3	26.8	HU	要求及时采取停车措施
F2	27.9	JC	用于轨道占用检查，ATP 应按照掉码处理
F1	29	H	要求列车采取紧急停车措施

3. 系统响应时间

（1）系统上电恢复时间不大于 10 s。

（2）接收器吸起延时为 2.3 ~ 2.8 s。

（3）接收器落下延时为不大于 2 s。

4. 轨道状态输出方式

系统通过以下 2 种方式同时输出轨道占用、空闲状态：

（1）采用 CAN 通信总线通过轨道电路通信接口板设备向列控设备传送轨道占用、空闲状态。

（2）通过轨道继电器（JWXC-1700 型）表示轨道占用、空闲状态。

5. 轨道电路工作参数

（1）轨道电路的标准分路灵敏度：道碴电阻为 1.0 Ω · km 或 2.0 Ω · km 时，为 0.15 Ω；道碴电阻不小于 3.0 Ω · km 时，为 0.25 Ω。

（2）可靠工作电压：轨道电路调整状态下，接收器接收电压（轨出 1）不小于 240 mV，轨道电路可靠工作。

（3）可靠不工作：在轨道电路最不利条件下，使用标准分路电阻在轨道区段的任意点分路时，接收器接收电压（轨出 1）原则上不大于 153 mV，轨道电路可靠不工作。

（4）在最不利条件下，在轨道电路任一处轨面机车信号短路电流不小于表 5-1-3 中的规定值。

表 5-1-3　机车信号短路电流规定值

频率/Hz	1 700	2 000	2 300	2 600
机车信号短路电流值/A	0.5	0.5	0.5	0.45

（5）直流电源电压范围：23.0 ~ 25.0 V。

知识点 3　高速铁路自动闭塞的实现

在高速铁路的车站和区间信号中继站都设有列控中心。它除了必须具备接/发车进路报文发送、临时限速报文发送、进站信号机降级显示等功能外，还扩展了轨道电路低频编码、轨道电路发送方向控制、区间轨道区段状态判断、区间运行方向与闭塞控制、区间信号机点灯控制、站间安全信息传输等功能。

列控中心接收各轨道电路的列车占用信息和联锁的车站进路信息，根据每个轨道电路运行前方各闭塞分区的状况（对于进站信号机外方的各接近区段还要依据进站信号机的显示）生成对轨道电路的低频编码，发往对应的轨道电路发送器。列控中心从轨道电路接收器接收轨道电路状态，接收到轨道电路载频、低频信息。列控中心通过核对发送和接收到的载频和低频信息实现信息的安全校核。

列控中心根据运行前方各闭塞分区的状况，决定防护本闭塞分区的通过信号机的显示，同时对灯丝断丝做相应处理，具备红灯转移功能。

在行车人员根据调度命令在车站联锁控制台上进行改变运行方向操作后，列控中心接收来自联锁的区间方向控制信息，通过车站间通信完成区间运行方向与闭塞的控制，驱动区间轨道电路方向继电器，控制轨道电路的发码方向。

知识点 4　低频信息的应用

（1）正线接车信号未开放。咽喉区发检测码，股道发默认码。正线接车信号未开放的码序如图 5-1-2 所示。

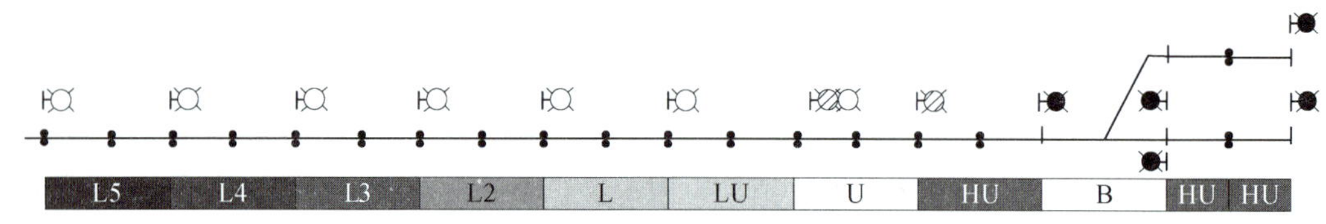

图 5-1-2　正线接车信号未开放的码序

（2）正线接车信号开放。咽喉区跟随股道发码，股道发默认码。正线接车信号开放的码序如图 5-1-3 所示。

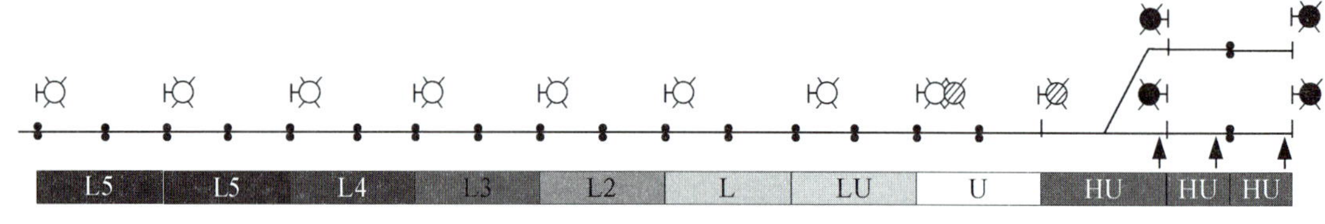

图 5-1-3　正线接车信号开放的码序

（3）正线接车信号开放，列车进入站内。咽喉区跟随股道发码，股道发默认码。正线接车信号开放，列车进入站内如图 5-1-4 所示。

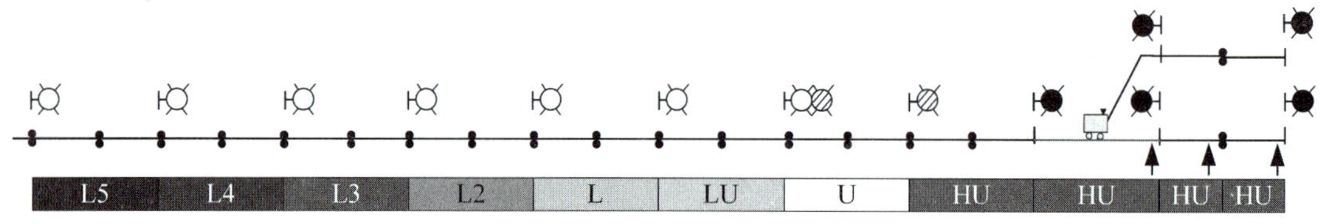

图 5-1-4　正线接车信号开放，列车进入站内

（4）正线接车信号开放，列车越过股道。咽喉区发检测码，股道发默认码。正线接车信号开放，列车进入股道如图 5-1-5 所示。

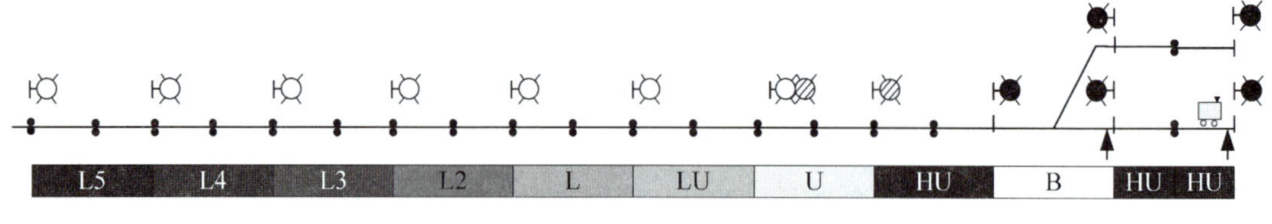

图 5-1-5　正线接车信号开放，列车进入股道

（5）正线引导接车信号开放。接近区段发 HB 码，咽喉区发检测码，股道发默认码。正线引导接车信号开放的码序如图 5-1-6 所示。

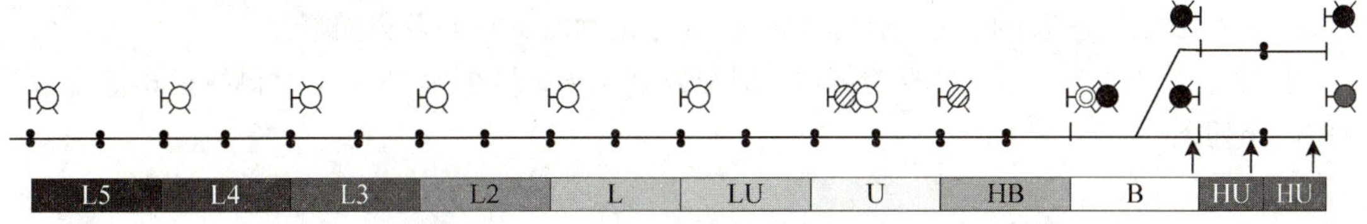

图 5-1-6　正线引导接车信号开放

（6）侧线接车进路上的最小道岔为 12 号道岔，接近区段应发 UU 码，股道区段依照发车进路发码，咽喉区段发码与股道区段保持一致。编码逻辑如下：

① 侧线接车信号未开放。咽喉区发检测码，股道发默认码。侧线 12 号道岔接车信号未开放的码序如图 5-1-7 所示。

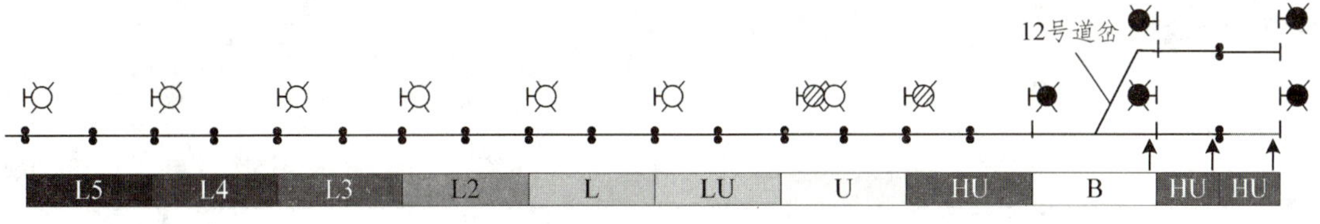

图 5-1-7　侧线 12 号道岔接车信号未开放

② 侧线接车信号开放。咽喉区随股道发码，股道发默认码。侧线 12 号道岔接车信号开放的码序如图 5-1-8 所示。

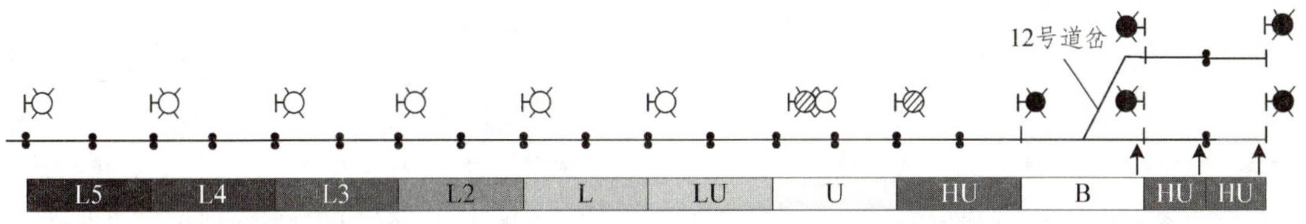

图 5-1-8　侧线 12 号道岔接车信号开放

③ 侧线接车信号关闭。列车进入咽喉区，咽喉区随股道发码，股道发默认码。侧线 12 号道岔接车信号关闭的码序如图 5-1-9 所示。

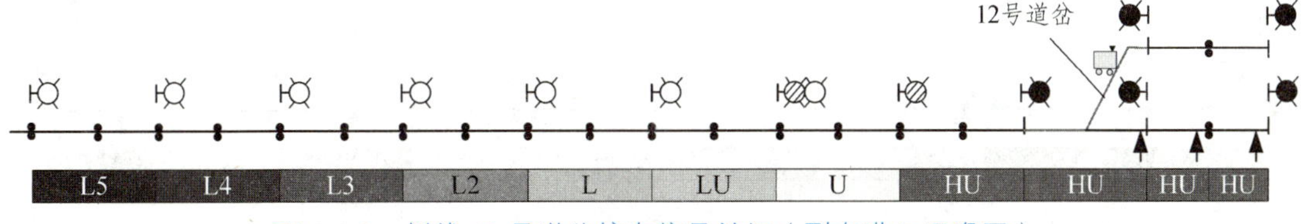

图 5-1-9　侧线 12 号道岔接车信号关闭（列车进入咽喉区）

④ 侧线接车信号关闭。列车进入股道，咽喉区恢复发检测码，股道发默认码。侧线 12 号道岔接车信号关闭的码序如图 5-1-10 所示。

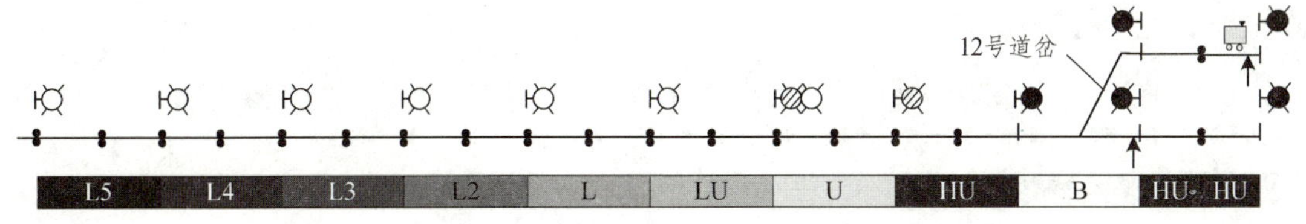

图 5-1-10　侧线 12 号道岔接车信号关闭（列车进入股道）

（7）侧线接车进路上的最小道岔号码为 18 号道岔时，编码逻辑如下：

① 信号未开放时，咽喉区发检测码，股道发默认码，最小为 18 号道岔侧线接车信号未开放的码序如图 5-1-11 所示。

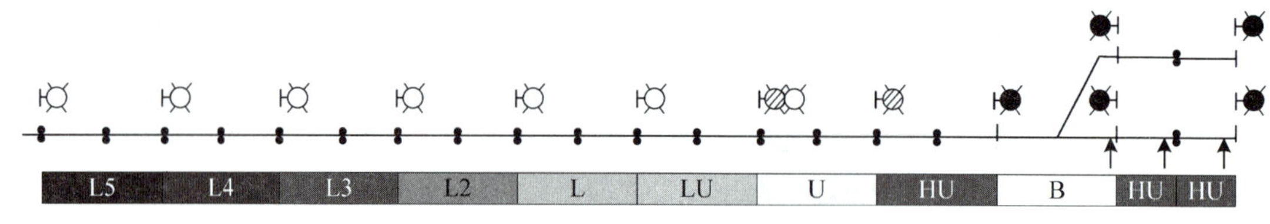

图 5-1-11　最小为 18 号道岔侧线接车信号未开放

② 信号开放时，接近区段发 UUS 码，咽喉区跟随股道发码，股道发默认码，最小为 18 号道岔侧线接车信号开放的码序如图 5-1-12 所示。

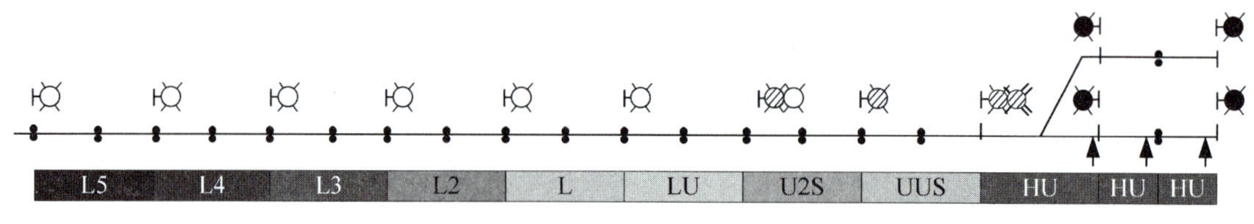

图 5-1-12　最小为 18 号道岔侧线接车信号开放

③ 信号关闭，列车进入咽喉区，咽喉区跟随股道发默认码，如图 5-1-13 所示。

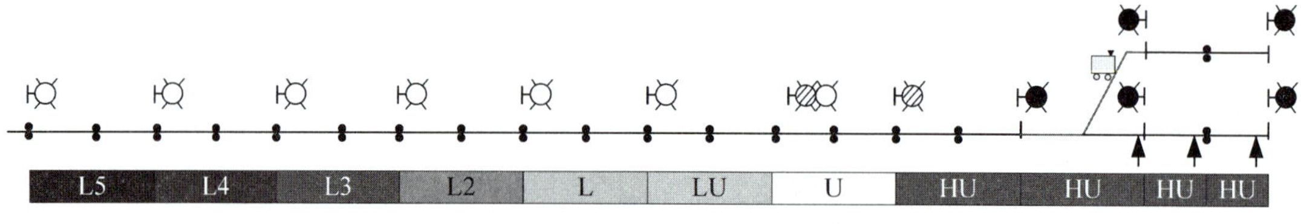

图 5-1-13　最小为 18 号道岔侧线接车信号关闭（列车进入咽喉区）

④ 信号关闭，列车进入股道，咽喉区发检测码，股道发默认码，如图 5-1-14 所示。

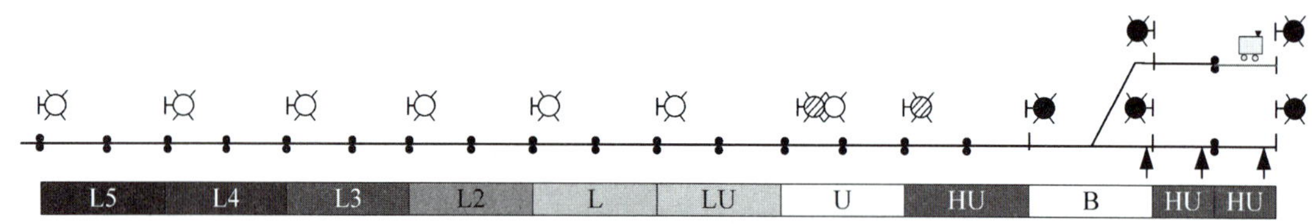

图 5-1-14　最小为 18 号道岔侧线接车信号关闭（列车进入股道）

（8）侧线引导接车进路，接近区段发 HB 码，咽喉区发 B 码股道区段依照发车进路发码，如图 5-1-15 所示。

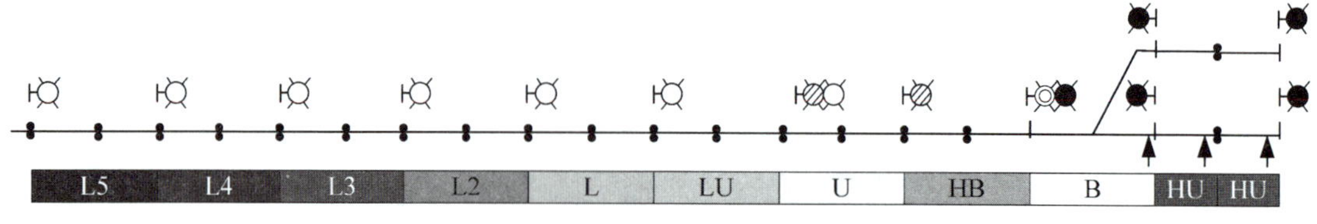

图 5-1-15　侧线引导接车信号开放

（9）正线发车进路，咽喉区发码与离去区段保持一致，股道发码基于离去区段发码，依照追踪码序递推，编码逻辑如下：

① 发车信号未开放，咽喉区发送检测码，股道发默认码。正线发车（信号未开放）的码序如图 5-1-16 所示。

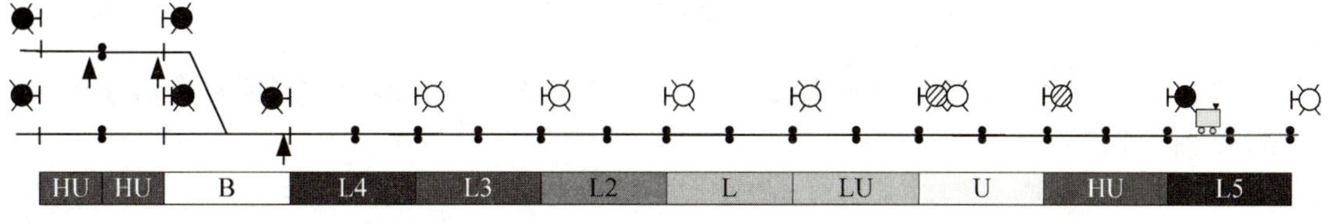

图 5-1-16　正线发车（信号未开放）

② 发车信号开放，咽喉区跟随离去区段发码，股道基于离去区段发码。正线发车（信号开放）的码序如图 5-1-17 所示。

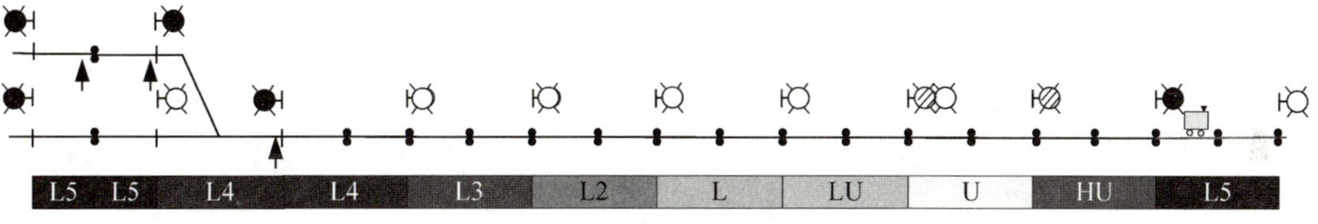

图 5-1-17　正线发车（信号开放）

③ 发车信号关闭，列车进入离去区段，咽喉区恢复发送检测码，股道发默认码。正线发车（列车进入离去区段）的码序如图 5-1-18 所示。

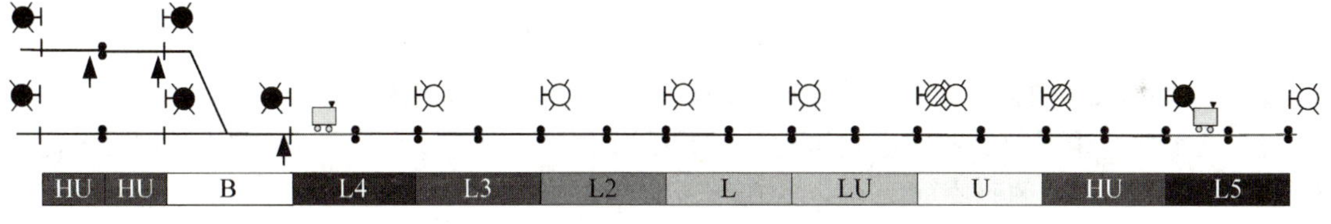

图 5-1-18　正线发车（列车进入离去区段）

（10）正线引导发车信号开放，咽喉区发送检测码，股道发 HB 码。正线引导发车（信号开放）的码序如图 5-1-19 所示。

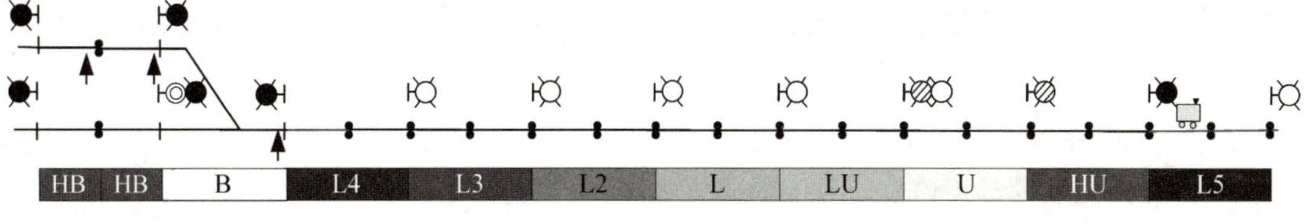

图 5-1-19　正线引导发车

（11）侧线发车进路上的最小道岔号码为 12 号，股道区段应发 UU 码，咽喉区段发码与离去区段保持一致，编码逻辑如下：

① 发车信号未开放，咽喉区发送检测码，股道发默认码。侧线发车（信号未开放）的码序如图 5-1-20 所示。

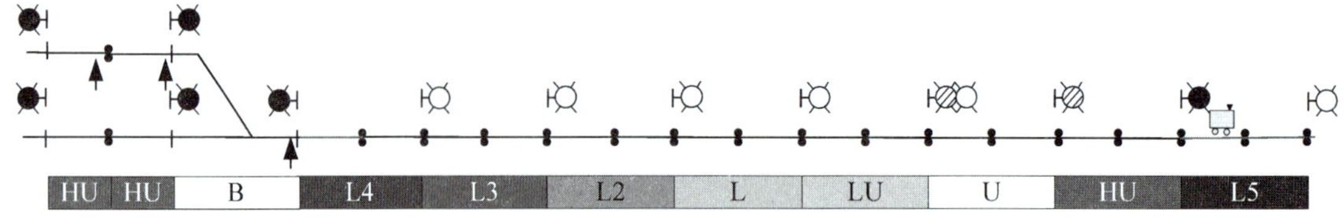

图 5-1-20　侧线发车（信号未开放）

② 发车信号开放，咽喉区跟随离去区段发码，股道发送 UU 码。侧线发车（信号开放）的码序如图 5-1-21 所示。

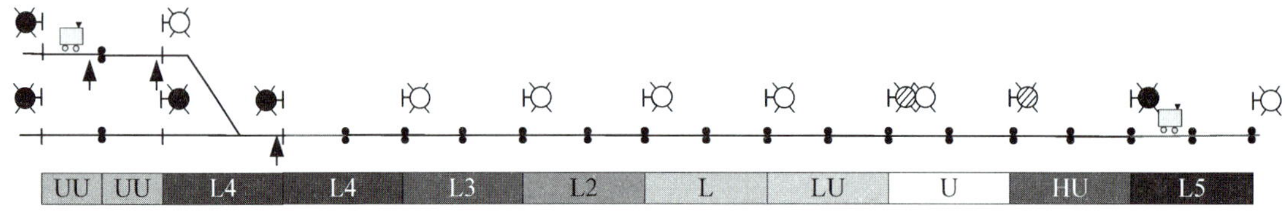

图 5-1-21　侧线发车（信号开放）

③ 发车信号关闭，列车进入离去区段，咽喉区恢复发送检测码，股道发默认码。侧线发车（列车进入离去区段）的码序如图 5-1-22 所示。

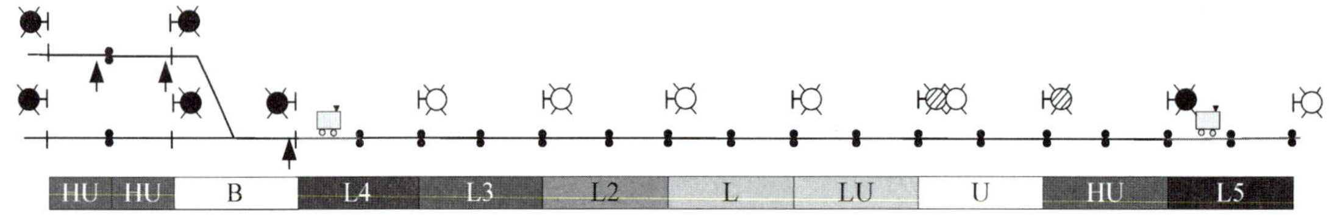

图 5-1-22　侧线发车（列车进入离去区段）

（12）侧线发车进路上的最小号码道岔为 18 号道岔时，编码逻辑如下：

① 发车信号未开放，咽喉区发送检测码，股道发默认码。最小号码道岔为 18 号时的侧线发车（信号未开放）的码序如图 5-1-23 所示。

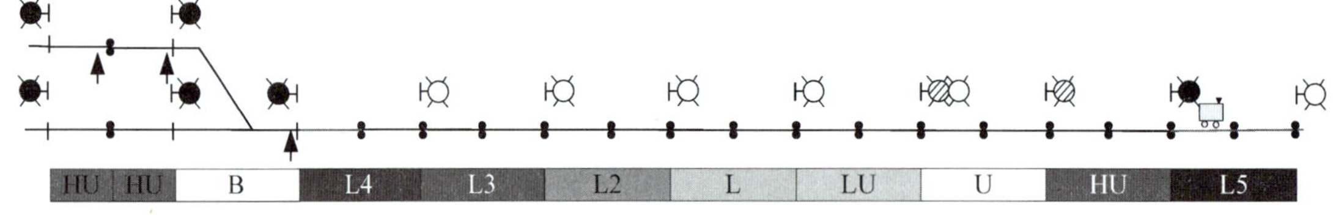

图 5-1-23　侧线发车（信号未开放）

② 发车信号开放，咽喉区应发 UUS 码，咽喉区段发码与离去区段保持一致。最小号码道岔为 18 号时的侧线发车（信号开放）的码序如图 5-1-24 所示。

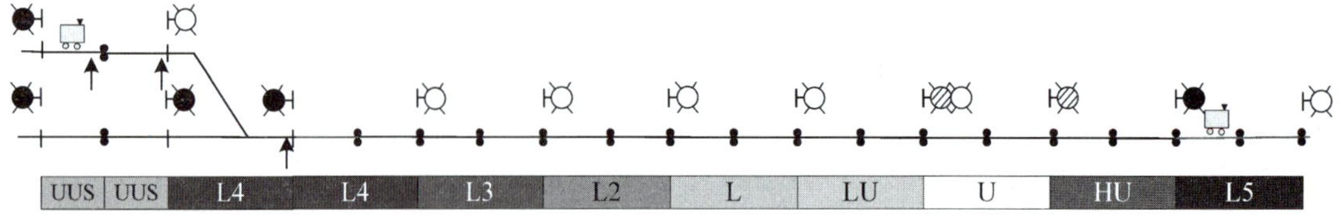

图 5-1-24　侧线发车（信号开放）

③ 发车信号关闭，列车进入离去区段，咽喉区恢复发送检测码，股道发默认码。最小号码道岔为 18 号时的侧线发车（列车进入离去区段）的码序如图 5-1-25 所示。

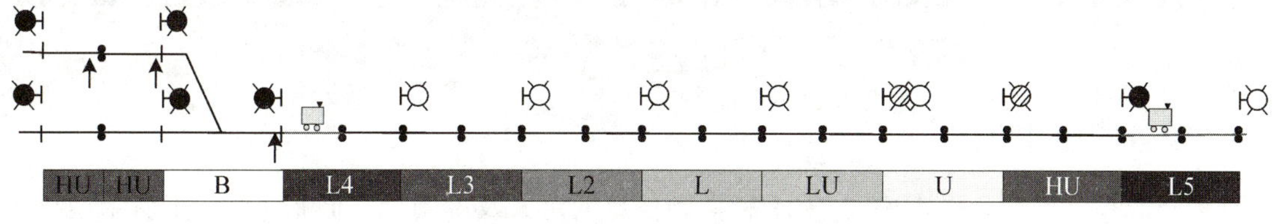

图 5-1-25　侧线发车（列车进入离去区段）

（13）侧线引导发车进路，股道区段应发 HB 码，咽喉区段发 B 码，股道发默认码。最小号码道岔为 18 号时的侧线引导发车的码序如图 5-1-26 所示。

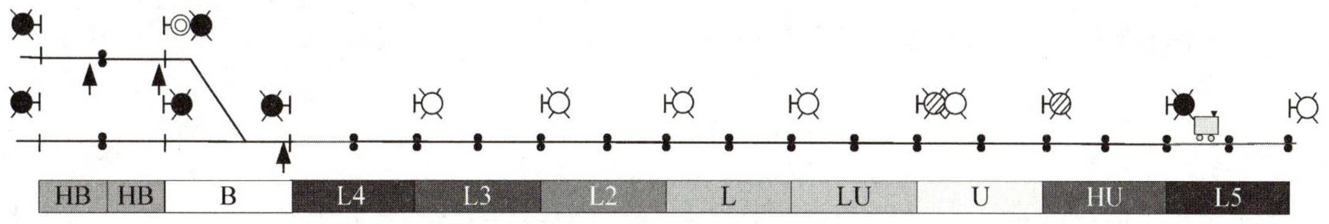

图 5-1-26　侧线引导发车

（14）通过进路应分解为接车进路和发车进路，分别按照接发车进路的原则进行编码。

区间轨道电路的编码：

① 对于区间轨道电路区段，列控中心应根据前方轨道区段占用状态及前方车站接车进路信号开放情况，按照轨道电路信息编码逻辑生成信息码，如图 5-1-27 所示。

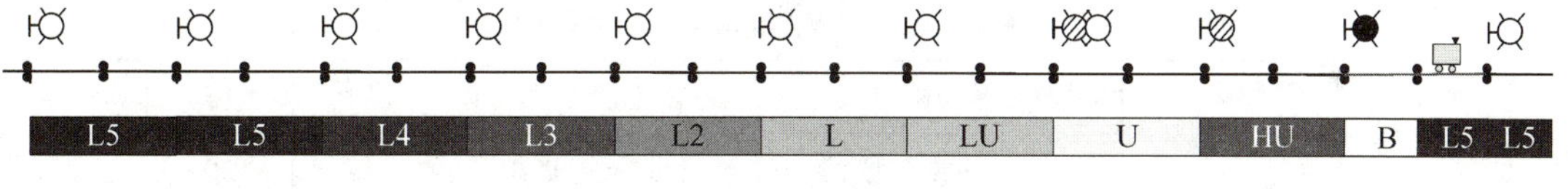

图 5-1-27　区间轨道电路发码

② 接近区段根据站内接车进路码序发码，如图 5-1-28 所示。

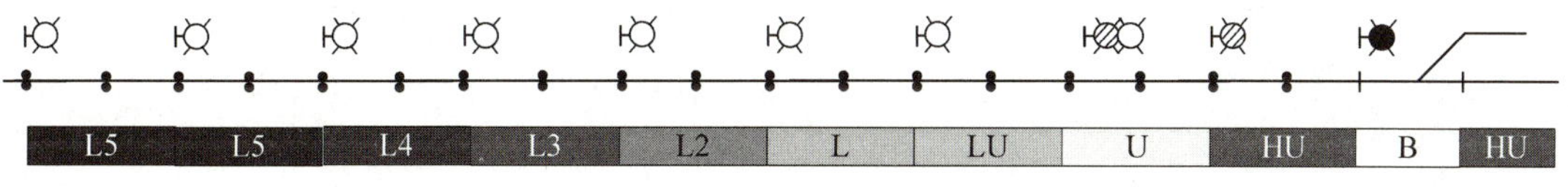

图 5-1-28　接近区段轨道电路发码

③ 同一闭塞分区内的所有轨道电路区段低频发码应保持一致，如图 5-1-29 所示。

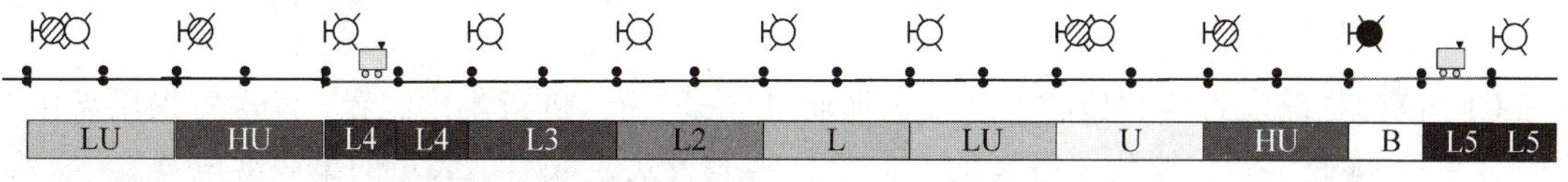

图 5-1-29　同一闭塞分区内各轨道电路发码

④ 由多个轨道区段组成的闭塞分区，列车所在区段及运行前方所有区段发送正常码，后方各区段均发 B 码，如图 5-1-30 所示。

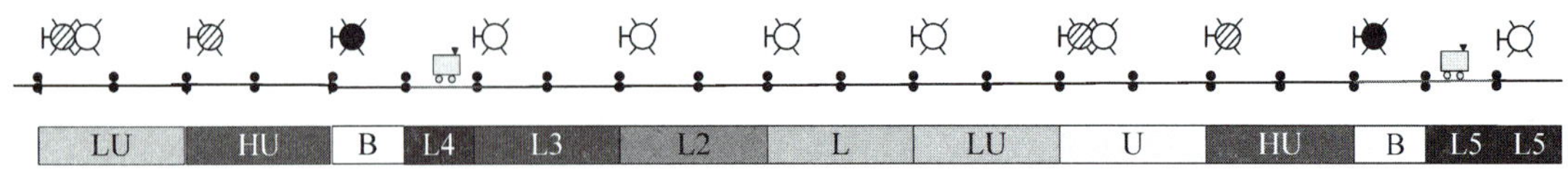

图 5-1-30　多个轨道区段组成的闭塞分区轨道电路发码

【任务实施】

结合低频频率信息码表中对于 18 种低频信息的定义及说明，试推断图 5-1-31 所示运行场景下客运专线（简称“客专”）ZPW-2000A 无绝缘轨道电路的追踪码序。

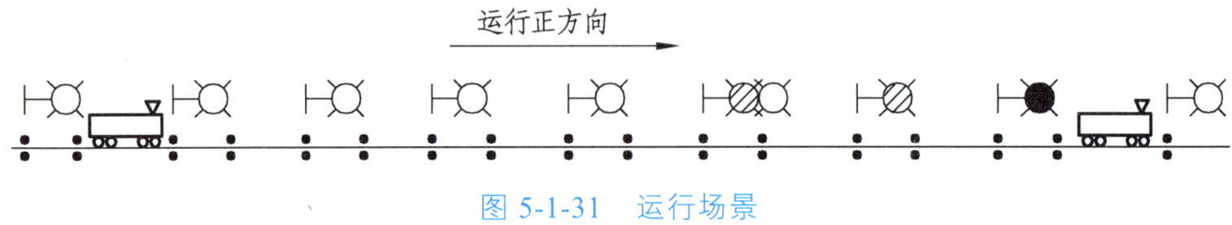

图 5-1-31　运行场景

任务实施步骤：

结合低频信息的定义，根据各闭塞分区与前行列车之间的相对位置（空闲闭塞分区数）推断其信息码。

【考核评价】

序号	考核点	评分点	分值	得分
1	客专 ZPW-2000 系列轨道电路特点	客运专线 ZPW-2000A 型轨道电路的特点	20	
		能掌握客专 ZPW-2000A 轨道电路的技术要求	15	
2	18 种低频信息的应用	能理解 18 种低频信息的含义及应用	15	
		能正确推断区间一般闭塞分区的追踪码序	20	
		能举一反三	10	
3	课堂表现	态度认真、积极参与、遵守纪律	20	
4	教师评语			
总分			100	

【巩固提高】

1. 填空题

（1）高速铁路发送器和接收器载频选择通过__________进行集中配置，发送器采用无接点的__________编码方式，取代了既有的__________编码方式，取消了大量的编码继电器。

（2）发送器冗余由既有的__________提高为__________的备用模式，最大限度地降低了因设备故障而影响行车的概率。

（3）客专轨道电路的补偿电缆采用________、________、1 km、2 km、2 km、2 × 2 km六段设计，相比于既有 ZPW-2000A 轨道电路减少了补偿误差。

（4）________________根据运行前方各闭塞分区的状况，决定防护本闭塞分区的通过信号机的显示，同时对灯丝断丝做相应处理，具备红灯转移功能。

2. 选择题

（1）客专 ZPW-2000A 移频轨道电路，道床漏泄电阻值不小于 2 Ω · km 时，载频 1 700 Hz的区段通常使用容量值为（　　）μF 的补偿电容。

A. 55　　B. 45　　C. 25　　D. 46

（2）客专 ZPW-2000A 移频轨道电路（　　）码的含义是准许列车按规定速度运行，表示运行前方 7 个及以上闭塞分区空闲。

A. L5　　B. L4　　C. L3　　D. L2

3. 简答题

（1）客运专线 ZPW-2000A 型轨道电路有何特点？

（2）客运专线 ZPW-2000A 型轨道电路发送器的编码方式是什么？

工作任务 5.2 高速铁路自动闭塞系统结构及设备认知

【学习目标】

知识目标	能力目标	素质目标
1. 掌握客专 ZPW-2000A 区间和站内轨道电路的组成及结构。 2. 掌握客专 ZPW-2000A 型轨道电路的特点。 3. 掌握客专 ZPW-2000A 区间轨道电路室内、外设备的作用。 4. 掌握客专 ZPW-2000A 站内轨道电路室外设备的作用	1. 能正确识别客专 ZPW-2000A 站内及区间轨道电路的各种室内外设备。 2. 能根据发送电平级调整端子表，选择发送器相应的电平级。 3. 能区别 ZPW-2000A 轨道电路和客专轨道电路的不同之处。 4. 能根据发送器、接收器载频调整端子表完成载频端子的连接	1. 培养学生合理利用与支配各类资源的能力。 2. 培养学生综合与系统分析问题的能力。 3. 培养学生的动手能力及专业基本技能

【任务引导】

引导问题 1：客专 ZPW-2000A 轨道电路室内设备有哪些？

引导问题 2：客专 ZPW-2000A 轨道电路双频衰耗冗余控制器的作用有哪些？

【工具器材】

发送器、接收器、衰耗冗余控制器、移频柜、综合柜、电缆模拟网络盘、补偿电容、调谐单元、空芯线圈、空扼流变压器等。

【相关知识】

知识点 1 区间无绝缘轨道电路结构

客专 ZPW-2000A 轨道电路包括区间和站内两种结构，两者在结构上有所不同。区间 ZPW-2000A 轨道电路包括电气绝缘节—电气绝缘节和电气绝缘节—机械绝缘节两种，分别如图 5-2-1 和图 5-2-2 所示，设备包括室内设备和室外设备两部分。室内设备包括发送器、接收器、单频和双频衰耗冗余控制器、轨道电路通信接口板（简称通信盘）、防雷模拟网络盘、分线采集器。室外设备包括调谐匹配单元、空芯线圈、机械绝缘节空芯线圈、扼流变压器、轨道电路防雷单元、补偿电容、电缆等，站内 ZPW-2000A 轨道电路包括机械绝缘节—机械绝缘节。

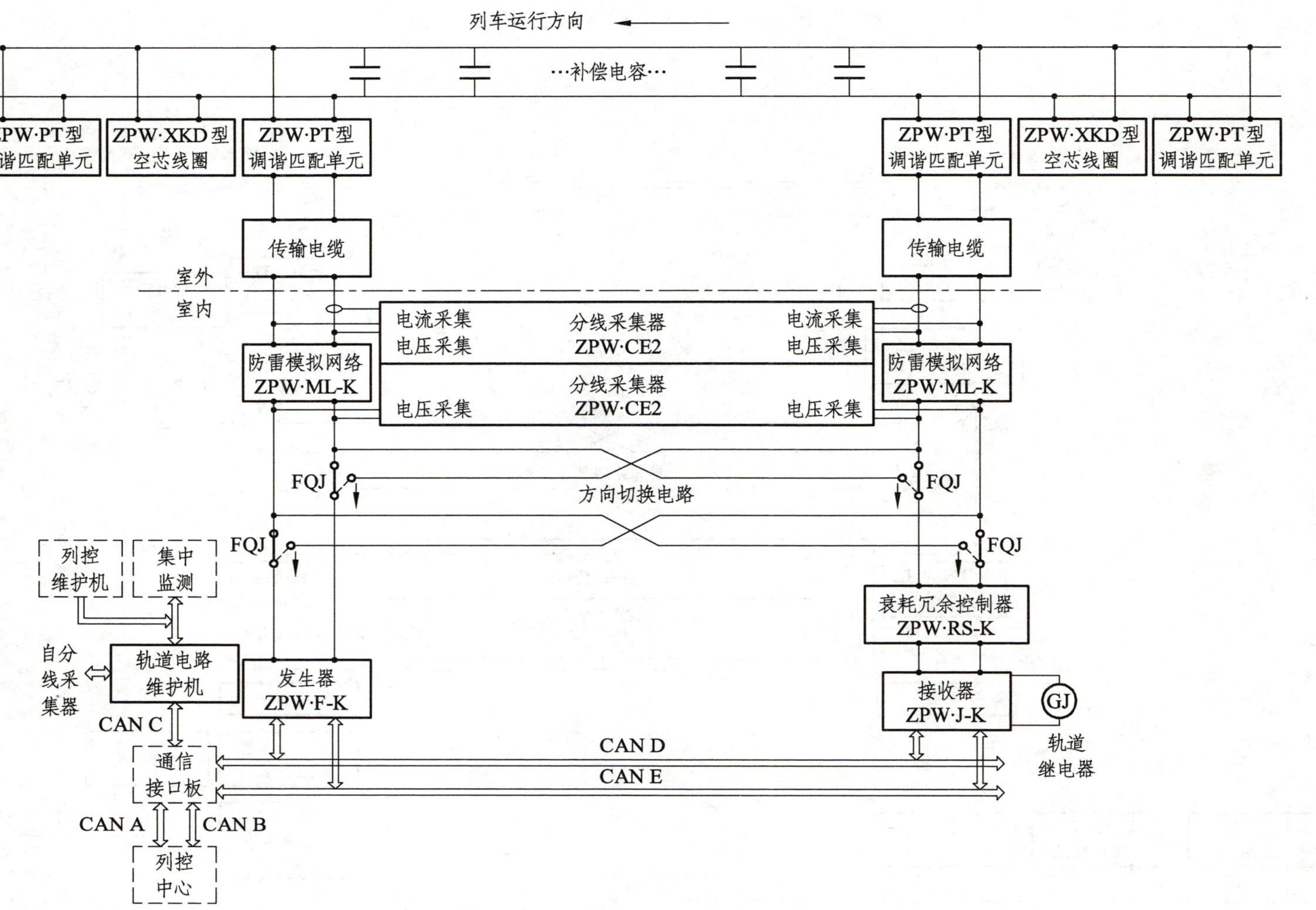

图5-2-1　两端轨道绝缘方式：电气绝缘节—电气绝缘节

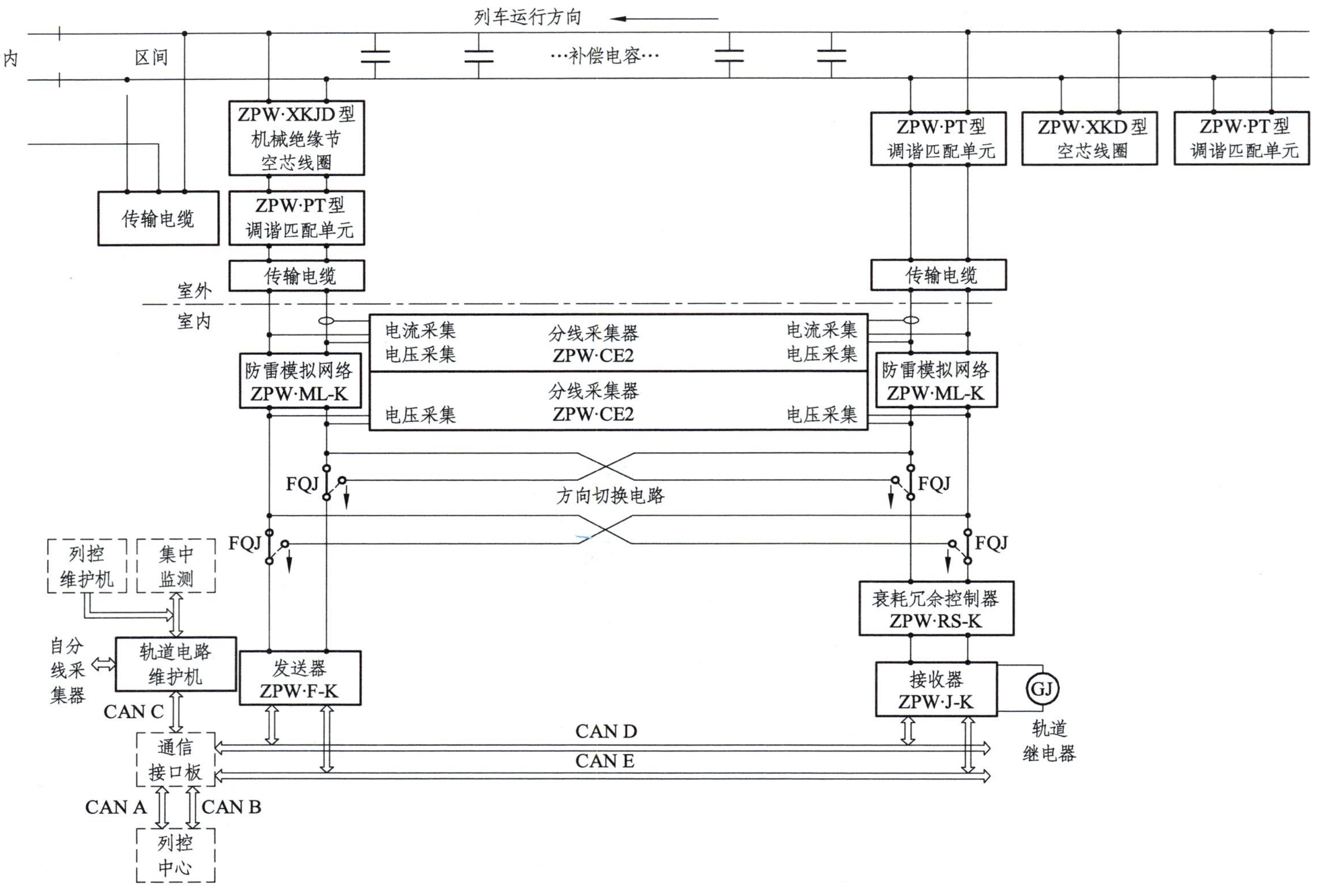

图5-2-2　机械绝缘节-电气绝缘节轨道电路结构

知识点 2　室外设备

区间：调谐匹配单元、空芯线圈、机械绝缘节空芯线圈、补偿电容和空扼流变压器等。

站内：站内匹配单元、可带适配器的扼流变压器、适配器和补偿电容等设备。

1. 调谐匹配单元

1）型　号

调谐匹配单元共分为四种型号：1 700 Hz 的 ZPW · PT-1700，2 000 Hz 的 ZPW · PT-2000，2 300 Hz 的 ZPW · PT-2300，2 600 Hz 的 ZPW · PT-2600，根据具体区段的载频频率选用合适的型号。

2）作　用

调谐匹配单元用于轨道电路的电气绝缘节和机械绝缘节处，调谐匹配单元综合了原 ZPW-2000A 轨道电路中调谐单元（BA）和匹配变压器（TAD）的功能。调谐部分形成相邻区段载频的短路且与调谐区内钢轨电感（或机械绝缘节处的机械绝缘节扼流空芯线圈）形成并联谐振，实现相邻区段信号的隔离和本区段信号的稳定输出。匹配部分主要作用是实现钢轨和电缆的阻抗匹配，以实现轨道电路信号的有效传输，如图 5-2-3 所示，图中左侧为调谐部分，右侧为匹配部分。

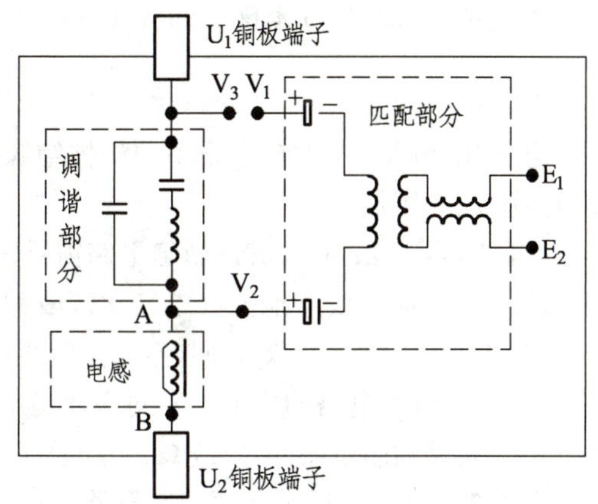

图 5-2-3　调谐匹配单元原理图

图中 V_1、V_2、V_3、E_1、E_2 为 6 mm^2 万可端子。E_1、E_2 端子连接电缆；V_1、V_2 为匹配单元的测试端子，在实际运用中 V_1 与 V_3 采用 4 mm^2 多股铜线连接。

A、B 为 ϕ4 mm 螺母，设备出厂时，A、B 间使用铜引接片连接。该设备用于机械绝缘节处时，必须拆除 A、B 间铜引接片；该设备用于电气绝缘节处时，必须使用铜引接片将 A、B 间连接。

U_1、U_2 为盒体外方的铜连接板，与既有调谐单元连接板一致，用于与其他设备或钢轨的连接。

2. 空芯线圈

1）空芯线圈（XKD）

空芯线圈设置于 29 m 长调谐区中间，由 50 mm^2 玻璃丝包电磁线绕制，电感约 33 μF，直流电阻为 4.5 mΩ。其对 50 Hz 牵引电流呈现很小的交流阻抗（约 10 mΩ），近似短路线，因此可以平衡两钢轨间的不平衡牵引回流。

2）通容量

客专 ZPW-2000A 轨道电路中空芯线圈的允许通容量增大了，从而提高了其安全性。该中心点 60 min 内允许通过 300 A 电流，最大通流量为 4 min 内允许 1 000 A 电流。

此外，空芯线圈的电感值与 29 m 长的钢轨电感一起参与对本区段的频率呈现并联谐振，改善调谐区的 Q 值，稳定调谐区阻抗，保证设备工作的稳定性。

3）应　用

空芯线圈无铁心，带有中间抽头。不存在较大电流下磁路饱和的问题，平衡效果较好。因此，线圈中点可以作为钢轨的横向连接、牵引电流回流连接和纵向防雷的接地连接使用。

3. 机械绝缘节空芯线圈（XKJD）

机械绝缘节空芯线圈用于进、出站口处，该设备与调谐匹配单元形成并联谐振，其作用是实现机械绝缘节—机械绝缘节与电气绝缘节—电气绝缘节的等长传输。其由 50 mm 玻璃丝包电磁线绕制，线圈中点可以作为钢轨的横向连接、与相邻区段扼流中心点连接和纵向防雷的接地连接使用。

调谐部分由两个调谐单元（BA）和一个空芯线圈（SVA）组成，考虑到钢轨阻抗特性，为达到最佳传输性能，调谐区长度按 29 m 设计，用于轨道电路的电气绝缘节和机械绝缘节处，共分为四种型号，根据本区段的载频频率选用。

4. 空扼流变压器

电气化区段，在无轨道设备的机械绝缘节处、有牵引回流通过时，应在该机械绝缘节处设置空扼流变压器。

在区间客专 ZPW-2000A 轨道电路需要将牵引回流线或保护线引入钢轨的地方，及其上下行线路间横向连接线的地方。电气化区段钢轨牵引回流必须通过空扼流变压器或空芯线圈等中点与 PW 保护线、架空回流线、贯通综合地线连接。为了降低该设备的引入对区间 ZPW-2000A 轨道电路的影响，其对于轨道电路信号的阻抗，在不大于规定的不平衡牵引电流条件下，其移频阻抗不小于 17 Ω。

图 5-2-4 所示为通过空扼流变压器和空芯线圈连接实现牵引电流的回流；图 5-2-5 所示为通过空扼流变压器与空扼流变压器连接实现牵引电流的回流。完全横向连接可以实现线路间的等电位连接、牵引电流均流及通过大地、架空线回流，还可实现对设备的纵向雷电防护。两个完全横向连接的距离不应小于 1 200 m，轨道电路区段小于 1 200 m 时，通过增加空扼流变压器实现完全横向连接，如图 5-2-6 所示。

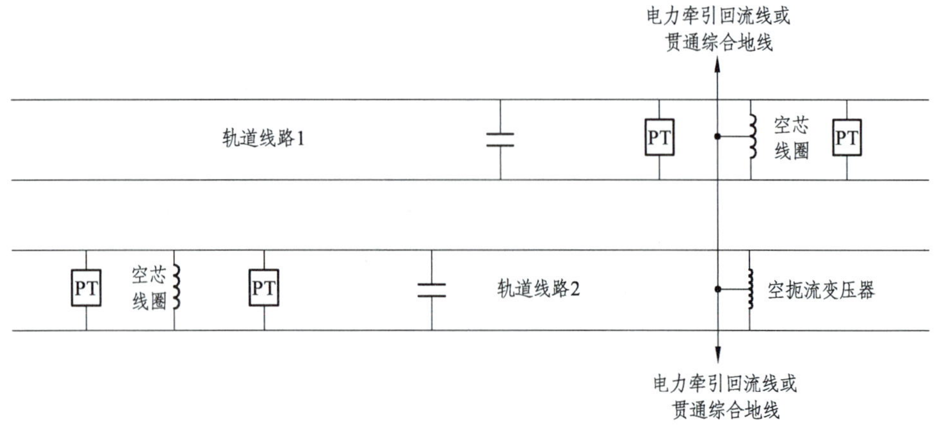

图 5-2-4　通过空扼流变压器与空芯线圈实现牵引回流示意

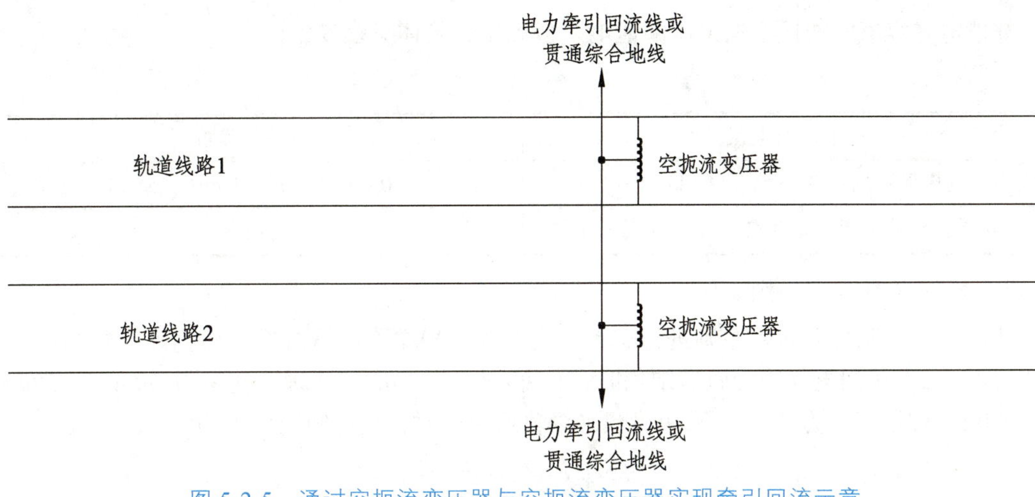

图 5-2-5　通过空扼流变压器与空扼流变压器实现牵引回流示意

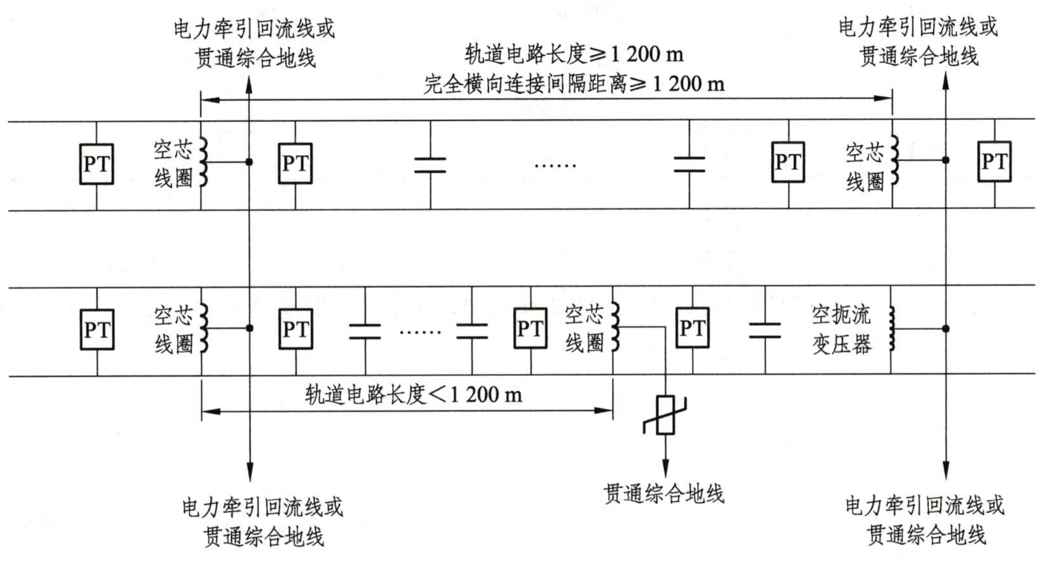

图 5-2-6　横向连接示意

两个完全横向连接的距离不应小于 1 200 m，轨道电路区段小于 1 200 m 时，通过增加空扼流变压器实现完全横向连接。

5. 补偿电容

补偿电容采用高可靠的全密封电容（型号 ZPWC · BGM），用来补偿因钢轨电感的感抗所产生的无功功率损耗，保证接收端信号有效信干比，使得轨道电路具有良好传输性能；并保证钢轨在同侧两端接地的条件下，轨道电路分路及断轨检查性能。

1）补偿电容设置要求

无论区间轨道电路区段还是站内道岔轨道电路区段，当轨道电路区段长度大于 300 m 时，原则上需要设置补偿电容，以改善轨道电路信号在钢轨线路上的传输条件。补偿电容采用高可靠的全密封电容。

补偿电容容值的选择根据道床漏泄电阻值确定，具体见表 5-2-1。

表 5-2-1　补偿电容容值的选择表

道床漏泄电阻	补偿电容值
道床漏泄电阻值小于 2 Ω · km 时	40 μF、46 μF、50 μF、55 μF
站内道岔区和道床漏泄电阻值不小于 2 Ω · km 时	25 μF

2）补偿电容布置原则

补偿电容按照相等间距原则进行布置，电容间距根据不同情况通过计算确定。补偿电容设置间隔（Δ）采用电气绝缘轨道结构时，1 700 Hz 和 2 000 Hz 理论间距为 60 m；2 300 Hz 和 2 600 Hz 理论间距为 80 m。采用机械绝缘轨道结构时，理论间距均为 100 m，见表 5-2-2。

表 5-2-2　补偿电容的设置

轨道电路结构	载频/Hz	补偿电容的配置理论间隔（Δ）/m
电气绝缘轨道结构	1 700、2 300	60
	2 000、2 600	80
机械绝缘轨道结构	1 700、2 300、2 000、2 600	100

3）补偿电容安装位置的允许公差

区间补偿电容的安装位置允许公差为半截距±0.25 m，间距±0.5 m。对于站内道岔区段岔心处的补偿电容的安装位置允许公差为±10.0 m 处理，其余的一般按“区间补偿电容的安装位置允许公差”原则处理。

6. 电　缆

1）电缆应用原则

客专 ZPW-2000A 轨道电路系统的电缆传输通道，为了防护轨道电路的电缆串音，其电缆应用原则规定如下：

（1）电缆中有两个及其以上的相同基准载频的发送、或有两个及其以上相同基准载频接收时，该电缆应采用内屏蔽铁路数字信号电缆。

（2）电缆中各发送、各接收频率均不相同时，可采用非内屏蔽铁路数字信号电缆，线对应按四线组对角线成对使用。

（3）相同载频的发送线对和接收线对不应使用同一根电缆。

（4）相同载频的发送线对或接收线对不应使用同一四线组内。

注：在车站内，应该特别注意站内轨道电路发送和接收端倒换方向这一使用特点，避免出现违反电缆使用原则的现象，可采用非内屏蔽电缆单独敷设。

2）电缆极限长度限制

（1）无砟线路轨道电路电缆长度应不大于 7.5 km。

（2）有砟线路轨道电路电缆长度应不大于 10 km。

知识点 3　室内设备

1. 发送器

1）发送器的作用

（1）发送器用于产生高精度、高稳定的移频信号源，采用双机热备冗余方式。

（2）通过 CAN 总线接收列控中心的编码指令，发送器能产生 18 种低频、8 种载频的高精度、高稳定的移频信号。

（3）在输出为 400 Ω 负载的情况下，能产生 70 W 功率的移频信号。

（4）对输出的移频信号进行自检测，故障时向信号集中监测主机发出报警信息；能够向信号集中监测主机上传设备工作状态及故障信息。

2）发送器外线连接示意图

发送器对外连接线包括发送器工作电源、CAN 地址条件、载频编码条件、CAND 总线、CANE 总线、发送报警继电器吸起接点回采、电平级调整端子、功放输出、发送报警继电器输出。发送器外线连接如图 5-2-7 所示

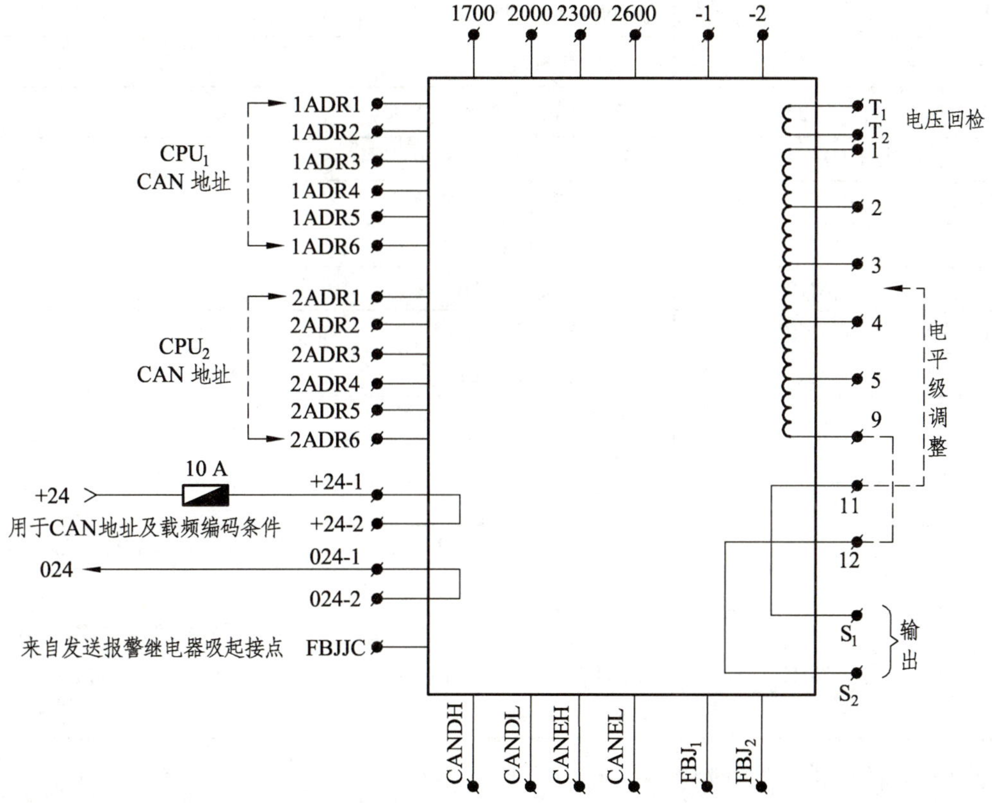

图 5-2-7　发送器外线连接示意

3）发送器外部端子定义

发送器外部端子定义见表 5-2-3。

表 5-2-3　发送器外部端子定义

序号	代号	用途
1	D	地线
2	+24-1	+24 V 电源外引入线 1 接至冗余控制器电源端子 ZFS +24 或 BFS +24
3	+24-2	+24 V 电源外引入线 2 用于 CAN 地址条件及载频编码条件
4	024-1	024 V 电源外引入线 1 接至冗余控制器电源端子 ZFS 024 或 BFS 024
5	024-2	024 V 电源外引入线 2
6	1700	1 700 Hz 载频
7	2000	2 000 Hz 载频
8	2300	2 300 Hz 载频
9	2600	2 600 Hz 载频
10	-1	-1 型载频选择
11	-2	-2 型载频选择
12	1ADR1 ~ 1ADR6	配置 CPU_1 的 CAN 地址
13	2ADR1 ~ 2ADR6	配置 CPU_2 的 CAN 地址
14	CANDH	柜内总线 CANDH
15	CANDL	柜内总线 CANDL
16	CANEH	柜内总线 CANEH
17	CANEL	柜内总线 CANEL
18	1 ~ 5,9,11,12	功放输出电平调整端子
19	S_1、S_2	功放输出端子
20	T_1、T_2	功放输出测试端子
21	FBJ_1、FBJ_2	发送报警继电器输出线，接至冗余控制器 $ZFBJ_1$、$ZFBJ_2$ 或 $BFBJ_1$、$BFBJ_2$
22	FBJJC	发送报警继电器吸起接点回采，接自冗余控制器的 ZFBJJC 或 BFBJJC（发送报警继电器吸起时有+24 V 电平，落下时没有+24 V 电平）

4）发送器插座板底视图

发送器插座板底视图如图 5-2-8 所示。

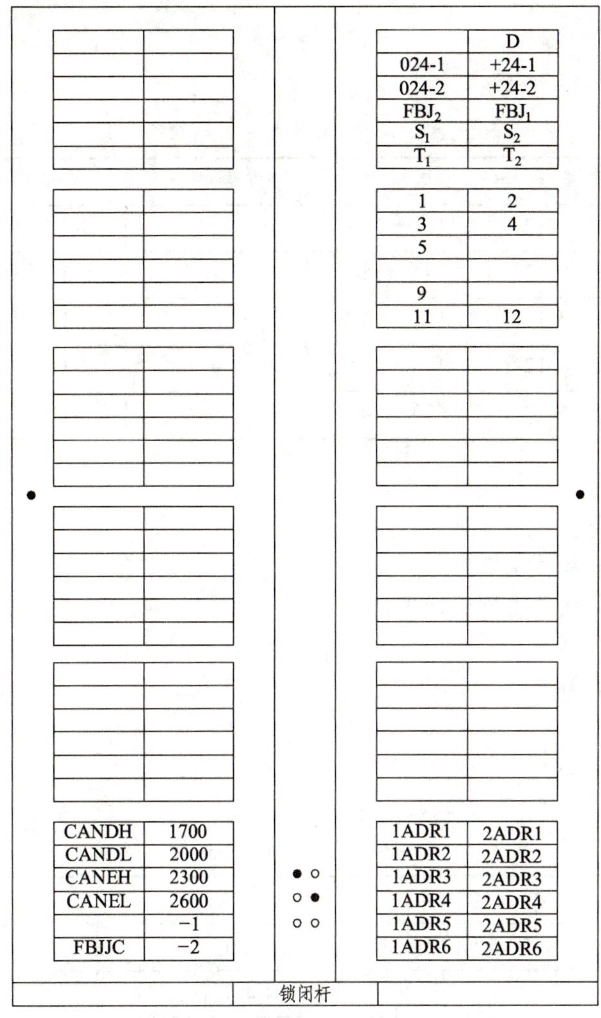

图 5-2-8　发送器插座板底视图

5）发送器载频调整

发送器载频调整见表 5-2-4。

表 5-2-4　发送器载频调整

载频/Hz	型号	底座连接端子
1 700	1	+24-2，1700，-1
1 700	2	+24-2，1700，-2
2 000	1	+24-2，2000，-1
2 000	2	+24-2，2000，-2
2 300	1	+24-2，2300，-1
2 300	2	+24-2，2300，-2
2 600	1	+24-2，2600，-1
2 600	2	+24-2，2600，-2

6）发送器电平调整

发送器电平调整见表 5-2-5。

表 5-2-5 发送器电平调整

发送电平	连接端子	电压/V	发送电平	连接端子	电压/V
1	9-11、1-12	161～170	6	4-11、1-12	60～67
2	9-11、2-12	146～154	7	5-11、3-12	54～60
3	9-11、3-12	126～137	8	4-11、2-12	44～48
4	9-11、4-12	103～112	9	3-11、1-12	37～41
5	9-11、5-12	73～80	10	5-11、4-12	31～33

7）发送器正常工作条件

（1）24 V 电源，保证极性正确。
（2）有且只有一路载频条件。
（3）有且只有一个载频类型选择条件。
（4）地址条件符合要求。
（5）功出负载不能短路。

8）发送器技术指标

发送器技术指标见表 5-2-6。

表 5-2-6 发送器技术指标

序号	项 目		指标及范围	备 注
1	低频频率		Fc±0.03	
2	载频频率/Hz	1700-1	1 701.4±0.15	
		1700-2	1 698.7±0.15	
		2000-1	2 001.4±0.15	
		2000-2	1 998.7±0.15	
		2300-1	2 301.4±0.15	
		2300-2	2 298.7±0.15	
		2600-1	2 601.4±0.15	
		2600-2	2 598.7±0.15	
3	功出电平/V	1 电平	161.0～170.0	直流电源电压为（24±0.1）V，负载电阻为 400 Ω，Fc=20.2 Hz
		2 电平	146.0～154.0	
		3 电平	128.0～135.0	
		4 电平	104.5～110.5	
		5 电平	75.0～79.5	

续表

序号	项目	指标及范围	备注
4	发送报警继电器电压/V	≥20	直流电源电压为(24±0.1)V，JWXC1-1700型继电器
5	绝缘电阻/MΩ	≥200	DC 500 V 输出端子对机壳
6	绝缘耐压	设备无闪络现象	50 Hz、交流 1 000 V、1 min 输出端子对机壳

9）发送器的工作原理

发送器内部采用双套相互独立的 CPU 处理单元。同一载频、低频编码条件源，以反码的形式分别通过互为冗余的两条 CAND、CANE 总线送至 CPU_1 及 CPU_2。发送器原理如图 5-2-9 所示，CPU_1 控制“移频发生器”产生移频信号，移频信号分别送至 CPU_1 及 CPU_2 进行频率检测。频率检测结果符合规定后，控制输出信号，经“控制与门”使移频信号送至“滤波”环节，实现方波-正弦变换。“功放”输出的移频信号送至 CPU_1 及 CPU_2，进行功出电压检测。CPU_1 及 CPU_2 对移频信号进行低频、载频、幅度特征检测符合要求后，驱动“安全与门”电路使发送报警继电器吸起，并使经过“功放”放大的移频信号输出至轨道。当发送端短路时，经检测使“控制与门”有 10 s 的关闭（休眠保护）

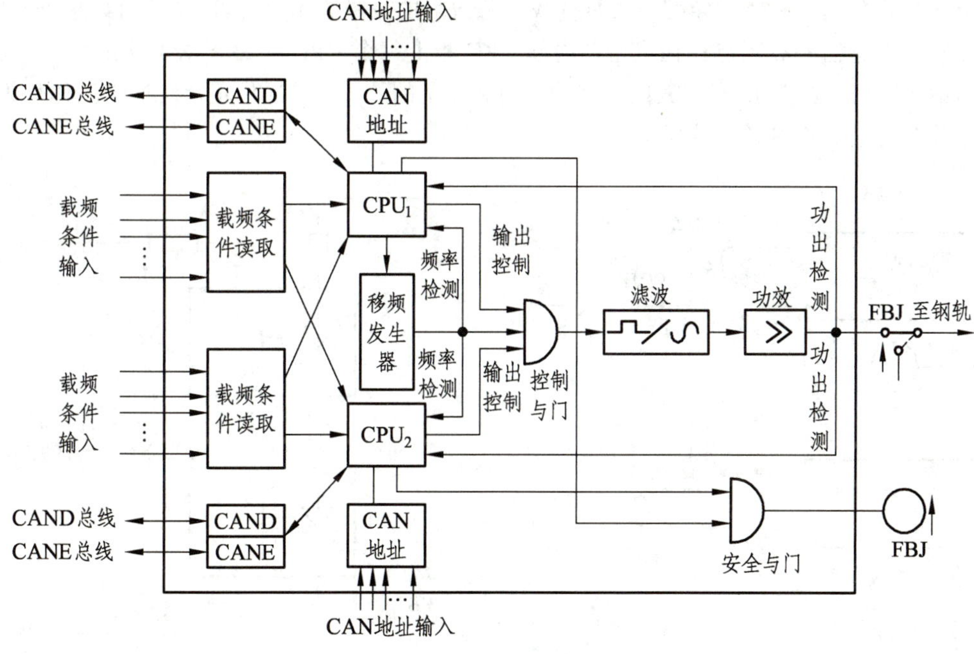

图 5-2-9　发送器原理

10）移频信号产生

列控中心根据轨道空闲（占用）条件及信号开放条件等进行编码，通过通信盘转发编码数据。载频、低频编码条件通过 CAND、CANE 总线分别送到 CPU_1、CPU_2 后，首先判断该条件是否有效。条件有效时，CPU_1 通过查表得到该编码条件所对应的上下边频数值，控制“移频发生器”，产生移频信号。并由 CPU_1 进行自检，由 CPU_2 进行互检。条件无效时，将由 CPU_1、CPU_2 构成故障报警。为保证“故障-安全”，CPU_1、CPU_2 及用于“移频发生器”的“可编程逻辑器件”分别采用各自独立的时钟源。经检测后，两个 CPU 各产生一个控制信号，经过“控制与门”，将移频信号送至方波正弦变换器。方波正弦变换器是由可编程低通滤波器 260 集成芯片构成其截止频率，同时满足对 1 700 Hz、2 000 Hz、2 300 Hz、2 600 Hz 三次及以上谐波的有效衰减。

11）发送器的切换

列车在客专上的运行速度非常快，一旦发送器故障，势必影响列车的运行。因此客专 ZPW-2000A 轨道电路采用了发送器双机热备冗余方式，一个主发送器对应一个备用发送器。平时主发送器正常时，通过 FBJZ 的前接点向外发送移频信息，当主发送器故障时，FBJZ 落下，从而切断主发送器的对外输出，FBJB 吸起，备发送器的输出成为对外的输出。发送器备用原理如图 5-2-10 所示。

12）表示灯

发送器设工作表示灯、故障表示灯和 CAN 总线工作灯。每台发送器设一个工作表示灯，工作表示灯设置于发送器内，工作正常时点绿灯，发送器故障时工作表示灯点红灯。发送器工作表示灯如图 5-2-11 所示。为便于对发送器数字电路的维修，在发送器内部 CPU 板上，对应每个 CPU 设置了一个指导维修人员查找设备故障的故障表示灯（红灯），可以根据其闪动状态，判断发送器的故障点；在发送器内部 CPU 板上每个 CPU 为每条总线设置了一个 CAN 总线通信工作灯（黄灯），根据其闪烁状况，判断设备的故障点，通信正常时通信工作灯闪烁，通信故障时通信工作灯常亮或常灭。

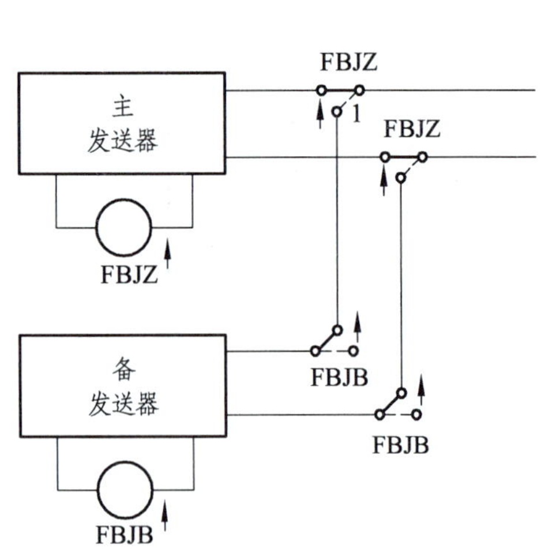

图 5-2-10　发送器备用原理

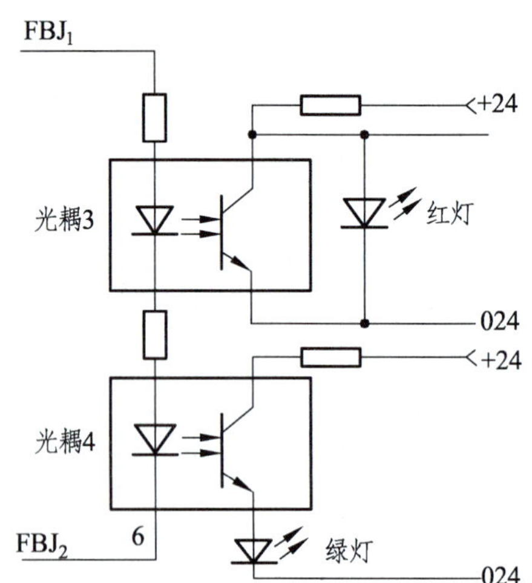

图 5-2-11　发送器工作表示灯

2. 接收器

1）接收器的作用

（1）接收器用于对主轨道电路移频信号进行解调，动作轨道继电器同时向列控中心上传轨道空闲或占用状态信息。

（2）实现调谐区短小轨道电路移频信号的解调，给出短小轨道电路断轨及调谐区设备故障的报警条件，并通过 CAND 及 CANE 总线送至监测维护终端。

（3）检查轨道电路完好，减少分路“死区”长度，用接收门限控制实现对调谐匹配单元（BA）断线的检查。

接收器输入端及输出端均按双机并联运用设计，与另一台接收器构成双机并联运用系统（或称 0.5+0.5），保证系统的可靠工作。

2）接收器外线连接

接收器对外连接线包括接收器工作电源、CAN 地址条件、载频编码条件、小轨道类型编码条件、CAND 总线、CANE 总线、主轨道（主机）信号输入、小轨道（主机）信号输入、主轨道（并机）信号输入、小轨道（并机）信号输入、轨道继电器（主机）输出、轨道继电器（并机）输出、接收器报警条件输出，如图 5-2-12 所示。

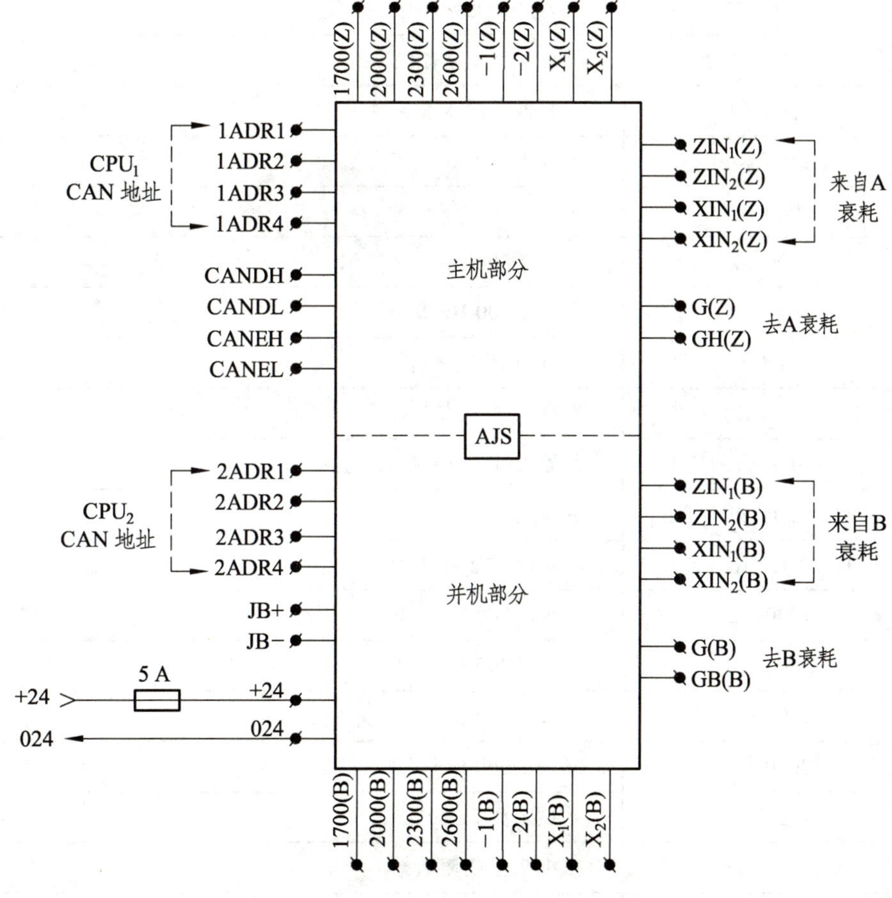

图 5-2-12　接收器外线连接示意

3）接收器端子定义

接收器端子定义见表 5-2-7。

表 5-2-7 接收器端子定义

序号	代号	用途
1	D	地线
2	+24	+24 V 外电源引入线
3	024	024 V 外电源引入线
4	（+24）	+24 V 电源（由设备内部给出，用于 CAN 地址，载频类型选择）
5	（024）	024 V 电源
6	CANDH	柜内总线 CANDH
7	CANDL	柜内总线 CANDL
8	CANEH	柜内总线 CANEH
9	CANEL	柜内总线 CANEL
10	JB+ JB−	接收器故障报警条件
11	1700（Z）	主机 1 700 Hz 载频
12	2000（Z）	主机 2 000 Hz 载频
13	2300（Z）	主机 2 300 Hz 载频
14	2600（Z）	主机 2 600 Hz 载频
15	-1（Z）	主机-1 型载频选择
16	-2（Z）	主机-2 型载频选择
17	1ADR1 ~ 1ADR4	配置 CPU_1 的 CAN 地址
18	ZIN_1（Z）、ZIN_2（Z）	主机轨道信号输入
19	G（Z）、GH（Z）	主机轨道继电器输出
20	1700（B）	并机 1 700 Hz 载频
21	2000（B）	并机 2 000 Hz 载频
22	2300（B）	并机 2 300 Hz 载频
23	2600（B）	并机 2 600 Hz 载频
24	-1（B）	并机 1 型载频选择
25	-2（B）	并机 2 型载频选择
26	2ADR1 ~ 2ADR4	配置 CPU_2 的 CAN 地址
27	ZIN_1（B）、ZIN_2（B）	并机轨道信号输入
28	G（B）、GH（B）	并机轨道继电器输出

4）接收器插座板底视图

接收器插座板底视图如图 5-2-13 所示。

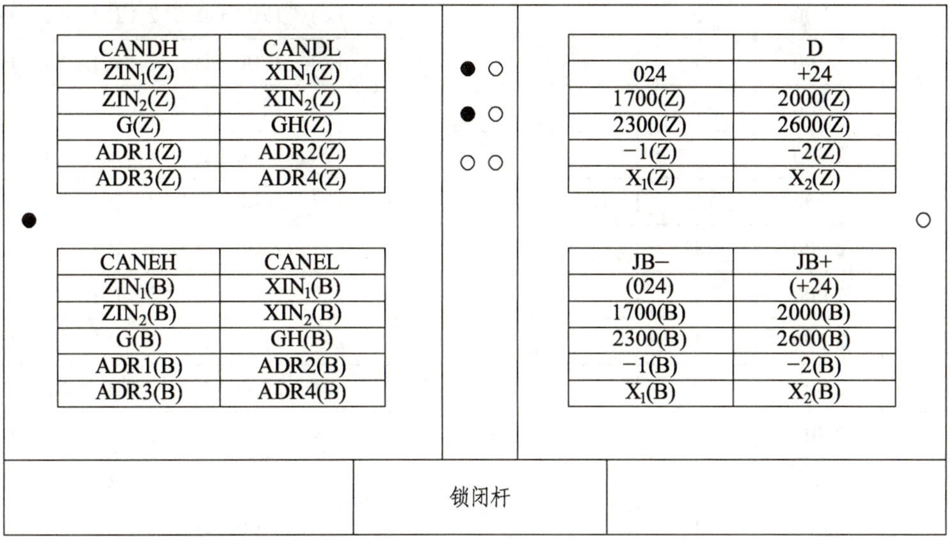

CANDH	CANDL
ZIN_1(Z)	XIN_1(Z)
ZIN_2(Z)	XIN_2(Z)
G(Z)	GH(Z)
ADR1(Z)	ADR2(Z)
ADR3(Z)	ADR4(Z)

	D
024	+24
1700(Z)	2000(Z)
2300(Z)	2600(Z)
−1(Z)	−2(Z)
X_1(Z)	X_2(Z)

CANEH	CANEL
ZIN_1(B)	XIN_1(B)
ZIN_2(B)	XIN_2(B)
G(B)	GH(B)
ADR1(B)	ADR2(B)
ADR3(B)	ADR4(B)

JB−	JB+
(024)	(+24)
1700(B)	2000(B)
2300(B)	2600(B)
−1(B)	−2(B)
X_1(B)	X_2(B)

锁闭杆

图 5-2-13　接收器插座板底视图

5）接收器载频调整

接收器载频调整见表 5-2-8。

表 5-2-8　接收器载频调整

主备机	载频/Hz	型号	小轨道 1、2 型	底座连接端子
主	1 700	1	1	+24，1700（Z），1（Z），X1（Z）
主	1 700	2	1	+24，1700（Z），2（Z），X2（Z）
主	1 700	1	2	+24，1700（Z），1（Z），X1（Z）
主	1 700	2	2	+24，1700（Z），2（Z），X2（Z）
主	2 000	1	1	+24，2000（Z），1（Z），X1（Z）
主	2 000	2	1	+24，2000（Z），2（Z），X2（Z）
主	2 000	1	2	+24，2000（Z），1（Z），X1（Z）
主	2 000	2	2	+24，2000（Z），2（Z），X2（Z）
主	2 300	1	1	+24，2300（Z），1（Z），X1（Z）
主	2 300	2	1	+24，2300（Z），2（Z），X2（Z）
主	2 300	1	2	+24，2300（Z），1（Z），X1（Z）
主	2 300	2	2	+24，2300（Z），2（Z），X2（Z）
主	2 600	1	1	+24，2600（Z），1（Z），X1（Z）
主	2 600	2	1	+24，2600（Z），2（Z），X2（Z）
主	2 600	1	2	+24，2600（Z），1（Z），X1（Z）
主	2 600	2	2	+24，2600（Z），2（Z），X2（Z）
并	1 700	1	1	+24，1700（B），1（B），X1（B）

续表

主备机	载频/Hz	型号	小轨道1、2型	底座连接端子
并	1 700	2	1	+24，1700（B），2（B），X2（B）
并	1 700	1	2	+24，1700（B），1（Z），X1（B）
并	1 700	2	2	+24，1700（B），2（B），X2（B）
并	2 000	1	1	+24，2000（B），1（B），X1（B）
并	2 000	2	1	+24，2000（B），2（B），X2（B）
并	2 000	1	2	+24，2000（B），1（B），X1（B）
并	2 000	2	2	+24，2000（B），2（B），X2（B）
并	2 300	1	1	+24，2300（B），1（B），X1（B）
并	2 300	2	1	+24，2300（B），2（B），X2（B）
并	2 300	1	2	+24，2300（B），1（B），X1（B）
并	2 300	2	2	+24，2300（B），2（B），X2（B）
并	2 600	1	1	+24，2600（B），1（B），X1（B）
并	2 600	2	1	+24，2600（B），2（B），X2（B）
并	2 600	1	2	+24，2600（B），1（B），X1（B）
并	2 600	2	2	+24，2600（B），2（B），X2（B）

6）接收器正常工作条件

（1）24 V 电源保持极性正确。

（2）有且只有一路载频、“-1”或“-2”及 X（1）或 X（2）选择条件（主并机都应具备）。

（3）地址条件符合要求。

7）接收器技术指标

接收器技术指标见表 5-2-9。

表 5-2-9　接收器技术指标

序号	项目		范围	备注
1	主轨道接收	吸起门限/mV	200 ~ 210	直流电源电压为（24±0.1）V，JWXC-1700 型继电器
		落下门限/mV	170 ~ 180	
		继电器电压/V	≥20	
		吸起延时/s	2.3 ~ 2.8	
		落下延时/s	≤2	
2	小轨道接收	吸起门限/mV	70 ~ 80	直流电源电压为（24±0.1）V JWXC-1700 型继电器
		落下门限/mV	≥63	
		继电器电压/V	≥20	
		吸起延时/s	2.3 ~ 2.8	
		落下延时/s	≤2	

续表

序号	项目	范围	备注
3	绝缘电阻/MΩ	≥200	DC 500 V 输出端子对机壳
4	绝缘耐压	设备无闪络现象	50 Hz、交流 1 000 V、1 min 输出端子对机壳

8）原　理

接收器采用两路独立的 CPU 处理单元，对输入的信号分别进行解调分析，满足继电器吸起条件时输出方波信号，输出至安全与门电路。与另一台接收器的安全与门输出共同经过隔离电路，动作轨道继电器。

A/D 为模数转换器，将输入的模拟信号转换成计算机能处理的数字信号。载频条件读取电路设定主机、并机载频条件，由 CPU 进行判决，确定接收器的接收频率。接收器原理如图 5-2-14 所示。

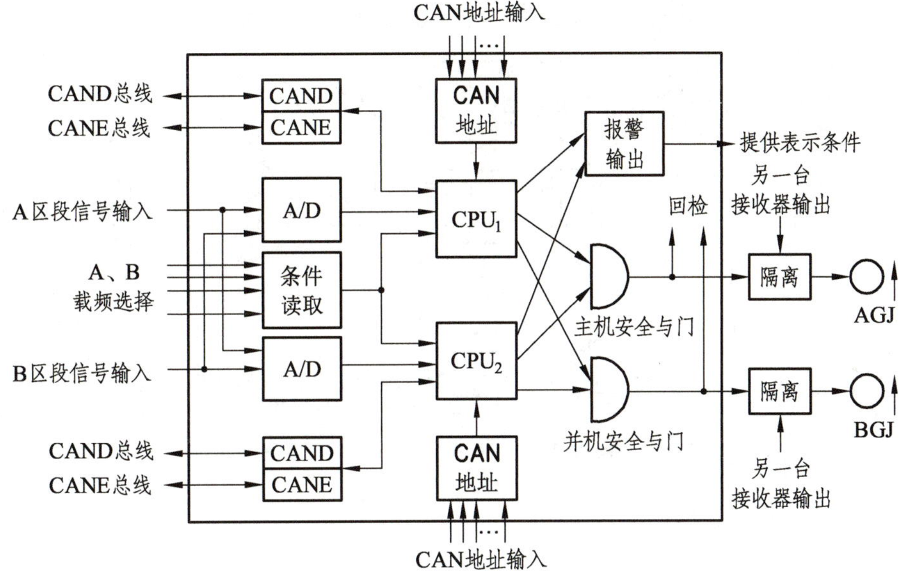

图 5-2-14　接收器原理

接收器采用两路独立的 CPU 处理单元，对输入的信号分别进行解调分析，满足继电器吸起条件时输出方波信号，输出至安全与门电路。与另一台接收器的安全与门输出共同经过隔离电路，动作轨道继电器。

A/D 为模数转换器，将输入的模拟信号转换成计算机能处理的数字信号。

载频条件读取电路设定主机、并机载频条件，由 CPU 进行判决，确定接收器的接收频率。同一载频、低频编码条件源，以反码的形式分别通过 CAND、CANE 总线送至 CPU_1 及 CPU_2。

CPU_1、CPU_2 根据确定的载频编码条件，通过各自识别、通信、比较确认一致，判断该条件有效，视为正常，不一致时，视为故障并报警。条件有效时，外部送进来的信号分别经过主机、并机两路模数转换器转换成数字信号。CPU_1、CPU_2 对外部信号进行单独的运算，判决处理。当接收信号符合幅度、载频、低频要求时，就输出 3 kHz 的方波，驱动安全与门电路。

安全与门电路收到两路方波后，转换成直流电压驱动继电器。如果 CPU_1、CPU_2 的结果不一致，安全与门输出不能构成，则同时报警。电路中增加了安全与门的反馈检查，如果 CPU_1、CPU_2 有动态输出，那么安全与门就应该有直流输出，否则就认为安全与门故障，接收器进行报警。如果接收器接收到的信号电压过低，则判为列车分路。

安全与门电路将 CPU_1、CPU_2 输出的动态信号变成直流输出，驱动继电器（或执行条件）。

9）表示灯

接收器设工作表示灯和故障表示灯。每台接收器内设一个工作表示灯，工作正常时工作表示灯亮绿灯，接收器故障时工作表示灯点红灯（其中 CAN 总线故障时不表现在工作指示灯上，在信号集中监测系统报警），发送器工作表示灯如图 5-2-15 所示。为便于对接收器数字电路的维修，每个 CPU 设置了一个指导维修人员查找设备故障的故障表示红灯，根据故障表示灯闪动状况，判断设备故障点。

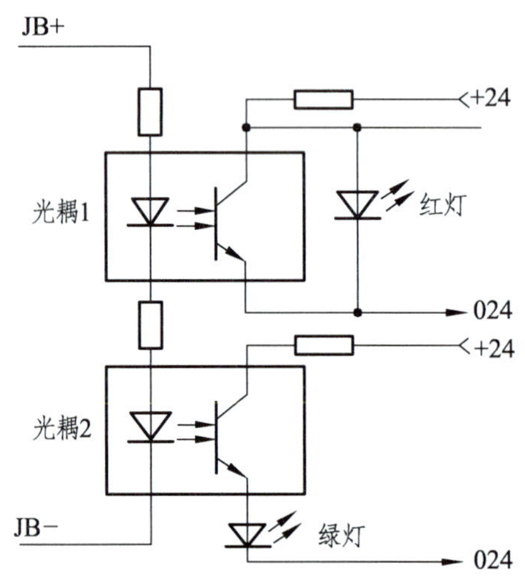

图 5-2-15　接收器工作表示灯

3. 单频衰耗冗余控制器

1）功　能

（1）内部有正方向继电器复示及反方向继电器复示。

（2）内部有主发送报警继电器及备发送报警继电器。

（3）实现单载频区段主轨道电路调整。

（4）实现单载频区段小轨道电路调整（含正向调整及反向调整）。

（5）实现总功出电压切换（来自主发送器功出还是来自备发送器功出）。

（6）实现主发送器、备发送器发送报警条件的回采。

在面板上给出主发送工作灯、备发送工作灯，接收工作灯、轨道表示灯、正向指示灯及反向指示灯；同时提供主发送电源、备发送电源、主发送报警、备发送报警、功出电压、功出电流、接收电源、主机轨道继电器、并机轨道继电器、轨道继电器、轨道信号输入、主轨道信号输出、小轨道信号输出等测试塞孔。

2）单频衰耗冗余控制器端子定义

单频衰耗冗余控制器端子定义见表 5-2-10。

表 5-2-10　单频衰耗冗余控制器端子定义

序号	代号	含义	用途
1	J1-1、J1-2	ZIN1（Z）、ZIN2（Z）	主轨道信号调整后输出至接收器主机
2	J1-3、J1-4	ZIN1（B）、ZIN2（B）	主轨道信号调整后输出至接收器并机
3	J1-5、J1-6	XIN1（Z）、XIN2（Z）	小轨道信号调整后输出至接收器主机
4	J1-7、J1-8	XIN1（B）、XIN2（B）	小轨道信号调整后输出至接收器并机
5	J1-9、J1-10	G（Z）、GH（Z）	接收器主机轨道继电器输出
6	J1-11、J1-12	G（B）、GH（B）	接收器并机轨道继电器输出
7	J1-13、J1-14	G、GH	轨道继电器输出
8	J2-1、J2-2	V1、V2	轨道信号输入
9	J2-3、J2-5	ZFJ+、FH	正方向继电器复示
10	J2-4、J2-5	FFJ+、FH	反方向继电器复示
11	J2-6～J2-17	R1～R12	主轨道电平调整
12	J2-18	FBJJC（Z）	主发送器报警继电器吸起条件回采至主发送器
13	J2-19	FBJJC（B）	备发送器报警继电器吸起条件回采至备发送器
14	J3-1～J3-11	Z1～Z11	正向小轨道电平调整
15	J3-12～J3-22	F1～F11	反向小轨道电平调整
16	J3-23	D24	封轨道占用灯
17	J3-22、J4-3	024	接收器用 024 电源
18	J4-1、J4-2	JB＋、JB－	接收器报警条件
19	J4-4	J24	接收器主机 24 V 电源输入
20	J4-5	BJ24	接收器并机 24 V 电源输入
21	J4-6	G24	引出的公共+24 V 电源
22	J4-7、J4-8	FS＋24（Z）、FS024（Z）	来自主发送器 24 V 电源
23	J4-9、J4-10	FS＋24（B）、FS024（B）	来自备发送器 24 V 电源
24	J4-11、J4-12	FBJ＋（Z）、FBJ－（Z）	来自主发送器报警继电器输出
25	J4-13、J4-14	FBJ＋（B）、FBJ－（B）	来自备发送器报警继电器输出
26	J4-15、J4-16	S1（Z）、S2（Z）	来自主发送器功出
27	J4-17、J4-18	S1（B）、S2（B）	来自备发送器功出
28	J4-19、J4-20	S1、S2	总功出输出

3）单频衰耗冗余控制器插座板底视图

单频衰耗冗余控制器插座板底视图如图 5-2-16 所示。

J1		J2		J3		J4	
1	ZIN1(Z)	1	V1	1	Z1	1	JB+
2	ZIN2(Z)	2	V2	2	Z2	2	JB–
3	ZIN1(B)	3	ZFJ+	3	Z3	3	024
4	ZIN2(B)	4	FFJ+	4	Z4	4	J24
5	XIN1(Z)	5	FH	5	Z5	5	BJ24
6	XIN2(Z)	6	R1	6	Z6	6	G24
7	XIN1(B)	7	R2	7	Z7	7	FS+24(Z)
8	XIN2(B)	8	R3	8	Z8	8	FS024(Z)
9	G(Z)	9	R4	9	Z9	9	FS+24(B)
10	GH(Z)	10	R5	10	Z10	10	FS024(B)
11	G(B)	11	R6	11	Z11	11	FBJ+(Z)
12	GH(B)	12	R7	12	F1	12	FBJ– (Z)
13	G	13	R8	13	F2	13	FBJ+(B)
14	GH	14	R9	14	F3	14	FBJ– (B)
		15	R10	15	F4	15	S1(Z)
		16	R11	16	F5	16	S2(Z)
		17	R12	17	F6	17	S1(B)
		18	FSJC(Z)	18	F7	18	S2(B)
		19	FSJC(B)	19	F8	19	S1
				20	F9	20	S2
				21	F10		
				22	F11		
				23	D24		
				24	024		

图 5-2-16 单频衰耗冗余控制器插座板底视图

4）单频衰耗冗余控制器面板及测试塞孔

单频衰耗冗余控制器面板如图 5-2-17 所示。

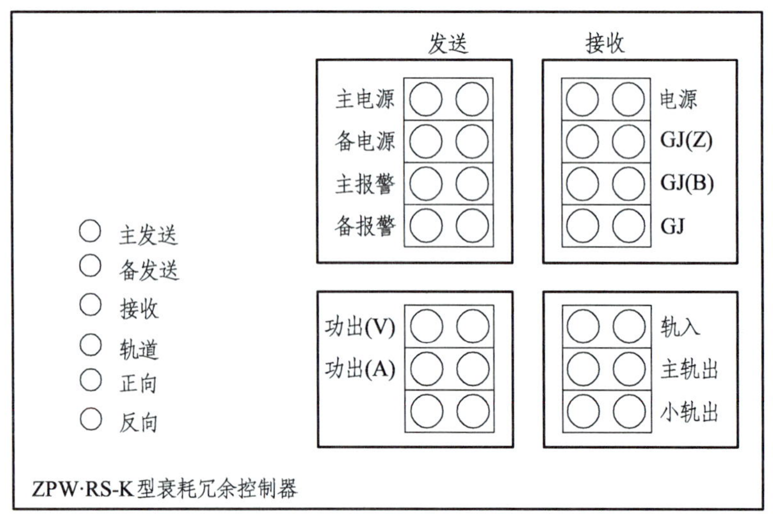

图 5-2-17 单频衰耗冗余控制器面板

单频衰耗冗余控制器面板及测试塞孔功能见表 5-2-11。

表 5-2-11 单频衰耗冗余控制器面板及测试塞孔功能

名称		功能
发送	主电源	测量主发送器电源电压
	备电源	测量备发送器电源电压
	主报警	测量主发送器报警继电器电压
	备报警	测量备发送器报警继电器电压
	功出/V	测量经发送报警继电器接点输出至轨道的功出电压
	功出/A	测量经发送报警继电器接点输出至轨道的功出电流，通过测量串联的取样电阻电压实现
接收	电源	测量接收器电源电压
	GJ（Z）	测量主机主轨道继电器电压
	GJ（B）	测量并机主轨道继电器电压
	GJ	测量主轨道继电器电压
	轨入	测量单频衰耗冗余控制器输入电压
	主轨出	测量经单频衰耗冗余控制器 B_1 变压器电平调整后，输出至接收器主机和接收器并机的主轨道信号
	小轨出	测量经单频衰耗冗余控制器调整电阻调整后，通过 B_2 变压器升压后输出至接收器主机和接收器并机的小轨道信号

5）原　理

单频衰耗冗余控制器原理如图 5-2-18 所示。

（1）主轨道输入电路。

主轨道信号 V_1、V_2 经变压器 B_1 输入。变压器 B_1 匝数比为 116∶（1～146），次级通过变压器抽头连接，可构成 1～146 级变化。按轨道电路调整参考表调整接收器电平，调整端子为 J2-6～J2-17。

（2）小轨道输入电路。

根据方向电路变化，接收端将接至不同的两端短小轨道电路，故短小轨道电路的调整按正、反方向进行。正方向调整用 Z2～Z11（J3-1～J3-11）端子；反方向调整用 F2～F11（J3-12～J3-22）端子。负载阻抗为 3.3kΩ，为提高 A/D 模数转换器的采样精度，短小轨道信号经过 1∶3 升压变压器 B2 输出至接收器。

6）表示灯

单频衰耗冗余控制器表示灯状态见表 5-2-12。

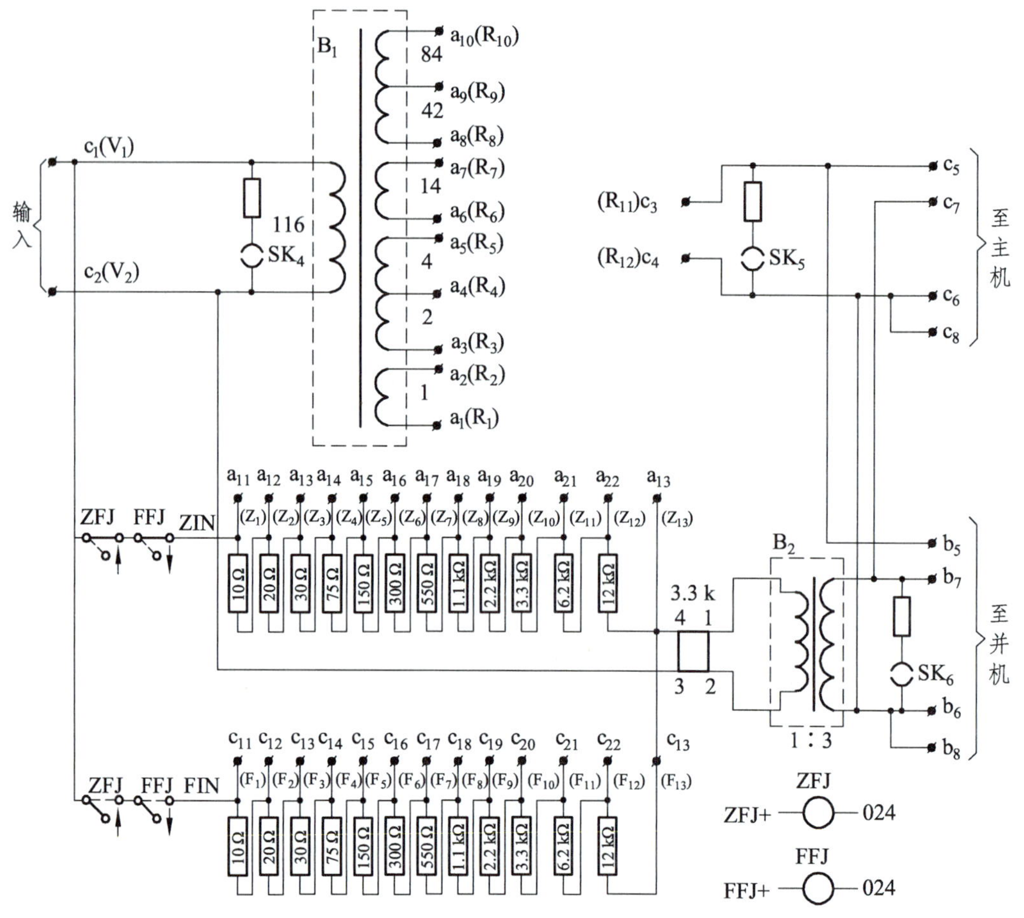

图 5-2-18 单频衰耗冗余控制器原理

表 5-2-12 单频衰耗冗余控制器表示灯状态

名称	状态
主发送	主发送报警继电器吸起时亮绿灯；落下时亮红灯。如果主发送报警继电器既不吸起也不落下时，不亮灯
备发送	备发送报警继电器吸起时亮绿灯；落下时亮红灯。如果备发送报警继电器既不吸起也不落下时，不亮灯
接收	本区段接收器工作正常时亮绿灯；故障时亮红灯。通过接收器的 JB+、JB-电压亮灯
轨道	轨道占用时，通过“光耦 1”的受光器关闭，使“轨道占用灯”点红灯；轨道空闲时，“光耦 1”及“光耦 2”的受光器均打开，“轨道空闲灯”点绿灯
正向	正方向指示灯，正方向运行时亮灯；反方向运行时灭灯
反向	反方向指示灯，反方向运行时亮灯；正方向运行时灭灯

4. 双频衰耗冗余控制器

1）功 能

（1）内部有正方向继电器复示及反方向继电器复示。

（2）内部有主发送报警继电器及备发送报警继电器。

（3）实现双载频区段主轨道电路调整（含正向调整及反向调整）。

（4）实现总功出电压切换（来自主发送器功出还是来自备发送器功出）。

（5）主发送器、备发送器发送报警条件的回采。

在面板上给出主发送工作灯、备发送工作灯，接收工作灯、轨道表示灯、正向指示灯及反向指示灯；同时提供主发送电源、备发送电源、主发送报警、备发送报警、功出电压、功出电流、接收电源、主机轨道继电器、并机轨道继电器、轨道继电器、轨道信号输入、主轨道信号输出等测试塞孔。

2）双频衰耗冗余控制器端子定义

双频衰耗冗余控制器端子定义见表 5-2-13。

表 5-2-13　双频衰耗冗余控制器端子定义

序号	代号	含义	用途
1	J_1-1、J_1-2	$ZIN_1(Z)$、$ZIN_2(Z)$	主轨道信号调整后输出至接收器主机
2	J_1-3、J_1-4	$ZIN_1(B)$、$ZIN_2(B)$	主轨道信号调整后输出至接收器并机
3	J_1-9、J_1-10	G(Z)、GH(Z)	接收器主机轨道继电器输出
4	J_1-11、J_1-12	G(B)、GH(B)	接收器并机轨道继电器输出
5	J_1-13、J_1-14	G、GH	轨道继电器输出
6	J_2-1、J_2-2	V_1、V_2	轨道信号输入
7	J_2-3、J_2-5	ZFJ+、FH	正方向继电器复示
8	J_2-4、J_2-5	FFJ+、FH	反方向继电器复示
9	J_2-6 ~ J_2-17	1R1 ~ 1R12	载频 1 主轨道电平调整
10	J_2-18	FBJJC(Z)	主发送器报警继电器吸起条件回采至主发送器
11	J_2-19	FBJJC(B)	备发送器报警继电器吸起条件回采至备发送器
12	J_3-1、J_3-12	2R1 ~ 2R12	载频 2 主轨道电平调整
13	J_3-13	D24	封联轨道占用灯
14	J_3-14、J_4-3	024	接收器用 024 电源
15	J_4-1、J_4-2	JB+、JB−	接收器报警条件
16	J_4-4	J24	接收器主机 24 V 电源输入
17	J_4-5	BJ24	接收器并机 24 V 电源输入
18	J_4-6	G24	引出的公共+24 V 电源
19	J_4-7、J_4-8	FS+24(Z)、FS 024(Z)	来自主发送器 24 V 电源
20	J_4-9、J_4-10	FS+24(B)、FS 024(B)	来自备发送器 24 V 电源
21	J_4-11、J_4-12	FBJ+(Z)、FBJ−(Z)	来自主发送器报警继电器输出
22	J_4-13、J_4-14	FBJ+(B)、FBJ−(B)	来自备发送器报警继电器输出
23	J_4-15、J_4-16	$S_1(Z)$、$S_2(Z)$	来自主发送器功出
24	J_4-17、J_4-18	$S_1(B)$、$S_2(B)$	来自备发送器功出

3）双频衰耗冗余控制器插座板底视图

双频衰耗冗余控制器插座板底视图如图 5-2-19 所示。

序号	J1	J2	J3	J4
1	ZIN1(Z)	V1	2R1	JB+
2	ZIN2(Z)	V2	2R2	JB–
3	ZIN1(B)	ZFJ+	2R3	024
4	ZIN2(B)	FFJ+	2R4	J24
5		FH	2R5	JB24
6		1R1	2R6	G24
7		1R2	2R7	FS+24(Z)
8		1R3	2R8	FS024(Z)
9	G(Z)	1R4	2R9	FS+24(B)
10	GH(Z)	1R5	2R10	FS024(B)
11	G(B)	1R6	2R11	FBJ+(Z)
12	GH(B)	1R7	2R12	FBJ– (Z)
13	G	1R8	D24	FBJ+(B)
14	GH	1R9	024	FBJ– (B)
15		1R10		S1(Z)
16		1R11		S2(Z)
17		1R12		S1(B)
18		FSJC(Z)		S2(B)
19		FSJC(B)		S1
20				S2

图 5-2-19　双频衰耗冗余控制器插座板底视图

4）双频衰耗冗余控制器面板及测试塞孔

双频衰耗冗余控制器面板如图 5-2-20 所示。

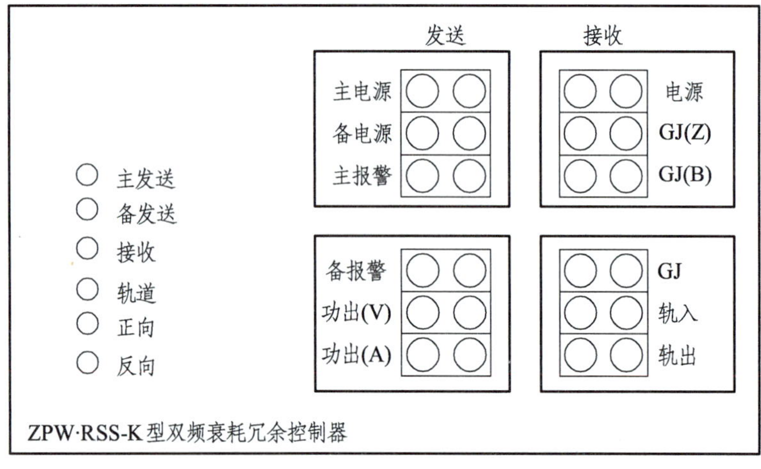

图 5-2-20　双频衰耗冗余控制器面板

双频衰耗冗余控制器面板及测试塞孔功能见表 5-2-14。

表 5-2-14 双频衰耗冗余控制器面板及测试塞孔功能

名称		功能
接收	电源	测量接收器电源电压
	GJ(Z)	测量主机主轨道继电器电压
	GJ(B)	测量并机主轨道继电器电压
	GJ	测量主轨道继电器电压
	轨入	测量双频衰耗冗余控制器输入电压
	轨出	测量经双频衰耗冗余控制器 B_1 变压器电平调整后，输出至接收器主机和接收器并机的主轨道信号
发送	主电源	测量主发送器电源电压
	备电源	测量备发送器电源电压
	主报警	测量主发送器的报警继电器电压
	备报警	测量备发送器的报警继电器电压
	功出（V）	测量经发送报警继电器接点输出至轨道的功出电压
	功出（A）	测量经发送报警继电器接点输出至轨道的功出电流，测量串联的取样电阻电压

5）原　理

根据方向电路变化，接收端将接收不同载频的移频信号，故主轨道电路的调整按正、反方向进行。正方向调整用 1R1 ~ 1R12（J2-6 ~ J2-17）端子；反方向调整用 2R1 ~ 2R12（J3-1 ~ J3-12）端子。

主轨道信号 V1、V2 经变压器 SB1 或 SB2 输入，变压器 SB1 或 SB2 的匝数比为 116 ∶（1 ~ 146）。次级通过变压器抽头连接，可构成 1 ~ 146 级变化，按轨道电路调整表调整接收器电平。

6）表示灯

单频衰耗冗余控制器表示灯状态见表 5-2-15。

表 5-2-15　双频衰耗冗余控制器面板表示灯

名称	状态
接收	通过输入接收器的 JB+、JB-条件构成
轨道	轨道占用时，通过“光耦 1”的受光器关闭，使“轨道占用灯”点红灯；“光耦 1”及“光耦 2”的受光器均打开，“轨道空闲灯”点绿灯
正向	正方向指示灯，正方向运行时亮灯；反方向运行时灭灯
反向	反方向指示灯，反方向运行时亮灯；正方向运行时灭灯
主发送	主发送报警继电器吸起时亮绿灯；落下时亮红灯。如果主发送报警继电器既不吸起也不落下时，不亮灯
备发送	备发送报警继电器吸起时亮绿灯；落下时亮红灯。如果备发送报警继电器既不吸起也不落下时，不亮灯

5. 防雷模拟网络

1）作　用

（1）对通过传输电缆引入室内雷电冲击的防护（横向、纵向）。

（2）模拟一定长度电缆传输特性，与真实电缆共同构成一个固定极限长度，由 0.25 km、0.5 km、1 km、2 km、2 km、2 × 2 km 共六节组成，通过串联连接，补偿实际 SPT 数字信号电缆，使补偿电缆和实际电缆之和为 7.5 km、10 km 或 12.5 km。使所有轨道电路不需要根据所在位置和运行方向改变配置，方便了轨道电路的调整。

2）原　理

电缆模拟网络的作用是调整区间轨道电路传输的特性，可视为室外电缆的一个延续，补偿实际 SPT 数字信号电缆，使补偿电缆和实际电缆总距离为 7.5 km 或 10 km，以便于轨道电路在不同列车运行方向时的调整，保证传输电路工作的稳定性。它直接接在室外电缆的入口处，送、受电端成对使用，设有横、纵向防雷组合，防止电缆上感应的强电损坏室内设备。电缆模拟网络电路原理如图 5-2-21 所示，站防雷和电缆模拟网络原理如图 5-2-22 所示。

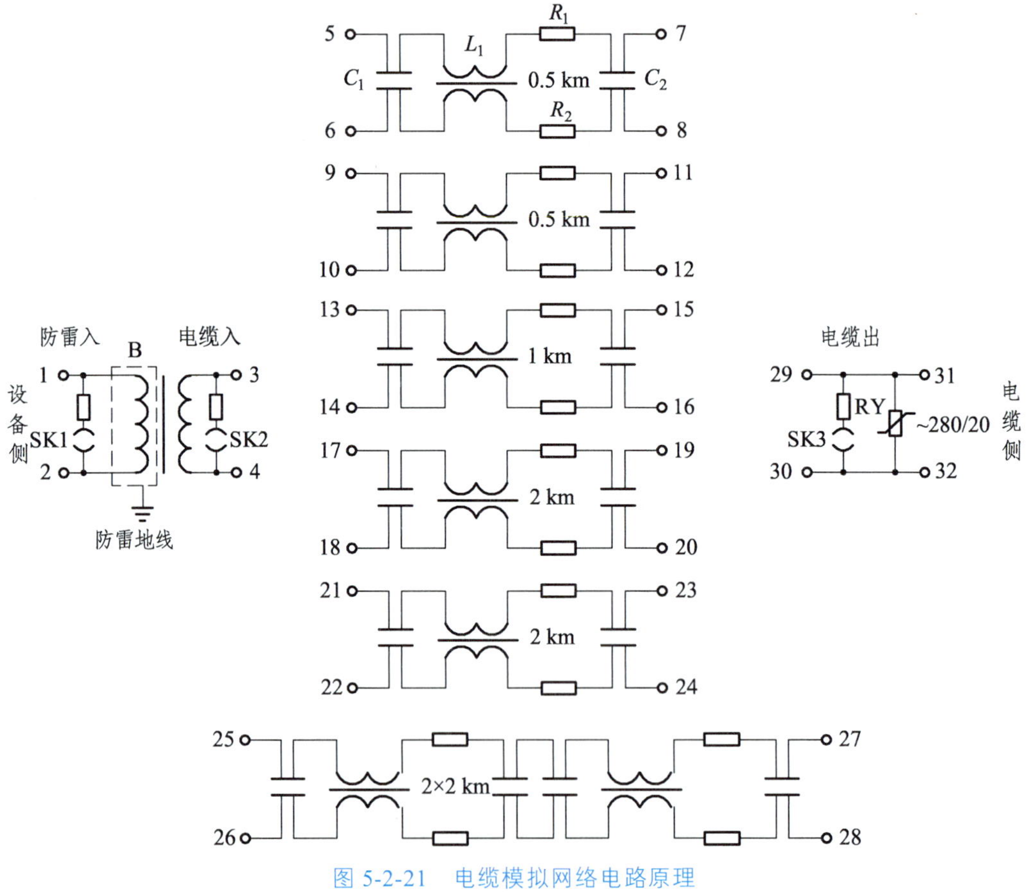

图 5-2-21　电缆模拟网络电路原理

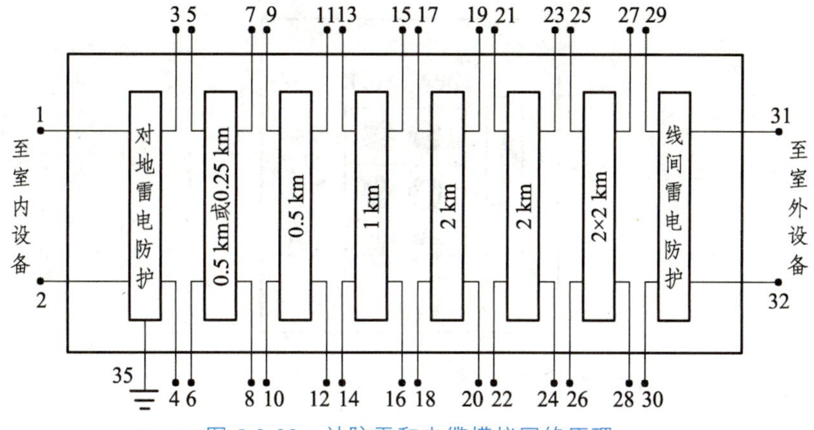

图 5-2-22　站防雷和电缆模拟网络原理

3）模拟网络端子及定义

防雷模拟网络盘底座如图 5-2-23 所示。

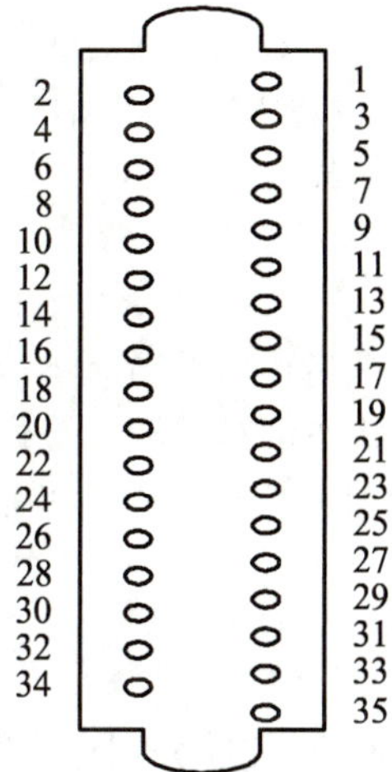

图 5-2-23　防雷模拟网络盘底座

客专 ZPW-2000A 轨道电路的模拟网络端子的使用见表 5-2-16。

表 5-2-16　客专 ZPW-2000A 轨道电路的模拟网络端子的使用

序号	代号	用途
1	1、2	设备侧接线端子（防雷变压器初级）
2	3、4	防雷变压器次级
3	5～30	0.25 km、0.5 km、1 km、2 km、2 km、2×2 km 电缆模拟网络接线端子
4	31、32	电缆侧接线端子
5	35	防雷变压器接地端

4）测试孔及模拟网络端子的连接

客专 ZPW-2000A 轨道电路的模拟网络盘上有三个测试孔，“设备”“防雷”和“电缆”，防雷模拟网络盘测试面板如图 5-2-24 所示，其测试方法和 ZPW-2000A 完全相同。故在此不予详述。

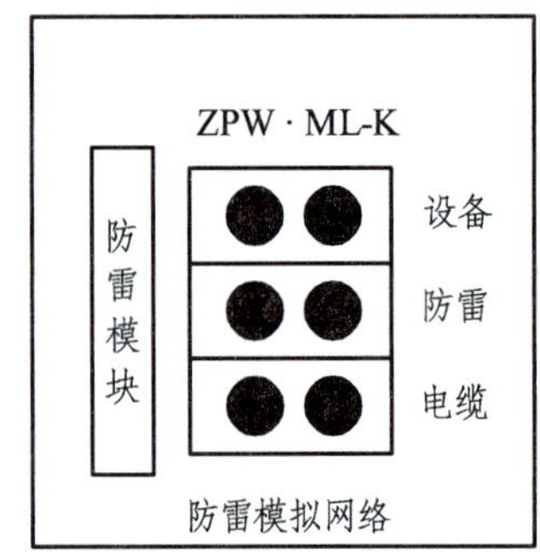

图 5-2-24　防雷模拟网络盘测试面板

6. 轨道电路通信接口板

轨道电路通信接口板是实现轨道电路与列控中心通信的接口，同时也是轨道电路与监测维护终端通信的接口。若机械室内有轨道电路监测机柜，则通信接口板安装在监测机柜内；若无轨道电路监测机柜，则安装在列控中心机柜内。通信接口板通过 CANA、CANB 总线和列控中心交换数据；通过 CANC 总线和监测维护终端进行信息交互；通过 CAND、CANE 总线和轨道电路交换数据。

1）通信接口板的功能

（1）接收列控中心控制信息，转发给轨道电路发送器和接收器。

（2）接收轨道电路接收器的执行状态信息，转发给列控中心。

（3）接收轨道电路发送器和接收器的检测信息，并把该信息和通信接口板自身的检测信息发给轨道电路检测维护终端。

2）工作原理

每个通信接口板有两个 CPU，这两个 CPU 分别对应发送器和接收器的双 CPU，通信接口板的 CPU_1 与发送器和接收器的 CPU_1 通信，通信接口板的 CPU_2 与发送器和接收器的 CPU_2 通信。每个 CPU 都有 5 个 CAN 总线通信接口，分别与 CANA、CANB、CANC、CAND、CANE 连接，其原理如图 5-2-25 所示。

CPU1 读取 CAN 通信地址，根据地址从 CANA 和 CANB 总线上接收列控/联锁主机发送的相应数据。将接收到的数据进行拆包，同时发送到 CAND 和 CANE。其发送的数据帧，只有发送器和接收器的 CPU_1 可以接收到。发送器和接收器的 CPU_1 将轨道区段状态数据和监测数据，发送到 CAND 和 CANE 上，这些数据帧只能由通信接口板的 CPU_1 接收到。通信接口板将接收到的数据进行打包，轨道区段状态数据发送到 CANA 和 CANB 上，发送给列控/联锁主机；监测数据发送到 CANC，发送给监测维护终端。

同样，通信接口板的 CPU_2 只与发送器和接收器 CPU_2 通信。

3）冗余方式

通信接口板冗余关系如图 5-2-26 所示。

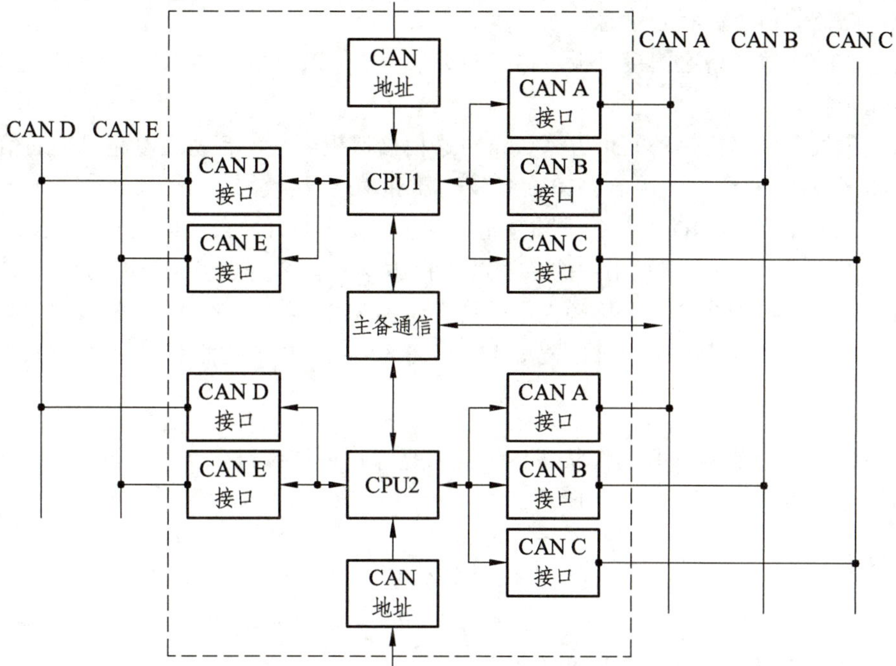

图 5-2-25　信接口板原理

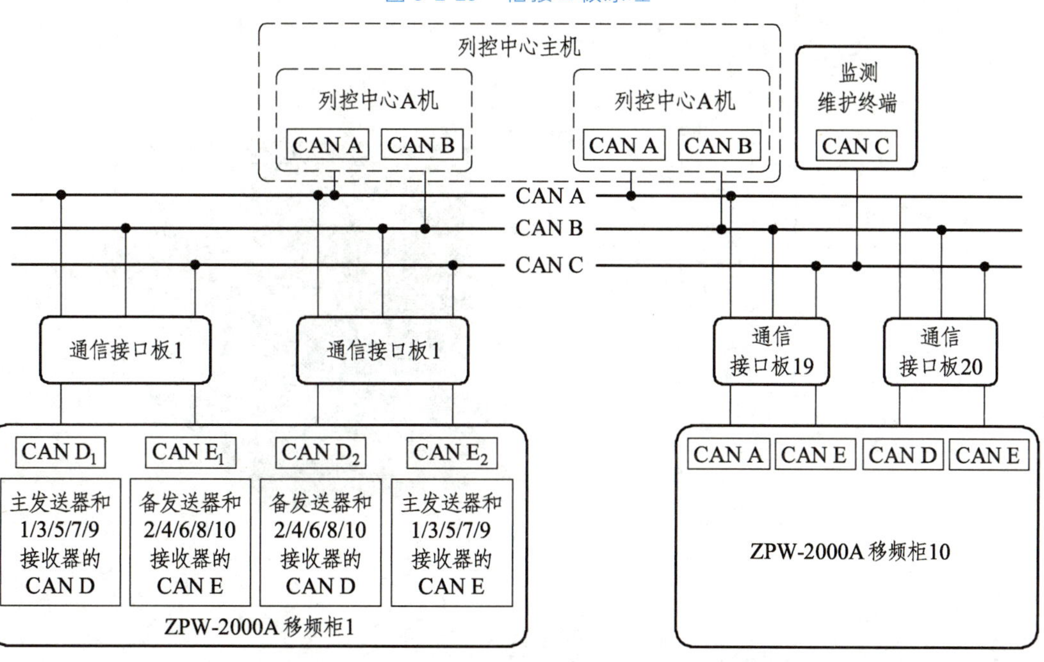

图 5-2-26　通信接口板冗余关系

通信接口板与列控中心连接需要两条 CAN 总线——CANA、CANB，为冗余设计。列控中心通过 CANA、CANB 向通信接口板发送轨道电路编码帧和同步帧，并接收来自 CANA、CANB 的轨道电路状态帧。

通信接口板与移频柜连接需要两条 CAN 总线——CAND、CANE，为冗余设计。通信接口板通过 CAND、CANE 向移频柜发送轨道电路编码信息和移频柜同步帧，同时接收移频柜回传的轨道电路监测信息和状态信息。

列控中心、轨道电路通信接口板、移频柜都采用双 CPU 设计，CPU_1 与 CPU_2 完全冗余设计，通信完全独立。

通信接口板采用双机热备冗余方式，每对通信接口板可与一台轨道电路机柜通信，即 10 个轨道电路区段的 10 台主发送器、10 台备发送器和 10 台接收器。

通信接口板 1 的 CAND 1 与一个移频柜中的主发送器和 1、3、5、7、9 接收器用 CAND 进行通信，CANE 1 与一个移频柜中的备发送器和 2、4、6、8、10 接收器用 CANE 进行通信；通信接口板 2 的 CAND 2 与一个移频柜中的备发送器和 2、4、6、8、10 接收器用 CAND 进行通信，CANE 2 与一个移频柜中的主发送器与 1、3、5、7、9 接收器的 CAN E 进行通信。

4）面板指示灯

正常条件下，通信接口板工作状态指示灯常亮绿灯，若绿灯熄灭或亮红灯，说明通信接口板故障。面板指示灯如图 5-2-27 所示。

7. 分线采集器

分线采集器安装于移频自动闭塞接口柜中，用于采集轨道电路的送、受端电缆模拟网络侧或设备侧信号的信息，如图 5-2-28 所示。

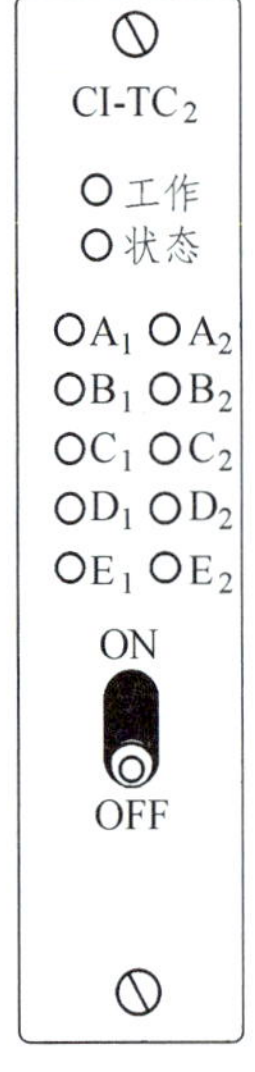

图5-2-27　面板指示灯

图5-2-28　分线采集器

8. 轨道电路监测维护系统

轨道电路监测维护系统是客专 ZPW-2000A 轨道电路设备配备的监测系统，为信号集中监测系统提供有关轨道电路工作、运行、维护及报警信息。该系统采集并实时监测轨道电路的工作状态和主要电气特性，当偏离预定界限或不能正常工作时，及时预警或报警，并通过统一接口将监测和报警信息上传给信号集中监测系统，极大地方便了设备的维护。轨道电路监测维护系统接口示意如图 5-2-29 所示。

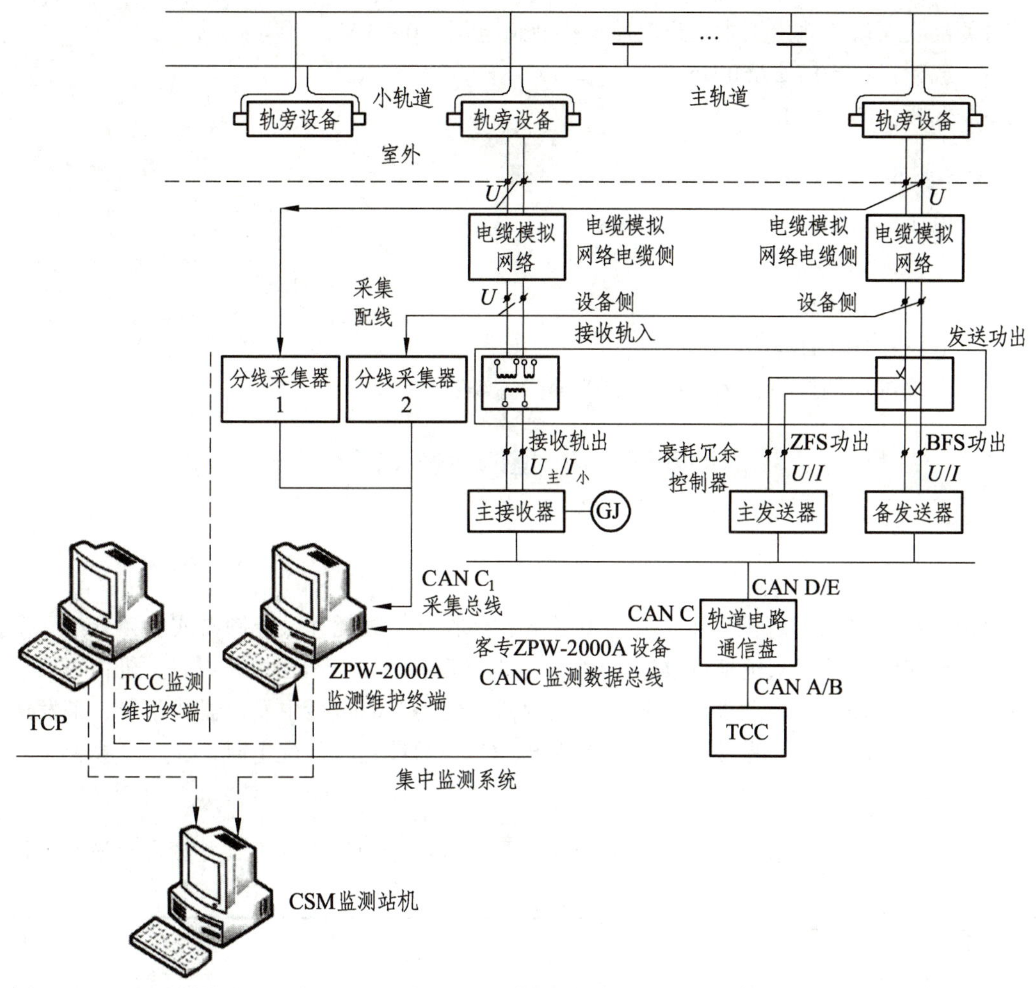

图 5-2-29　轨道电路监测维护系统接口示意

1）监测采集内容和指标

由于采用通信接口方式进行维护数据监测，轨道电路可以将设备自身运行情况进行输出记录，因此与普速轨道电路设备的监测内容比较，它可提供更丰富的监测内容。

2）监测点

（1）发送器（主、备）设备功出端。

（2）送端电缆模拟网络设备侧或电缆侧。

（3）受端电缆模拟网络设备侧或电缆侧。

（4）接收器输入端（轨出）。

（5）衰耗器输入端（轨入）。

3）监测量程

（1）发送功出电压：0 ~ 300 V。

（2）发送功出电流：0 ~ 1 000 mA。

（3）电缆模拟网络电缆侧发送端电压 0 ~ 200 V；接收端电压 0 ~ 5 V。

（4）接收入口（轨出）主轨道电压、小轨道电压：0 ~ 3 V。
（5）载频：1 650 ~ 2 650 Hz。
（6）低频：0 ~ 30 Hz。

4）监测指标

（1）电压：±1%。
（2）电流：±2%。
（3）载频：±0.1 Hz。
（4）低频：±0.1 Hz。
（5）上位机周期巡检，采样速率 250 ms。

知识点 4　室内设备布置

1. 无绝缘移频自动闭塞机柜

1）作　用

无绝缘移频自动闭塞机柜用于安装发送器、接收器、衰耗冗余控制器或双频衰耗冗余控制器。每台移频自动闭塞机柜可放置 10 套轨道电路设备。每套轨道电路设备，机柜正面包括主发送器、备发送器、接收器，衰耗冗余控制器，机柜背面包括主发送器断路器、备发送器断路器、接收器断路器、零层端子、电源端子、CAN 总线终端匹配电阻。

2）配线方式

可采用上出线或下出线方式。图 5-2-30 和图 5-2-31 给出下出线方式移频自动闭塞机柜正面和背面的布置图。

柜架名称 / 设备名称	YP（正面）				
主发送器	1ZFS	3ZFS	5ZFS	7ZFS	9ZFS
	ZPW · F-K	ZPW · F-K	ZPW · F-K	ZPW · F-K	ZPW · F-K
备发送器	1BFS	3BFS	5BFS	7BFS	9BFS
	ZPW · F-K	ZPW · F-K	ZPW · F-K	ZPW · F-K	ZPW · F-K
接收器	1JS	3JS	5JS	7JS	9JS
	ZPW · J-K	ZPW · J-K	ZPW · J-K	ZPW · J-K	ZPW · J-K
衰耗冗余控制器	1 衰耗冗余	3 衰耗冗余	5 衰耗冗余	7 衰耗冗余	9 衰耗冗余
	ZPW · RS-K	ZPW · RS-K	ZPW · RS-K	ZPW · RS-K	ZPW · RS-K
衰耗冗余控制器	2 衰耗冗余	4 衰耗冗余	6 衰耗冗余	8 衰耗冗余	10 衰耗冗余
	ZPW · RS-K	ZPW · RS-K	ZPW · RS-K	ZPW · RS-K	ZPW · RS-K
主发送器	2ZFS	4ZFS	6ZFS	8ZFS	10ZFS
	ZPW · F-K	ZPW · F-K	ZPW · F-K	ZPW · F-K	ZPW · F-K
备发送器	2BFS	4BFS	6BFS	8BFS	10BFS
	ZPW · F-K	ZPW · F-K	ZPW · F-K	ZPW · F-K	ZPW · F-K
接收器	2JS	4JS	6JS	8JS	10JS
	ZPW · J-K	ZPW · J-K	ZPW · J-K	ZPW · J-K	ZPW · J-K

图 5-2-30　移频自动闭塞机柜正面布置（下出线）

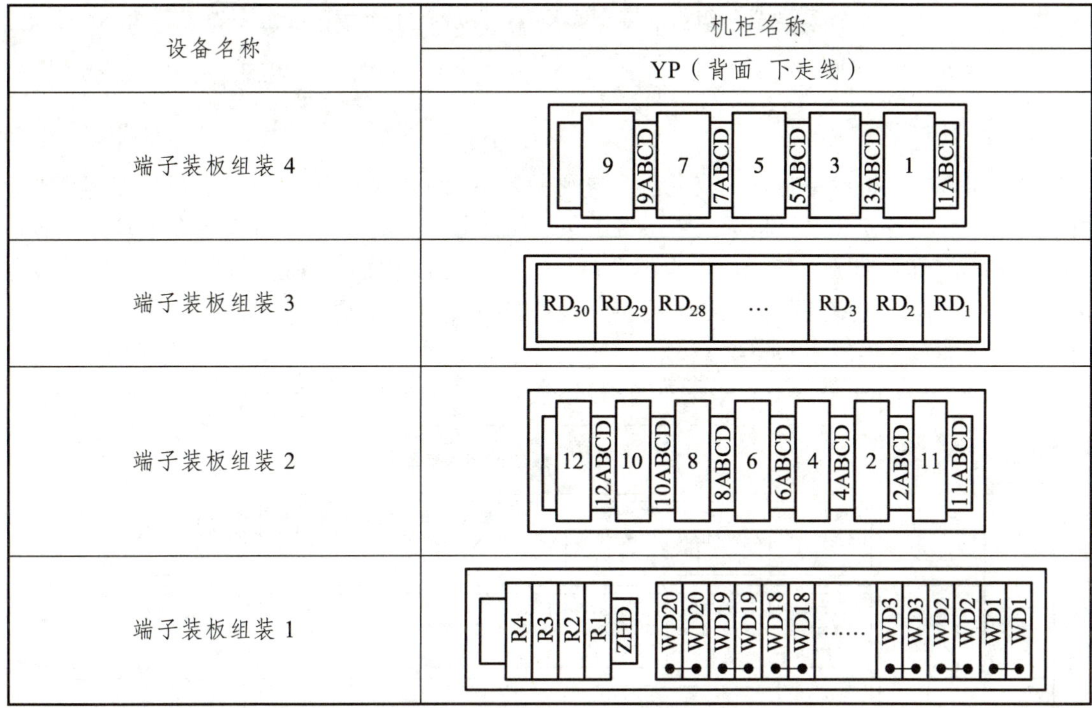

图 5-2-31　移频自动闭塞机柜背面布置（下出线）

3）机柜布置

每台移频柜可放置 10 套轨道电路设备，包括 5 路纵向组合，每路组合可安装 2 套轨道电路设备。

每套轨道电路设备，机柜正面包括主发送器、备发送器、接收器，单频衰耗冗余控制器或双频衰耗冗余控制器，机柜背面包括主发送器断路器、备发送器断路器、接收器断路器、零层端子、电源端子、CAN 总线终端匹配电阻。

发送器冗余工作方式为主发送器、备发送器构成 1+1 双机热备结构，不由工程设计完成，在机柜内部自行构成。

接收器按照 1、2，3、4，5、6，7、8，9、10 构成成对双机并联运用结构，不由工程设计完成，在机柜内部自行构成。

移频柜底部设有 12 块零层端子，其中 1 ~ 10 零层端子用于 10 个轨道电路设备之间的连接，11、12 零层端子用于连接通信接口板的 CAN 总线。

断路器层安装了 10 组断路器，每组断路器安装了 2 个 10 A 和 1 个 5 A 断路器，10 A 用于主、备发送器的过流保护，5 A 用于接收器的过流保护。

（1）移频柜配有 20 块 WD 电源端子。每个区段电源使用 4 个 WD 电源端子，每 2 个 WD 端子构成一个电源极（+24 或 024），两个端子之间使用跨接片连接实现电气连接。每个 WD 端子有 3 个孔位，其中 1 个孔位为外电源引入端子，另两个孔位向发送器或接收器引入电源，端子分配及与断路器配线如图 5-2-32 所示。

（2）根据设计需求，可灵活实现分区供电，移频柜内可分为多束电源为区段设备进行供电。

每个区段使用 1 个零层端子组合，每个零层端子包括 21 个端子，每个端子包含 A、B、C、D 四个等电位连接孔位。

2. 移频自动闭塞接口柜

自动闭塞接口柜设备布置比较灵活，与既有 ZPW-2000A 轨道电路接口柜结构基本一致，由零层端子和设备安装层等构成。零层端子包括两部分：一部分为 18 柱万可端子；另一部分为接地铜排。万可端子用于接口柜内部设备与工程配线的连接；接地铜排用于接口柜内部防雷模拟网络盘地线与室外防雷地线的连接。设备安装层共有 9 层。自动闭塞接口柜正面和背面布置分别如图 5-2-32 和图 5-2-33 所示。

组匣位置	组匣类型	机柜名称 接口柜（正面布置图）							
9	防雷模拟组合9	分线采集器1 采集电缆侧（9-1）	区段1送端 ZPW·ML-K（9-2）	区段1送端 ZPW·ML-K（9-3）	区段2送端 ZPW·ML-K（9-4）	区段2送端 ZPW·ML-K（9-5）	区段3送端 ZPW·ML-K（9-6）	区段4送端 ZPW·ML-K（9-7）	分线采集器2 采集电缆侧（9-8）
8	防雷模拟组合8	分线采集器3 采集电缆侧（8-1）	区段4送端 ZPW·ML-K（8-2）	区段4送端 ZPW·ML-K（8-3）	区段5送端 ZPW·ML-K（8-4）	区段5送端 ZPW·ML-K（8-5）	区段6送端 ZPW·ML-K（8-6）	区段6送端 ZPW·ML-K（8-7）	
7	防雷模拟组合7	分线采集器4 采集电缆侧（7-1）	区段7送端 ZPW·ML-K（7-2）	区段7送端 ZPW·ML-K（7-3）	区段8送端 ZPW·ML-K（7-4）	区段8送端 ZPW·ML-K（7-5）	区段9送端 ZPW·ML-K（7-6）	区段9送端 ZPW·ML-K（7-7）	分线采集器5 采集电缆侧（7-8）
6	防雷模拟组合6	分线采集器6 采集电缆侧（6-1）	区段10送端 ZPW·ML-K（6-2）	区段10送端 ZPW·ML-K（6-3）	区段11送端 ZPW·ML-K（6-4）	区段11送端 ZPW·ML-K（6-5）	区段12送端 ZPW·ML-K（6-6）	区段12送端 ZPW·ML-K（6-7）	
5	防雷模拟组合5	分线采集器7 采集电缆侧（5-1）	区段13送端 ZPW·ML-K（5-2）	区段13送端 ZPW·ML-K（5-3）	区段14送端 ZPW·ML-K（5-4）	区段14送端 ZPW·ML-K（5-5）	区段15送端 ZPW·ML-K（5-6）	区段15送端 ZPW·ML-K（5-7）	分线采集器8 采集电缆侧（5-8）
4	防雷模拟组合4	分线采集器9 采集电缆侧（4-1）	区段16送端 ZPW·ML-K（4-2）	区段16送端 ZPW·ML-K（4-3）	区段17送端 ZPW·ML-K（4-4）	区段17送端 ZPW·ML-K（4-5）	区段18送端 ZPW·ML-K（4-6）	区段18送端 ZPW·ML-K（4-7）	
3	防雷模拟组合3	分线采集器10 采集电缆侧（3-1）	区段19送端 ZPW·ML-K（3-2）	区段19送端 ZPW·ML-K（3-3）	区段20送端 ZPW·ML-K（3-4）	区段20送端 ZPW·ML-K（3-5）	区段21送端 ZPW·ML-K（3-6）	区段21送端 ZPW·ML-K（3-7）	分线采集器11 采集电缆侧（3-8）
2	防雷模拟组合2	分线采集器12 采集电缆侧（2-1）	区段22送端 ZPW·ML-K（2-2）	区段22送端 ZPW·ML-K（2-3）	区段23送端 ZPW·ML-K（2-4）	区段23送端 ZPW·ML-K（2-5）	区段24送端 ZPW·ML-K（2-6）	区段24送端 ZPW·ML-K（2-7）	
1	防雷模拟组合1	分线采集器13 采集电缆侧（1-1）	区段25送端 ZPW·ML-K（1-2）	区段25送端 ZPW·ML-K（1-3）	区段26送端 ZPW·ML-K（1-4）	区段26送端 ZPW·ML-K（1-5）	区段27送端 ZPW·ML-K（1-6）	区段27送端 ZPW·ML-K（1-7）	分线采集器14 采集电缆侧（1-8）
0	零层	D1 D2 D3 D4 D5 D6 D7 D8 D9 D10 D11 D7 D6 D5 D4 D3 D2 D1 D19 D20 FLE DLE							

图 5-2-32　自动闭塞接口柜正面布置

组匣位置	组匣类型	机柜名称
		接口柜（背面布置图）
9	防雷模拟组合9	3×18端子 9-XD2　9-DLCG3 电流传感器3　9-DLCG2 电流传感器1　9-DLCG1 电流传感器2　3×18端子 9-XD1
8	防雷模拟组合8	3×18端子 8-XD2　8-DLCG3 电流传感器6　8-DLCG2 电流传感器5　8-DLCG1 电流传感器4　3×18端子 8-XD1
7	防雷模拟组合7	3×18端子 7-XD2　7-DLCG3 电流传感器9　7-DLCG2 电流传感器8　7-DLCG1 电流传感器7　3×18端子 7-XD1
6	防雷模拟组合6	3×18端子 6-XD2　6-DLCG3 电流传感器12　6-DLCG2 电流传感器11　6-DLCG1 电流传感器10　3×18端子 6-XD1
5	防雷模拟组合5	3×18端子 5-XD2　5-DLCG3 电流传感器15　5-DLCG2 电流传感器14　5-DLCG1 电流传感器13　3×18端子 5-XD1
4	防雷模拟组合4	3×18端子 4-XD2　4-DLCG3 电流传感器18　4-DLCG2 电流传感器17　4-DLCG1 电流传感器16　3×18端子 4-XD1
3	防雷模拟组合3	3×18端子 3-XD2　3-DLCG3 电流传感器21　3-DLCG2 电流传感器20　3-DLCG1 电流传感器19　3×18端子 3-XD1
2	防雷模拟组合2	3×18端子 2-XD2　2-DLCG3 电流传感器24　2-DLCG2 电流传感器23　2-DLCG1 电流传感器22　3×18端子 2-XD1
1	防雷模拟组合1	3×18端子 1-XD2　1-DLCG3 电流传感器27　1-DLCG2 电流传感器26　1-DLCG1 电流传感器25　3×18端子 1-XD1
0	零层	D18 D17 D16 D15 D14 D13 D12 D11 D10 D9 D8 D7 D6 D5 D4 D3 D2 D1 DLE　FLE　D20　D19

图 5-2-33　自动闭塞接口柜背面布置

客专 ZPW-2000 轨道电路配有轨道电路监测设备，为了实现近距离采集信号，分线采集器安装在接口柜防雷模拟网络组匣内，每层防雷模拟网络组匣最多安装 6 台防雷模拟网络盘和 2 个分线采集器。

移频自动闭塞闭塞接口柜有上出线和下出线两种方式，现场可根据实际需要选用。

3. 轨道电路监测机柜

为了加强对客专 ZPW-2000A 轨道电路的监测和维护，设置了监测柜用于放置客专 ZPW-2000A 轨道电路监测维护终端设备和轨道电路通信接口设备。

一般情况下，监测柜内部可安装 1 台轨道电路监测维护机、显示器及键盘、一个或两个轨道电路通信接口组匣和两个冗余配置的交流 220 V 转直流 24 V 稳压电源模块。

知识点 5 站内 ZPW-2000A 轨道电路

站内 ZPW-2000A 轨道电路是集轨道电路信息和列车的车载信息于一体，在任意时刻向钢轨同时传送轨道电路信息和列车的车载信息。它是相对于目前“站内轨道电路电码化”而言的。

站内 ZPW-2000A 轨道电路同区间轨道电路一样，其发送器具有编码能力，能根据列车运行前方情况，产生相应的低频信息码，该信息经调制、放大后，通过发送通道送至钢轨，给轨道电路的接收设备和列车的车载设备提供信息。因此站内不再需要对“站内轨道电路进行电码化”，站内 ZPW-2000A 轨道电路可以直接反映列车的占用情况和传递行车信息，这样做到了区间和站内轨道电路的统一。站内轨道电路结构如图 5-2-34 所示。

1. 站内 ZPW-2000A 轨道电路结构

站内 ZPW-2000A 轨道电路包括室内和室外设备两部分。室内设备包括发送器、接收器、衰耗冗余控制器、防雷模拟网络、分线采集器、通信接口板；室外设备包括：站内匹配变压器、带适配器的扼流变压器、适配器、补偿电容等。与区间 ZPW-2000A 轨道电路相同部分在此不予介绍。

2. 站内轨道电路的室外设备

1）适配器

适配器与扼流变压器配套使用，为了确保带适配器的扼流变压器对牵引电流 50 Hz 信号呈现较低的阻抗，使其在最大的不平衡牵引电流条件下，其在扼流变压器上产生的 50 Hz 电压不大于 2.4 V；而对于轨道电路的移频信号呈现较高阻抗，在规定的使用条件下不小于 17 Ω。

2）扼流适配变压器

由于站内轨道电路区段采用机械绝缘节分割，为了使牵引电流畅通无阻，站内 ZPW-2000A 轨道电路必须设置扼流变压器，为牵引电流的钢轨回流提供回路。由于牵引电流在钢轨内存在不平衡，因此必须考虑不平衡牵引电流对站内 ZPW-2000A 轨道电路的影响。从站内 ZPW-2000A 轨道电路结构原理图可以看出，不平衡牵引电流对站内 ZPW-2000A 轨道电路的影响取决于不平衡牵引电流在扼流变压器两端产生的 50 Hz 电压。

当 50 Hz 电压大于 2.4 V 时，站内轨道电路将产生“红光带”。为了降低不平衡牵引电流在扼流变压器两端产生的 50 Hz 电压，又能使牵引电流畅通无阻，站内轨道电路采用带适配器的扼流变压器。如果站内 ZPW-2000A 轨道电路使用在非电气化牵引区段，则应取消带适配器的扼流变压器。

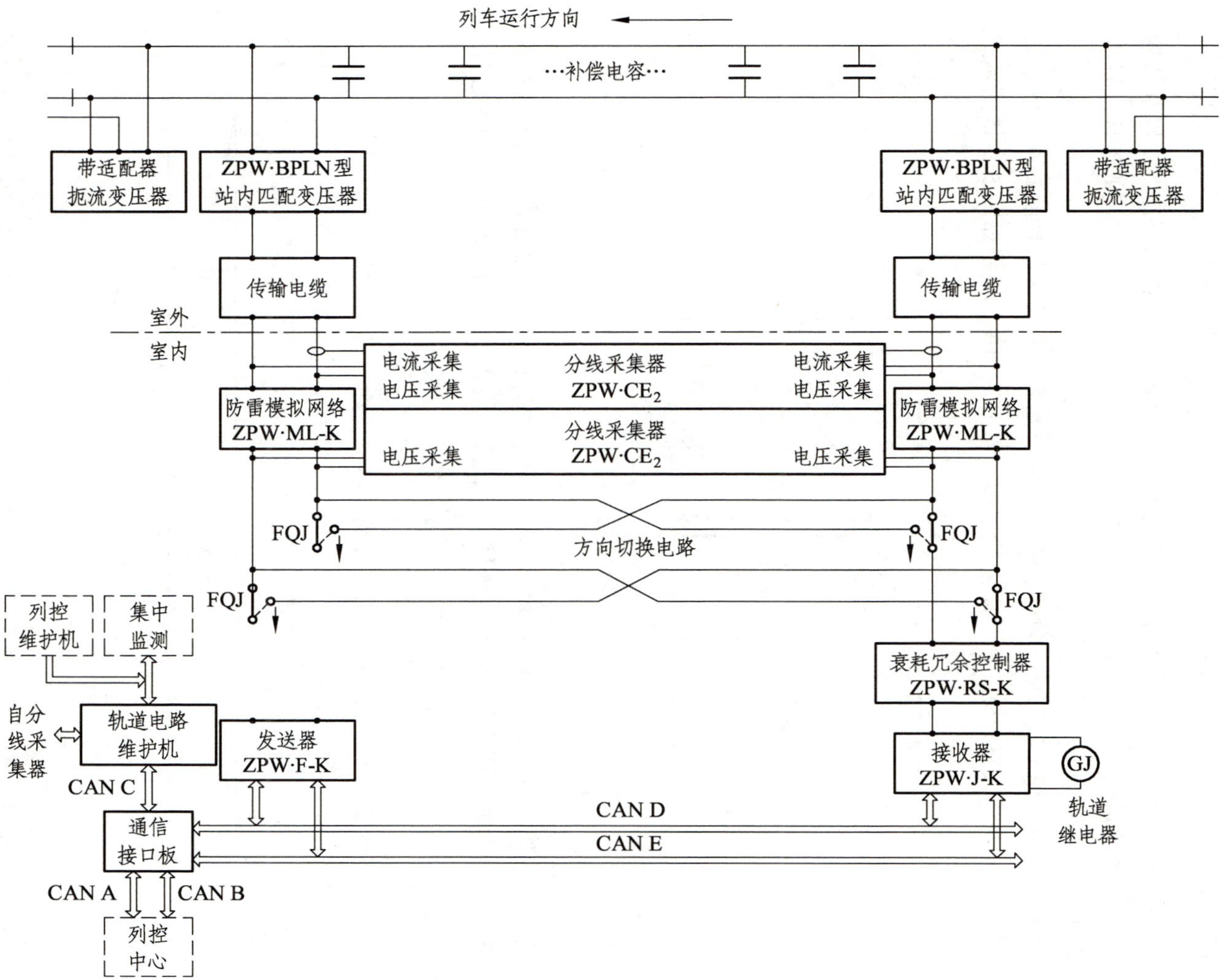

图 5-2-34 站内道岔区段轨道电路结构

带适配器的扼流变压器（BES-1000/ZPW）应用于站内 ZPW-2000A 轨道电路及其需要设置空扼流变压器导通牵引电流的无岔分支末端，它有两个作用：

（1）降低不平衡牵引电流在扼流变压器两端产生的 50 Hz 电压，使其不大于 2.4 V。

（2）导通钢轨内的牵引电流，使其畅通无阻。

3）站内匹配单元

站内匹配单元用于站内机械绝缘节分割的股道、咽喉区的无岔和道岔区段以及其他双端为机械绝缘节的轨道电路的发送和接收端，主要完成钢轨阻抗和电缆阻抗的连接，以实现轨道电路信号的有效传输。

该匹配单元中匹配变压器变比可调，根据站内道岔布置和载频信号的频率，依据调整表进行设置。V_1、V_2 连接轨道侧；E_1、E_2 连接电缆。站内匹配单元电路如图 5-2-35 所示。

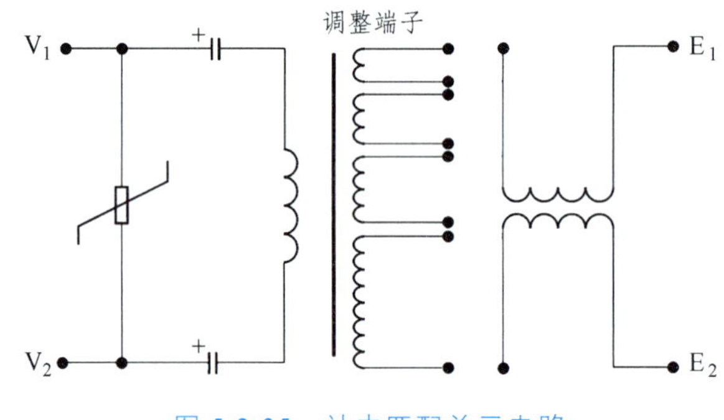

图 5-2-35　站内匹配单元电路

4）补偿电容

站内道岔轨道区段不大于 300 m 时，不配置补偿电容；大于 300 m 时，需要根据道岔位置情况进行综合考虑。补偿电容采用全密封工艺，其容值为 25 F，按照等间距原则进行布置。

3. 道岔区段处理方式

（1）道岔多分支轨道电路区段采用“分支并联的一送一受轨道电路”结构。

当道岔分支不需要发送机车信号信息（或仅正线与到发线股道发码）时，道岔绝缘节和轨道电路绝缘节的连接线不宜迂回设置。道岔分支并联的“跳线”安装方式如图 5-2-36 所示。

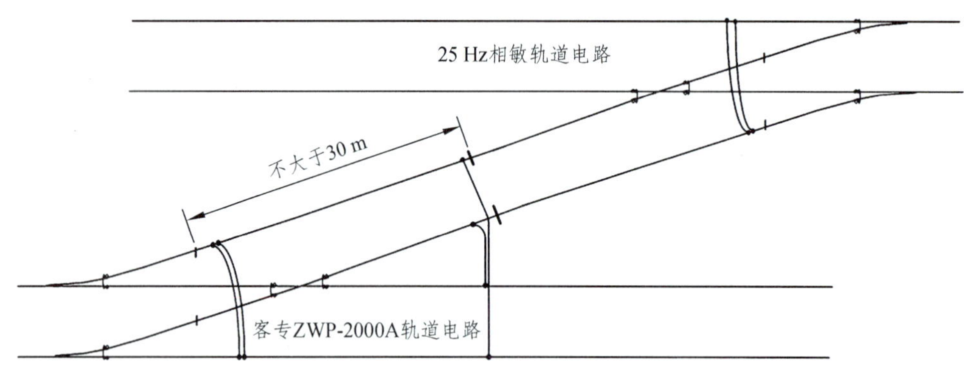

图 5-2-36　道岔分支并联的“跳线”安装方式示意

（2）道岔多分支轨道电路区段采用“分支并联的一送一受轨道电路”结构。

当道岔分支需要发送机车信号信息（或全进路有码）时，道岔绝缘节和轨道电路绝缘节的连接线应该迂回设置。道岔分支并联的“跳线”安装方式如图 5-2-37 所示。

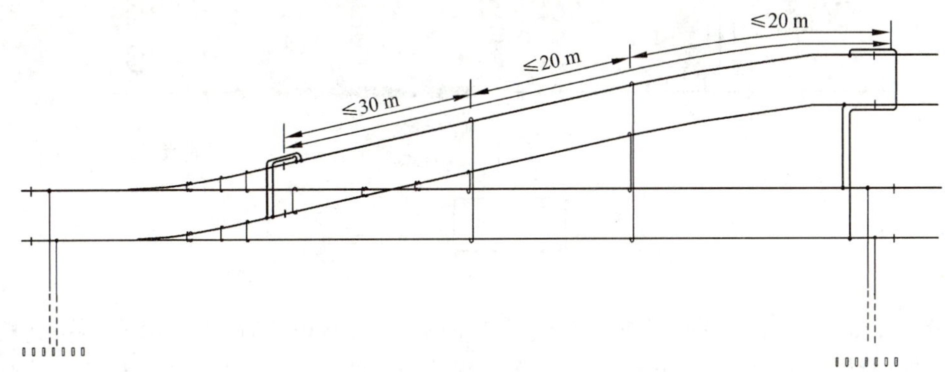

图 5-2-37　道岔分支并联的“跳线”安装方式示意

4. 站内轨道电路信息的传输

站内道岔区段轨道电路因为涉及道岔分支，采用“分支并联”一送一受轨道电路结构，以实现道岔弯股的分路检查防护和车载信号信息的连续性传输。

高速铁路列车控制系统的机车车载设备，要求地面轨道电路系统提供列车车载信息，传送的信息必须能够实时、连续、稳定地被机车的车载设备接收，这就要求地面轨道电路系统提供给列车车载信号设备的信息，必须在时间和空间上是连续的。

1）时间上连续

站内采用了与区间同制式的 ZPW-2000A 轨道电路，可以确保地面轨道电路系统提供给列车车载设备的信息在时间上是连续的。

2）空间上连续

高速铁路客专车站轨道电路采用机械绝缘节，并且站内轨道区段有道岔轨道区段。因此，在站内，列车车载信息在机械绝缘节和道岔的弯股处必然存在列车车载信息连续性的问题。下面就具体分析如何解决各种情况下列车车载信息空间的连续性问题。

（1）机械绝缘节处信息的空间连续。

从图 5-2-38 可以看出，由于受到机械绝缘节结构的影响，轨道电路设备的安装必然要离开机械绝缘节一定的距离。因此，机车过机械绝缘节时，因受到轨道电路设备安装和机车的车载信号接收感应器的安装位置的限制，机车的车载信号接收感应器在轨道电路的机械绝缘节两边均存在一段机车的车载信号接收“盲区”，如图 5-2-39 所示。

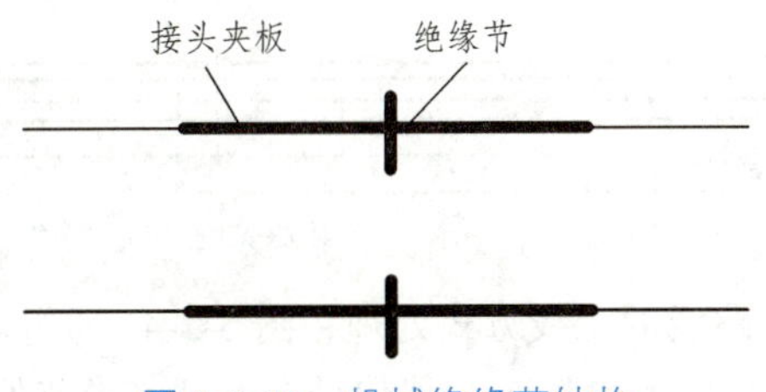

图 5-2-38　机械绝缘节结构

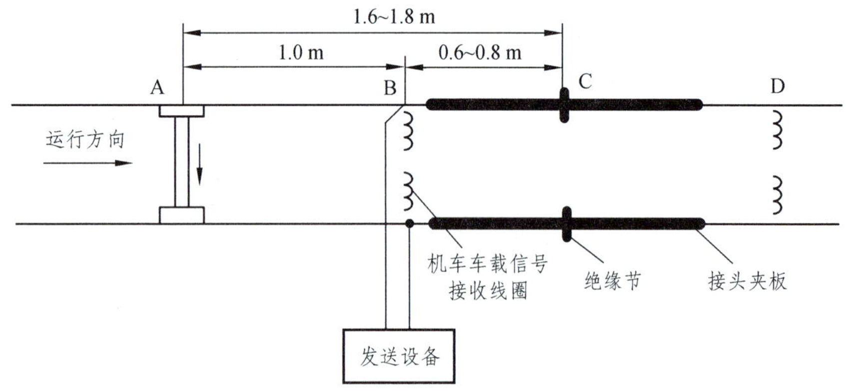

图 5-2-39　机械绝缘节各尺寸图

由图 5-2-39 可知，轨道电路的钢轨连接线往钢轨上连接设备时，需要离开接头夹板一定的距离，距轨缝的距离为 0.6 ~ 0.8 m；而机车车载信号设备的接收线圈距机车的第一轮对的距离最大可达 1.0 m。不难看出，机车的第一轮对从 A 点开始至轨缝 C 点相当于接收线圈自 B 点运行至 D 点的范围内。当机车车载信号设备的接收线圈在 B—D 间，因钢轨内无电流或电流量不足而造成机车车载信号设备的接收中断。只有当线圈已越过轨缝 1.0 m 或机车的第一轮对已越过轨缝，其前方的轨道电路区段被机车分路时，则机车车载信号设备的接收线圈下方钢轨内的车载信号电流才能够大于或等于机车信号入口电流，车载信号设备可重新可靠地接收机车信号车载信息。这一接收“盲区”为 1.6 ~ 1.8 m。为了消除列车车载信号的接收“盲区”，在道岔绝缘节处采用“跳线换位”和在轨道电路收发端处采用轨道电路钢轨引接线迂回的方法，具体如图 5-2-40 和图 5-2-41 所示。

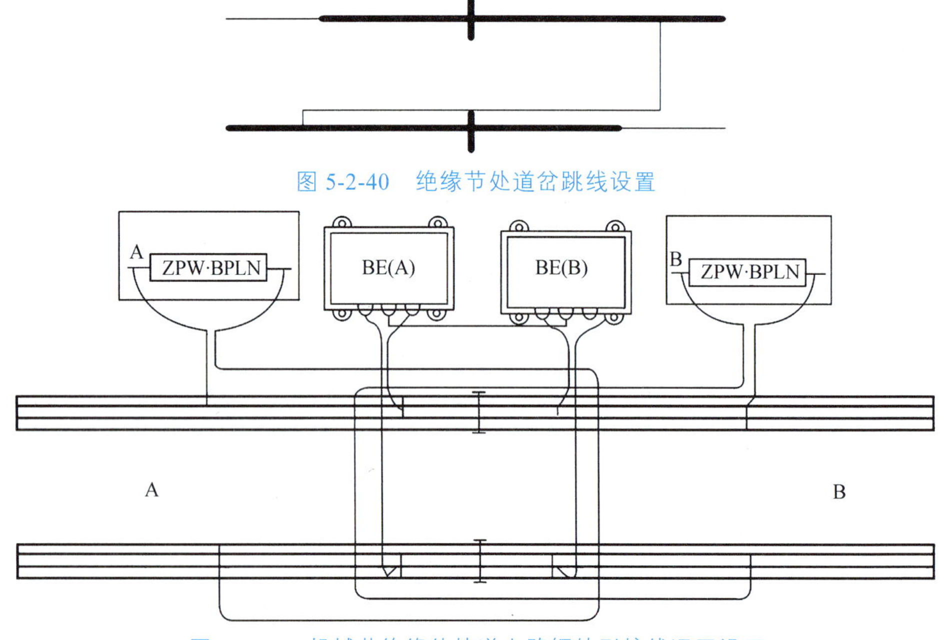

图 5-2-40　绝缘节处道岔跳线设置

图 5-2-41　机械节绝缘处轨道电路钢轨引接线迂回设置

图 5-2-40 通过改变道岔跳线的走线方式处理，图 5-2-41 通过对轨道电路钢轨引接线的安装方式采取迂回走线处理，可以消除机车车载信号在机械绝缘节处的信息中断问题。

当道岔分支不需要发送机车信号信息（或仅正线与到发线股道发码）时，道岔绝缘节和轨道电路绝缘节的连接线不宜迂回设置。

（2）道岔区段内车载信息连续性。

道岔区段内，由于道岔结构、绝缘节设置和道岔跳线设置等，均会引起机车车载信号在岔区内信息不连续的问题。现以单开道岔为例说明车载信息连续性。

对于单开道岔区段的轨道电路，如果按照传统方式安装道岔跳线，则在弯股上机车车载信号设备的接收线圈下方，钢轨内的车载信号电流量不足以动作车载信号设备或无信号电流，具体如图 5-2-42 所示。

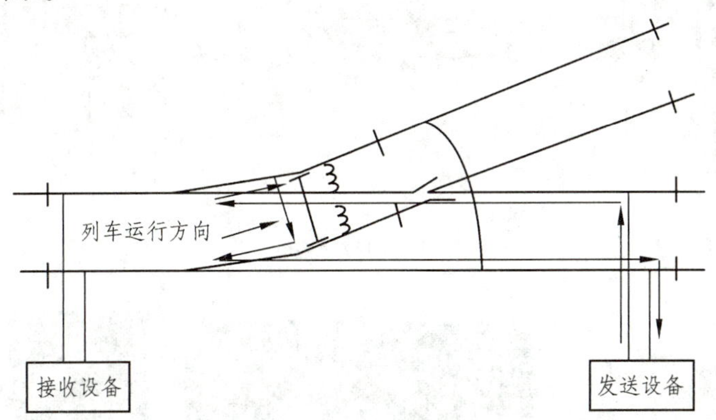

图 5-2-42　道岔轨道电路弯股信号电流示意

由图中信号电流流经路径可以看出，在弯股上存在机车车载信号设备的接收线圈下方，钢轨内的车载信号电流量不足以动作车载信号设备或无信号电流的问题。

为了使地面轨道电路系统提供给列控车载信号设备的信息在空间上连续，并且足以动作车载信号设备，必须对道岔跳线采取如下措施：

① 道岔跳线换位。

② 增设道岔跳线。

采取上述措施后，可以使运行于道岔区段内的列车，在弯股的无受电分支的任何地点均能连续、正确和稳定可靠地接收到列控车载信号设备的控制信息。

采取在弯股上每间隔一定的距离就增设一组道岔跳线，以强制列控车载信号设备的控制信息电流流经列控车载信号设备接收感应线圈下方的钢轨内，具体如图 5-2-43 所示。

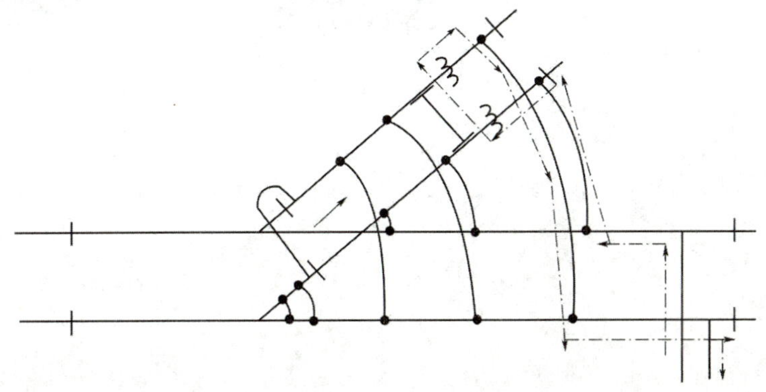

图 5-2-43　道岔弯股跳线布置示意图

【任务实施】

（1）图 5-2-44 所示为客专 ZPW-2000A 移频自动闭塞的主要设备，你知道它们的名称和作用吗？

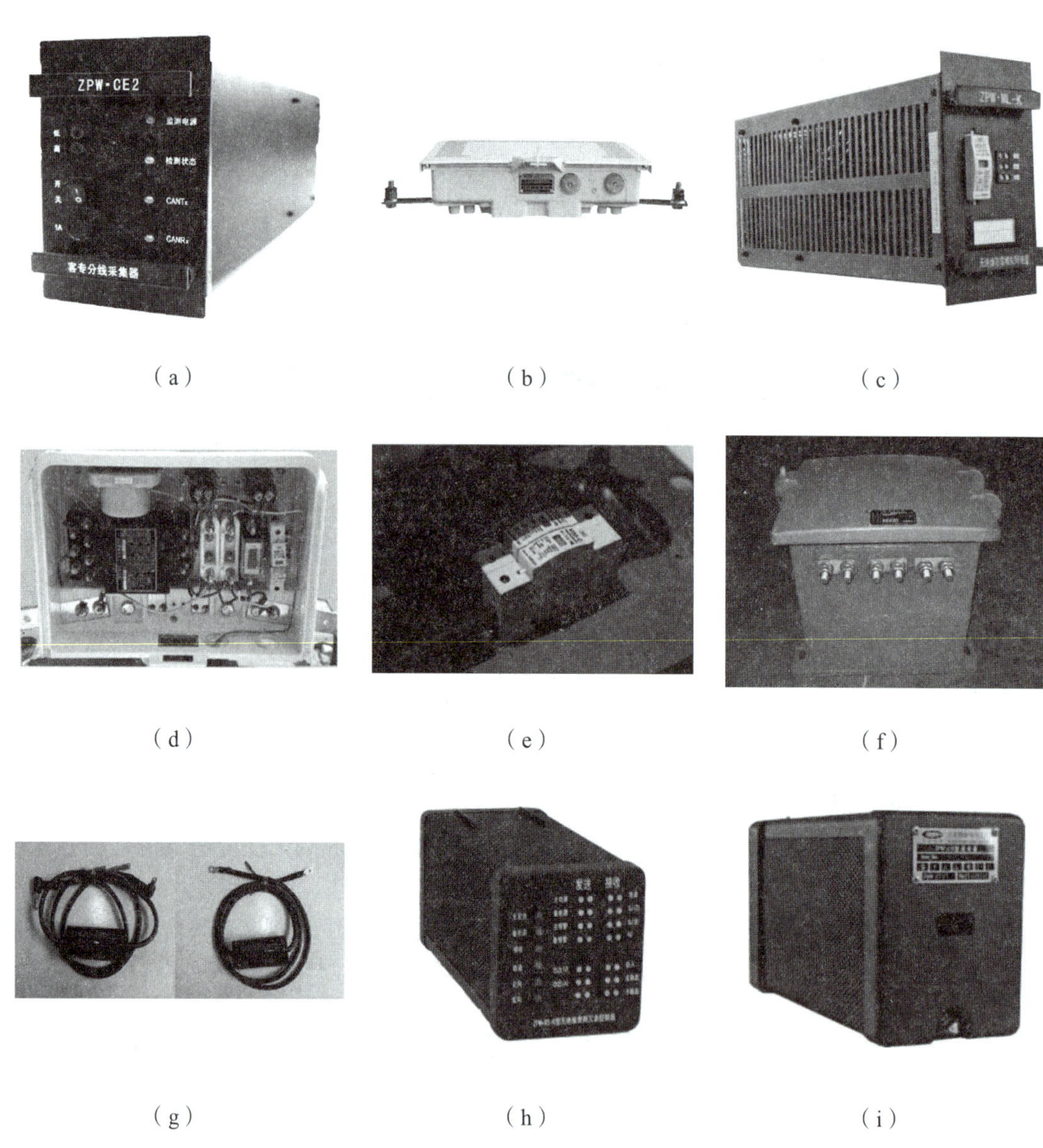

图 5-2-44　客专 ZPW-2000A 移频自动闭塞主要设备

（2）根据图 5-2-45 和图 5-2-46 分析客专 ZPW-2000A 移频自动闭塞与 ZPW-2000A 移频自动闭塞的主要区别。

（3）分别用 ZPW-2000A 移频自动闭塞与客专 ZPW-2000A 移频自动闭塞的发送器完成 2 级电平接线。

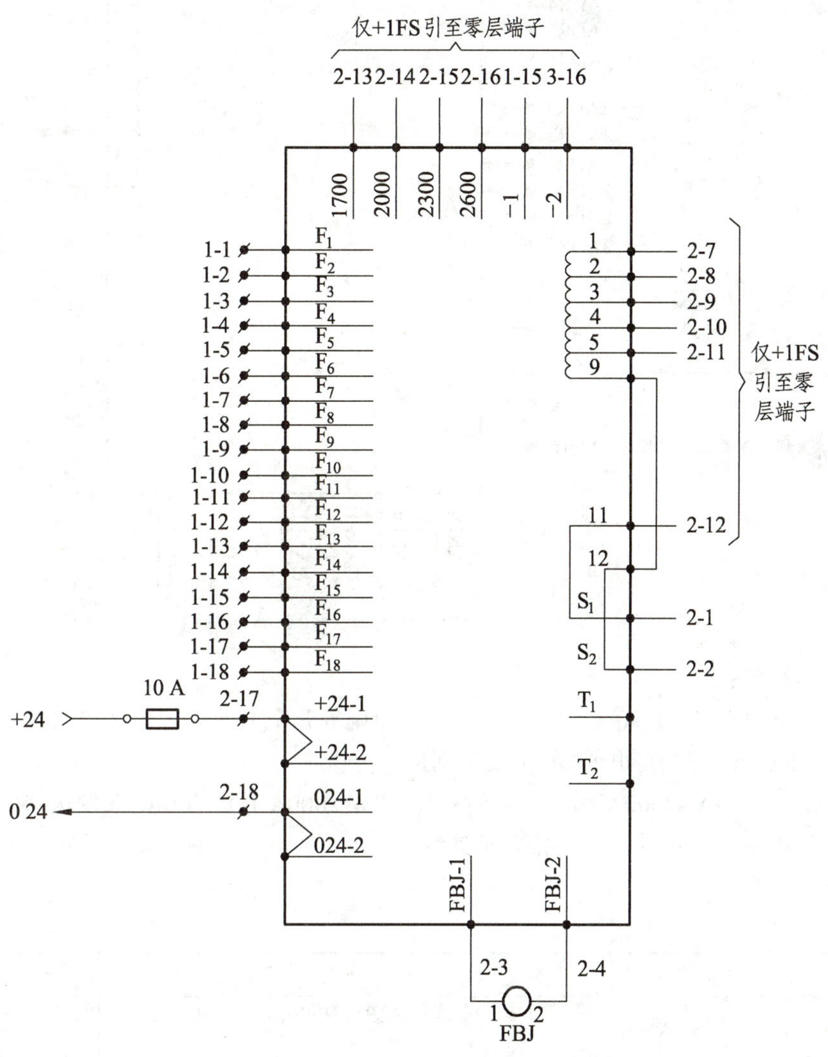

图 5-2-45　ZPW-2000A 发送器外线连接

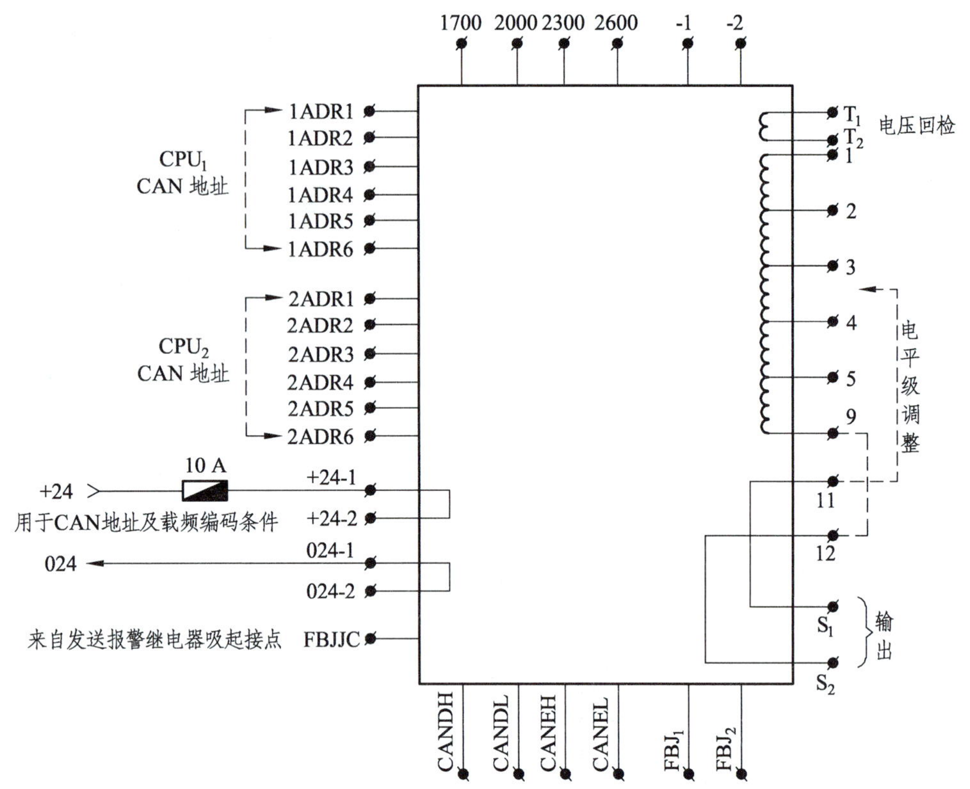

图 5-2-46　客专 ZPW-2000A 发送器外线连接

任务实施步骤：

（1）从系统的设备、设备参数及设备的设置原则等几个方面对客专 ZPW-2000A 移频自动闭塞与 ZPW-2000A 移频自动闭塞的主要区别进行分析。

（2）分析客专 ZPW-2000A 移频自动闭塞与 ZPW-2000A 移频自动闭塞发送器电平调整表，然后选择出 2 级电平使用的端子，按要求连线。

【考核评价】

序号	考核点	评分点	分值	得分
1	客专 ZPW-2000A 型移频自动闭塞系统构成	能正确说出客专 ZPW-2000A 轨道电路的两种类型及结构	10	
		能正确说出客专 ZPW-2000A 型移频自动闭塞的系统构成	15	
2	客专 ZPW-2000A 型移频轨道电路室内外设备认知	能认识室内、室外设备	15	
		能正确说出各种设备的作用及原理	20	
		能识读发送器、接收器、衰耗器的外线连接图，并理解端子代号及含义	20	
3	课堂表现	态度认真、积极参与、遵守纪律	20	
4	教师评语			
总分			100	

【巩固提高】

1. 填空题

（1）调谐匹配单元用于轨道电路的电气绝缘节和机械绝缘节处，调谐匹配单元综合了原ZPW-2000A 轨道电路中___________和____________的功能。

（2）无绝缘移频自动闭塞机柜安装发送器、___________、_________或双频冗余控制器。

（3）客专 ZPW-2000A 轨道电路发送器冗余工作方式为_____________结构，在机柜内部自行构成。

（4）接收器用于对轨道电路移频信息进行解调，动作轨道继电器的同时向_______上传轨道空闲或占用状态信息。

2. 选择题

（1）客专 ZPW-2000A 无绝缘轨道电路系统中模拟电缆的作用是（　　）。

A. 改变列车运行方向　　B. 实现阻抗匹配

C. 实现轨道电路的调整　　D. 实现对实际电缆的补偿

（2）客专 ZPW－2000 A 自动闭塞单频冗余控制器面板上有（　　）工作表示灯。

A. 主发送工作、备发送工作、接收工作、轨道占用和正、反方向表示灯

B. 备发送工作、接收工作、衰耗工作和正、反方向表示灯

C. 接收工作、衰耗工作、轨道占用和正、反方向表示灯

D. 发送工作、轨道占用、衰耗工作和正、反方向表示灯

（3）关于双频冗余控制器的功能以下说法错误的是（　　）。

A. 内部有正方向继电器复示及反方向继电器复示

B. 内部有主发送报警继电器及备发送报警继电器

C. 实现单载频区段小轨道电路调整（含正向调整及反向调整）

D. 实现总功出电压切换（来自主发送器功出还是来自备发送器功出）

3. 简答题

简述站内客专 ZPW-2000A 型移频自动闭塞室内室外设备有哪些。

工作任务 5.3　高速铁路自动闭塞电路

【学习目标】

知识目标	能力目标	素质目标
1. 掌握列控中心与轨道电路的接口电路及列控中心与轨道电路的通信原理。 2. 掌握客专 ZPW-2000A 轨道电路编码控制原理。 3. 掌握客专 ZPW-2000A 轨道电路区间通过信号机点灯控制原理。 4. 掌握客专 ZPW-2000A 轨道电路区间方向控制原理	1. 能正确分析列控中心与轨道电路的接口电路及列控中心与轨道电路的数据通信结构。 2. 能正确分析客专 ZPW-2000A 轨道电路编码控制的工作原理和处理电路的简单故障。 3. 能正确分析客专 ZPW-2000A 轨道电路区间通过信号机点灯控制原理和处理电路的简单故障。 4. 能正确分析客专 ZPW-2000A 轨道电路区间方向控制原理和处理电路的简单故障	1. 培养安全意识、团队合作能力及动手能力。 2. 培养学生分析电路的能力和故障处理能力

【任务引导】

引导问题 1：列控中心与客专 ZPW-2000A 轨道电路交换的信息有哪些？

引导问题 2：客专 ZPW-2000A 轨道电路区间通过信号机点灯电路工作原理。

【工具器材】

高速铁路自动闭塞电路图。

【相关知识】

知识点 1　200 ~ 250 km/h 高速铁路自动闭塞电路

1. 轨道电路的设置

区间采用客运专线 ZPW-2000A 型无绝缘轨道电路。通过发送器 1+1 的冗余、接收器采用双机并联运用的冗余等方式提高了系统的可靠性，故障检测和发送切换由轨道电路实现。低频信息编码和切频控制由列控中心实现，实现了数字编码。

ZPW-2000A 轨道电路保留接收器驱动的轨道继电器 GJ，为其他系统提供轨道区段的空闲状态，并作为区间信号机点灯的控制条件。列控中心采集区间 GJ，用于轨道状态的校核。接近区段和离去区段轨道占用/空闲状态，由计算机联锁直接采集区间轨道继电器。中继站管辖范围的轨道状态，由列控中心通过站间通道传至邻站，将占用/空闲状态信息提供给 CTC。

2. 列控中心与轨道电路的通信

1）列控中心与轨道电路的接口

列控中心通过与轨道电路的接口（T 口）和轨道电路通信。轨道电路状态和低频编码信息以通信方式交互。列控中心根据 ZPW-2000A 提供的基于 CAN 总线的通信协议实现互联。轨道电路与列控中心的通信拓扑结构如图 5-3-1 所示。

列控中心的 CAN 通信扩展板（CANIF）实现列控主机与轨道电路设备及通信接口单元之间的数据交换。配置有 2 路 CAN 总线通信接口。CAN 通信扩展板背面是 CANIO 接口板，提供 2 路 CAN 通信接口和外部设备通信。

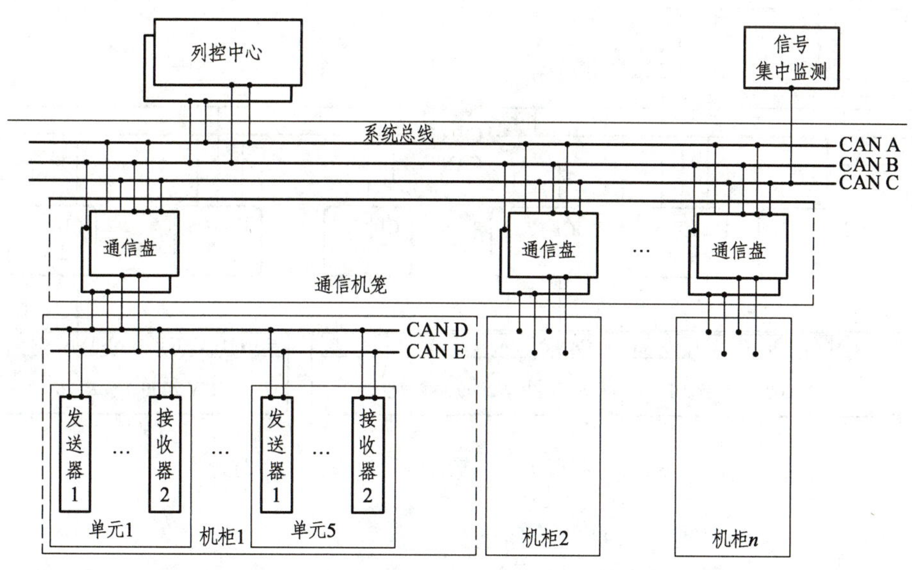

图 5-3-1　轨道电路与列控中心的通信拓扑结构

通信接口单元实现列控中心设备对外的通信接口，主要实现列控中心对轨道电路、LEU 及 CTC 设备的通信。通信接口单元为一个 4U 的机笼单元，配置在列控中心的主机柜中，通信接口单元中包含 3 种类型的通信接口板，分别是 CTC 通信接口板（CI-GS）、LEU 通信接口板（CI-TIU）、轨道电路通信接口板（CI-TC），其中轨道电路通信接口板（CI-TC）实现列控中心主机和轨道电路设备间的 CAN 协议转换，实现列控中心设备与轨道电路的通信。通信接口单元机笼中按照不同的站场类型配置 CI-TC 板。CI-TC 板用于列控中心主机和轨道电路设备间的 CAN 总线通信协议间互换，实现列控中心主机向轨道电路设备发送编码命令，并接收轨道电路设备的状态。

列控中心与轨道电路的数据通信结构如图 5-3-2 所示，其中 CAN 总线的 CANA、CANB 用于轨道电路通信接口板（CI-TC）和列控主机交换数据，CAN 总线的 CANC 用于发送监测数据给监测维护机，CAN 总线的 CAND、CANE 用于轨道电路通信接口板（CI-TC）和轨道电路设备交换数据。

2）列控中心与轨道电路的信息交换

列控中心与轨道电路主要交换如下信息：轨道电路状态信息由接收器产生，用于传送轨道区段当前的状态，即占用或空闲；轨道电路编码信息，由列控主机产生，用于传输控制发送器输出信号的编码命令，即载频编码数据和低频编码数据。

同时，列控中心作为与轨道电路接口总线通信方式中的主节点，还必须向轨道电路设备发送同步帧，以划分不同时间片。同步帧没有数据，仅用于系统同步。列控中心主机发送同步帧，以收集轨道电路的状态数据。通信接口板转发同步帧，延时后，将接收的数据打包，向列控主机发送。

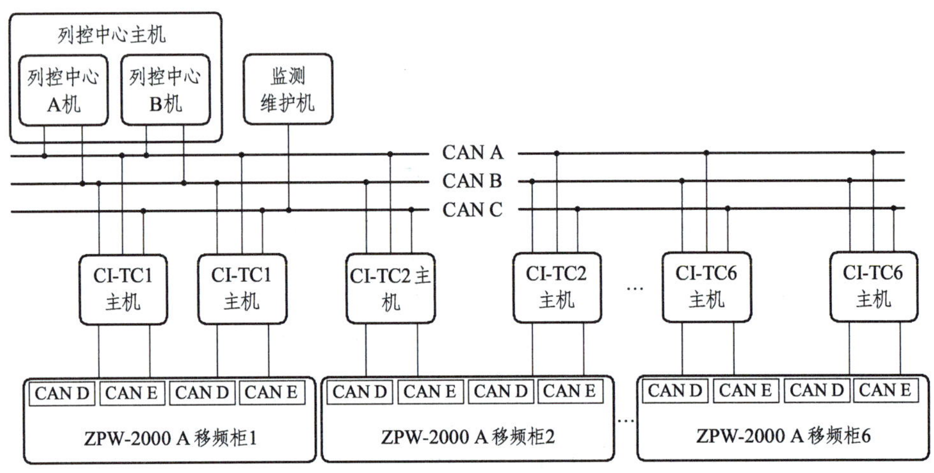

图 5-3-2　列控中心与轨道电路的数据通信结构

3）列控中心与轨道电路接口的工作过程

（1）列控中心向轨道电路通信接口板发送同步帧，以收集轨道电路的状态数据。

（2）通信接口板转发同步帧。

（3）发送器、接收器接收到同步帧后，分别进行延时，发送轨道电路状态信息。

（4）通信接口板经过打包，向列控主机转发轨道电路状态信息。

（5）列控主机根据收到的轨道电路状态信息，进行编码计算，并将编码信息发送给轨道电路通信接口板。

（6）通信接口板转发编码信息，发送器根据编码信息，产生调制信号向钢轨发送；接收器根据编码信息，处理轨道上返回的调制信号。

4）接口故障

列控中心与轨道电路接口故障主要有收到无效数据和未收到数据两种形式。在这两种情况下，列控中心不能立刻判定与轨道电路接口故障，可能使轨道电路闪红，影响整个系统的可用性和稳定性。列控中心应等待一定时间以确认主通道是否永久故障。

当列控中心与轨道电路接口发生故障时，列控中心等待一定时间，如在该时间内收到有效数据，则继续正常工作；如未收到有效数据，则进行双系统切换；切换完成后，重新与轨道电路建立通信。如通信建立，则切换后正常工作；如失败，则轨道电路发 27.9 Hz 占用检测码。

3. 自动闭塞的实现

区间正向按自动闭塞方式追踪运行，反向按站间闭塞方式运行。闭塞分区的划分应满足动车组列控车载设备按照“目标-距离”模式控车和按四显示自动闭塞行车的要求。

1）轨道电路编码控制

列控中心与轨道电路接口，列控中心的 CAN 总线的 CANDH、CANDL、CANEH、CANEL 分别与轨道电路发送器的 CANDH、CANDL、CANEH、CANEL 相连，实现无接点载频和低频编码。轨道电路编码控制电路如图 5-3-3 所示。

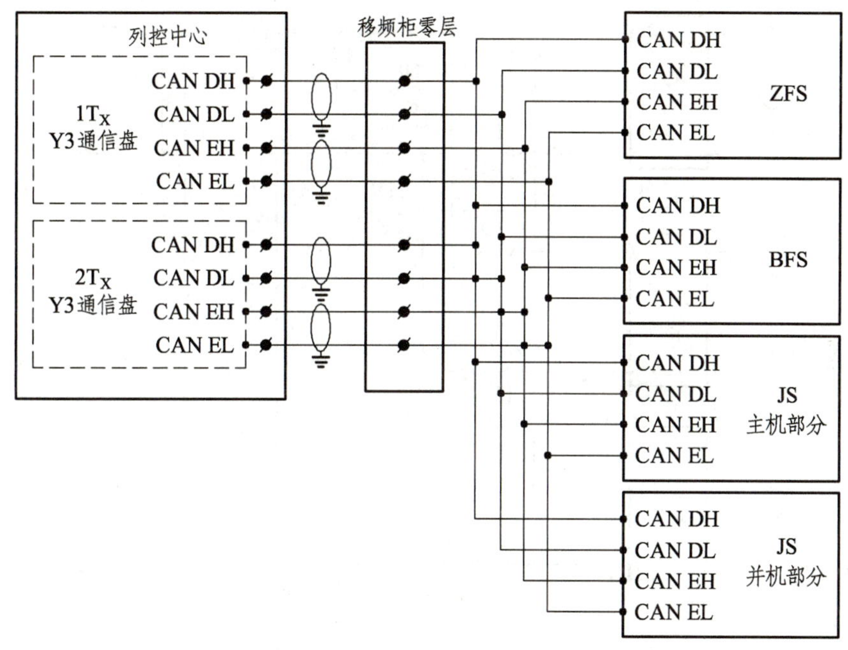

图 5-3-3 轨道电路编码控制原理

2）区间通过信号机点灯控制

列控中心根据各闭塞分区状态消息，通过信号点灯控制接口（V 口）驱动区间通过信号机并驱动红灯继电器 HJ、黄灯继电器 UJ、绿灯继电器 LJ 和 LUJ，HJ、UJ、LJ、LUJ 电路如图 5-3-4 所示。由 HJ、UJ、LJ、LUJ 接点构成通过信号机点灯电路，如图 5-3-5 所示。为了保持编码与信号机显示的一致性，列控中心采集灯丝继电器 DJ 的状态。

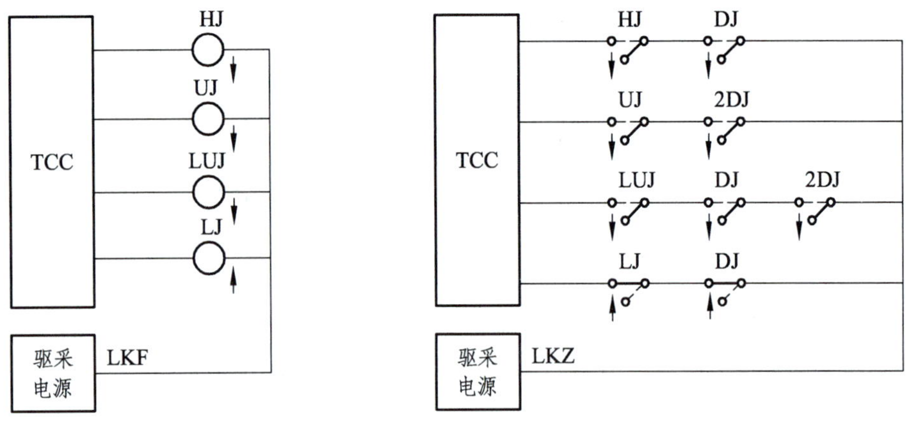

（a）驱动原理

（b）采集原理

图 5-3-4　区间点灯继电器采集驱动原理

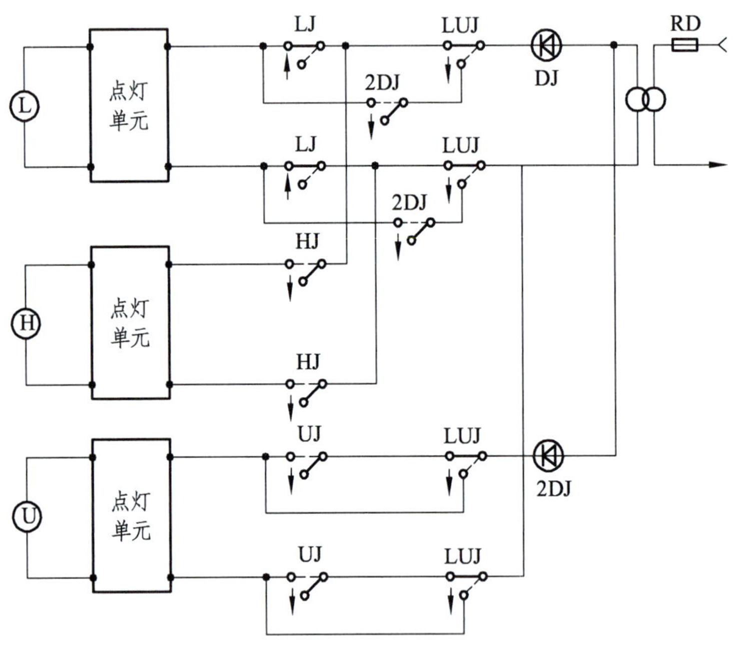

图 5-3-5　三通过信号机点灯电路

3）区间方向控制

列控中心根据区间方向控制信息，驱动各个方向每个信号点的方向切换继电器 FQJ，如图 5-3-6 所示。FQJ 用于切换轨道电路发码方向。FQJ 落下表示正方向，FQJ 吸起表示反方向。列控中心回采各方向切换继电器的状态。

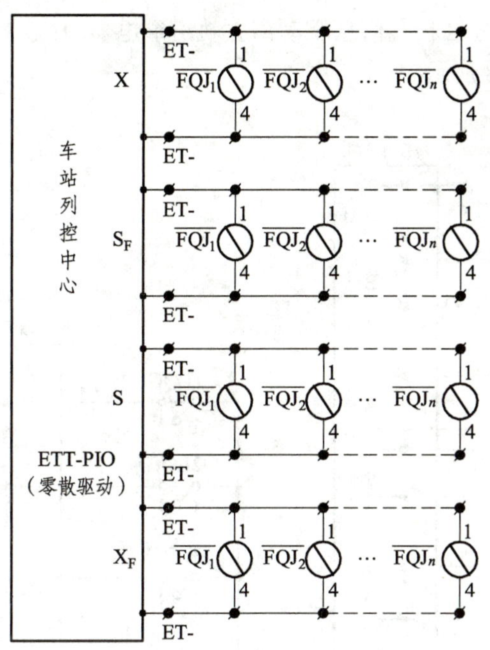

图 5-3-6 区间方向控制电路

车站联锁终端设置接车表示灯 JD、发车表示灯 FD、监督区间表示灯 JQD、辅助办理表示灯 FZD、总辅助按钮 ZFA、发车辅助按钮 FFA、接车辅助按钮 JFA。

4）接近、离去轨道继电器电路

列控中心设接近、离去轨道继电器驱采电路。由列控中心根据闭塞分区状态信息驱动接近轨道继电器 1JGJ、2JGJ、3JGJ，回采它们的前接点，如图 5-3-7 所示。

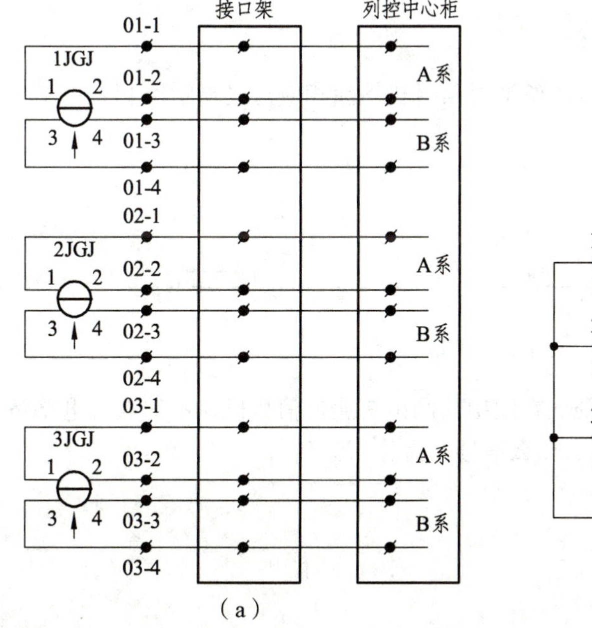

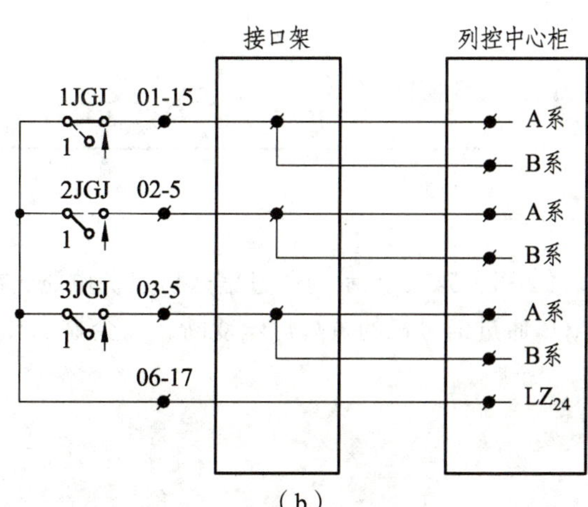

图 5-3-7 接近轨道继电器驱采电路

由列控中心根据闭塞分区状态信息驱动离去轨道继电器 1LQGJ、2LQGJ、3LQGJ，回采它们的前接点，如图 5-3-8 所示。

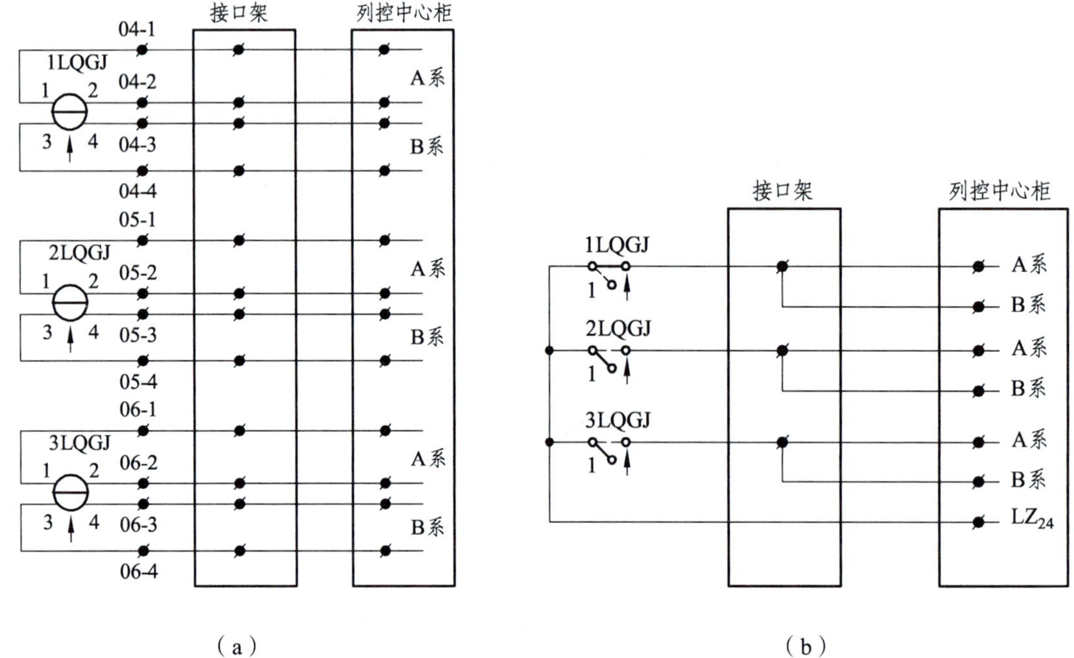

图 5-3-8　离去轨道继电器驱采电路

【任务实施】

根据下列图示，完成任务。

（1）如图 5-3-9 所示，列车占用 7G 分区，给通过信号机填涂相应灯光显示。

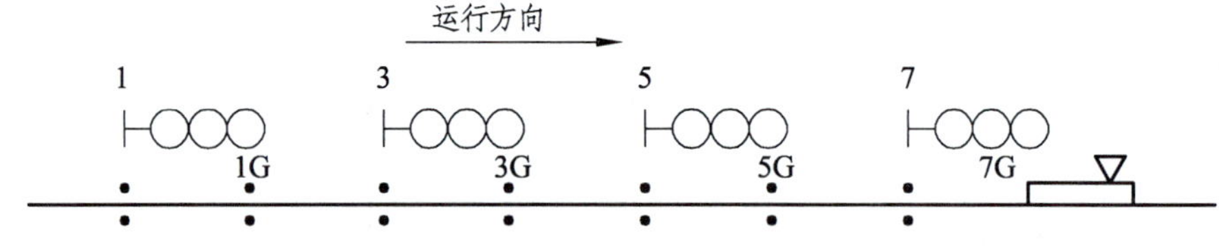

图 5-3-9　列车占用分区

（2）图 5-3-5 所示为通过信号机点灯电路，在图中勾画出 3 通过信号机显示的点灯电路路径，3 通过信号机的黄灯灯丝双断，它会显示什么信号，为什么？

【考核评价】

序号	考核点	评分点	分值	得分
1	列控中心与轨道电路的通信	列控中心与轨道电路的接口及列控中心与轨道电路的信息交换	20	
		列控中心与轨道电路接口的工作过程	10	
2	自动闭塞的实现	轨道电路编码控制	10	
		区间通过信号机点灯控制	10	
		区间方向控制	10	
		接近、离去轨道继电器电路	20	
3	课堂表现	态度认真、积极参与、遵守纪律	20	
4	教师评语			
总分			100	

【巩固提高】

1. 填空题

（1）客运专线 ZPW-2000A 型无绝缘轨道电路，__________和________由列控中心实现，实现了数字编码。

（2）列控中心的______________实现列控主机与轨道电路设备及通信接口单元之间的数据交换。

（3）________________实现列控中心主机和轨道电路设备间的 CAN 协议转换，现列控中心设备与轨道电路的通信。

（4）客运专线 ZPW-2000A 型无绝缘轨道电路状态信息由接收器产生，用于传送轨道区段当前的状态，即_________或___________。

2. 选择题

（1）客运专线 ZPW-2000A 型无绝缘轨道电路编码信息，由（　　）产生，用于传输控制发送器输出信号的编码命令。

A. 发送器　　B. 接收器

C. 单频衰耗冗余控制器　　D. 双频衰耗冗余控制器

（2）列控中心根据各闭塞分区状态信息，通过信号点灯控制接口（　　）驱动区间通过信号机并驱动红灯继电器 HJ、黄灯继电器 UJ、绿灯继电器 LJ 和 LUJ。

A. V 口　　B. T 口　　C. S 口　　D. P 口

3. 简答题

（1）高速铁路的轨道电路编码如何控制？

（2）高速铁路的区间通过信号机点灯如何控制？

（3）高速铁路的区间运行方向如何控制？

（4）200 ~ 250 km/h 高速铁路的轨道电路如何设置？

（5）列控中心与轨道电路如何通信？

工作任务 5.4　客专 ZPW-2000A 轨道电路检修

【学习目标】

知识目标	能力目标	素质目标
1. 掌握客专 ZPW-2000A 轨道电路的调整方法。 2. 掌握客专 ZPW-2000A 轨道电路电路室内外设备电气特性的测试方法。 3. 掌握客专 ZPW-2000A 轨道电路的检修作业内容和作业标准	1. 能进行客专 ZPW-2000A 轨道电路的调整。 2. 能进行客专 ZPW-2000A 轨道电路各种室外设备的电气特性测试。 3. 按照作业标准，能进行客专 ZPW-2000A 轨道电路的检修	1. 培养学生规范操作的职业安全意识及团队合作能力。 2. 培养学生严谨认真的学习态度

【任务引导】

引导问题 1：客专 ZPW-2000A 轨道电路日常维护的内容有哪些？

引导问题 2：客专 ZPW-2000A 轨道电路室内、室外设备电气特性测试的内容有哪些？

【工具器材】

CD96-3Z 仪表。

【相关知识】

知识点 1　维护的基本要求

（1）所有设备组装、拆解及线缆的插拔之前均应先切断电源，禁止带电作业。
（2）对电缆设置明确的标识。
（3）对电缆插拔时要确认电缆标识，防止插错。
（4）对电缆模拟网络补偿长度应按标准设置。
（5）应严格按照调整表进行调整，不得随意修改。
（6）需要确保钢轨对地和钢轨之间绝缘良好，道岔分支并联跳线完好。
（7）禁止对通信盘及轨道电路发送器、接收器的 CAN 地址进行设置修改。
（8）确保钢轨踏面清洁。
（9）确保轨道电路机械绝缘节绝缘良好。

（10）确保扼流中心线可靠连接、线缆良好。

（11）电缆与贯通地线及其接头需按规定隔离。

（12）信号线缆未经雷电防护的“脏线”与雷电防护后的“净线”应严格分开，否则可造成设备损坏。

知识点 2　室内、外设备维护内容及标准

客专 ZPW-2000A 轨道电路维护见表 5-4-1。

表 5-4-1　客专 ZPW-2000A 轨道电路维护

设备名称	修程	工作内容	说明
室外轨道电路	日常维护	1. 检查送、受电端调谐匹配单元、空心线圈、扼流变压器钢包铜引接线完好	
		2. 检查补偿电容及卡具完好	
		3. 检查防护盒外观及加锁完好。检查各部螺栓不松动，螺栓及设备锁注油	
		4. 检查各种引接线、接续线、跳线、横向连接线完好，防混固定良好；吸上线与信号设备连接端子紧固	
		5. 检查调谐区标志、禁停标良好	
		6. 任何条件下，保证不出现钢轨单端接地情况；其他设备或装置与钢轨相连时，必须进行绝缘处理	
		7. 临时接地连接需要有特定的程序和措施来保证防止出现共同接地点	
	集中检修	1. 同日常维护内容	
		2. 检查钢包铜引接线的安装及固定是否符合要求，不良整治	标准：A. 引接线采用长度分别为 2 000 mm、3 700 mm 的钢包铜注油线，线两端分别连有 ϕ 10 mm、ϕ 12 mm 的冷压铜端头，并压接良好（或轨道端为塞钉头，线头连接良好）。B. 塞钉帽与钢轨应紧密接触。C. 铜端头平面侧朝轨腰并与塞钉紧密固定，塞钉两端为防松铜螺帽；钢轨两侧的铜端头应朝向一致且与轨面水平，在离塞钉 15 cm 左右引接线用卡具固定且向下弯曲，并与水平方向成

续表

设备名称	修程	工作内容	说明
室外轨道电路	集中检修		45°～60°；机械绝缘节处的塞钉为加长塞钉，两铜端头应背靠背安装或顺向（两铜端头离开一定角度）。D. 引接线采用专用轨枕卡具或水泥方枕固定，靠轨枕侧，走线平直，略低于道心轨枕面。外轨侧的两引接线应并行平直走线，用尼龙拉扣等间距绑扎。在钢包铜线引入防护盒的分支处用水泥方枕固定
		3. 检查塞钉头上的固定螺帽是否松动，塞钉头与轨面间接触电阻是否超标，冷压铜端头根部是否有裂纹，不良整治或更换。塞钉涂油良好	标准：塞钉头螺帽紧固，塞钉头与轨面间电阻≤1 mΩ。塞钉涂黄油
		4. 防护盒开盖检查、内部清扫、端子螺丝紧固、不良设备整修。电缆固定牢固	标准：A. 调谐匹配单元、空芯线圈固定良好。B. 各部螺丝紧固，无锈蚀，备帽齐全，中止漆完好
		5. 检查防雷元件防雷窗口是否劣化	防雷单元劣化指示窗正常为绿色，变红说明已失效需更换
		6. 检查补偿电容的安装和固定是否符合要求，不良整治	标准：A. 补偿电容应装在靠轨枕边的两端，牢固固定于钢轨上的支架内（或专用轨枕护板内）。B. 连接电容引接线的塞钉，应从钢轨外侧打入，与塞钉孔紧密接触，塞钉头露出轨腰1～4 mm并用油漆封堵。C. 两塞钉头引线应朝下与水平方向成45°～60度夹角，且方向一致。D. 塞钉头引接线的卡具应安装牢固，在离塞钉头15 cm左右将引线压于钢轨底部的上斜面
		7. 检查机械绝缘节性能	
		8. 对轨道电路跳线进行检查	
		9. 对回流通道上的中心点进行定位检修，对仅有单侧回流的回流通道加强检查	
		10. 检查电容引线断股是否超标	标准：断股

设备名称	修程	工作内容	说明
室外轨道电路	集中检修	11. 检查钢轨接续线是否符合要求，不良更换或整修	标准：A. 塞钉式导接线安装平直并贴于夹板的上沿面，无缺损、断股；塞钉头露出轨腰 1~4 mm，用油漆封堵。B. 胀钉式导接线塞钉头螺帽紧固，涂油良好；塞钉头引线朝夹板方向，并向下与水平方向成 45°~60°夹角。
		12. 对扼流引接线的塞钉阻抗进行检查或测试。	
		13. 对轨道电路分路残压测试	
		14. 轨道电路送受电端调谐区设备电气特性在线测试并记录	
		15. 补偿电容在线测试并记录	
		16. 绝缘轨距杆漏电流测试	
		17. 防护盒防水整修；设备基础桩油漆、扶正；硬面化修补	
		18. 对防护盒上字迹不清的名称及电容防护罩上字迹不清的编号用白色调和漆重新刷写	标准：名称、编号采用直体字，防护盒上的规格为 30 mm×20 mm
		19. 各箱盒地线测试，不良整治	标准：地线电阻≤1 Ω。(无贯通地线≤10 Ω)
		20. 防护盒界限测量	标准：A. 防护盒顶距轨面≤200 mm。B. 防护盒内侧边缘距最近钢轨内侧>1 500 mm
室内轨道电路	日常维护	1. 发送器、接收器、衰耗冗余控制器、电缆模拟网络盘、断路器等设备工作正常、无异状，表示灯显示正常，监测无报警	
		2. 器材插接良好，电缆、电线、接地线连接、插接良好，无异状	
		3. 系统及器材防雷单元正常，无劣化显示。	
		4. 设备、器材铭牌、标识齐全	
	集中维修	1. 同日常维护内容	
		2. 轨道电路发送接收电源测试并记录	
		3. 电缆绝缘测试（雨天需加测）	标准：数字电缆与普通电缆的全程绝缘均要求>1 MΩ
		4. 发送功出、接受轨入、轨出 1、轨出 2、小轨电气特性测试、记录	符合调整表规定标准
		5. 检查贯通地线，不良整修	地线电阻<1 Ω

知识点 3　客专 ZPW-2000A 轨道电路的调整

客专 ZPW-2000A 轨道电路的调整不同于 ZPW-2000A 轨道电路的调整，因为绝缘节类型的不同，区间采用的是电气绝缘节，而车站采用机械绝缘节，因此区间和车站轨道电路要选用不同类型的调整表。其中，区间按照线路类型又分为桥梁段和路基段，不同线路选用不同类型的调整表。桥梁段和路基段按照道床类型又分为有砟道床和无砟道床，不同道床选用不同类型的调整表。同一道床按照绝缘节又分为电气绝缘节和机械绝缘节。因此，客专轨道电路的调整需按照相应的类型正确选用轨道电路调整表。只有正确选用了相关调整表，才能正确对轨道电路现场状态进行准确检查。

无岔区段按线路、道床和绝缘节类型分别提供通用调整表。通用调整表内按长度分级，列出相应补偿电容数量、接收电平等级和功出电平等级配置值规定及各控制点电压最大、最小值。

有岔区段则提供专用调整表，即根据道岔区段具体长度、道岔数量、道岔位置和道岔长度提供调整表，不具备通用性。

查找调整表时，先根据区段类型选择对应的调整参考表，再找到与区段对应的频率，最后根据区段长度确定具体发送、接收电平级和补偿电容容值及个数。

例如，某线路钢轨参数如下，调谐区长度为 29 m，电缆长度为 7.5 km，分路电阻为 0.25 Ω，无砟路基线路采用的钢轨参数见表 5-4-2。

表 5-4-2　无砟路基线路采用的钢轨参数

频率/Hz	参　数	
	钢轨电阻/（Ω/km）	钢轨电感/（mH/km）
1 700	1.286	1.323
2 000	1.420	1.313
2 300	1.550	1.305
2 600	1.679	1.298

注意：调整发送电平级时，用钳子夹住插头的根部，将线拔出，防止拔坏底座簧片。

根据相关轨道电路送、受电缆实际长度，按照“电缆模拟网络电缆补偿长度调整表”，对实际电缆予以补偿，达到规定长度 7.5 km 或 10 km 的要求。

知识点 4　室内设备电气特性测试

1. 衰耗器冗余控制器各项指标在线测试

室内设备的测试在衰耗器上进行，其测试内容、测试标准见表 5-4-3。

表 5-4-3　衰耗器维护测试清单

<table>
<tr><th>序号</th><th>测试内容</th><th colspan="2">技术指标</th><th>测试插孔</th></tr>
<tr><td>1</td><td>发送电源（DC）/V</td><td colspan="2">24±1</td><td>发送电源</td></tr>
<tr><td rowspan="5">2</td><td rowspan="5">功出电压（DC）/V</td><td>1 级电平</td><td>159～170</td><td rowspan="5">功出电压</td></tr>
<tr><td>2 级电平</td><td>146～154</td></tr>
<tr><td>3 级电平</td><td>128～135</td></tr>
<tr><td>4 级电平</td><td>104.5～110.5</td></tr>
<tr><td>5 级电平</td><td>75～79.5</td></tr>
<tr><td>3</td><td>接收电源（DC）/V</td><td colspan="2">24±1</td><td>接收电源</td></tr>
<tr><td rowspan="2">4</td><td rowspan="2">衰耗器主轨入、衰耗器小轨入（AC）/mV</td><td colspan="2">参见调整表</td><td rowspan="2">轨入</td></tr>
<tr><td colspan="2">≥59</td></tr>
<tr><td rowspan="2">5</td><td rowspan="2">主轨道输出电压（AC）/mV</td><td colspan="2">调整≥240</td><td rowspan="2">主轨出</td></tr>
<tr><td colspan="2">分路≤153</td></tr>
<tr><td>6</td><td>小轨道输出电压（AC）/mV</td><td colspan="2">调整：155±5</td><td>小轨出</td></tr>
<tr><td>7</td><td>主机轨道继电器电压（DC）/V</td><td colspan="2">≥20</td><td>GJ（Z）</td></tr>
<tr><td>8</td><td>并机轨道继电器电压（DC）/V</td><td colspan="2">≥20</td><td>GJ（B）</td></tr>
<tr><td>9</td><td>轨道继电器电压（DC）/V</td><td colspan="2">≥24</td><td>GJ</td></tr>
</table>

2. 电缆模拟网络盘测试

电缆模拟网络盘测试见表 5-4-4。

表 5-4-4　电缆模拟网络盘测试清单

<table>
<tr><th>序号</th><th colspan="3">测试内容</th><th colspan="3">技术指标</th><th>测试点</th></tr>
<tr><td rowspan="8">1</td><td rowspan="3">发送端电缆模拟网络电压/V</td><td colspan="2">室内设备侧</td><td colspan="3">与发送器功出电压同</td><td>设备（电缆模拟网络）</td></tr>
<tr><td colspan="2">防雷变压器</td><td colspan="3">≈设备电压</td><td>防雷（电缆模拟网络）</td></tr>
<tr><td colspan="2">室外电缆侧</td><td colspan="3">≤设备电压</td><td>电缆（电缆模拟网络）</td></tr>
<tr><td rowspan="5">输入阻抗/Ω</td><td rowspan="5">设备侧</td><td>频率</td><td>最小值</td><td colspan="2">最大值</td><td rowspan="5">设备入口处测电压电流</td></tr>
<tr><td>1 700</td><td>453.8</td><td colspan="2">500.4</td></tr>
<tr><td>2 000</td><td>448.7</td><td colspan="2">502.9</td></tr>
<tr><td>2 300</td><td>426.4</td><td colspan="2">477.2</td></tr>
<tr><td>2 600</td><td>391.7</td><td colspan="2">444.6</td></tr>
<tr><td rowspan="8">2</td><td rowspan="3">接收端电缆模拟网络电压/V</td><td colspan="2">室内设备侧</td><td colspan="3">与发送器功出电压同</td><td>设备（电缆模拟网络）</td></tr>
<tr><td colspan="2">防雷变压器</td><td colspan="3">>设备电压</td><td>防雷（电缆模拟网络）</td></tr>
<tr><td colspan="2">室外电缆侧</td><td colspan="3">≥防雷变压器电压</td><td>电缆（电缆模拟网络）</td></tr>
<tr><td rowspan="5">输入阻抗/Ω</td><td rowspan="5">设备侧</td><td>频率</td><td>小</td><td>中</td><td>大</td><td rowspan="5">设备入口处测电压电流</td></tr>
<tr><td>1 700</td><td>34.13</td><td>35.93</td><td>37.73</td></tr>
<tr><td>2 000</td><td>40.16</td><td>42.27</td><td>44.38</td></tr>
<tr><td>2 300</td><td>46.18</td><td>48.61</td><td>51.04</td></tr>
<tr><td>2 600</td><td>52.2</td><td>54.95</td><td>57.7</td></tr>
</table>

知识点 5　室外设备电气特性测试

室外设备在线测试内容及技术指标见表 5-4-5。

表 5-4-5　室外设备在线测试内容及技术指标

设备及条件			模值				备注
			1 700	2 000	2 300	2 600	
调谐单元（ZPW·T）/Ω	极阻抗	最小	0.342 3	0.396 5	0.447 6	0.493 8	测试周期：一年，BA 分四种类型
		中值	0.364 4	0.424 6	0.484 2	0.542 8	
		最大	0.386 4	0.450 7	0.520 9	0.591 8	
	零阻抗	最小	0.030 4	0.034 2	0.017 6	0.022 2	
		中值	0.045 9	0.054 1	0.041 5	0.050 7	
		最大	0.061 7	0.075 3	0.065 3	0.079 1	
空芯线圈（SVA）/Ω		最小	0.347 4	0.408 6	0.469 8	0.531 1	测试周期：一年
		中值	0.352 8	0.413 7	0.474 4	0.534 7	
		最大	0.369 3	0.434 2	0.499 1	0.564 1	
机械绝缘节空芯线圈（SVA′）/Ω		最小	0.297 5	0.348	0.398 1	0.448 8	测试周期：一年，分 4 种类型
		中值	0.306 9	0.359	0.410 7	0.462 9	
		最大	0.316 4	0.369 9	0.423 2	0.477	
匹配单元 TAD/Ω	E_1、E_2 端 TAD 输入阻抗	最小	98.5	115.3	133.3	134.4	测试周期：一年
		最大	139.8	159.9	175.8	194.4	
	E_1、E_2 端电缆输入阻抗	最小	466	468	472	455	
		中值	486	489	484	473	
		最大	514	520	521	507	
	V_1、V_2 端轨道输出阻抗	最小	0.74	0.77	0.84	0.70	
		最大	1.02	1.03	1.10	1.13	
补偿电容	数值/μF		25	25	25	25	
塞钉接触电阻不大于/mΩ			1	1	1	1	
绝缘轨距杆在线漏泄电流不小于/mA			2	2	2	2	干燥天气，测试周期一年
分路灵敏度电阻/Ω			0.25	0.25	0.25	0.25	
SPT 及 SPT-P 电缆	全称绝缘不小于/MΩ	线对间	1				1 000 V 在线测试周期：1 月
		线对地	1				

知识点 6　测试的方法

1. 调谐匹配单元（PT）在线测试

（1）使用 CD96-3Z 仪表室外进行在线阻抗测试。

（2）使用 CD96-3Z 菜单中的“其它”→“ZPW2000 在线阻抗”→“调谐单元阻抗”功能选项。

（3）电流钳卡在 PT 铜引线板双连接线内方点进行测试，电压表笔直接在引线板上测试，如图 5-4-1 所示。

（4）在仪表指示稳定时读数，得到 2 组阻抗数值，与本区段载频相同的阻抗值为极阻抗，与邻区段载频相同的阻抗值为零阻抗。所得阻抗值为阻抗模值，不表达角度。

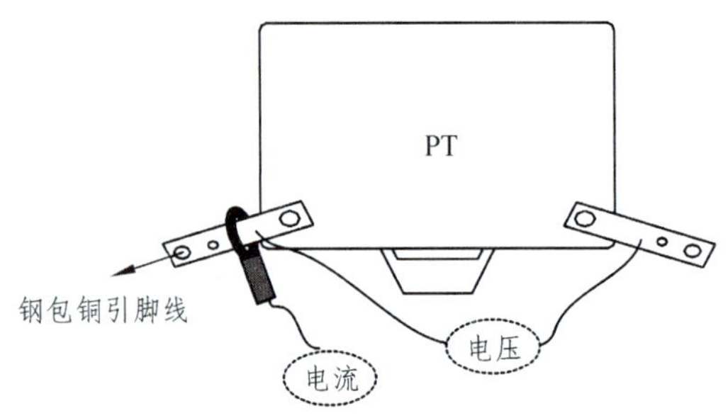

图 5-4-1　电流测试示意

注：PT 中同时存在 A、B 两种频率的信号

2. 空芯线圈（XKD）在线测试

（1）使用 CD96-3Z 仪表室外进行在线阻抗测试。

（2）使用 CD96-3Z 菜单中的“其它”→“ZPW2000 在线阻抗”→“空芯线圈阻抗”功能选项。

（3）电流钳卡在空芯线圈铜引线板双连接线内方点进行测试，电压表笔直接在引线板上测试，如图 5-4-2 所示。

（4）在仪表指示稳定时读数，得到 2 组阻抗数值。所得阻抗值为阻抗模值，不表达角度。

3. 机械节空芯线圈（XKJD）在线测试

（1）使用 CD96-3Z 仪表室外进行在线阻抗测试。

（2）使用 CD96-3Z 菜单中的“其它”→“ZPW2000 在线阻抗”→“空芯线圈阻抗”功能选项。

（3）电流钳卡在空芯线圈铜引线板双连接线内方点进行测试，电压表笔直接在引线板上测试，如图 5-4-2 所示。

（4）在仪表指示稳定时读数，得到与本区段载频相同的 1 组阻抗数值。所得阻抗值为阻抗模值，不表达角度。

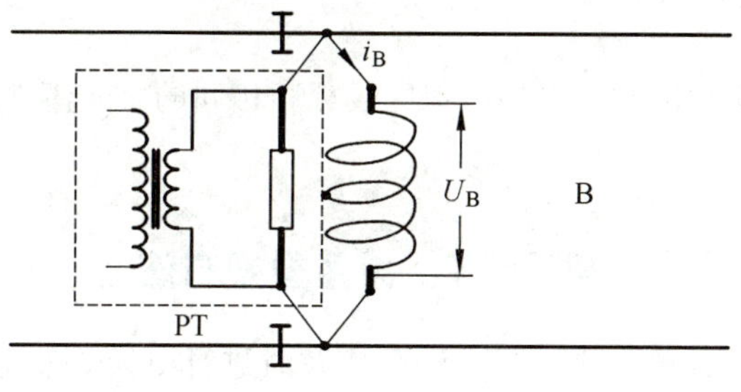

图 5-4-2　电流测试示意

4. 扼流变压器阻抗测试

（1）使用 CD96-3Z 仪表室外进行在线阻抗测试。

（2）使用 CD96-3Z 菜单中的“其它”→“ZPW2000 在线阻抗”→“匹配输入输出阻抗”功能选项。

（3）电流钳卡在单侧双根钢轨引接线上测试，电压表笔直接在 1、2 端子测试。

（4）在仪表指示稳定时读数，得到与本区段载频相同的 1 组阻抗数值。所得阻 抗值为阻抗模值，不表达角度。

5. 塞钉与钢轨交流接触电阻的在线测试

（1）使用 CD96-3Z 仪表室外进行在线阻抗测试。

（2）使用 CD96-3Z 菜单中的“其它”→“ZPW2000 在线阻抗”→“塞钉接触阻抗”功能选项。

（3）电流钳卡在单侧单根钢轨引接线上测试，电压表笔直接在 A、B 端子测试，如图 5-4-3 所示。测量电压值时，应采用专用测试线，并使仪表距离钢轨 0.6 m 以上，以消除干扰。

（4）在仪表指示稳定时读数，得到与本区段载频相同的 1 组阻抗数值。所得阻 抗值为阻抗模值，不表达角度。

（5）双头塞钉应分别测量每个塞钉。

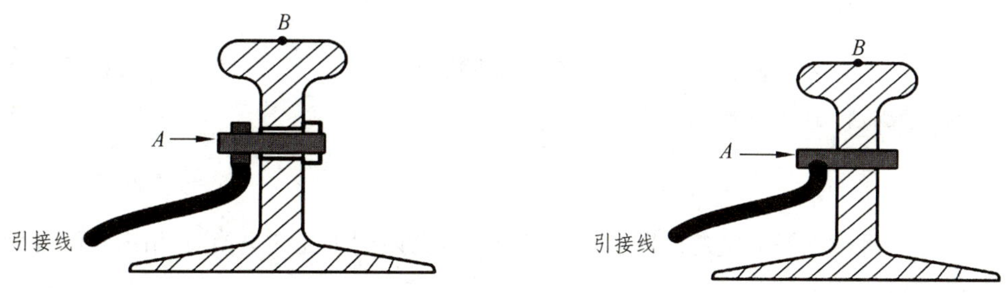

图 5-4-3　塞钉与钢轨交流接触电阻示意

6. 补偿电容测试

（1）使用 CD96-3Z 仪表室外进行在线阻抗测试。

（2）使用 CD96-3Z 菜单中的“补偿电容”功能选项。

（3）电流钳卡在单侧电容引接线上测试，电压表笔直接在电容与两钢轨连接的塞钉端子测试。

（4）在仪表指示稳定时读数，得到与本区段载频相同的 1 组阻抗数值。所得阻抗值为阻抗模值，不表达角度。

知识点 7　设备更换方法

当检修或故障处理过程中发现器材故障，应及时进行更换。发送器、接收器、衰耗器、电缆模拟网络的更换方法与 ZPW-2000A 系统设备相同，此处不再重复。不同之处在于发送器更换后要进行主、备用切换试验，接收器要进行断电冗余试验。

1. 通信接口板的更换

首先关闭通信接口板的电源，使用十字螺丝刀将旧通信板的上下端螺丝松开，将设备保持水平，沿滑道拔出，然后将新的通信接口板对准滑道推入，保证通信接口板竖直且面板开关处于断开位置，将通信接口板插入后，用螺丝刀将通信接口板上、下端螺丝紧固，接通电源开关，设备指示灯显示正常，轨道电路维护机显示设备状态正常，则更换完毕。

2. 调谐匹配单元更换

到达现场联系室内人员，断开室内对应发送器、接收器的开关，防止带电作业造成设备短路。首先给基础柱紧固板松绑，松下设备紧固螺栓，拆下匹配变压器的 V_1、V_2 连接电缆，使用万可端子专用工具松下万可端子的数字信号电缆，取出新设备，松下螺钉，安装在基础柱紧固板上，调谐匹配单元应面向所属线路侧，立式安装在基础桩上。用其配套螺栓（M10）将调谐匹配单元安装固定在同一基础桩的固定板上，并用转矩扳手将其紧固，然后在设备侧安装钢轨引接线，用调谐匹配单元两侧端子板上预留的 M12 铜螺栓，将引接线 4 根（2 000 mm、3 700 mm 各两根）ϕ12 mm 铜端头一端与之连接在一起，并用转矩扳手固定。更换完毕后，联系室内恢复供电，然后用选频表对轨道电路参数进行测试，看是否正常。

3. 带适配器的扼流变压器方法

首先将设备安装上基础柱，即将扼流变压器固定在基础柱上，然后连接引接线，紧固钢包铜引接线，最后将引接线和钢轨连接。

4. 其　他

空芯线圈和机械绝缘节空芯线圈的更换参见“调谐匹配单元的更换”；站内匹配单元的更换参见“调谐单元的更换”。

【任务实施】

（1）完成调谐匹配单元（PT）、空芯线圈（XKD）及机械节空芯线圈（XKJD）在线测试。

（2）完成扼流变压器阻抗测试、塞钉与钢轨交流接触电阻的在线测试及补偿电容测试。

【考核评价】

序号	考核点	评分点	分值	得分
1	客专 ZPW-2000A 轨道电路维护检修	客专 ZPW-2000A 轨道电路维护的基本要求	10	
		客专 ZPW-2000A 轨道电路的检修作业内容和作业标准	20	
2	客专 ZPW-2000A 轨道电路电气特性的测试	客专 ZPW-2000A 轨道电路室内设备电气特性的测试	30	
		客专 ZPW-2000A 轨道电路室设备电气特性的测试	20	
3	课堂表现	态度认真、积极参与、遵守纪律	20	
4	教师评语			
总分			100	

【巩固提高】

（1）客专 ZPW-2000A 轨道电路的电气特性测试项目有哪些？测试标准是什么？

（2）如何进行客专 ZPW-2000A 轨道电路的检修？

参考文献

[1] 穆中华. 区间闭塞设备维护[M]. 2 版. 成都：西南交通大学出版社，2022.

[2] 鲁志彤. 铁路区间自动控制系统维护[M]. 北京：中国铁道出版社，2015.

[3] 余红梅. 铁路区间自动控制系统维护[M]. 北京：中国铁道出版社，2020.

[4] 李丽兰，韦成杰. 信号联锁设备维护[M]. 3 版. 北京：化学工业出版社，2022.

[5] 郑乐藩. 车站计算机联锁系统维护[M]. 北京：中国铁道出版社，2021.

[6] 林瑜筠. 区间信号自动控制[M]. 3 版. 北京：中国铁道出版社，2020.

[7] 董昱. 区间信号与列车运行控制系统[M]. 北京：中国铁道出版社，2008.

[8] 中国铁路总公司. ZPW-2000A 型无绝缘移频自动闭塞系统[M]. 北京：中国铁道出版社，2013.

[9] 林瑜筠. 自动闭塞图册[M]. 2 版. 北京：中国铁道出版社，2016.

[10] 吴广荣，张胜平. 铁道信号自动控制实训教程[M]. 北京：中国铁道出版社，2017.

[11] 刘利芳. 区间信号自动控制[M]. 北京：科学出版社，2014.